数学建模案例丛书 / 主编 李大潜

UMAP
数学建模案例精选 ③
UMAP Shuxue Jianmo Anli Jingxuan

蔡志杰 等 编译

U0321297

高等教育出版社·北京

内容简介

本书为《数学建模案例丛书》的第四册，案例选自美国 COMAP 出版的 UMAP 期刊上的教学单元，包含的案例有居民消费价格指数：它有什么含义、全美橄榄球联盟如何对传球手评分、Q 与 K 相邻的概率——随机排列中的并置与游程、微分和地图、离网光伏系统、无线信号处理、气候变化与日温度周期、气候问题的微分方程建模、星团的螺旋形图案、观察人造地球卫星的预测、药代动力学的房室模型、免疫学和流行病学的艾滋病模型、使用原始文献讲授 logistic 方程、校准与质量作用定律。应用领域涉及工程、经济、社会、地球物理、生物、生态、医学、体育、天文、化学、测量等，数学知识基本上不超出微积分、微分方程、线性代数、几何、概率、统计、向量分析等大学基础数学的内容。 教学方法讲究循序渐进、步步为营，数学推导比较详细，特别是在问题展开的过程中配备了相应的习题，让学生边阅读边练习。

本书的案例可以作为数学建模课程的辅助教材和自学材料，也为讲授、学习其他数学课程的教师和学生提供了将数学方法应用于实际问题的丰富的素材和课外读物。

UMAP

数学建模案例精选❸

1 计算机访问 http://abook.hep.com.cn/1249084，或手机扫描二维码、下载并安装 Abook 应用。

2 注册并登录，进入"我的课程"。

3 输入封底数字课程账号（20位密码，刮开涂层可见），或通过 Abook 应用扫描封底数字课程账号二维码，完成课程绑定。

4 单击"进入课程"按钮，开始本数字课程的学习。

课程绑定后一年为数字课程使用有效期。受硬件限制，部分内容无法在手机端显示，请按提示通过计算机访问学习。

如有使用问题，请发邮件至 abook@hep.com.cn。

扫描二维码
下载 Abook 应用

http://abook.hep.com.cn/1249084

序

数学作为一门研究现实世界中的空间形式与数量关系的科学,它所研究的并非真正的现实世界,而只是现实世界的数学模型,即所研究的那部分现实世界的一种虚构和简化的版本。尽管数学建模这个术语的兴起并被广泛使用不过是近些年来的事,但作为联系数学与应用的重要桥梁,作为数学走向应用的必经的最初一步,数学建模与数学学科本身有着同样悠久的历史。从公元前三世纪建立的欧几里得几何,到根据大量天文观测数据总结出来的行星运动三大定律;从牛顿力学和微积分的创立,到出现在流体力学、电动力学、量子力学中的基本微分方程,无一不是揭露了事物本质的数学模型,且已成为相关学科的核心内容和基本构架。

半个多世纪以来,随着数学科学与计算机技术的紧密结合,已形成了一种普遍的、可以实现的关键技术——数学技术,成为当代高新技术的一个重要组成部分和突出标志,"高技术本质上是一种数学技术"的提法,已经得到越来越多人们的认同。作为基础学科的数学籍助于建模与算法向技术领域转化,变成了一种先进的生产力,对加强综合国力具有重大的意义。与此同时,数学迅速进入了经济、金融、人口、生物、医学、环境、信息、地质等领域,一些交叉学科如计量经济学、人口控制论、生物数学、数学地质学等应运而生,为数学建模开拓了广阔的用武之地。

另一方面,将数学建模引入教学,为数学和外部世界的联系提供了一种有效的方式,让学生能亲自参加将数学应用于实际的尝试,参与发现和创造的过程,取得在传统的课堂里和书本上无法获得的宝贵经验和切身感受,必将启迪他们的数学心智,促使他们更好地应用、品味、理解和热爱数学，在知识、能力及素质三方面迅速成长。

自上世纪 80 年代初数学建模进入我国大学课堂以来，经过 30 多年健康、快速的发展，目前已有上千所高校开设了各种形式的数学建模课程，正式出版的教材和参考书达 200 多本。全国大学生数学建模竞赛自 1992 年创办以来，受到广大师生的热烈欢迎，到 2014 年已有 1 300 多所院校、23 000 多个队的 7 万余名学生参加。可以毫不夸张地说，数学建模的课堂教学实践与课外竞赛活动相互促进、协调发展，是这些年来规模最大、最成功的一项数学教学改革实践。

用数学的语言和工具表述、分析和求解现实世界中的实际问题，并将最终所得的结果回归实际、检验是否有效地回答了原先的问题，这是数学建模展示的一个全过程。在 30 多年数学建模的教学实践中，已冲破了原有的数学教学模式，形成了一种案例式、讨论式的教学方法。通过一些源于生活、生动新颖，又内涵丰富、启示性强的案例，不仅能吸引学生浓厚的学习兴趣，而且对于培养、提高学生数学建模的意识、方法和能力都有切实的成效。

事实充分说明，数学建模能力的培养和训练，各种案例所起的作用是十分重要的。我们不仅要充分利用案例的广度，通过生动、丰富的案例，展示及阐述数学在诸多领域中的应用，更要特别注重案例的深度，着意选择一些随着假设条件不断贴近实际、所建立的模型不断改进、而由模型得到的结果也更加符合实际的案例，体现数学建模逐步深入和发展的过程。正因为如此，这套数学建模案例丛书，将由翻译、改编国外相关机构出版的案例和收集、汇编国内撰写的案例这两部分组成，以期给广大教师和学生提供数学建模方面的教学素材、学习读物和竞赛辅导材料，促进我国数学建模的教学及竞赛不断深入发展。

当然，数学建模要不断深入，就不能认为现有的、包括那些目前可能是有口皆碑的模型，已经到了十全十美的境地，可以画上句号了。对本丛书中所精心收集的案例，自然也应抱着这样的态度。这是数学建模一个显著的特点，是数学建模永远生气蓬勃的标志，也是广大的数学建模工作者永不止步的鞭策和动力。诚挚地希望广大读者能提出宝贵的建议，并积极提供可以收入本丛书的有关数学建模的案例或者素材，帮助编委会将这套丛书愈办愈好。

李大潜

2014 年 10 月

前　言

经过数学建模案例丛书编委会成员的共同努力,在全国大学生数学建模竞赛组委会和高等教育出版社的支持、配合下,《UMAP 数学建模案例精选 (3)》顺利问世了。

本书的案例全部选自美国 COMAP (Consortium for Mathematics and Its Applications) 出版的 UMAP (*Undergraduate Mathematics and Its Applications*) 期刊上的教学单元。该刊物的对象是大学生、研究生和教师,主要发表数学建模及数学在各个领域中应用的研究论文、教学单元等,在每年举办的美国大学生数学建模竞赛和交叉学科竞赛中获得 Outstanding 奖的论文也在该刊物上刊载。

本书选编的数学建模案例有以下几个特点:

应用领域涉及工程、经济、社会、地球物理、生物、生态、医学、体育、天文、化学、测量等,每篇都对案例的应用背景作了简明、生动的介绍,让不太熟悉这些领域的读者也能基本上了解这个案例所要讨论的问题,有些还对材料的历史由来给出较详细的说明。

数学知识主要涉及微积分、微分方程、线性代数、几何、概率、统计、向量分析等大学数学基础课程的内容,学习过这些课程的读者在阅读这些案例时,不会遇到很大的困难。个别案例用到了数值分析、Fourier 变换的知识。

教学方法遵循循序渐进、步步为营的原则,数学推导比较详细,特别是在问题展开的过程中配备了相应的习题,让读者边阅读边练习。如果能在学习时按照要求把全部习题都做一遍,相信不仅有利于对问题的深入理解,而且对相关的数学方法也是一次很好的复习和提高。

　　本书的案例可以作为数学建模课程的辅助教材和自学材料,也为讲授、学习其他数学课程的教师、学生提供了将数学方法应用于实际问题的丰富的素材和课外读物。

　　编译者对原文中某些专业知识的理解不可避免地存在可以商榷之处,对一些次要的、过时的部分也作了适当的删节。为了给读者提供方便,特将本书的全部原文放到与本书配套的"数字课程"网站上。

蔡志杰

2017 年 8 月

目 录

1 居民消费价格指数：它有什么含义？

The Customer Price Index: What Does It Mean?

边馥萍 编译 姜启源 审校

摘要：
首先定义指数概念，并介绍居民消费价格指数(CPI)的构成；然后介绍怎样利用 CPI 来衡量通货膨胀和美元价值，以及怎样在其他经济序列的分析中，利用 CPI 去除通货膨胀的影响；最后还介绍了 CPI 的其他重要应用.

原作者：
David C. Flaspohler
Formerly of Xavier University
Frank V. Mastrianna
Formerly of Slippery Rock University
Richard J. Pulskamp
Mathematics and Computer Science
Department, Xavier University
Cincinnati, OH
pulskamp@ xavier.edu
发表期刊：
The UMAP Journal, 2012, 33（4）: 351—386.
数学分支：
算术、金融数学
应用领域：
经济学、商业、日常生活
授课对象：
学习中级代数、大学代数、有限数学、初等统计学以及微积分前导课程的学生
预备知识：
复利计算公式
学习目标：
1. 理解指数的含义；
2. 理解 CPI 的构成；
3. 理解通货膨胀的度量方法；
4. 理解美元价值的度量方法；
5. 给定一个经济序列，能够构造出对应的指数；
6. 在经济序列分析中，能够利用 CPI 去除通货膨胀的影响.

目 录:

网上更多……　本文英文版

1. 引言

新闻媒体经常报道居民消费价格指数(CPI),通常用 CPI 来衡量国民经济状况或通货膨胀程度.人民生活也受到 CPI 影响,因为工资福利都会随 CPI 变化.尽管 CPI 已经是一个人们在日常生活中常见的字眼,大多数人对其真正含义并不完全了解.正因如此,大多数人都没有理解用 CPI 来衡量经济时,其具备的优点和局限性.

本文的目的是说明 CPI 的计算方法.CPI 是一个"指数"(index),指数是经济学和其他领域里常用的数学概念,用来衡量某一个量随时间变化的程度.理解了 CPI 的含义,也能帮助我们理解其他领域中用到的指数概念.

2. 度量变化的方法

在很多情形下,我们都需要度量一个量的变化程度.下面将介绍几种常用的度量变化的方法,每种方法都有各自的优点和缺点.

以某个家庭 3 个成员的体重变化为例说明这些度量方法,表 1 给出了他们在 2 个时间点上的体重.

表 1　3 个家庭成员在 2 个不同时间点上的体重

	2010 年体重/lb①	2012 年体重/lb
父亲	250	275
母亲	125	150
孩子	25	50

最简单也最常用的度量变化的方法为直接求出"变化量",即直接求出两个数值的

---

① 　1 lb = 0.453 592 4 kg.

差.在表 1 中,每个家庭成员的体重都增加了 25 lb.但是,这 25 lb 的增加量对这 3 个成员个体的影响却很不相同,也就是说,使用"变化量"不能完全体现变化程度.

　　第二种度量方法使用的是"百分比变化量":将上面求出的"变化量"除以前一个数值(或者选定一个基准值),然后转换成百分比.利用表 1 中父亲的体重数据,其百分比变化量为

$$\frac{275-250}{250}=0.10=10\%$$

　　表 2 给出了用上述两种度量方法的结果:

表 2　家庭成员体重的变化

	2010 年体重/lb	2012 年体重/lb	变化量/lb	百分比变化量
父亲	250	275	25	10%
母亲	125	150	25	20%
孩子	25	50	25	100%

　　利用百分比变化量度量变化程度是一种易于理解并且常用的方法.一个明显的优点是其能更准确地描述变化的显著程度.本文考虑"指数"概念:这是另一个简单有用的度量变化的方法.与百分比变化量一样,指数也能度量变化的影响程度.

　　为了计算百分比变化量,将变化量除以基准值.为了计算指数,将真实数值除以基准值,然后换算成事先规定的刻度(通常以 100 为基准值).如果将父亲 2010 年体重换算成 100 的基准值,就能求解出如下简单的分式方程:

$$\frac{2012 \text{ 年体重}}{2010 \text{ 年体重}}=\frac{2012 \text{ 年指数}}{2010 \text{ 年指数}}$$

$$\frac{275}{250}=\frac{x}{100}$$

$$x=\frac{275}{250}\times 100$$

$$x=2012 \text{ 年指数}=110$$

　　与百分比变化量类似,指数也是无量纲的.也就是说,例子中的体重不管以磅为单位还是以千克为单位,计算得到的指数值都会相同.事实上,百分比变化量与指数之间

有如下简单的换算关系①:

$$指数=\left(1+\frac{百分比变化量}{100}\right)\cdot(基准指数)$$

如果将基准值设置为 100(本文都是这样设置),指数就能按如下简单公式求得:

$$指数=百分比变化量+100$$

从上面的例子中可以看出来,父亲体重百分比变化量为 10%,基准值设置为 100,因此有

$$指数 = 10+100 = 110$$

这与之前得到的计算结果吻合.表 3 列出了各家庭成员体重变化的指数.

表 3 家庭成员体重变化的指数值

	2010 年体重/lb	2012 年体重/lb	变化量/lb	百分比变化量	指数
父亲	250	275	25	10%	110
母亲	125	150	25	20%	120
孩子	25	50	25	100%	200

指数评价方法经常在需要将若干数值与一个固定的基准值进行比较的情形下使用.这种方法使用了百分比,但是还要根据一个"基准"数值进行比较.有了一定了解之后,指数值是很容易掌握和理解的.下面来看另一个实例.

例 1 根据 1971—2000 年共 30 年的数据统计,美国 Oklahoma 城 Will Rogers 国际机场 7 月的平均降水量为 2.94 in②.2011 年 7 月的降水量为 3.04 in.将基准指数设置为 100,2011 年 7 月的降水量的指数为

$$\frac{2011\ 年指数}{基准指数}=\frac{2011\ 年降水量}{平均降水量}$$

$$2011\ 年指数=\frac{2011\ 年降水量}{平均降水量}\times 基准指数$$

$$2011\ 年指数=\frac{3.04}{2.94}\times 100 \approx 103$$

---

① 公式中的"百分比变化量"是除去百分比符号"%"以外的数值,即百分比乘了 100,与百分比变化量的原始定义有所不同,请读者留意——译者注.

② 1 in = 2.54 cm.

该指数表示 Oklahoma 城 2011 年 7 月的降水量,比基期的平均降水量增加了 3%.

减少量也可以用指数方法表示出来.考虑 Oklahoma 城在干旱年度 2012 年 7 月的降水量仅为 0.39 in,则其降水量指数为

$$2012\ 年指数 = \left(\frac{0.39}{2.94}\right) \times 100 \approx 13$$

这说明降水量比平均值减少了 87%①.

怎样计算一个指数值:

(1) 选取一个基准年,让该年的数值作为基准值:$V(\text{base})$.

(2) 选定另一年,其数值为 $V(\text{year})$.

该年度指数值 I 的计算公式为

$$I(\text{year}) = \frac{V(\text{year})}{V(\text{base})} \times 100$$

习题

1. 投资者总会将债券投资收益率与其他利率水平进行比较.表 4 列出了 1990 年、2000 年和 2010 年三个年度,几种不同投资的收益率.试分析这几种投资收益率的变化:以 1990 年数据作为基准,计算 2000 年和 2010 年收益率的变化量、百分比变化量和指数值.

表 4   不同投资收益率

	1990	2000	2010
6 个月短期国债	7.47%	5.92%	0.20%
10 年中长期国债	8.55%	6.03%	3.22%
公司证券（穆迪评级为 3A）	9.32%	7.62%	4.94%
高标准市政债券（标准普尔）	7.25%	5.77%	4.16%

数据来源: 2012 Economic Report of the President, p. 404.

---

① 数据来源:The National Oceanic and Atmospheric Administration（NOAA）provides climate normals；for Oklahoma. The National Weather Service（NWS）provides more-timely data；for Oklahoma.

3. 教育支出指数

指数方法一般用在更加复杂的经济结构中.例如,一个私立大学的管理部门想追踪该校学生在某一时间段内教育成本的增加情况.因此,管理部门需要计算出这几年内学生每年的平均花费.该研究只计算学生在教育方面的费用,不包括学生生活方面的费用.假设学杂费用数据已经获得,因为不是所有学生的学杂费用都相同,需要找到一种计算所谓"平均学生"的平均学杂费的方法.

单独授课课程费用,如实验室费用等,就只有选修该门课程的学生才会被收取.1985 年度 34% 的学生选修了单独授课课程.这些学生选修单独授课课程的平均费用能够计算出来.再将 34% 作为权重,就能计算出一个"平均学生"的平均课程费用.

书店能够提供大学课程教科书和相关学习资料的平均价格的信息.平均每个学生选修的课程数目能从学生注册系统查到.这样,学生课程资料的平均费用就能计算出来.书店还能估算出学生学习用品的平均花费.

例如,假设 1985 年的学杂费为每年 \$ 5 400,有 34% 的同学选修了另外收费的课程(平均每学期花费 \$ 60).该年学生平均选修 10.5 门课程,每门课程的平均教参费为 \$ 23.该年学生在学习用品上的平均花费估计为 \$ 93.这样,一个"平均学生"该年总的教育支出就可以计算出来了,结果见表 5.

表 5   "平均学生"的教育支出

学杂费	\$ 5 400.00	学习用品费	\$ 93.00
课程费（120×0.34）	\$ 40.80	总费用	\$ 5 775.30
教参费（10.5×23）	\$ 241.50		

其他年份的对应信息也可以追踪得到,并通过平均费用的方法求出,表 6 列出了相应的结果.

表6　教育支出列表

年度	学杂费/ $	收费课程费用/ $	选修学生比例	每门课程教参费/ $	选修课程数/门	学习用品费/ $	总费用/ $
1985—1986	5 400	120	34%	23	10.5	93	5 775.30
1986—1987	5 900	130	32%	25	10.4	96	6 297.60
1987—1988	6 450	130	29%	27	10.5	98	6 869.20
1988—1989	7 000	130	26%	28	10.5	101	7 428.80
1989—1990	7 650	140	28%	31	10.6	104	8 121.80
1990—1991	8 625	140	27%	33	10.5	107	9 116.30
1991—1992	9 450	150	25%	35	10.4	110	9 961.50
1992—1993	10 325	150	27%	37	10.5	113	10 867.00
1993—1994	10 970	150	28%	38	10.4	117	11 524.20
1994—1995	11 520	150	29%	40	10.5	120	12 103.50
1995—1996	12 270	160	30%	42	10.5	123	12 882.00
1996—1997	12 950	160	31%	44	10.5	127	13 588.60
1997—1998	13 770	160	32%	47	10.4	131	14 441.00
1998—1999	14 520	160	32%	50	10.5	134	15 230.20
1999—2000	15 070	170	30%	52	10.4	138	15 799.80
2000—2001	15 880	170	31%	56	10.5	142	16 662.70
2001—2002	16 780	170	32%	60	10.6	146	17 616.40
2002—2003	18 020	190	32%	64	10.6	151	18 910.20
2003—2004	19 150	190	30%	68	10.5	155	20 076.00
2004—2005	20 400	200	30%	70	10.4	159	21 347.00
2005—2006	22 430	200	29%	75	10.4	164	23 432.00
2006—2007	23 880	200	31%	81	10.5	169	24 961.50
2007—2008	25 270	210	30%	87	10.5	174	26 420.50
2008—2009	26 860	210	28%	94	10.4	179	28 075.40
2009—2010	28 570	210	29%	99	10.5	184	29 854.40
2010—2011	29 970	230	29%	104	10.4	189	31 307.30
2011—2012	31 160	230	30%	110	10.5	194	32 578.00

利用表6的计算结果，就能计算出每一年度的"教育支出指数"。我们需要考察1985年以来教育支出的变化情况，因此将1985年作为基准年，将其基准指数设置为100。1986年指数计算如下：

$$\frac{6\ 297.60}{5\ 775.30} \times 100 \approx 109.04$$

1987年的指数为

$$\frac{6\ 869.20}{5\ 775.30}\times100\approx118.94$$

类似地可计算出其他年份的指数,结果见表 7.

表 7　教育支出指数

年度	教育支出/ $	指数	年度	教育支出/ $	指数
1985—1986	5 775.30	100.00	1999—2000	15 799.80	273.58
1986—1987	6 297.60	109.04	2000—2001	16 662.70	288.52
1987—1988	6 869.20	118.94	2001—2002	17 616.40	305.03
1988—1989	7 428.80	128.63	2002—2003	18 910.20	327.43
1989—1990	8 121.80	140.63	2003—2004	20 076.00	347.62
1990—1991	9 116.30	157.85	2004—2005	21 347.00	369.63
1991—1992	9 961.50	172.48	2005—2006	23 432.00	405.73
1992—1993	10 867.00	188.16	2006—2007	24 961.50	432.21
1993—1994	11 524.20	199.54	2007—2008	26 420.50	457.47
1994—1995	12 103.50	209.57	2008—2009	28 075.40	486.13
1995—1996	12 882.00	223.05	2009—2010	29 854.40	516.93
1996—1997	13 588.60	235.29	2010—2011	31 307.30	542.09
1997—1998	14 441.00	250.05	2011—2012	32 578.00	564.09
1998—1999	15 230.20	263.71			

　　表 7 提供了很多信息.例如,2011—2012 年度的指数约为 564,这说明该教育机构的教育花费比 1985—1986 年度增长了 464%(百分比增量等于指数值减去 100).通过画出指数图形,可以直观地看出这 27 年教育支出的变化(见图 1).

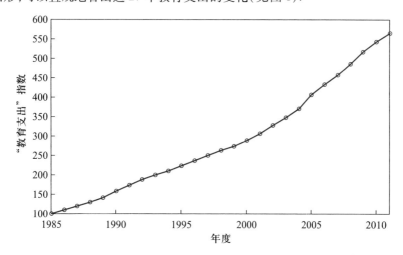

图 1　"教育支出"指数(以秋季学期为准)

从图 1 中可以看出,近期指数的增长趋势越来越快.如果图形为一条直线,则说明指数保持了常量增长.两点之间连线越陡峭,说明有更大的百分比增长(相对基准值).

常被用来衡量通货膨胀的方法——CPI,也是通过类似本例的方法计算得到的.

习题

2. 利用表 6 中数据,单独计算出"每门课程教参费"的指数(以 1985—1986 年数据为基准值),并画出相应的图形.

3. 表 8 给出了穆迪评级为 3A 的公司债券在 1970 年到 2011 年期间每年的收益率.以 1970 年数据为基期,计算出每年的债券指数.

表 8　3A 级公司债券的收益率

年度	收益率/%	年度	收益率/%	年度	收益率/%	年度	收益率/%	年度	收益率/%
1970	8.04	1979	9.63	1988	9.71	1997	7.26	2006	5.59
1971	7.39	1980	11.94	1989	9.26	1998	6.53	2007	5.56
1972	7.21	1981	14.17	1990	9.32	1999	7.04	2008	5.63
1973	7.44	1982	13.79	1991	8.77	2000	7.62	2009	5.31
1974	8.57	1983	12.04	1992	8.14	2001	7.08	2010	4.94
1975	8.83	1984	12.71	1993	7.22	2002	6.49	2011	4.64
1976	8.43	1985	11.37	1994	7.96	2003	5.67		
1977	8.02	1986	9.02	1995	7.59	2004	5.63		
1978	8.73	1987	9.38	1996	7.37	2005	5.24		

数据来源: 2012 Economic Report of the President, p. 404.

4. 居民消费价格指数(CPI)

一种从消费者的角度去衡量通货膨胀的方法为:估计一个"平均家庭"在一定时间段内所购买商品和服务的价格的变化.从这个角度出发构造的指数,应当包含主要的消费支出项目,如食品、住房、服装、交通、医疗、娱乐、个人护理和教育支出.CPI 就是一种最常用的体现通货膨胀对居民消费预算影响的统计工具.

CPI 是在第一次世界大战前后建立的,它也经常被称为"生活成本指数".更确切地说,CPI 实质上是一种"价格指数",因为它仅仅衡量了在不同时段内购买相同数量的同种商品和服务的花费.要成为一种真正的"生活成本指数",那么一个指数应该衡量维持某一生活水平的成本,因此它应该能够体现消费者收入和品位的变化,而不能仅仅反映价格的变化.

下面从另一个简单的例子出发,展示 CPI 计算过程.假设某小镇只有一个杂货铺,怎样计算其"食品价格指数"? 我们能够找出该社区里一个"典型家庭"每个月的食品采购清单.这个清单将包括该家庭一个月内消费的食品项目,像 15 加仑①牛奶、10 磅糖、25 磅碎牛肉以及其他食品项目.这样,就能到唯一的杂货铺里找到清单上食品的价格,并据此计算出该"典型家庭"每个月在食品上的总支出.将某个月作为基准,就能计算出该小镇的食品价格指数,从而追踪食品价格的变化.

CPI 本质上也是按照上述步骤计算得到的,当然其计算过程要复杂得多.上述方法计算的是某一个消费项目在小镇上的价格变化,而 CPI 则需要包括从美国各个城市区域收集来的该消费项目价格的样本数据.具体选择什么样的消费项目进行计算,是根据其在日常预算中的重要性比例及其购买频率决定的.指数中还包括了消费税、营业税和房地产税,但是不包括个人所得税和社会保障税.实际计算 CPI 时,还会根据美国劳工统计局的消费者支出调查,给每个消费项目分配一个权重值,以说明其相对重要性.

需要定期更新"市场供应篮子",从而反映市场上新商品的引入以及消费者品味和偏好的改变.市场调查也需要定期进行,因为 CPI 计算使用的是固定权重(即假定消费者的各消费项目占比不会随其价格变化发生改变).因此,只有通过频繁市场调查,当一个消费项目相对其他消费项目的价格发生改变时,才能确定其对人们的消费模式改变的影响.

因其使用指数形式而非美元数据形式发布,CPI 无疑已经成为美国市场上最常用

---

① 1 美制加仑 = 3.785 411 8 L,1 英制加仑 = 4.546 091 9 L.

的度量通货膨胀程度的指标.现行 CPI 使用的基期为 1982—1984 年.也就是说,将这 3 年的平均 CPI 设置为 100,其他年份的 CPI 根据该基准值计算得到.过去,基期每 10 年左右进行一次更换.但是,现行的基期已经持续使用了 30 多年.

5. 美元价值

CPI 度量的是平均价格水平的变化,因此它也能反映出美元购买力的变化.1 美元的购买力在任何时候都是 1 美元,因为在市场上只能购买到价值 1 美元的商品或服务.然而,当与某一基期进行比较时,1 美元能够购买到的商品或服务的数量会随时间变化,这种变化与 CPI 的变化有紧密联系.

CPI 是一种好的、但绝非完美的衡量货币购买能力的方法.为了使 CPI 能够完整地度量美元价值,应该考虑所有能够用货币购买到的商品和服务的价格(其中就包括用现在的 1 美元能够购买的未来的美元数量).例如,购买住房、为子女建立大学教育基金和建立退休基金都是对未来的消费进行的购买.更重要的是,像债券、储蓄、股票和养老金等代表未来购买力的资产的价格,都没有包含在 CPI 中.

尽管有这些不足,CPI 仍然是现有最好的衡量货币购买能力的工具.CPI 的上涨表明该时期存在通货膨胀,相应地,美元的购买能力下降,因为相同数量的货币能够购买的商品和服务数量减少了.

从另外一个角度看这个问题,美元购买能力可以转换为计算现在花费 1 美元的商品在基期需要花费的美元数.这个数量就叫作"美元价值".如果以 1982—1984 年为基期进行计算得到现在的 CPI 为 200,说明价格相对基期已经翻倍.也就是说,平均来讲,现在花费 1 美元购买的项目在基期花费为 0.5 美元.当然,这里所说的平均花费并不是对一个具体的商品或服务来说的.

相对于基期的美元价值可以按如下的公式进行计算:

$$V = 100 \times \frac{1}{\text{CPI}} = \frac{100}{\text{CPI}}$$

例 2　1990 年的 CPI 值为 130.7,计算该年度的美元价值如下:

$$V = \frac{100}{130.7} \approx 0.77, \text{或者 } 77 \text{ 美分}$$

利用这种思想，通过一个简单的比例就可以计算出以任意年份为基准的美元价值了.

美元价值计算公式：

$$V(\text{year}) = \frac{\text{CPI}(\text{base})}{\text{CPI}(\text{year})}$$

例 3　计算 1990 年的 1 美元在 1950 年的价值. 首先计算 1950 年的 CPI 值为 24.1，因此求得

$$V(1990) = \frac{\text{CPI}(1950)}{\text{CPI}(1990)} = \frac{24.1}{130.7} \approx 0.18$$

这说明，平均来说 1990 年标价为 1 美元的购买项目在 1950 年需要花费 0.18 美元. 或者可以说 1990 年的 1 美元的价值相当于 1950 年的 18 美分，还可以说 1990 年 1 美元的购买力相当于 1950 年的 18 美分.

表 9 列出了 CPI-U，该指数覆盖了美国 80% 人口的城市地区. 表 9 中列出了 1913—2012 年的 CPI 值和美元价值（以 1982—1984 年为基准）. 可以看出，美元价值随 CPI 的增长而减小. 这两种变化的百分比增量并不一致. 例如，CPI 从 100 增加到 200，上涨了 100%，这时美元价值将从 1 美元下降到 0.5 美元，减少了 50%.

表 9　CPI-U 值（1982—1984 = 100）和美元价值

年度	CPI	美元价值	年度	CPI	美元价值	年度	CPI	美元价值
1913	9.9	10.10	1924	17.1	5.85	1935	13.7	7.30
1914	10.0	10.00	1925	17.5	5.71	1936	13.9	7.19
1915	10.1	9.90	1926	17.7	5.65	1937	14.4	6.94
1916	10.9	9.17	1927	17.4	5.75	1938	14.1	7.09
1917	12.8	7.81	1928	17.1	5.85	1939	13.9	7.19
1918	15.1	6.62	1929	17.1	5.85	1940	14.0	7.14
1919	17.3	5.78	1930	16.7	5.99	1941	14.7	6.80
1920	20.0	5.00	1931	15.2	6.58	1942	16.3	6.13
1921	17.9	5.59	1932	13.7	7.30	1943	17.3	5.78
1922	16.8	5.95	1933	13.0	7.69	1944	17.6	5.68
1923	17.1	5.85	1934	13.4	7.46	1945	18.0	5.56

年度	CPI	美元价值	年度	CPI	美元价值	年度	CPI	美元价值
1946	19.5	5.13	1969	36.7	2.72	1992	140.3	0.71
1947	22.3	4.48	1970	38.8	2.58	1993	144.5	0.69
1948	24.1	4.15	1971	40.5	2.47	1994	148.2	0.67
1949	23.8	4.20	1972	41.8	2.39	1995	152.4	0.66
1950	24.1	4.15	1973	44.4	2.25	1996	156.9	0.64
1951	26.0	3.85	1974	49.3	2.03	1997	160.5	0.62
1952	26.5	3.77	1975	53.8	1.86	1998	163.0	0.61
1953	26.7	3.75	1976	56.9	1.76	1999	166.6	0.60
1954	26.9	3.72	1977	60.6	1.65	2000	172.2	0.58
1955	26.8	3.73	1978	65.2	1.53	2001	177.1	0.56
1956	27.2	3.68	1979	72.6	1.38	2002	179.9	0.56
1957	28.1	3.56	1980	82.4	1.21	2003	184.0	0.54
1958	28.9	3.46	1981	90.9	1.10	2004	188.9	0.53
1959	29.1	3.44	1982	96.5	1.04	2005	195.3	0.51
1960	29.6	3.38	1983	99.6	1.00	2006	201.6	0.50
1961	29.9	3.34	1984	103.9	0.96	2007	207.3	0.48
1962	30.2	3.31	1985	107.6	0.93	2008	215.3	0.46
1963	30.6	3.27	1986	109.6	0.91	2009	214.5	0.47
1964	31.0	3.23	1987	113.6	0.88	2010	218.1	0.46
1965	31.5	3.17	1988	118.3	0.85	2011	224.9	0.44
1966	32.4	3.09	1989	124.0	0.81	2012	229.6	0.44
1967	33.4	2.99	1990	130.7	0.77			
1968	34.8	2.87	1991	136.2	0.73			

习题

4. 从报纸、图书馆或政府机构找到现行的 CPI,从而计算出现在的美元价值:

(a) 以 1982—1984 年为基准年;

(b) 以 1975 年为基准年;

(c) 以 1940 年为基准年.

6. 通货膨胀

CPI 每年的变化经常被用来衡量通货膨胀的速度.从 2000 年到 2001 年,CPI 从 172.2 上涨到了 177.1,上涨了 2.8%.在这一年内,消费价格平均上涨了

$$100\% \times \left(\frac{177.1-172.2}{172.2} \right) \approx 2.8\%$$

同一年内,美元价值从 0.58 美元下降到了 0.56 美元,下降了

$$100\% \times \left(\frac{0.58-0.56}{0.58} \right) \approx 3.4\%$$

图 2 展示了美元价值随时间变化的情况.

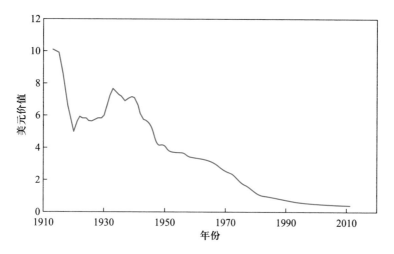

图 2　美元价值（1982—1984 年为 1 美元）

复利计算公式

$$S = P(1+i)^n$$

可以用来计算 n 年内生活成本的平均年增长率.在公式中,S 为后期的 CPI,P 为前期的 CPI,问题就转换为求解方程得到年增长率 i.换句话说,就是将 CPI 的实际增长换算成平均增长率.求解该代数方程的过程如下:

$$S = P (1+i)^n$$

$$(1+i)^n = \frac{S}{P}$$

$$1+i = \left(\frac{S}{P}\right)^{\frac{1}{n}}$$

$$i = \left(\frac{S}{P}\right)^{\frac{1}{n}} - 1$$

例4 2000 年 CPI 为 172.2,到 2010 年 CPI 增长到了 218.1.因此,这 10 年内,平均增长率为

$$i = \left(\frac{218.1}{172.2}\right)^{\frac{1}{10}} - 1 = 0.024 = 2.4\%$$

图 3 画出了 2000 年到 2010 年 CPI 的实际增长情况和年增长 2.4% 的曲线.

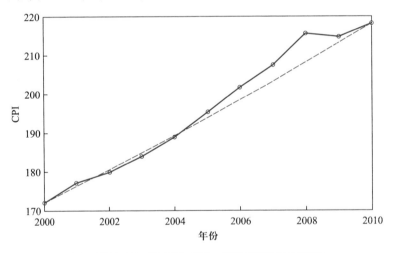

图 3 CPI (1982—1984 年为 100); 点线为年增长 2.4%的曲线

这样,大家就可以根据自己收入的增长情况来判断通货膨胀对自己购买力的影响了.例如,2000 年到 2001 年 CPI 由 172.2 增长到了 177.1,说明商品和服务平均价格增长了 2.8%,相应地消费者的收入需要增长 2.8% 才能保持相同的购买力.同样,只有当收入增长超过 2.8% 时,我们才能说"实际收入"有增长.

当然,使用 CPI 来度量,我们是将消费者平均生活成本的增长与个人收入的增长进行比较.然而,个人生活成本的增长很有可能与 CPI 的增长不同步.

计算平均年度增长率 令 S 为后期 CPI,P 为前期 CPI,n 为年数,则

$$i = \left(\frac{S}{P}\right)^{\frac{1}{n}} - 1$$

习题

5. 计算出 1970 年到 2000 年期间 CPI 的平均年增长率,并计算同一时期美元价值的平均年减少率.

7. 调整其他经济序列

CPI 还有另外一个重要功能,能够使用它消除通货膨胀对其他经济序列的影响.通过上面的教育成本序列进行说明.成本中大部分增长可能是由通货膨胀引起的,当然教育的"实际"支出也可能会增长.为了判断教育支出的增长是否与通货膨胀同步(甚至超过其增长速度),可以将"教育支出"除以同年度的 CPI 再乘以基准值 100.这样就能计算出用"1982—1984 年定值美元"表示的教育支出(见表 10).

类似地,通过将教育支出指数除以同年度的 CPI 再乘以 100,来消除通货膨胀对教育支出指数的影响.这两种方法都将每年的教育支出转换成以 1982—1984 年为基准的值.从而,可以看出教育支出的增长速度超过了通货膨胀速度,因为用"1982—1984 年定值美元"表示的教育支出仍在逐年增长.

表 10 用"1982—1984 年定值美元"表示的教育支出

年度	教育支出/ $	CPI	1982—1984 年度定值美元/ $	年度	教育支出/ $	CPI	1982—1984 年度定值美元/ $
1985—1986	5 775.30	107.6	5 367.38	1991—1992	9 961.50	136.2	7 313.88
1986—1987	6 297.60	109.6	5 745.99	1992—1993	10 867.00	140.3	7 745.55
1987—1988	6 869.20	113.6	6 046.83	1993—1994	11 524.20	144.5	7 975.22
1988—1989	7 428.80	118.3	6 279.63	1994—1995	12 103.50	148.2	8 167.00
1989—1990	8 121.80	124.0	6 549.84	1995—1996	12 882.00	152.4	8 452.76
1990—1991	9 116.30	130.7	6 974.98	1996—1997	13 588.60	156.9	8 660.68

续表

年度	教育支出/ $	CPI	1982—1984 年度定值美元/ $	年度	教育支出/ $	CPI	1982—1984 年度定值美元/ $
1997—1998	14 441.00	160.5	8 997.51	2005—2006	23 432.00	195.3	11 997.95
1998—1999	15 230.20	163.0	9 343.68	2006—2007	24 961.50	201.6	12 381.70
1999—2000	15 799.80	166.6	9 483.67	2007—2008	26 420.50	207.3	12 745.06
2000—2001	16 662.70	172.2	9 676.36	2008—2009	28 075.40	215.3	13 040.13
2001—2002	17 616.40	177.1	9 947.15	2009—2010	29 854.40	214.5	13 918.14
2002—2003	18 910.20	179.9	10 511.51	2010—2011	31 307.30	218.1	14 354.56
2003—2004	20 076.00	184.0	10 910.87	2011—2012	32 578.00	224.9	14 485.55
2004—2005	21 347.00	188.9	11 300.69				

CPI 数据来源: 2012 Economic Report of the President.

消除通货膨胀对经济序列影响

对经济序列中的每一年,令 $V(\text{year})$ 为该年度经济量的值.

$$用定值美元表示的值 = \frac{V(\text{year})}{\text{CPI}(\text{year})} \cdot 100$$

习题

6. 表 11 给出了 1990—2010 年期间,私有非农产业工人的平均小时工资和星期工资.

(a) 利用 CPI 将这两个经济序列分别用"1982—1984 年定值美元"来表示.

(b) 工人的工资增长赶上了通货膨胀的速度吗? 为什么?

表 11   1990—2010 年私有非农产业工人的平均工资

年度	小时工资/ $	星期工资/ $	年度	小时工资/ $	星期工资/ $
1990	10.20	349.75	1998	13.01	448.56
1991	10.52	358.51	1999	13.49	463.15
1992	10.77	368.25	2000	14.02	481.01
1993	11.05	378.91	2001	14.54	493.79
1994	11.34	391.22	2002	14.97	506.75
1995	11.65	400.07	2003	15.37	518.06
1996	12.04	413.28	2004	15.69	529.09
1997	12.51	431.86	2005	16.13	544.33

续表

年度	小时工资/ $	星期工资/ $	年度	小时工资/ $	星期工资/ $
2006	16.76	567.87	2009	18.63	617.18
2007	17.43	590.04	2010	19.07	636.91
2008	18.08	607.95			

CPI 数据来源：2012 Economic Report of the President, Table B - 47, p. 374.

8. 度量生活成本

个人消费项目的相对重要程度一般来说不可能与 CPI 计算的项目完全吻合，因此个人生活成本的增加也不会与 CPI 的增长保持一致.例如，某一年中只会有少数人购买房屋，而作为房屋成本主要组成部分的房价和房贷利率将随周期变化，因此将体现在 CPI 中.假设某一年房屋成本增长大大超过其他消费项目，通货膨胀对那些没有买房（或房屋贷款）的人的影响将比 CPI 显示得要少.

CPI 更适合衡量个人或家庭的生活成本在若干年内的变化，而不是某一年内的变化.同样地，CPI 更适合对一组人进行度量，比如说一个大企业的全体员工或某一个大型工会的所有成员.然而，后一种情况也会有局限性.事实上，这样一大群人将会存在共性（在同一个企业工作或者同属一个工会），所以他们也不能构成国家的一个"典型消费者".因此，CPI 是度量整个国家消费者生活成本的好方法，但是用于某一个特定的人群或个人时会有很大的局限性.

8.1 Laspeyres 指数

CPI 是对 Laspeyres 指数的改进.Laspeyres 指数以德国统计学家 Etienne Laspeyres（1834—1913）命名，其定义如下：

假设在 $t=0$ 时刻购买 m 种商品的数量分别为 $q_{0,1}, q_{0,2}, \cdots, q_{0,m}$，价格分别为 $p_{0,1}, p_{0,2}, \cdots, p_{0,m}$.在时刻 t 对应商品的价格变化为 $p_{t,1}, p_{t,2}, \cdots, p_{t,m}$，这样就能计算出 Laspeyres 指数 L_t：

$$L_t = \frac{\sum_{i=1}^{m} p_{t,i} \cdot q_{0,i}}{\sum_{i=1}^{m} p_{0,i} \cdot q_{0,i}}$$

该指数的分母为 $t=0$ 时刻这些商品的总花费,分子为 t 时刻购买相同数量的同种商品的总花费.该指数只需要考察商品价格的变化,因为商品的种类和数量在各阶段保持不变.正因如此,它会高估生活成本,因为当出现价格便宜的替代消费品时,消费者会改变消费习惯,选取更便宜的替代商品.

8.2 Paasche 指数

Paasche 指数以德国经济统计学家 Hermann Paasche（1851—1925）命名.该指数与 Laspeyres 指数类似,但是其缺点是需要同时确定每个时期商品的价格和数量.令时刻 t 对应商品的购买数量为 $q_{t,1}, q_{t,2}, \cdots, q_{t,m}$,这样就能计算出 Paasche 指数 P_t:

$$P_t = \frac{\sum_{i=1}^{m} p_{t,i} \cdot q_{t,i}}{\sum_{i=1}^{m} p_{0,i} \cdot q_{t,i}}$$

该指数将会低估生活成本,因为它是基于现有的商品数量进行计算的.分子、分母中都出现了现有商品的数量.

8.3 替代指数

8.3.1 CPI-U-XG 指数:基于几何平均

1997 年,美国劳工统计局发布了一个实验性指数:CPI-U-XG 指数,该指数利用了几何平均公式.Laspeyres 指数是让每种商品购买数量保持不变,而 CPI-U-XG 指数则是让购买每种商品的支出比例保持不变.CPI-U-XG 指数利用几何平均公式,而 Laspeyres 指数则是利用算术平均公式.

令 $s_{0,i} = \dfrac{p_{0,i} q_{0,i}}{T}$,其中 $T = \sum_{i=1}^{m} p_{0,i} q_{0,i}$,$s_{0,i}$ 表示 $t=0$ 时刻花费在商品 i 上的美元比例.沿用前面的符号,可以计算出几何指数 G_t:

$$G_t = \prod_{i=1}^{m} \left(\frac{p_{t,i}}{p_{0,i}} \right)^{s_{0,i}}$$

而 Laspeyres 指数为

$$L_t = \sum_{i=1}^{m} s_{0,i} \left(\frac{p_{t,i}}{p_{0,i}} \right)$$

且有 $\sum s_{0,i} = 1$,从而由算术平均–几何平均不等式可知:$G_t \leqslant L_t$,当且仅当

$$\frac{p_{t,i}}{p_{0,i}} = \frac{p_{t,j}}{p_{0,j}}$$

对所有 i,j 成立时,有 $G_t = L_t$.几何平均指数计算公式的一个特点是它不再需要其他数据.劳工统计局的研究表明,在计算食品、服装、娱乐项目的指数时,G 和 L 计算结果差异最大,这是由于这些消费项目的可选择替代品较多引起的.

8.3.2 C–CPI–U 指数:链式指数

利用几何平均计算 CPI 时,考虑了商品种类内部的可替代性.例如,在商品项"娱乐:视频和音频:电视"中,替代表现为消费者选择购买较小或者较便宜的而不是较大的、较贵的电视机.但是,这种可替代性也会发生在不同商品种类之间.例如,消费者可能选择购买禽肉或鱼肉(不同商品种类),来替代购买牛肉.一个体现真实生活成本的指数,应该同时考虑这两种可替代性.

美国劳工统计局发布了城市居民链式消费价格指数(C–CPI–U),用来更好地体现真实生活成本的变化.计算 CPI–U 指数时,各商品的消费权重根据前两年的数据计算得到,且其更新周期为 24 个月;而计算链式消费价格指数(C–CPI–U)时,各商品的消费权重将根据劳工统计局的消费者调查报告每个月更新一次.之所以称其为"链式指数",是因为该指数是前一个月的指数与当前月内的价格变动指数的乘积.C–CPI–U 指数的初始估计值每月与 CPI 同步发布;由于数据收集的延迟性,某一年的 C–CPI–U 指数最后会有两个修订版本(暂定版和最终版).

C–CPI–U 指数以 1999 年 12 月为基准,于 2002 年 8 月首次发布.表 12 列出了 C–CPI–U 指数和 CPI–U 指数的年度变化(12 月至下一年的 12 月).在这段时间内,C–CPI–U 指数低于 CPI–U 指数,只有 2008 年例外.劳工统计局的研究报告也指出,随着时间的推移,C–CPI–U 指数会低于 CPI–U 指数.

表 12 C–CPI–U 指数与 CPI–U 指数的比较

	未经调整的 12 个月百分比变化量			未经调整的 12 个月百分比变化量	
	C–CPI–U	CPI–U		C–CPI–U	CPI–U
2000 年 12 月最终版	2.6	3.4	2006 年 12 月最终版	2.3	2.5
2001 年 12 月最终版	1.3	1.6	2007 年 12 月最终版	3.7	4.1
2002 年 12 月最终版	2.0	2.4	2008 年 12 月最终版	0.2	0.1
2003 年 12 月最终版	1.7	1.9	2009 年 12 月最终版	2.5	2.7
2004 年 12 月最终版	3.2	3.3	2010 年 12 月最终版	1.3	1.5
2005 年 12 月最终版	2.9	3.4	2011 年 12 月暂定版	2.7	3.0

2012 年 12 月,C–CPI–U 指数的初值为 131.949,CPI–U 指数为 230.221.将 CPI–U 指数的基准调整为 1999 年 12 月份,其值将改变为 230.221/168.3 = 1.368.

例 5 假设现有某个消费者两个时期所进行娱乐消费的价格和数量.数量 $q_{0,i}$ 和 $q_{1,i}$ 如表 13 所示.

表 13

时期	电影	歌剧	戏剧	时期	电影	歌剧	戏剧
0	4	3	3	1	6	1	3

每种项目对应价格数据 $p_{0,i}$ 和 $p_{1,i}$ 如表 14 所示.

表 14

时期	电影	歌剧	戏剧	时期	电影	歌剧	戏剧
0	\$10	\$70	\$25	1	\$12	\$100	\$30

可以计算出来前面介绍的各个指数值并进行比较如下:

$$L_1 = 100 \times \frac{12 \times 4 + 100 \times 3 + 30 \times 3}{10 \times 4 + 70 \times 3 + 25 \times 3} = 100 \times \frac{438}{325} \approx 134.8$$

$$P_1 = 100 \times \frac{12 \times 6 + 100 \times 1 + 30 \times 3}{10 \times 6 + 70 \times 1 + 25 \times 3} = 100 \times \frac{262}{205} \approx 127.8$$

电影、歌剧、戏剧的消费比例分别计算如下: $s_{0,1} = 40/325 = 0.123$, $s_{0,2} = 210/325 = 0.646$, $s_{0,3} = 0.231$.从而计算出 G_1:

$$G_1 = 100 \times \left(\frac{12}{10}\right)^{0.123} \times \left(\frac{100}{70}\right)^{0.646} \times \left(\frac{30}{25}\right)^{0.231} \approx 134.3$$

$$C_1 = 100 \times \frac{12 \times 6 + 100 \times 1 + 30 \times 3}{10 \times 4 + 70 \times 3 + 25 \times 3} = 100 \times \frac{262}{325} \approx 80.6 ①$$

习题

7. 消费者可以通过改变消费习惯来降低通货膨胀对自己的影响.现考虑两个家庭,Smith 和 Jones.假设每个家庭每个月都在如下选择中购买 25 lb 肉类:碎牛肉、鸡胸肉、猪排、三文鱼和牛排.Smith 一家每月总是购买相同数量的各种肉类;而 Jones 一家在碰到价格便宜或者价格急剧上涨时会改变购买选择.

根据表 15 和表 16 给出的数据,计算每个家庭的肉类支出指数.进一步,计算出基于几何平均公式的肉类支出指数.

表 15　购买肉类量　单位: lb

	碎牛肉	猪排	鸡胸肉	三文鱼	牛排
Smith 一家	9	5	5	1	5
Jones 一家					
1 月	9	5	5	1	5
2 月	9	5	5	1	5
3 月	9	5	6	1	4
4 月	8	5	8	0	4
5 月	10	8	5	0	2

表 16　肉类每磅平均价格　单位: $

	碎牛肉	猪排	鸡胸肉	三文鱼	牛排
1 月	3.10	2.90	2.50	5.50	4.90
2 月	3.00	3.00	2.60	5.60	5.00
3 月	3.20	2.80	2.70	5.80	5.20
4 月	3.50	3.00	2.60	6.80	5.50
5 月	3.20	2.60	2.50	7.00	6.00

---

① 实际上,由于价格变化引起消费习惯改变,消费者实际消费额反而下降了.可以计算出第 1 个时期与第 0 个时期的实际消费额的比值 C_1——译者注.

9. 结语

从 1977 年以来,为了提高准确度,美国劳工统计局对 CPI 指数作了 24 次调整.例如,用来调整大部分商品种类的试验性指数 CPI-U-XG 于 1991—1997 年使用,它利用几何平均公式进行计算;1999 年以后,该公式也被引入到了 CPI-U 指数的计算当中.实际上,如下变化也应该被包含在 CPI 指数中,例如,二手车、二手服装、二手电视和二手音响设备由质量变化引起的价格变化,以及药品从专利药转为非专利药产生的价格变化.但是,已公布的 CPI-U 指数没有追溯这些变化.正因如此,从 1977 年 12 月到 2010 年 12 月,CPI-U-RS① 仅增长了 221.9%,而 CPI-U 增长了 252.9%.

很多人的收入也随着 CPI 有了增长,因为生活成本也随之增加.社保支付额也会根据一个与 CPI 有关的公式每年增长,尽管大家普遍认为 CPI 不能很好体现退休人群生活成本的增长,因为退休人群消费品的相对重要程度无疑与普通人群不相同.

成千上万的工人的工资都与 CPI 紧密相连.美国的一些州,包括 Montana、Ohio 和 Washington,每年根据 CPI 的变化调整最低工资.作为降低通货膨胀影响的手段,劳工合同中通常会加入生活成本调整(cost-of-living adjustment,COLA)条款,用来在 CPI 出现一定涨幅时要求增加工资.这时候,相对重要性会是一个关心的问题.然而,更重要的问题是,COLA 条款是否会对通货膨胀循环产生显著影响,从而影响 CPI,因为 COLA 条款会增加企业成本.

此外,联邦食品券和学校午餐计划、军队津贴和联邦收入税都纳入到了 CPI 计算当中.

CPI 衡量的是国家范围内消费者购买的商品和服务,它并没有涉及生活质量.实际上,近年来美国消费者的购买习惯已经发生了很大的变化.有的原来是奢侈品的消费项

---

① 这是美国学者现在研究的一种 CPI 计算方法——译者注.

目,现在可能几乎变成了必需品.这样的消费项目在现在的 CPI 计算中占了更大的比重.CPI 不能够体现美国消费者生活质量的提高.

从 20 世纪 90 年代以来,"价值定价"体系,即经常性地在商品定价基础上提供折扣,已经成为商家的常规做法.这种现象在私立大学体现得尤为明显,那里很少有人缴纳的是"标价"的学费.而 CPI 指数只计算标定价格,因此它会高估通货膨胀.

通过观察分析多年来 CPI 的变化情况,可以对美国经济的发展历史有一个很好的了解.通过对图 2 中的美元购买力曲线进行观察分析,20 世纪 20 年代的不确定性、20 世纪 30 年代的经济大萧条以及 20 世纪 40 年代和 70 年代的通货膨胀,在曲线上的体现都很明显.还可以看出第一次世界大战期间显著存在的通货膨胀.

CPI 指数是度量生活成本的很重要的方法.它不是一个完美的方法,但却是目前可用的最好的度量方法.所有具有一定知识水平的人都应该对其优势和局限性有所了解.

更多相关信息可以登录美国劳工统计局网站查询获取.

10. 习题解答

1.

表 17　习题 1 的解答 1

	1990—2000 年变化量	1990—2000 年百分比变化量	1990—2000 年指数
6 个月短期国债	−1.55	−20.7%	79.3
10 年中长期国债	−2.52	−29.5%	70.5
公司债券（穆迪评级为 3A）	−1.70	−18.2%	81.8
高标准市政债券（标准普尔）	−1.48	−20.4%	79.6

表 18　习题 1 的解答 2

	1990—2010 年变化量	1990—2010 年百分比变化量	1990—2010 年指数
6 个月短期国债	−7.27	−97.3%	2.7
10 年中长期国债	−5.33	−62.3%	37.7
公司债券（穆迪评级为 3A）	−4.38	−47.0%	53.0
高标准市政债券（标准普尔）	−3.09	−42.6%	57.4

2.

表 19　习题 2 的解答

年份	教参费/ $	指数	年份	教参费/ $	指数
1985—1986	23	100.00	1999—2000	52	226.09
1986—1987	25	108.70	2000—2001	56	243.48
1987—1988	27	117.39	2001—2002	60	260.87
1988—1989	28	121.74	2002—2003	64	278.26
1989—1990	31	134.78	2003—2004	68	295.65
1990—1991	33	143.48	2004—2005	70	304.35
1991—1992	35	152.17	2005—2006	75	326.09
1992—1993	37	160.87	2006—2007	81	352.17
1993—1994	38	165.22	2007—2008	87	378.26
1994—1995	40	173.91	2008—2009	94	408.70
1995—1996	42	182.61	2009—2010	99	430.43
1996—1997	44	191.30	2010—2011	104	452.17
1997—1998	47	204.35	2011—2012	110	478.26
1998—1999	50	217.39			

相应的图形见图 4.

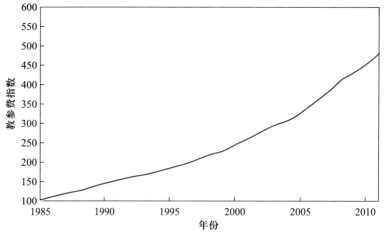

图 4　习题 2 的图形

3.

表 20 习题 3 的解答

年份	指数	年份	指数	年份	指数	年份	指数
1970	100.0	1981	176.2	1992	101.2	2003	70.5
1971	91.9	1982	171.5	1993	89.8	2004	70.0
1972	89.7	1983	149.8	1994	99.0	2005	65.2
1973	92.5	1984	158.1	1995	94.4	2006	69.5
1974	106.6	1985	141.4	1996	91.7	2007	69.2
1975	109.8	1986	112.2	1997	90.3	2008	70.0
1976	104.9	1987	116.7	1998	81.2	2009	66.0
1977	99.8	1988	120.8	1999	87.6	2010	61.4
1978	108.6	1989	115.2	2000	94.8	2011	57.7
1979	119.8	1990	115.9	2001	88.1		
1980	148.5	1991	109.1	2002	80.7		

4. 查找数据不同将有不同结果.

5. 1970 年 CPI 指数为 38.8, 2000 年为 172.2. 这一时间跨度为 30 年. 因此有

$$i = \left(\frac{172.2}{38.8}\right)^{\frac{1}{30}} - 1 \approx 0.050\ 9$$

CPI 的平均年增长率为 5.09%.

1970 年美元价值为 2.58, 2000 年为 0.58. 同样有

$$i = \left(\frac{0.58}{2.58}\right)^{\frac{1}{30}} - 1 \approx -0.048\ 5$$

美元价值的平均年下降率为 4.85%.

6. (a) 收入用 1982—1984 年定值美元表示如表 21 所示.

表 21

年度	小时工资/ $	星期工资/ $	年度	小时工资/ $	星期工资/ $
1990	7.80	267.60	1995	7.64	262.51
1991	7.72	263.22	1996	7.67	263.40
1992	7.68	262.47	1997	7.79	269.07
1993	7.65	262.22	1998	7.98	275.19
1994	7.65	263.98	1999	8.10	278.00

续表

年度	小时工资/ $	星期工资/ $	年度	小时工资/ $	星期工资/ $
2000	8.14	279.33	2006	8.31	281.68
2001	8.21	278.82	2007	8.41	284.63
2002	8.32	281.68	2008	8.40	282.37
2003	8.35	281.55	2009	8.69	287.73
2004	8.31	280.09	2010	8.74	292.03
2005	8.26	278.71			

(b)如果用 1990 年定值美元表示的小时工资和星期工资保持不变,则说明工人工资增长赶上了通货膨胀的速度;如果数值有所增加,则说明工人工资有真正意义上的增加;如果数值有所减少,说明工人工资实际上是降低了.

为了准确地描述通货膨胀对工人工资的影响,可以画出 1990 年定值美元表示的收入关于时间的图形.从中可以看出,小时工资和星期工资在 20 世纪 90 年代初期有所下降,但是自 1997 年以来保持了增长的势头.

7. 通过 Smith 一家计算得到的指数实际上就是 Laspeyres 指数.首先计算出在每一项上的花费,然后计算得到总花费.

表 22

Smith 一家	碎牛肉	猪排	鸡胸肉	三文鱼	牛排	总花费	指数
1 月	27.90	14.50	12.50	5.50	24.50	84.90	100.0
2 月	27.00	15.00	13.00	5.60	25.00	85.60	100.8
3 月	28.80	14.00	13.50	5.80	26.00	88.10	103.8
4 月	31.50	15.00	13.00	6.80	27.50	93.80	110.5
5 月	28.80	13.00	12.50	7.00	30.00	91.30	107.5

由表 23 可以看出,Jones 一家通过变换购买方案,避免了在食物上支出的增长.

表 23

Jones 一家	碎牛肉	猪排	鸡胸肉	三文鱼	牛排	总花费	指数
1 月	27.90	14.50	12.50	5.50	24.50	84.90	100.0
2 月	27.00	15.00	13.00	5.60	25.00	85.60	100.8
3 月	28.80	14.00	16.20	5.80	20.80	85.60	100.8
4 月	28.00	15.00	20.80	0.00	22.00	85.80	101.1
5 月	32.00	20.80	12.50	0.00	12.00	77.30	91.0

最后,为了计算几何平均指数,先计算出各购买项占总花费的比例(表24).

表 24

	碎牛肉	猪排	鸡胸肉	三文鱼	牛排	总和
比例	0.329	0.171	0.147	0.065	0.289	1.000

同样,设 1 月的指数为 100.

$$G_{Feb.} = 100 \times \left(\frac{3.00}{3.10}\right)^{0.329} \left(\frac{3.00}{2.90}\right)^{0.171} \left(\frac{2.60}{2.50}\right)^{0.147} \left(\frac{5.60}{5.50}\right)^{0.065} \left(\frac{5.00}{4.90}\right)^{0.289} \approx 100.8$$

$$G_{Mar.} = 100 \times \left(\frac{3.20}{3.10}\right)^{0.329} \left(\frac{2.80}{2.90}\right)^{0.171} \left(\frac{2.70}{2.50}\right)^{0.147} \left(\frac{5.80}{5.50}\right)^{0.065} \left(\frac{5.20}{4.90}\right)^{0.289} \approx 103.7$$

$$G_{Apr.} = 100 \times \left(\frac{3.50}{3.10}\right)^{0.329} \left(\frac{3.00}{2.90}\right)^{0.171} \left(\frac{2.60}{2.50}\right)^{0.147} \left(\frac{6.80}{5.50}\right)^{0.065} \left(\frac{5.50}{4.90}\right)^{0.289} \approx 110.4$$

$$G_{May} = 100 \times \left(\frac{3.20}{3.10}\right)^{0.329} \left(\frac{2.60}{2.90}\right)^{0.171} \left(\frac{2.50}{2.50}\right)^{0.147} \left(\frac{7.00}{5.50}\right)^{0.065} \left(\frac{6.00}{4.90}\right)^{0.289} \approx 106.8$$

可以看出几何平均指数小于 Laspeyres 指数.

11. 测试题

1. 美国 GDP 值由 2000 年的 99 515 亿美元增加到了 2009 年的 139 390 亿美元.以 2000 年为基准,计算其变化量、百分比变化量和指数.

2. 计算 1950 年到 1975 年期间,CPI 的平均增长率和美元价值的平均下降率,数据如表 25 所示.

表 25

	CPI	美元价值
1950	24.1	4.15
1975	53.8	1.86

3. 表 26 列出了 2002 年到 2011 年期间,贸易、运输和公用事业工人的平均小时工资(数据来源:Monthly Labor Review, April 2012, p. 110).

表 26

年度	平均小时工资/ $	CPI	年度	平均小时工资/ $	CPI
2002	14.02	179.9	2007	15.78	207.3
2003	14.34	184.0	2008	16.16	215.3
2004	14.58	188.9	2009	16.48	214.5
2005	14.92	195.3	2010	16.82	218.1
2006	15.39	201.6	2011	17.15	224.9

(a) 以 2002 年为基准年,计算出工资指数;

(b) 以 2002 年为基准年,对 CPI 值进行转换;

(c) 利用新计算的 CPI 值,去除工资指数中通货膨胀的影响,调整工资指数.

(d) 在同一个坐标系中,画出初始计算工资指数和转换后的 CPI. 工资增长赶上了通货膨胀的幅度了吗?

4. 1990 年的 CPI 为 130.7. 将 1990 年的 20 000 美元转换成 1982—1984 年的美元 (1982—1984 年的指数为 100).

5. 表 27 列出了 2007 年到 2011 年期间,两个石油公司的净收入(单位:10 亿美元).

表 27

年份	英国石油公司	荷兰皇家壳牌	年份	英国石油公司	荷兰皇家壳牌
2007	10.42	15.66	2010	−2.41	13.04
2008	11.54	14.33	2011	16.03	19.26
2009	10.62	8.02			

(a) 以 2007 年为基准年,分别计算两公司的净收入指数;

(b) 在同一个坐标系中,画出这两个指数.

12. 测试题解答

1. 变化量为 39 875 亿美元,百分比变化量为 40.1%,指数为 140.1.

2. CPI 的平均增长率为

$$\left(\frac{53.8}{24.1}\right)^{\frac{1}{25}} - 1 \approx 3.26\%$$

美元价值的平均下降率为

$$\left(\frac{1.86}{4.15}\right)^{\frac{1}{25}} - 1 \approx -3.16\%$$

3.

表 28　测试题 3 的解答

年份	(a)	(b)	(c)	年份	(a)	(b)	(c)
2002	100.0	100.0	100.0	2007	112.6	115.2	97.7
2003	102.3	102.3	100.0	2008	115.3	119.7	96.3
2004	104.0	105.0	99.0	2009	117.5	119.2	98.6
2005	106.4	108.6	98.0	2010	120.0	121.2	99.0
2006	109.8	112.1	98.0	2011	122.3	125.0	97.8

(d) 从图 5 中可以看出,工人工资增长没有赶上通货膨胀幅度.

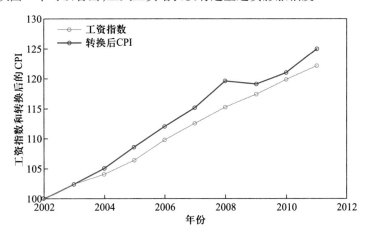

图 5　测试题问题 3 解答的图形

4. 15 302.22 美元.

5. (a)

表 29

年份	英国石油公司	荷兰皇家壳牌	年份	英国石油公司	荷兰皇家壳牌
2007	100.0	100.0	2010	−23.1	83.3
2008	110.7	91.5	2011	153.8	123.0
2009	101.9	51.2			

(b) 从图 6 可以看出,2010 年 4 月发生的墨西哥湾漏油事件对英国石油公司(BP)的打击很大.

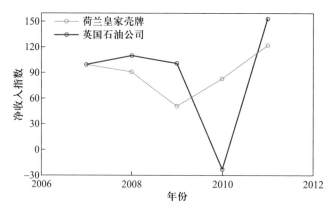

图 6   测试题问题 5 解答的图形

13. 附录

前面已经提到,CPI 实际上是不同消费项目的一个加权平均.为了展示 CPI 的构成,表 A1 简短列出了 2011 年 12 月八大商品种类的权重（相对重要性比例）.相对重要性比例也可以理解成,一个典型消费者在每一个商品子类上的花费比例.当价格发生变化时,相对重要性比例也应该随着改变,因为不同种类商品的价格变化量不会相同.例如,当公用事业价格增长超过了食品价格的增长时,"典型消费者"就被迫在公用事业上花费更大的收入比例.

表 A2 列出了八个大类不同商品的详细相对重要性比例清单.

表 A1   2011 年 12 月 CPI-U 中的相对重要性比例

商品种类	CPI-U	商品种类	CPI-U
服装	3.562	其他商品和服务	3.385
教育与通信	6.797	娱乐	6.044
食品与饮料	15.256	交通	16.875
住房	41.020	总计	100.000
医疗保健	7.061		

数据来源: CPI detailed report for December 2011.

由于四舍五入,相对重要性比例的总和可能不等于给定的总数.

表 A2　商品种类及相对重要性比例（1982—1984 年的 CPI-U 指数为 100）

商品种类	CPI-U
食品与饮料	
食品	
在家消费食品：	
谷物和焙烤食品	1.242
肉类、家禽、鱼和鸡蛋	1.960
乳制品	0.916
水果蔬菜	1.287
非酒精饮料	0.961
其他在家消费食品	2.272
在家消费食品总计	8.638
在外消费食品	5.669
食品总计	14.308
酒精饮料	0.948
食品与饮料总计	15.256
住房	
房产：	
私有房产租金	6.485
离家住宿	0.749
业主等价租金	23.957
住户和住家保险	0.348
房产总计	31.539
燃料和水电费：	
住家燃料	4.216
水费、污水和垃圾处理费	1.156
燃料和水电费总计	5.372
家居用品及管理：	
窗户、地板	0.282
家具、床上用品	0.729
家电	0.285
其他家用设备和家具	0.501
工具、五金、户外设备	0.685
客房用品	0.902
客房管理	0.727
家居用品及管理总计	4.109
住房总计	41.020
服装	

商品种类	CPI-U
男士服装	0.855
女士服装	1.507
婴儿和小孩服装	0.201
鞋	0.678
珠宝和手表	0.323
服装总计	3.562
交通	
个人交通：	
新（二手）机动车	5.651
燃油	5.463
机动车零件、设备	0.438
机动车保养、维修	1.155
机动车保险	2.426
机动车辆费	0.561
个人交通总计	15.694
公共交通：	
飞机票	0.768
其他公共交通	0.413
公共交通总计	1.181
交通总计	16.875
医疗保健	
医疗产品	1.716
医疗服务	5.345
医疗总计	7.061
娱乐	
视频、音频	1.924
宠物、宠物商品和服务	1.101
运动产品	0.464
摄影	0.115
其他娱乐产品	0.473
其他休闲服务	1.742
娱乐类阅读资料	0.224
娱乐休闲总计	6.044
教育和通信	
教育：	
教育书籍、用品	0.201

续表

商品种类	CPI-U
学费、其他学校费用、托儿费	3.015
教育总计	3.216
通信：	
邮费和快递费	0.145
电话费	2.429
电子产品、硬件和服务	1.006
通信总计	3.581
教育和通信总计	6.797
其他商品和服务	
烟草产品	0.804
个人护理：	
个人护理产品	0.656
个人护理服务	0.633
其他个人护理服务	1.081
其他个人护理产品	0.211
个人护理总计	2.581
其他商品和服务总计	3.385
所有项目总计	100.000

数据来源：CPI detailed report for December 2011.

参考文献

Bureau of Labor Statistics. 2013. Consumer Price Index.

Council of Economic Advisers. 2012. 2012 Economic Report of the President.

Kenneth J. Stewart, Stephen B. Reed. 1978—1998. Consumer Price Index research seriesusing current methods.

2 全美橄榄球联盟如何对传球手评分?

How Does the NFL Rate Passers?

但 琦 编译 周义仓 审校

摘要:

全美橄榄球联盟(National Football League,NFL)通过如下四个方面的表现对四分卫传球手评分:传球成功百分比、传球达阵百分比、传球被截百分比、每次传球的平均得分.在橄榄球赛季期间,包括《今日美国》在内的许多报纸都会在报道中公开此评分,然而,NFL如何准确地计算此评分却并无详细报道.本文将NFL的评分用四个统计指标的加权平均来计算,并且给出了这些权重.

原作者:
Roger W. Johnson
Department of Mathematics and
Computer Science
South Dakota School of Mines
and Technology
501 East St. Joseph Street
Rapid City,SD 57701-3995
rwjohnso@ silver.sdsmt.edu

发表期刊:
The UMAP Journal,1997,18(2):
145—166.
数学分支:
线性代数
应用领域:
最小二乘拟合、基本扰动理论
授课对象:
学过微积分和基本矩阵代数的学生
预备知识:
多项式求导及基本的矩阵运算,部分习题会涉及基本矩阵运算的软件.

目 录：

网上更多……   本文英文版

1. 最佳职业橄榄球传球手评分

对于每一个传球手,全美橄榄球联盟(NFL)都会为其计算出一个评分,称为"传球手评分"或"传球手效率".据 Famighetti[1996,878]报道,该评分包括四个方面:传球成功百分比、传球达阵百分比、传球被截百分比及每次传球的平均得分.包括《今日美国》在内的很多报纸都会列出当前赛季传球手的评分.一些年鉴给出了排名最靠前的几位传球手的职业评分(例如,Marshall[1997,157]).表1为1996赛季职业排名最高且传球至少1 500次的传球手数据.

表 1　基于 NFL 评分的最佳职业橄榄球传球手排名

球员	传球数	传球成功数	传球码数	传球达阵数	传球被截数	评分
Steve Young	3 192	2 059	25 479	174	85	96.2
Joe Montana	5 391	3 409	40 551	273	139	92.3
Brett Favre	2 693	1 667	18 724	147	79	88.6
Dan Marino	6 904	4 134	51 636	369	209	88.3
Otto Graham	2 626	1 464	23 584	174	135	86.6
Jim Kelly	4 779	2 874	35 467	237	175	84.4
Roger Staubach	2 958	1 685	22 700	153	109	83.4
Troy Aikman	3 178	2 000	22 733	110	98	83.0
Neil Lomax	3 153	1 817	22 771	136	90	82.7
Sonny Jurgensen	4 262	2 433	32 224	255	189	82.6
Len Dawson	3 741	2 136	28 711	239	183	82.6
Jeff Hostetler	2 194	1 278	15 531	89	61	82.1
Ken Anderson	4 475	2 654	32 838	197	160	81.9
Bernie Kosar	3 365	1 994	23 301	124	87	81.8
Danny White	2 950	1 761	21 959	155	132	81.7
Dave Krieg	5 288	3 092	37 946	261	199	81.5
Warren Moon	6 000	3 514	43 787	254	208	81.0
Neil O'Donnell	2 059	1 179	14 014	72	46	80.5

球员	传球数	传球成功数	传球码数	传球达阵数	传球被截数	评分
Scott Mitchell	1 507	853	10 516	71	49	80.5
Bart Starr	3 149	1 808	24 718	152	138	80.5
Ken O'Brien	3 602	2 110	25 094	128	98	80.4
Fran Tarkenton	6 467	3 686	47 003	342	266	80.4

尽管民众、体育记者和球迷经常讨论这种评分,但 NFL 计算评分的特定方法却基本不为人知.合同的谈判也时常会涉及此评分. NFL 球员的谈判代表 Robert Fayne [Ellis,1993]说过,"(四分卫合同谈判里)考虑最多的就是评分",转会条款也都涉及评分值.例如,从 Cincinnati 到 New York Jets 获得 1994 年第二轮选秀权的条件是:从 Cincinnati 交易到 New York Jets 的 Boomer Esiason 在 1993 赛季结束时的评分至少达到 89.

那么,NFL 如何计算评分呢? 作为 Johnson [1993;1994]的扩展版,本文将给出所用的公式.

2. 简单的评分公式

虽然评分关于前文提及的四个统计指标并非一定就是线性的,但考虑此问题时一个很自然的出发点便是假设一个线性评分公式,并看此线性模型能否拟合表 1 中的数据.特别地,假设

评分 $=\beta_0+\beta_1$(传球成功百分比)$+\beta_2$(平均每次传球码数)$+\beta_3$(传球达阵百分比)$+$

β_4(传球被截百分比)①

其中,$\beta_i(i=0,1,2,3,4)$是未知数.如果已知 5 名球员的精确评分值和 4 个传球统计指标值,则可以通过求解含有 5 个未知数的 5 个方程来确定系数 β_i.特别地,用表 1 中 Montana、Marino、Kosar、Moon 和 Tarkenton 这 5 位球员(他们都是作者最喜欢的四分

---

① 公式中的百分比是除了百分号"%"以外的数值,即百分比乘了 100,与百分比的原始定义有所不同,请读者留意——译者注.

卫!)的数据,可得到

$$\begin{bmatrix} 1 & 100\times\dfrac{3\,409}{5\,391} & \dfrac{40\,551}{5\,391} & 100\times\dfrac{273}{5\,391} & 100\times\dfrac{139}{5\,391} \\[2mm] 1 & 100\times\dfrac{4\,134}{6\,904} & \dfrac{51\,636}{6\,904} & 100\times\dfrac{369}{6\,904} & 100\times\dfrac{209}{6\,904} \\[2mm] 1 & 100\times\dfrac{1\,994}{3\,365} & \dfrac{23\,301}{3\,365} & 100\times\dfrac{124}{3\,365} & 100\times\dfrac{87}{3\,365} \\[2mm] 1 & 100\times\dfrac{3\,514}{6\,000} & \dfrac{43\,787}{6\,000} & 100\times\dfrac{254}{6\,000} & 100\times\dfrac{208}{6\,000} \\[2mm] 1 & 100\times\dfrac{3\,686}{6\,467} & \dfrac{47\,003}{6\,467} & 100\times\dfrac{342}{6\,467} & 100\times\dfrac{266}{6\,467} \end{bmatrix} \begin{bmatrix} \beta_0 \\ \beta_1 \\ \beta_2 \\ \beta_3 \\ \beta_4 \end{bmatrix} = \begin{bmatrix} 92.3 \\ 88.3 \\ 81.8 \\ 81.0 \\ 80.4 \end{bmatrix} \qquad (1)$$

求解(1),得

$$\boldsymbol{\beta} = [\beta_0, \quad \beta_1, \quad \beta_2, \quad \beta_3, \quad \beta_4]^{\mathrm{T}} = [-0.400, \quad 0.884, \quad 4.032, \quad 3.296, \quad -3.974]^{\mathrm{T}}$$
$$(2)$$

这种方法的问题是评分仅舍入到十分位,因此,如果线性模型正确,方程组(1)的解只能给出系数的近似值(一些文献,如 Carter 和 Sloan[1996,330],给出了更多位小数的评分,以更好地区分舍入到十分位时评分相同的球员).将方程组(1)中的 5×5 系数矩阵记为 A,(1)更精确的形式可写为

$$A(\boldsymbol{\beta}+\Delta\boldsymbol{\beta}) = \boldsymbol{r}+\Delta\boldsymbol{r} \qquad (3)$$

其中 $\boldsymbol{r}+\Delta\boldsymbol{r} = [92.3, 88.3, 81.8, 81.0, 80.4]$ 是一个(未知)评分真值向量 $\boldsymbol{r}$ 加误差向量 $\Delta\boldsymbol{r}$, $\boldsymbol{\beta}+\Delta\boldsymbol{\beta}$ 是线性模型系数的真值向量 $\boldsymbol{\beta}$ 加误差向量 $\Delta\boldsymbol{\beta}$,这个 $\Delta\boldsymbol{\beta}$ 是因 $\Delta\boldsymbol{r}$ 而产生的.于是(2)可以更恰当地表示为

$$\boldsymbol{\beta}+\Delta\boldsymbol{\beta} = [-0.400, 0.884, 4.032, 3.296, -3.974]^{\mathrm{T}} \qquad (4)$$

注意,由于评分值舍入到十分位,因此误差向量 $\Delta\boldsymbol{r}$ 的分量的绝对值至多达到 0.05. 对任何一个向量 $\boldsymbol{x}$,使用数学中标准的向量范数记号

$$\| \boldsymbol{x} \|_{\infty} = \max_{i} |x_i|$$

可以将这个条件写为 $\| \Delta\boldsymbol{r} \|_{\infty} \leqslant 0.05$.

此时我们有 $\boldsymbol{\beta}$ 的估计值,即(4)中给出的 $\boldsymbol{\beta}+\Delta\boldsymbol{\beta}$ 的值.我们想进一步了解这个估计

的误差 $\Delta\boldsymbol{\beta}$ 到底有多大. 为此, 对矩阵 A 定义范数 $\|A\|_\infty$.

$$\|A\|_\infty \equiv \max_{x \neq 0} \frac{\|Ax\|_\infty}{\|x\|_\infty}$$

注意, 我们用之前已定义的向量范数 $\|\bullet\|_\infty$ 来定义矩阵范数 $\|\bullet\|_\infty$. 任意给定一个非零向量 y, 则

$$\|A\|_\infty \geqslant \frac{\|Ay\|_\infty}{\|y\|_\infty} \quad 或 \quad \|Ay\|_\infty \leqslant \|A\|_\infty \|y\|_\infty$$

由(3)和 $A\boldsymbol{\beta} = r$, 有

$$A\Delta\boldsymbol{\beta} = \Delta r \quad 或 \quad \Delta\boldsymbol{\beta} = A^{-1}\Delta r$$

可得

$$\|\Delta\boldsymbol{\beta}\|_\infty = \|A^{-1}\Delta r\|_\infty \leqslant \|A^{-1}\|_\infty \|\Delta r\|_\infty \leqslant 0.05 \|A^{-1}\|_\infty \tag{5}$$

可以证明(见习题3), 对于一个 n 列矩阵 B, 有

$$\|B\|_\infty = \max_i \sum_{j=1}^n |b_{ij}| \tag{6}$$

其中 b_{ij} 是 B 中第 i 行第 j 列的元素. 计算 A^{-1} 并取元素的绝对值, 我们求得最大行和构造的范数 $\|A^{-1}\|_\infty$ 是 68.022 2, 因此

$$\|\Delta\boldsymbol{\beta}\|_\infty \leqslant 0.05 \times 68.022\,2 \approx 3.4$$

也就是说,(2)中 5 个估计值最大绝对误差的上界约为 3.4. 注意, 相比(2)中 $\boldsymbol{\beta}$ 所有分量的估计量, 这一误差上界是很大的; 这表明, 我们决不能太相信(2)中给出的 $\boldsymbol{\beta}$ 的估计值!

习题

1. 证明: 线性模型

    评分 $= \beta_0 + \beta_1$(传球成功百分比) $+ \beta_2$(平均每次传球码数) $+$

    β_3(传球达阵百分比) $+ \beta_4$(传球被截百分比)

能正确计算出表 1 中 Montana, Marino, Kosar, Moon 和 Tarkenton 的评分(取舍入近似), 其中 $\boldsymbol{\beta}$ 由(2)给出. 该模型在计算表 1 中其他四分卫的评分时效果又如何呢? 请尝试用上述模型计算至少三个其他四分卫的评分, 并思考线性模型是否合理?

2. 考虑方程组 $Ax=b$, 其中 $A=\begin{bmatrix}1 & 1\\1 & 1.01\end{bmatrix}$, $b=\begin{bmatrix}1\\1\end{bmatrix}$. 求解 x.

现假设 b 有一个观测误差 $\Delta b=[0,0.01]^{\mathrm{T}}$, 得到方程组 $A(x+\Delta x)=b+\Delta b$, 即

$$\begin{bmatrix}1 & 1\\1 & 1.01\end{bmatrix}(x+\Delta x)=\begin{bmatrix}1\\1.01\end{bmatrix}$$

试通过直接计算 Δx, 确定误差的引入对解 x 造成什么改变或扰动. $\|\Delta x\|_{\infty}$ 是多少? 对于 $\|\Delta x\|_{\infty}$, 确定 $\|A^{-1}\|_{\infty}$ 并计算 $\|A^{-1}\|_{\infty}\|\Delta b\|_{\infty}$ 的上界(见(5)式).

3. 证明(6)式. 提示: 注意对常数 α 和向量 x, 有 $\|\alpha x\|_{\infty}=|\alpha|\|x\|_{\infty}$, 所以,

$$\|B\|_{\infty}\equiv\max_{x\neq 0}\frac{\|Bx\|_{\infty}}{\|x\|_{\infty}}=\max_{x\neq 0}\left\|B\frac{x}{\|x\|_{\infty}}\right\|_{\infty}=\max_{\|w\|=1}\|Bw\|_{\infty}.$$

4. 用适当的软件计算 A^{-1}, 然后对前面已选的传球手, 验证 $\|A^{-1}\|_{\infty}=68.022\,2$. 从表 1 中再选取至少一名不是前面已选取的四分卫, 对 $\|\Delta\beta\|_{\infty}$, 计算 $\|A^{-1}\|_{\infty}$ 和 $\|A^{-1}\|_{\infty}\|\Delta r\|_{\infty}$ 的上界.

到现在为止, 我们使用表 1 中 Montana, Marino, Kosar, Moon 和 Tarkenton 的数据, 估算出了产生四分卫评分所用到的四个传球统计指标的系数向量 β(如果你还没有这样做, 做一下习题 1, 确认评分关于四个统计指标显然是线性的). 不过我们对得出的估值尚不自信, 因为与 β 的估计分量相比, 分量中最大误差的上界很大. 因此当试图求方程组

$$A\beta=r$$

的解 β, 而其右端被修改, 得到"扰动"方程组

$$A(\beta+\Delta\beta)=r+\Delta r$$

时, 我们关心的不仅是 $\Delta\beta$ 的大小, 还要关心 $\Delta\beta$ 相对于 β 的大小. 相对误差的一个度量可用如下比值表示:

$$\frac{\parallel \Delta \boldsymbol{\beta} \parallel_\infty}{\parallel \boldsymbol{\beta} \parallel_\infty}$$

为了得到这个量的上界,由(5)式有

$$\parallel \Delta \boldsymbol{\beta} \parallel_\infty \leqslant \parallel \boldsymbol{A}^{-1} \parallel_\infty \parallel \Delta \boldsymbol{r} \parallel_\infty \tag{7}$$

同样地,由 $\boldsymbol{A}\boldsymbol{\beta}=\boldsymbol{r}$,有 $\parallel \boldsymbol{r} \parallel_\infty \leqslant \parallel \boldsymbol{A} \parallel_\infty \parallel \boldsymbol{\beta} \parallel_\infty$,或

$$\frac{1}{\parallel \boldsymbol{\beta} \parallel_\infty} \leqslant \frac{\parallel \boldsymbol{A} \parallel_\infty}{\parallel \boldsymbol{r} \parallel_\infty} \tag{8}$$

因此,由(7)和(8)可以得到

$$\frac{\parallel \Delta \boldsymbol{\beta} \parallel_\infty}{\parallel \boldsymbol{\beta} \parallel_\infty} \leqslant \kappa(\boldsymbol{A}) \frac{\parallel \Delta \boldsymbol{r} \parallel_\infty}{\parallel \boldsymbol{r} \parallel_\infty} \tag{9}$$

其中

$$\kappa(\boldsymbol{A}) \equiv \parallel \boldsymbol{A} \parallel_\infty \parallel \boldsymbol{A}^{-1} \parallel_\infty$$

是矩阵 $\boldsymbol{A}$ 的条件数.如果 $\boldsymbol{A}$ 的条件数很"小",则方程组 $\boldsymbol{A}\boldsymbol{\beta}=\boldsymbol{r}$ 的右边有一个相对小的变化时能保证解也有相对小的变化.反之,如果 $\boldsymbol{A}$ 的条件数很"大",则方程组右边相对小的变化可能导致解有相对大的变化.当 $\kappa(\boldsymbol{A})$ 很大时,矩阵 $\boldsymbol{A}$ 称为是病态的.

对于 $\boldsymbol{r}$ 和 $\boldsymbol{A}$ 都存在扰动的情况,方程组的解如何变化请参阅 Strang[1988,362—369] 和 Watkins[1991,94—109].

习题

5.(a)对于习题 2 的 $\boldsymbol{A}$,证明 $\kappa(\boldsymbol{A})=404.01$,从而(9)变为

$$\frac{\parallel \Delta \boldsymbol{x} \parallel_\infty}{\parallel \boldsymbol{x} \parallel_\infty} \leqslant 404.01 \frac{\parallel \Delta \boldsymbol{b} \parallel_\infty}{\parallel \boldsymbol{b} \parallel_\infty}$$

(b)对于(1)中的矩阵 $\boldsymbol{A}$(见习题 4),证明: $\kappa(\boldsymbol{A})=5\ 400.92$,从而(9)变为

$$\frac{\parallel \Delta \boldsymbol{\beta} \parallel_\infty}{\parallel \boldsymbol{\beta} \parallel_\infty} \leqslant 5\ 400.92 \times \frac{\parallel \Delta \boldsymbol{r} \parallel_\infty}{\parallel \boldsymbol{r} \parallel_\infty} \leqslant 5\ 400.92 \times \frac{0.05}{92.25} \approx 2.93$$

或 $\parallel \Delta \boldsymbol{\beta} \parallel_\infty \leqslant 2.93 \parallel \boldsymbol{\beta} \parallel_\infty$,这个结果并不令人满意.

6.证明:

(a) $\kappa(I) = 1$,其中 I 是单位矩阵;

(b) $\kappa(A^{-1}) = \kappa(A)$;

(c) $\kappa(cA) = \kappa(A)$,其中 c 是非零常数;

(d) $\kappa(A) \geqslant 1$.

7. (a) 证明

$$\kappa(A) \geqslant \frac{|\lambda_L|}{|\lambda_S|}$$

其中 λ_L 和 λ_S 分别是 A 的绝对值最大和最小特征值.(提示:如果 λ 是非奇异矩阵 A 的一个特征值,则 $1/\lambda$ 是 A^{-1} 的一个特征值.)

(b) 证明:对于习题 2 中的矩阵 A,上述不等式成立.

8. 如果方程组 $A\beta = r$ 中的 A 和 r 均有误差,从而产生扰动方程组

$$(A + \Delta A)(\beta + \Delta \beta) = r + \Delta r$$

则(参见 Watkins[1991,106])假设

$$\frac{\|\Delta A\|_\infty}{\|A\|_\infty} < \frac{1}{\kappa(A)}$$

可以证明

$$\frac{\|\Delta \beta\|_\infty}{\|\beta\|_\infty} \leqslant \frac{\kappa(A)\left(\dfrac{\|\Delta A\|_\infty}{\|A\|_\infty} + \dfrac{\|\Delta r\|_\infty}{\|r\|_\infty}\right)}{1 - \kappa(A)\dfrac{\|\Delta A\|_\infty}{\|A\|_\infty}}$$

我们对另一情况应用这个不等式. 求解下列模型的系数

热量 $= a($碳水化合物$) + b($蛋白质$) + c($脂肪$)$

观察三种食品标签并记录每种(食物)的热量(单位:cal)、碳水化合物的克数、蛋白质的克数和脂肪克数.利用你的数据完成:

(a) 估计模型中的三个系数 a,b 和 c.

(b) 假设上述不等式成立,对四个值中的每一个的舍入近似应如何进行假设(例如,热量按 5 卡路里取舍入近似,而碳水

化合物、蛋白质和脂肪则分别按最接近的克数进行舍入),并得到用 $\kappa(A)$ 表示的 $\|\Delta\boldsymbol{\beta}\|_\infty / \|\boldsymbol{\beta}\|_\infty$ 的上界.

3. 最小二乘法的评分公式

通过第 2 节的方法得到的 $\boldsymbol{\beta}$ 估计值有些问题,它们没有使用表 1 中的所有数据.我们总是可以从 22 名四分卫的列表中选择 5 人,并由使(9)式关于 $\|\Delta\boldsymbol{\beta}\|_\infty / \|\boldsymbol{\beta}\|_\infty$ 的上界最小的 $\boldsymbol{\beta}+\Delta\boldsymbol{\beta}$ 值来估计 $\boldsymbol{\beta}$ 值(参见习题 5(b)).不幸的是,22 选 5 有 $\binom{22}{5}=26\,334$ 种方式.

另一种方法仍假设评分为线性模型,选择 $\boldsymbol{\beta}$ 尽量使

$$\beta_0 + \beta_1(\text{传球成功百分比}) + \beta_2(\text{平均每次传球码数}) +$$

$$\beta_3(\text{传球达阵百分比}) + \beta_4(\text{传球被截百分比})$$

的拟合值从整体上更接近于观察到的舍入评分值.设 $\boldsymbol{S}$ 为球员统计数据的 22×5 矩阵

$$\boldsymbol{S} = \begin{bmatrix} 1 & 100 \cdot \dfrac{2\,059}{3\,192} & \dfrac{25\,479}{3\,192} & 100 \cdot \dfrac{174}{3\,192} & 100 \cdot \dfrac{85}{3\,192} \\ 1 & 100 \cdot \dfrac{3\,409}{5\,391} & \dfrac{40\,551}{5\,391} & 100 \cdot \dfrac{273}{5\,391} & 100 \cdot \dfrac{139}{5\,391} \\ \vdots & \vdots & \vdots & \vdots & \vdots \\ 1 & 100 \cdot \dfrac{3\,686}{6\,467} & \dfrac{47\,003}{6\,467} & 100 \cdot \dfrac{342}{6\,467} & 100 \cdot \dfrac{266}{6\,467} \end{bmatrix}$$

第一行包含了 Young 的统计值,第二行是 Montana 的统计值,等等,$\boldsymbol{P}$ 表示观察到的 22 名球员的评分向量

$$\boldsymbol{P} = [96.2, 92.3, \cdots, 80.4]^{\mathrm{T}}$$

则 $(\boldsymbol{S\beta})_i$ 是球员 i 的评分,P_i 是相应的舍入评分.数学上可行的一种估计 $\boldsymbol{\beta}$ 的合理方法是确定 $\boldsymbol{\beta}$,使这两个评分值之间平方差的总和最小,即确定 $\boldsymbol{\beta}$,使得下式最小

$$\sum_{i=1}^{22} \left(\text{球员 } i \text{ 的评分} - \text{观察到的球员 } i \text{ 的舍入评分} \right)^2$$

$$= \sum_{i=1}^{22} \left[(\boldsymbol{S\beta})_i - P_i \right]^2 = (\boldsymbol{S\beta} - \boldsymbol{P})^{\mathrm{T}} (\boldsymbol{S\beta} - \boldsymbol{P})$$

$$= \boldsymbol{\beta}^{\mathrm{T}} \boldsymbol{S}^{\mathrm{T}} \boldsymbol{S\beta} - \boldsymbol{P}^{\mathrm{T}} \boldsymbol{S\beta} - \boldsymbol{\beta}^{\mathrm{T}} \boldsymbol{S}^{\mathrm{T}} \boldsymbol{P} + \boldsymbol{P}^{\mathrm{T}} \boldsymbol{P}$$

其中,因为 $\boldsymbol{P}^{\mathrm{T}} \boldsymbol{S\beta} = (\boldsymbol{P}^{\mathrm{T}} \boldsymbol{S\beta})^{\mathrm{T}} = \boldsymbol{\beta}^{\mathrm{T}} \boldsymbol{S}^{\mathrm{T}} \boldsymbol{P}$(标量与其自身转置相等),则

$$上式 = \boldsymbol{\beta}^{\mathrm{T}} \boldsymbol{S}^{\mathrm{T}} \boldsymbol{S\beta} - 2\boldsymbol{\beta}^{\mathrm{T}} \boldsymbol{S}^{\mathrm{T}} \boldsymbol{P} + \boldsymbol{P}^{\mathrm{T}} \boldsymbol{P}$$

误差的平方和依赖于 $\boldsymbol{\beta}$,记为 $SS(\boldsymbol{\beta})$,因而

$$SS(\boldsymbol{\beta}) = \boldsymbol{\beta}^{\mathrm{T}} \boldsymbol{S}^{\mathrm{T}} \boldsymbol{S\beta} - 2\boldsymbol{\beta}^{\mathrm{T}} \boldsymbol{S}^{\mathrm{T}} \boldsymbol{P} + \boldsymbol{P}^{\mathrm{T}} \boldsymbol{P} \tag{10}$$

要求得 $\boldsymbol{\beta}$ 最优的最小二乘分量,只要令

$$\frac{\partial SS(\boldsymbol{\beta})}{\partial \beta_0} = \frac{\partial SS(\boldsymbol{\beta})}{\partial \beta_1} = \cdots = \frac{\partial SS(\boldsymbol{\beta})}{\partial \beta_4} = 0 \tag{11}$$

(11)也可简写为向量形式

$$\frac{\partial SS(\boldsymbol{\beta})}{\partial \boldsymbol{\beta}} = \boldsymbol{0}$$

其中

$$\frac{\partial SS(\boldsymbol{\beta})}{\partial \boldsymbol{\beta}} = \begin{bmatrix} \dfrac{\partial SS(\boldsymbol{\beta})}{\partial \beta_0} \\ \vdots \\ \dfrac{\partial SS(\boldsymbol{\beta})}{\partial \beta_4} \end{bmatrix}$$

$\boldsymbol{0} = [0,0,0,0,0]^{\mathrm{T}}$. 更一般地,如果 f 是 $\boldsymbol{\beta} = [\beta_0, \cdots, \beta_n]^{\mathrm{T}}$ 的实值函数,那么定义

$$\frac{\partial f(\boldsymbol{\beta})}{\partial \boldsymbol{\beta}} \equiv \begin{bmatrix} \dfrac{\partial f(\boldsymbol{\beta})}{\partial \beta_0} \\ \vdots \\ \dfrac{\partial f(\boldsymbol{\beta})}{\partial \beta_n} \end{bmatrix} \tag{12}$$

习题

9. 如果 $f(\beta_0, \beta_1, \beta_2) = 5\beta_0 - 2\beta_1 + 7\beta_2$,证明

$$\frac{\partial f}{\partial \boldsymbol{\beta}} = \begin{bmatrix} 5 \\ -2 \\ 7 \end{bmatrix}$$

更一般地,如果 $f(\boldsymbol{\beta}) = \boldsymbol{\beta}^{\mathrm{T}} \boldsymbol{c}$,证明

$$\frac{\partial f}{\partial \boldsymbol{\beta}} = \boldsymbol{c}$$

10. 如果 $\boldsymbol{\beta} = [\beta_0, \beta_1, \beta_2]^{\mathrm{T}}$,

$$\boldsymbol{Q} = \begin{bmatrix} 1 & 2 & 3 \\ 2 & 4 & 5 \\ 3 & 5 & 6 \end{bmatrix}$$

计算 $f(\boldsymbol{\beta}) = \boldsymbol{\beta}^{\mathrm{T}} \boldsymbol{Q} \boldsymbol{\beta}$ 和 $\partial f / \partial \boldsymbol{\beta}$,并计算 $2 \boldsymbol{Q} \boldsymbol{\beta}$,证明它等于 $\partial f / \partial \boldsymbol{\beta}$.

11. 对于 $f(\boldsymbol{\beta}) = \boldsymbol{\beta}^{\mathrm{T}} \boldsymbol{Q} \boldsymbol{\beta}$,其中 $\boldsymbol{Q}$ 是对称矩阵,证明

$$\frac{\partial}{\partial \boldsymbol{\beta}} (\boldsymbol{\beta}^{\mathrm{T}} \boldsymbol{Q} \boldsymbol{\beta}) = 2 \boldsymbol{Q} \boldsymbol{\beta}$$

12. 证明:对任意 $(n+1) \times (n+1)$ 矩阵 $\boldsymbol{M}$,有

$$\boldsymbol{\beta}^{\mathrm{T}} \boldsymbol{M} \boldsymbol{\beta} = \boldsymbol{\beta}^{\mathrm{T}} \left(\frac{\boldsymbol{M} + \boldsymbol{M}^{\mathrm{T}}}{2} \right) \boldsymbol{\beta}$$

由习题 11 的一般结果我们能得到什么? 对于 $f(\boldsymbol{\beta}) = \boldsymbol{\beta}^{\mathrm{T}} \boldsymbol{Q} \boldsymbol{\beta}$,计算 $\partial f / \partial \boldsymbol{\beta}$,其中

$$\boldsymbol{\beta} = [\beta_0, \beta_1, \beta_2]^{\mathrm{T}}, \quad \boldsymbol{Q} = \begin{bmatrix} 1 & 2 & 3 \\ 4 & 5 & 6 \\ 7 & 8 & 9 \end{bmatrix}$$

由单变量微积分,我们知道

$$\frac{\mathrm{d}}{\mathrm{d}x}(cx) = c \quad \text{和} \quad \frac{\mathrm{d}}{\mathrm{d}x}(cx^2) = 2cx$$

在(12)中,已经定义了向量的微分,由习题 9 和习题 11 可得

$$\frac{\partial}{\partial \boldsymbol{\beta}} (\boldsymbol{\beta}^{\mathrm{T}} \boldsymbol{c}) = \boldsymbol{c}, \quad \frac{\partial}{\partial \boldsymbol{\beta}} (\boldsymbol{\beta}^{\mathrm{T}} \boldsymbol{Q} \boldsymbol{\beta}) = 2 \boldsymbol{Q} \boldsymbol{\beta}$$

对对称矩阵 $\boldsymbol{Q}$ 应用这两个结果,求得 $\boldsymbol{\beta}$ 最优的最小二乘值,记为 $\hat{\boldsymbol{\beta}}_{\mathrm{LS}}$,由(10)有

$$0 = \frac{\partial SS(\boldsymbol{\beta})}{\partial \boldsymbol{\beta}} = \frac{\partial(\boldsymbol{\beta}^{\mathrm{T}}\boldsymbol{S}^{\mathrm{T}}\boldsymbol{S}\boldsymbol{\beta} - 2\boldsymbol{\beta}^{\mathrm{T}}\boldsymbol{S}^{\mathrm{T}}\boldsymbol{P} + \boldsymbol{P}^{\mathrm{T}}\boldsymbol{P})}{\partial \boldsymbol{\beta}} = 2\boldsymbol{S}^{\mathrm{T}}\boldsymbol{S}\boldsymbol{\beta} - 2\boldsymbol{S}^{\mathrm{T}}\boldsymbol{P}$$

(注意, $\boldsymbol{S}^{\mathrm{T}}\boldsymbol{S}$ 是对称的), 对可逆矩阵 $\boldsymbol{S}^{\mathrm{T}}\boldsymbol{S}$ 蕴含了

$$\hat{\boldsymbol{\beta}}_{\mathrm{LS}} = (\boldsymbol{S}^{\mathrm{T}}\boldsymbol{S})^{-1}\boldsymbol{S}^{\mathrm{T}}\boldsymbol{P} \tag{13}$$

对表 1 中相应的 $\boldsymbol{S}$ 和 $\boldsymbol{P}$, 有

$$\hat{\boldsymbol{\beta}}_{\mathrm{LS}} = [2.050, 0.835, 4.156, 3.335, -4.159]^{\mathrm{T}} \tag{14}$$

注意, 除了对 β_0 的估计值外, (2) 和 (14) 给出的 $\boldsymbol{\beta}$ 的估计值是合理的.

小结: 对给定矩阵 $\boldsymbol{S}$ 和向量 $\boldsymbol{P}$, 对 $\boldsymbol{P}$ 拟合 $\boldsymbol{S}\boldsymbol{\beta}$, 最优的 $\boldsymbol{\beta}$ (用最小二乘法) 由 (13) 给出.

习题

13. 利用 (13) 求解如下问题:

(a) 求过点 $(-2,1)$, $(0,3)$, $(3,5)$ 的最佳拟合 (最小二乘) 直线, 并且画出这三个点和最小二乘直线.

(b) 同样地, 求通过原点拟合点 $(-1,-1)$ 和 $(1,2)$ 的最佳拟合 (最小二乘) 直线 (提示: 在这种情况下, 矩阵 $\boldsymbol{S}$ 实际上不包含全由 1 构成的列向量). 另外, 画出过这两个点及通过原点的最小二乘曲线.

$$\beta_0 + \beta_1(传球成功百分比) + \beta_2(平均每次传球码数) +$$
$$\beta_3(传球达阵百分比) + \beta_4(传球被截百分比)$$

的拟合值非常接近表 1 中给出的舍入评分值, 其中 $\boldsymbol{\beta} = \hat{\boldsymbol{\beta}}_{\mathrm{LS}}$. 除 Dan Marino 外, 所有四分卫评分的误差都小于 0.05, 而 Dan Marino 的评分误差约为 0.051 7 (最小二乘法并不能保证所有误差都小于 0.05). 所以, 线性模型的假设是合理的. 对 $\boldsymbol{\beta}$ 的分量, 假设 NFL 使用 "好" 的合理值, 评分公式就为

$$评分 = \frac{25 + 10(传球成功百分比) + 50(平均每次传球码数) + 40(传球达阵百分比) - 50(传球被截百分比)}{12} \tag{15}$$

(相应地 $\boldsymbol{\beta} = [2.0\dot{3}, 0.8\dot{3}, 4.1\dot{6}, 3.\dot{3}, -4.1\dot{6}]^{\mathrm{T}}$;参见(14)).这个公式确实得到了表 1 中舍入到十分位的评分.

4. 模型与外推法

对模型的验证是看它对没有用过的数据吻合得怎样.因此,为了证实(15)确实是 NFL 对传球手评分的方法,还应看它是否适用于处理表 1 以外的数据.我们发现它适用于几乎所有的传球手.该公式对于那些只有很少传球的传球手,似乎偶尔有失败. Hollander[1996, 392—393]列出了 1995 赛季所有至少传球一次的传球手的评分,我们看到旧金山的外接手 Jerry Rice 在 1995 年有一次 41 码传球达阵,因此用(15)计算他 1995 年的评分为

$$\frac{25 + 10 \times 100 + 50 \times 41 + 40 \times 100 - 50 \times 0}{12} = 589.6$$

然而 1995 年 Rice 的实际评分是 158.3.作为建模问题中的更一般情况,不应该假设一个建立在特定数据上的模型(例如,传球次数相当多的传球手)对其他数据同样适用(例如,仅有有限传球次数的传球手).通过对所获得的 National Football League[1977]一个文件分析可以得出这样的结论:用(15)计算的评分与 NFL 评分一致的传球手都满足下列不等式

$$30 \leqslant 传球成功百分比 \leqslant 77.5$$

$$3.0 \leqslant 平均每次传球码数 \leqslant 12.5$$

$$0 \leqslant 传球达阵百分比 \leqslant 11.875$$

$$0 \leqslant 传球被截百分比 \leqslant 9.5$$

这些不等式对几乎所有传球手都成立.实际的评分方法并不是这样陈述的,而是从 National Football League[1977]列出的各种表中获取的变量信息,得到

$$NFL\ 评分 = \left[\frac{5}{6}(传球成功百分比 - 30)\right] + \left[\frac{25}{6}(平均每次传球码数 - 3)\right] +$$

$$\left[\frac{10}{3}(传球达阵百分比)\right]+\left[\frac{25}{12}(19-2(传球被截百分比))\right] \qquad (16)$$

这里,可以理解为在方括号内的任何值被截断为不小于零且不大于475/12.这意味着最小评分是0,最大评分是158.$\dot{3}$.顺便说一下,自从1932赛季开始,NFL已经采用了大量技术对球员进行评分,例如,从1932年到1937年,球员按传球总码数排名,1938年至1940年则按传球成功率排名,接下来的年份中又用了各种总体上更复杂的评分体系,当前的评分系统是在1973年开始采用的.

习题

14. 证明:当上述不等式成立时,(16)可以简化为(15).

15. 很多人对NFL传球手评分方法提出了批评.华尔街日报[Barra和Neyer,1995]上甚至还出现过替代方法的建议.哈佛大学统计学家Carl Morris指出NFL评分有下列缺陷:多数传球手通过额外的但不能得分的传球提高自己的评分.证明这种说法确实存在于评分小于83.$\dot{3}$的球员中(假设(16)简化为(15)的必要条件成立).

16. 全美大学生体育协会(NCAA)传球手也是通过一个评分公式来进行排名的,但与NFL的评分公式不同.表2给出了13名球员的相关统计数据(见Bollig[1991]).

表2 一些NCAA四分卫的传球统计数据

球员	传球数	传球成功数	传球码数	传球达阵数	传球被截数	NCAA评分
John Elway	1 246	774	9 349	77	39	139.3
Jim Everett	923	550	7 158	40	30	132.5
Doug Flutie	1 270	677	10 579	67	54	132.2
Bert Jones	418	221	3 255	28	16	132.7
Tommy Kramer	1 036	507	6 197	37	52	100.9
Archie Manning	761	402	4 753	31	40	108.2
Jim McMahon	1 060	653	9 536	84	34	156.9
Joe Montana	515	268	4 121	25	25	127.3

续表

球员	传球数	传球成功数	传球码数	传球达阵数	传球被截数	NCAA评分
Rodney Peete	972	571	7 640	52	32	135.8
Vinny Testaverde	674	413	6 058	48	25	152.9
Joe Theismann	509	290	4 411	31	35	136.1
Andre Ware	1 074	660	8 202	75	28	143.4
Steve Young	908	592	7 733	56	33	149.8

　　假设 NCAA(National Collegiate Athletic Association)使用了与 NFL 方法相同的四个传球统计数据的线性组合,使用适当的软件估计 NCAA 的评分公式(关于 NCAA 评分方法的部分基本原理,在 Bollig[1991,4]和 Summers [1993,8]中给出;对于 NFL 的评分方法并没有公布其基本原理).此外,如果 NFL 采用 NCAA 评分方法,表 1 中 22 名四分卫的排序将如何改变呢? 顺便说一句,加拿大橄榄球联盟和世界美式足球联盟,对 NFL 显然是使用了相同的传球手评分方法.

5. 结束语

　　在大多数情况下,NFL 的传球手评分是传球成功率、平均每次传球码数、传球达阵率、传球被截率四个传球统计数据的线性组合.我们用两种不同的方法估计线性模型系数.第 3 节介绍的最小二乘法优于第 2 节的简单方法,因为前者利用了所有数据.然而,还有其他的方法来做改进.最后,我们简要地讨论两种替代最小二乘的方法.

　　最小误差平方和的一种替代方法是最小化绝对误差的总和,即求 $\boldsymbol{\beta}$,使得下式最小

$$\sum_{i=1}^{n} |P_i - (\boldsymbol{S\beta})_i|$$

其中 n 是球员数.另一种替代方法是求 $\boldsymbol{\beta}$,使得下式最小

$$\max_i |P_i - (\boldsymbol{S\beta})_i|$$

有趣的是,这两种替代方法均可以转换为线性规划问题——满足线性不等式约束的线

性函数的优化问题,这个线性规划问题已有有效的计算机代码.

例如,第二种替代方法可以构成以下线性规划问题:

$$\min z$$

$$\text{s.t.} \begin{cases} z+(\boldsymbol{S\beta})_i \geqslant P_i, i=1,2,\cdots,n \\ z-(\boldsymbol{S\beta})_i \geqslant -P_i, i=1,2,\cdots,n \end{cases}$$

为了了解为什么是这种情况,注意每对不等式约束条件都等价于

$$z \geqslant |P_i-(\boldsymbol{S\beta})_i|$$

因此,对于任何的最优解$(z,\boldsymbol{\beta})=(z^*,\boldsymbol{\beta}^*)$,最优的$z^*$下降至$n$个下界$|P_i-(\boldsymbol{S\beta})_i|$的最大值,即

$$z^* = \max_i |P_i-(\boldsymbol{S\beta}^*)_i|$$

而$\boldsymbol{\beta}^*$是$\boldsymbol{\beta}$的一个最佳选择.对两种替代方法的更多信息,可参见 Chvátal [1983,221—227].

线性规划问题允许有不等式约束.如果采取第一种替代方法,可以增加线性不等式约束来匹配观察到的舍入到十分位的评分.需要注意的是这样的约束,第二种替代方法中将不再需要,除非,如 Carter 和 Sloan [1996,330]中根据不同的精度而给出评分.不管怎样,最后两种替代方法可以这样实现,通过拟合评分,直到与所需要的小数位数相匹配.第 3 节的最小二乘法则不能保证这样舍入的正确性.

6. 习题解答

1. 用(2)中给出的$\boldsymbol{\beta}$值得到的线性模型可以很好地为 22 名四分卫评分;线性模型似乎是合理的.对于 22 名四分卫中的 13 名的评分在舍入到十分位时与表 1 的结果不同,其中 Troy Aikman 的误差最大,约为 0.256.

2. 求解两个方程组,可得$\boldsymbol{x}=[1,0]^{\mathrm{T}}, \boldsymbol{x}+\Delta\boldsymbol{x}=[0,1]^{\mathrm{T}}$,因此$\Delta\boldsymbol{x}=[-1,1]^{\mathrm{T}}, \|\boldsymbol{x}\|_\infty = 1$.由于

$$A^{-1} = \begin{bmatrix} 101 & -100 \\ -100 & 100 \end{bmatrix}$$

有

$$\|A^{-1}\|_{\infty}=201, \qquad \|\Delta x\|_{\infty} \leqslant \|A^{-1}\|_{\infty} \|\Delta b\|_{\infty} \leqslant 201\times0.01=2.01$$

3. 由提示,根据 b_{ij} 的符号,当 w 的分量为 ±1 时,$(Bw)_i=\sum_{j=1}^{n}b_{ij}w_j$ 在 $\|w\|_{\infty}=1$ 上达到最大值.

6. (a) $\kappa(I)=\|I\|_{\infty}\|I^{-1}\|_{\infty}=\|I\|_{\infty}\|I\|_{\infty}=1\times1=1.$

(b) $\kappa(A^{-1})=\|A^{-1}\|_{\infty}\|(A^{-1})^{-1}\|_{\infty}=\|A^{-1}\|_{\infty}\|A\|_{\infty}=\kappa(A).$

(c) $\kappa(cA)=\|cA\|_{\infty}\|(cA)^{-1}\|_{\infty}=\|cA\|_{\infty}\|(1/c)A^{-1}\|_{\infty}=|c|\|A\|_{\infty}$ $|1/c|\|A^{-1}\|_{\infty}=\|A\|_{\infty}\|A^{-1}\|_{\infty}=\kappa(A)$,其中 c 是非零常数.

(d) $1=\|I\|_{\infty}=\|AA^{-1}\|_{\infty}\leqslant\|A\|_{\infty}\|A^{-1}\|_{\infty}=\kappa(A).$

7. (a) 因为 $Ax_L=\lambda_L x_L$,所以有

$$\|A\|_{\infty}=\max_{x\neq0}\frac{\|Ax\|_{\infty}}{\|x\|_{\infty}}\geqslant\frac{\|Ax_L\|_{\infty}}{\|x_L\|_{\infty}}=\frac{\|\lambda_L x_L\|_{\infty}}{\|x_L\|_{\infty}}=|\lambda_L|\frac{\|x_L\|_{\infty}}{\|x_L\|_{\infty}}=|\lambda_L|$$

由 $Ax_S=\lambda_S x_S$,有 $x_S=A^{-1}\lambda_S x_S$,或 $A^{-1}x_S=(1/\lambda_S)x_S$,如上面同样的讨论有

$$\|A^{-1}\|_{\infty}\geqslant\left|\frac{1}{\lambda_S}\right|$$

因此 $\kappa(A)=\|A\|_{\infty}\|A^{-1}\|_{\infty}\geqslant\dfrac{|\lambda_L|}{|\lambda_S|}.$

(b) $404.01=\kappa(A)\geqslant\dfrac{|\lambda_L|}{|\lambda_S|}\approx\dfrac{2.005\ 012\ 5}{0.004\ 987\ 5}\approx402.007\ 518\ 8.$

8. 结果会随收集到的数据变化而不同.由表 3 的数据,有方程组

$$\begin{bmatrix} 6 & 5 & 16 \\ 5 & 10 & 15 \\ 11 & 6 & 5 \end{bmatrix}\cdot(\beta+\Delta\beta)=(A+\Delta A)\cdot(\beta+\Delta\beta)=(r+\Delta r)=\begin{bmatrix} 180 \\ 200 \\ 120 \end{bmatrix}$$

表3　习题8的样本数据

食品	热量/cal	碳水化合物/g	蛋白质/g	脂肪/g
混合果子	180	6	5	16
花生酱	200	5	10	15
2%牛奶	120	11	6	5

（a）求解这个方程组，得到 $\boldsymbol{\beta}+\Delta\boldsymbol{\beta} \approx [3.90, 6.34, 7.80]^{\mathrm{T}}$，根据 Brody[1987, 102]，例如，$\boldsymbol{\beta} = [4, 4, 9]^{\mathrm{T}}$（参见 Johnson[1995]，用第 3 节的最小二乘法估计 $\boldsymbol{\beta}$）。

（b）从收集到的数据，自然假设热量舍入到十位，碳水化合物的克数、蛋白质的克数以及脂肪的克数则都舍入到克。因此

$$\| \Delta r \|_{\infty} \leq 5.0, \quad 195.0 \leq \| r \|_{\infty} \leq 205.0$$

用（6），并注意 $\boldsymbol{A}+\Delta\boldsymbol{A}$ 行和（每个元素都为正的矩阵）是 27, 30 和 22，我们有

$$\| \Delta \boldsymbol{A} \|_{\infty} \leq 0.5 + 0.5 + 0.5 = 1.5, \quad 28.5 \leq \| \boldsymbol{A} \|_{\infty} \leq 30 + 1.5 = 31.5$$

因此

$$\frac{\| \Delta \boldsymbol{\beta} \|_{\infty}}{\| \boldsymbol{\beta} \|_{\infty}} \leq \frac{\kappa(\boldsymbol{A}) \left(\dfrac{1.5}{28.5} + \dfrac{5.0}{195.0} \right)}{1 - \kappa(\boldsymbol{A}) \left(\dfrac{1.5}{28.5} \right)}$$

注意 $\kappa(\boldsymbol{A}) = \| \boldsymbol{A} \|_{\infty} \| \boldsymbol{A}^{-1} \|_{\infty} \leq 31.5 \| \boldsymbol{A}^{-1} \|_{\infty}$，但 $\| \boldsymbol{A}^{-1} \|_{\infty}$ 的上界不容易得到。可以用一个粗略的方法来估计

$$\| \boldsymbol{A}^{-1} \|_{\infty} \approx \| (\boldsymbol{A}+\Delta\boldsymbol{A})^{-1} \|_{\infty} = \left\| \begin{bmatrix} 6 & 5 & 16 \\ 5 & 10 & 15 \\ 11 & 6 & 5 \end{bmatrix}^{-1} \right\|_{\infty}$$

其值约为 0.361。

10.
$$\frac{\partial f}{\partial \boldsymbol{\beta}} = 2 \boldsymbol{Q} \boldsymbol{\beta} = 2 \begin{bmatrix} \beta_0 + 2\beta_1 + 3\beta_2 \\ 2\beta_0 + 4\beta_1 + 5\beta_2 \\ 3\beta_0 + 5\beta_1 + 6\beta_2 \end{bmatrix}$$

11. 二次型 $\boldsymbol{\beta}^{\mathrm{T}} \boldsymbol{Q} \boldsymbol{\beta}$ 可写为

$$\sum_{i=0}^{n} \sum_{j=0}^{n} \beta_i Q_{ij} \beta_j = \sum_{k=0}^{n} Q_{kk} \beta_k^2 + \sum_{i \neq j} \beta_i Q_{ij} \beta_j$$

因此

$$\frac{\partial \boldsymbol{\beta}^{\mathrm{T}} \boldsymbol{Q} \boldsymbol{\beta}}{\partial \beta_t} = 2 \beta_t Q_{tt} + \sum_{j \neq t} Q_{tj} \beta_j + \sum_{i \neq t} \beta_i Q_{it} = 2 \beta_t Q_{tt} + \sum_{j \neq t} Q_{tj} \beta_j + \sum_{i \neq t} Q_{ti} \beta_i$$

最后一个等式是由矩阵 $\boldsymbol{Q}$ 的对称性得到的，因此

$$\frac{\partial \boldsymbol{\beta}^{\mathrm{T}} \boldsymbol{Q} \boldsymbol{\beta}}{\partial \beta_t} = 2 \sum_{i=0}^{n} Q_{ti} \beta_i = 2 (\boldsymbol{Q}\boldsymbol{\beta})_t$$

进而可得所要的结果.

13. (a) $\sum_i [y_i - (\beta_0 + \beta_1 x_i)]^2 = (\boldsymbol{S}\boldsymbol{\beta} - \boldsymbol{P})^{\mathrm{T}} (\boldsymbol{S}\boldsymbol{\beta} - \boldsymbol{P})$,其中 $\boldsymbol{P} = [1,3,5]^{\mathrm{T}}$,

$$S = \begin{bmatrix} 1 & -2 \\ 1 & 0 \\ 1 & 3 \end{bmatrix}$$

$\boldsymbol{\beta} = [\beta_0, \beta_1]^{\mathrm{T}}$.由(13)可得 $\hat{\boldsymbol{\beta}}_{\mathrm{LS}} = \frac{1}{38} [104, 30]^{\mathrm{T}}$,因此最小二乘直线为

$$y = \frac{1}{38} (104 + 30x)$$

(b) $\sum_i [y_i - \beta_0 x_i]^2 = (\boldsymbol{S}\boldsymbol{\beta} - \boldsymbol{P})^{\mathrm{T}} (\boldsymbol{S}\boldsymbol{\beta} - \boldsymbol{P})$,其中 $\boldsymbol{P} = [-1,2]^{\mathrm{T}}$,$\boldsymbol{S} = [-1,1]^{\mathrm{T}}$,$\boldsymbol{\beta} = [\beta_0]$.由(13)可得 $\hat{\boldsymbol{\beta}}_{\mathrm{LS}} = [1.5]$,因此通过原点的最小二乘直线为 $y = 1.5x$.

14. 注意当不等式成立时,(16)中的[ ]可以去掉,结果的表达式简化为(15).

15. 假设传球手传了 A 次球,其评分为 R_C,而下一个传球完成但没有得分,其评分为 R_N,则由(15)有

$$12 R_N (A+1) = 12 R_C A + 1\ 000$$

或

$$R_N = R_C + \frac{1}{A+1} \left(\frac{1\ 000}{12} - R_C \right)$$

当 $R_C < 1\ 000/12 = 83.\dot{3}$ 时,$R_N > R_C$.

16. 根据 Hagwell[1993,8—9],NCAA 球员可用下式进行评分:

传球成功百分比 + 8.4(平均每次传球码数) + 3.3(传球达阵百分比) −

2.0(传球被截百分比)

用计算机软件,对

$a + b$(传球成功百分比) $+ c$(平均每次传球码数) $+$

d(传球达阵百分比) $+ e$(传球被截百分比)

求得最小二乘拟合评分

$$1.54+0.949(传球成功百分比)+8.73(平均每次传球码数)+$$

$$3.16(传球达阵百分比)-2.06(传球被截百分比)$$

如果用下式来代替拟合评分公式

$$a(传球成功百分比)+b(平均每次传球码数)+$$

$$c(传球达阵百分比)+d(传球被截百分比)$$

(没有增加常数项),可得

$$0.972(传球成功百分比)+8.74(平均每次传球码数)+$$

$$3.14(传球达阵百分比)-2.00(传球被截百分比)$$

Joe Montana 的数据对两个模型而言都显得异常,因为其实际评分和两个模型计算所得的拟合评分都相差较大.然而,如果我们去掉 Montana 的数据而用剩余的数据再进行拟合,两个模型的相应系数并无太大变化.一种观点认为,Montana 的数据对其他数据来说权重不大.在一些最小二乘法的应用中,当一个观察样本被忽略时,$\hat{\boldsymbol{\beta}}_{LS}$ 值的变化相当大,这样的观察样本称为大权重者.对异常值和大权重观察者的讨论可参见 Draper 和 Smith[1981].

如果应用 NCAA 的公式,并进行舍入运算,我们得到表 2 中除了 Joe Montana 外所有球员的 NCAA 评分(NCAA 公式对他的评分是 125.6,而不是 127.3).据推测,在 Bollig [1991,160]中列出的 Joe Montana 的一些数据有错.把有误差的观察者作为异常值是有意义的,然而,如果一个观察数据是异常值,不一定意味着它是错误的.

参考文献

Barra Allen, Rob Neyer. 1995. When rating quarterbacks, yards per throw matters. Wall Street Journal: B5.

Bollig Laura. 1991. NCAA Football's Finest. Overland Park, KS: National Collegiate Athletic Association.

Brody Jane. 1987. Jane Brody's Nutrition Book. NewYork, NY: Bantam Books.

Carter Craig, Dave Sloan. 1996. The Sporting News Pro Football Guide: 1996 Edition. St. Louis, MO: Sporting News Publishing Company.

Chvátal, Vašek. 1983. Linear Programming. New York: W.H. Freeman.

Draper Norman, Harry Smith. 1981. Applied Regression Analysis. 2nd ed. NewYork: John Wiley.

Ellis Elaine. 1993. Mathematics prof. finds NFL secret. The Carleton Voice, 58(4): 10—11. Northfield, MN: Carleton College.

Famighetti Robert. 1996. The World Almanac and Book of Facts 1997. Mahwah, NJ: K-III Reference Corporation.

Hagwell Steven. 1993. 1993 Football Statistician's Manual. Overland Park, KS: National Collegiate Athletic Association.

Hollander Zander. 1996. The Complete Handbook of Football: 1996 Edition. New York: Penguin Books.

Johnson Roger. 1993. How does the NFL rate the passing ability of quarterbacks? College Mathematics Journal, 24 (5): 451—453.

Johnson Roger. 1994. Rating quarterbacks: An amplification. College Mathematics Journal, 25 (4): 340.

Johnson Roger. 1995. A multiple regression project. Teaching Statistics, 17 (2): 64—66.

Marshall Joe. 1997. Sports Illustrated 1997 Sports Almanac. Boston, MA: Little, Brown and Company.

National Football League. 1977. National Football League Passer Rating System. New York: NFL.

Strang Gilbert. 1988. Linear Algebra and Its Applications. 3rd ed. San Diego, CA: Harcourt, Brace, Jovanovich.

Summers J. 1993. Official 1993 NCAA Football. OverlandPark, KS: National Collegiate Athletic Association.

Watkins David. 1991. Fundamentals of Matrix Computations. New York: John Wiley.

3 Q 与 K 相邻的概率——随机排列中的并置与游程

The Probability That a Queen Sits Beside a King: Juxtapositions and Runs in a Random Permutation

吴孟达　编译　韩中庚　审校

摘要:

本文讨论随机排列问题,主要讨论不同类型物体的并置数和游程数的概率、期望与方差.以扑克牌为例进行具体描述,例如,QK 并置的概率是多少? QK 并置的平均值有多少? 方差是多少? 作为统计课程的一部分,此模型为通常的游程分布理论的自然延伸.

原作者:

John M. Holte

Department of Mathematics and

Computer Science

Gustavus Adolphus College

St. Peter, MN 56082

holte@ gac.edu

Mark M. Holte

1410 Krause Pl. Mt. Vernon, WA 98274

Kenneth A. Suman

Department of Mathematics and Statistics

Winona State University

Winona, MN 55987

wnsuman@ vax2.winona.msus.edu

发表期刊:

The UMAP Journal, 1998, 19(4):374—394.

数学分支:

组合数学、概率论

应用领域:

统计学、应用概率、趣味数学

授课对象:

学习组合数学或数理统计课程的学生

预备知识:

组合数学:加法和乘法原理,排列、组合、球入盒的分布.

概率论:试验序列成功次数的比例,离散随机变量的期望、方差,以及它们的性质.

统计学:假设检验(用于某些习题).

最后,数学软件的应用是有益的.

目 录：

网上更多……   本文英文版

1. 引言

假定将一副普通的扑克牌①完全洗乱,然后将它们排成一长列,那么,一张 Q (Queen)与一张 K(King)相邻的概率有多大? 或者是一张梅花与一张方块相邻、一张人头牌与一张 A(Ace)相邻的概率有多大? 更一般地,若把 n 个多种类型的物体随机地排成一列,某两类指定物体有 j 次相邻的概率有多大?

初看上去,要得到这个问题的显式解相当困难.事实上,早期发表的一个关于没有 Q-K 并置情形的解[Singmaster,1991],完全依赖于递归关系的计算.而事实上,对于学习过组合计算或者离散型概率的大学生,给出此类问题的显式解并不是困难的事情.进一步,并置(juxtaposition)问题与确定随机游程(run)的分布问题密切相关,后者在许多大学数理统计课程中有研究,其解至少在 1886 年已发表(见[Whitworth,1886,习题 193, 194]),还可参阅 Barton 与 David 的"Multiple runs"([Barton 和 David,1957,168]).事实上,这里给出的关于并置问题的解是随机游程问题解的自然延伸.

关于 AK 并置的特殊情形,Holte John 与 Mark Holte[1993]给出了 j 个并置的显式解. 关于 k 类物体两两不相邻的显式解见[Suman,1993].本文中,我们将沿用并拓展这些论文的研究方法,用以研究随机排列的多类物体中,某两类物体恰好有 j 个并置出现的概率.

进一步,我们还研究了并置数的期望与方差,此研究给出了讨论相关随机变量之和的矩的一个很好的例证.

2. QK 并置的概率

我们先来讨论将一副扑克牌完全打乱后排成一排,恰好出现 j 个 QK 按指定顺序并

---

① 本文中的一副扑克牌为 52 张,无王——译者注.

置的概率.这里,我们暂且假设 4 个 Q(Queen)相同,4 个 K(King)相同,其余 44 张牌也相同,记为 N.显然,如果我们能够求出此种假设下符合条件的排列种数,再乘以 4! 4! 44!,便可以得到所有牌都各不相同情形下符合条件的排列种数.

一副扑克牌的排列可以是这样的：

NNNNNNQNNNNNQKNNNNQNNNNNNNNNKNNNNNNNNNNKNNNNQNNNKNNNNN

去除所有的 N,我们得到

$$Q \quad QK \quad Q \quad K \quad K \quad Q \quad K$$

这时,有 3 个潜在的 QK 并置,而在原来的排列中,实际上只有 1 个 QK 并置.

让我们来计算 4 张 Q 与 4 张 K 做排列,恰好出现 m 个(潜在的)QK 并置的排列种数.先单独考虑 Q,将可能形成 QK 并置的 m 个位置用记号"│"标识,以上述例子为例,$m=3$,标记为

$$Q \ Q \mid Q \mid Q \mid$$

这样的不同标记有 $\binom{4}{m}$ 组.同样,若单独考虑 K,不同的标记也有 $\binom{4}{m}$ 组.所以 4 张 Q 与 4 张 K 恰好有 m 个(潜在的)QK 并置的排列种数为

$$\binom{4}{m}^2$$

接下来,将 44 张 N 放回到排列中,讨论恰好有 j 个实际 QK 并置的排列数量.将 4 张 Q 与 4 张 K 的前、后以及中间的 9 个空位视为盒子.从 m 个 QK 盒子中选取 j 个为空,不同取法共有 $\binom{m}{j}$ 种.为了保证不会有多于 j 个的实际 QK 并置,在其余的 $m-j$ 个 QK 盒子中分别插入 1 个 N,然后将剩余的 $44-(m-j)$ 张 N 插入其余的不为空的 $9-j$ 个盒子.

这里及以后需要用到一个公式：将 r 个相同球放入 u 个盒子,放法种数共有

$$\binom{r+u-1}{u-1} \text{①}$$

---

① 该式子的推导属于古典概率计算经典内容,此处从略,有兴趣者可参阅概率论教材——译者注.

所以,将 44-(m-j) 张 N 插入 9-j 个位置的方式共有

$$\binom{(44-(m-j))+(9-j)-1}{(9-j)-1}=\binom{52-m}{8-j}$$

因此,对于有 m 个潜在 QK 并置和 j 个实际 QK 并置的扑克牌排列,排列种数为

$$\binom{4}{m}^2\binom{m}{j}\binom{52-m}{8-j}$$

最后,乘以 4! 4! 44!,然后对所有可能的 m(j≤m≤4) 求和,再除以所有排列种数 52!,便得到了恰好有 j 个 QK 并置的概率 q_j:

$$q_j=\sum_{m=j}^{4}\binom{4}{m}^2\binom{m}{j}\binom{52-m}{8-j}\frac{4!\ 4!\ 44!}{52!}$$

q_j 的近似值如表 1 所示.

表1

j	0	1	2	3	4
q_j	0.718 7	0.255 6	0.025 0	0.000 7	4×10^{-6}

关于 Q 与 K 不分先后的并置的概率计算,下节讨论.

习题

1. 对 4 个 Q 和 4 个 K,列出恰有 3 个 QK 并置的所有 $\binom{4}{3}^2$ 个排列.

2. 假如在一副扑克牌中只保留 2 张 Q、2 张 K 和 1 张 A,去除其余牌,应用上述分析方法填上表 2 中的空白项,并计算恰有 j 个 QK 并置的概率 q_j.

表2

m	Q 的后继位置	K 的前置位置	KQ 序列	插入 A 的方式数		
				j=0	j=1	j=2
m=0	QQ	KK	KKQQ			
m=1	QIQ	IKK		1	4	0

续表

m	Q 的后继 位置	K 的前置 位置	KQ 序列	插入 A 的方式数		
				$j=0$	$j=1$	$j=2$
$m=1$	QIQ	KIK	KQKQ			
$m=1$	QQI	IKK		1		
$m=1$	QQI	KIK	KQQK			
$m=2$	QIQI	IKIK	QKQK			

3. 并置与游程

考虑互不相同的 n 个物体,其中有 a 个 A 类物体,b 个 B 类物体,其余 $c=n-a-b$ 个物体记为 C 类.在这 n 个物体的随机排列中,恰好有 j 个 A 类物体与 B 类物体(不分先后)相邻情形发生的概率是多少?

暂且认为所有 A 类(同样,所有 B 类)物体不可区分,令 A⁺表示一串连续排列的 A,同样定义 B⁺.在由 a 个 A 与 b 个 B 构成的排列中,A⁺与 B⁺将交替出现,它们各自的数目或者相同,或者相差 1 个,设 i 为两个数目中较小的数字,表 3 列出了所有可能出现的情形.

表 3　游程排列模式表

排列模式	A⁺的个数	B⁺的个数	AB 的个数	BA 的个数	并置数
A⁺B⁺A⁺···A⁺B⁺	i	i	i	$i-1$	$2i-1$
A⁺B⁺A⁺···B⁺A⁺	$i+1$	i	i	i	$2i$
B⁺A⁺B⁺···A⁺B⁺	i	$i+1$	i	i	$2i$
B⁺A⁺B⁺···B⁺A⁺	i	i	$i-1$	i	$2i-1$

每个 A⁺(或 B⁺)表示 A 类(B 类)物体的一个"随机游程"或简称"游程".一个 A 与 B 构成的序列有 m 个 AB 及 BA 并置的充分必要条件是:该序列的 A,B 游程共有 $m+1$ 个.在由 a 个 A 与 b 个 B 构成的排列中,令 $R_k=R_k(a,b)$ 表示有 k 个 A,B 游程的排列数目.于是,在由 a 个 A 与 b 个 B 构成的排列中,恰好产生 m 个 AB 及 BA 并置的排列数目为 $R_{m+1}(a,b)$.关于 $R_{m+1}(a,b)$ 的计算,(1)式是随机游程理论中众所周知的公式,可参阅参考文献[David 和 Barton,1962,6]、[Freund,1992,594—595]、[Hogg 和 Craig,1995,

517—519]、[Hogg 和 Tanis,1993,10.6 节]、[Ross,1994,47—49,57—58].我们接下来将给出此公式的推导过程,对其熟悉的读者,可跳过此段.关于出现 k 个游程的概率:

$$r_k(a,b) = \frac{R_k(a,b)}{\binom{a+b}{a}}$$

可以参见统计教程[Beyer,1968,表 X.6,412—424]以及[Swed 和 Eisenhart,1943].

现在,我们来计算上面表格中出现的模式所包含的排列数目.

在第 1 种排列模式 $A^+B^+A^+\cdots A^+B^+$ 中,除了最后一个 A 后面放一个 B^+ 之外,必须在另外 $i-1$ 个 A 的后面插入 $i-1$ 个 B^+,位置的选择有 $\binom{a-1}{i-1}$ 种方式.同理,除了最后一个 B 之外,还有 $b-1$ 个 B,必须从中选择 $i-1$ 个,位置的选择有 $\binom{b-1}{i-1}$ 种方式,所以共有 $\binom{a-1}{i-1}\binom{b-1}{i-1}$ 种排列方式得到模式 $A^+B^+A^+\cdots A^+B^+$.

对于第 2 种模式 $A^+B^+A^+\cdots B^+A^+$,有一个 A 必须排在最后,其余排在 i 个 B^+ 前的 A 的位置的选择有 $\binom{a-1}{i}$ 种方式.而对于 B,除了最后一个 B 之外,要从 $b-1$ 个 B 中选择 $i-1$ 个排在 A^+ 前,共有 $\binom{b-1}{i-1}$ 种方式,所以共有 $\binom{a-1}{i}\binom{b-1}{i-1}$ 种排列方式得到模式 $A^+B^+A^+\cdots B^+A^+$.

同样推导可应用于模式 $B^+A^+B^+\cdots A^+B^+$ 和 $B^+A^+B^+\cdots B^+A^+$,排列方式数目分别为 $\binom{b-1}{i}\binom{a-1}{i-1}$ 和 $\binom{b-1}{i-1}\binom{a-1}{i-1}$.

如果 $m=2i-1$(模式 1、模式 4),则具有 m 个并置的排列方式共有

$$R_{m+1} = R_{2i} = 2\binom{a-1}{i-1}\binom{b-1}{i-1}$$

如果 $m=2i$(模式 2、模式 3),则具有 m 个并置的排列方式共有

$$R_{m+1} = R_{2i+1} = \binom{a-1}{i}\binom{b-1}{i-1} + \binom{a-1}{i-1}\binom{b-1}{i}$$

为了将 m 为奇数与偶数的情形统一表示,引入符号"$\lfloor \cdot \rfloor$":

$$\lfloor n \rfloor = 不超过 n 的最大整数$$

则具有 m 个 AB 与 BA 并置的排列方式共有

$$R_{m+1}(a,b) = \binom{a-1}{\lfloor m/2 \rfloor}\binom{b-1}{\lfloor (m-1)/2 \rfloor} + \binom{a-1}{\lfloor (m-1)/2 \rfloor}\binom{b-1}{\lfloor m/2 \rfloor} \tag{1}$$

上式给出了 a 个 A 和 b 个 B 随机排列时,潜在的 AB 与 BA 并置的数目,接下来我们再加入 c 个 C,讨论恰好有 j 个实际并置的情形.将每个 A 或 B 看作"|",两个"|"之间(含最左边与最右边"|"的外侧)视为盒子,则 c 个 C 将被放入 $a+b+1$ 个盒子,并且要保证 m 个潜在空盒子(潜在并置)中恰好有 j 个是空的,表示 AB 或 BA 实际并置情形.这些空盒子的选择方式有 $\binom{m}{j}$ 种.为了保证不多于 j 个空盒子,在未被选中的其余 $m-j$ 个潜在空盒子中,每个放入一个 C,然后将其余 $c-(m-j)$ 个 C(视作相同)随意放入 $a+b+1-j$ 个盒子中,放法总数为

$$\binom{(c-(m-j))+(a+b+1-j)-1}{(a+b+1-j)-1} = \binom{n-m}{a+b-j}$$

在所有 A,B 之间的相对位置已确定的条件下,c 个 C 的放法总数为

$$\binom{n}{c} = \binom{n}{n-c} = \binom{n}{a+b}$$

因此,恰好有 j 个实际 AB 或 BA 并置的条件概率为

$$\frac{\binom{m}{j}\binom{n-m}{a+b-j}}{\binom{n}{a+b}} = h(j; a+b, m, n-m)$$

即为超几何分布概率,注意有

$$h(j; a+b, m, n-m) = h(m-j; c, m, n-m)$$

最后,考虑所有物体各不相同,则恰好有 j 个 AB 或 BA 并置的概率 p_j 为

$$p_j = \sum_m R_{m+1}(a,b)\binom{m}{j}\binom{n-m}{a+b-j}\frac{a!\ b!\ c!}{n!} \tag{2}$$

其中,$n=a+b+c$,关于所有满足 $\max\{j,1\}\le m\le 2\min\{a,b\}$ 的 m 进行求和.另外,p_j 也可以用随机游程分布概率以及超几何分布概率表示:

$$p_j = \sum_{m=\max\{j,1\}}^{2\min\{a,b\}} r(m+1;a,b)h(j;a+b,m,n-m)$$

例 1 一副扑克牌随机排列后,由(2)式可得,恰好出现 j 个 Q-K 相邻的概率($n=52,a=4,b=4$),表 4 列出了这些概率的近似值.

表 4

j	0	1	2	3	4	5	6	7
p_j	0.514	0.372	0.100	0.013	0.001	3×10^{-5}	4×10^{-7}	2×10^{-9}

例 2 一副扑克牌随机排列后,由(2)式可得,恰好出现 j 个梅花与方块相邻的概率($n=52,a=13,b=13$),表 5 列出了出现概率大于 0.01 的情形.

表 5

j	2	3	4	5	6	7	8	9	10	11
p_j	0.01	0.04	0.10	0.16	0.19	0.19	0.14	0.09	0.04	0.02

例 3 一副扑克牌随机排列后,由(2)式可得,恰好出现 j 个 A 与人头牌相邻的概率($n=52,a=4,b=12$),表 6 列出了这些概率的近似值.

表 6

j	0	1	2	3	4	5	6	7	8
p_j	0.114	0.296	0.320	0.189	0.066	0.014	0.002	0.000	0.000

习题

3. 设有 2 个 A,2 个 B 和 1 个 C,考虑它们构成的 5 个字母的 $5!/(2!\ 2!\ 1!)$ 个"词",对于每一个 i(A 与 B 的较小游程数)及可能性表中的每种模式,列出恰有 j 个 AB 与 BA 并置的所有"词".验证:$p_0=\dfrac{1}{15}$,$p_1=p_2=\dfrac{2}{5}$,$p_3=\dfrac{2}{15}$.

4. 3 个传染病患者、4 个健康人及 5 个免疫者随意站成一排,传染病患者与健康人相邻而站的概率有多大?

5. 有 12 根同样尺寸的条形物体,其中 6 根是条形磁铁棒,有 6 根是铁棒,它们按随意顺序被塞入一根塑料管中,有 3 根磁铁棒是按 N-S 方向塞入,另外 3 根是按 S-N 方向塞入,若同极性磁铁相邻,则会发生排斥,从而使 2 根磁铁棒之间产生"缝隙",问:产生 $j(j=0,1,\cdots,5)$ 个"缝隙"的概率是多少?

4. 有序的并置

本节讨论有先后顺序的并置,即 a 个 A,b 个 B 与 c 个 C 随机排列,恰好有 j 个 AB 并置的概率.先考虑 a 个 A 与 b 个 B 随机排列,有 m 个潜在 AB 并置的情形,回到前述游程排列模式表.

第 3 节已推导出四种排列模式各自包含的 A,B 排列方式种数分别为

$$\binom{a-1}{i-1}\binom{b-1}{i-1},\ \binom{a-1}{i}\binom{b-1}{i-1},\ \binom{b-1}{i}\binom{a-1}{i-1},\ \binom{b-1}{i-1}\binom{a-1}{i-1}$$

只有第四种模式产生了 $i-1$ 个 AB 并置,所以,恰有 i 个 AB 潜在并置的 A,B 排列方式一共有

$$\binom{a-1}{i-1}\binom{b-1}{i-1}+\binom{a-1}{i}\binom{b-1}{i-1}+\binom{b-1}{i}\binom{a-1}{i-1}+\binom{b-1}{i}\binom{a-1}{i}=\binom{a}{i}\binom{b}{i}$$

此式的推导有更简单的方法,留作习题.于是,恰有 j 个 AB 并置的概率为

$$q_j=\sum_{m=j}^{\min\{a,b\}}\binom{a}{m}\binom{b}{m}\binom{m}{j}\binom{n-m}{a+b-j}\frac{a!\ b!\ c!}{n!}$$

例 4   将单词"STATISTICS"的 10 个字母分别写在 10 张卡片上,然后将卡片随机排列,则由公式计算得到 j 个 ST 并置的概率如表 7 所示($n=10,a=3,b=3$).

表 7

j	0	1	2	3
q_j	$\dfrac{7}{24}=0.291\,\dot{6}$	$\dfrac{21}{40}=0.525\,0$	$\dfrac{7}{40}=0.175\,0$	$\dfrac{1}{120}=0.008\,\dot{3}$

习题

6. 应用组合计算方法推导:a 个 A 与 b 个 B 随机排列,恰好有 i 个 AB 并置的排列方式有 $\binom{a}{i}\binom{b}{i}$ 种.

7. 计算机系统有 6 个打印任务在排队,其中 2 个长任务,2 个中等长度任务,2 个短任务,如果随机排列打印顺序,问:没有一个短任务恰好在长任务之后打印的概率是多少?

8. 某统计课程有 30 个学生注册学习,其中 10 个数学专业女生(F),12 个数学专业男生(M),8 个非数学专业学生(N).在期中考试中,教授注意到一个现象:数学专业女生交卷后,常常紧跟着是一个数学专业男生交卷,于是,该教授有兴趣做一个如下假设检验:

H_0:所有学生的交卷顺序是随机的;

H_1:FM 组合数量有刻意成分.

以下是实际交卷顺序:

FMNNFFMFMNMNMFMMFFMNNMFMNMFMNF

计算概率 P(出现 7 个或以上 FM 组合 $|H_0$ 为真),在 5% 的显著性水平下,是否应当拒绝原假设 H_0?

5. 期望与方差

考虑 n 个不同物体随机排列,其中有 a 个 A 与 b 个 B,为了获得 A 与 B 相邻数量 T 的集中趋势及分布状况,我们来讨论 T 的期望与方差.T 的期望与方差分别为

$$\mu = \mathrm{E}(T) = \frac{2ab}{n}$$

$$\sigma^2 = \frac{2ab}{n}\left(1 - \frac{a+b}{n-1} + \frac{2ab}{n(n-1)}\right) = \mu\left(1 - \frac{a+b-\mu}{n-1}\right) = \frac{\mu(\mu+c-1)}{n-1}$$

其中, $c = n - a - b$.

例如, 当 T 为在扑克牌排列中 Q 与 K 相邻情形的数量, $n = 52$, $a = b = 4$, 由上式可以得到

$$\mu = \frac{2 \cdot 4 \cdot 4}{52} = \frac{8}{13}$$

$$\sigma^2 = \frac{8}{13}\left[1 - \left(4 + 4 - \frac{8}{13}\right)\Big/51\right] = \frac{1\,512}{2\,873}$$

标准差约为 0.725. 如果我们将 d 副扑克牌混在一起排列, 则有

$$\mu = \frac{2 \cdot 4d \cdot 4d}{52d} = \frac{8}{13}d$$

$$\sigma = \left\{(8d/13)\left[1 - (8d - 8d/13)/(52d-1)\right]\right\}^{1/2} \approx 0.73\sqrt{d}$$

依据公式（2）计算期望与方差, 比较烦琐. 下面, 我们将 T 表示成示性随机变量的和, 应用经典方法来计算 T 的期望与方差. 引入随机变量 $X_i (1 \leqslant i \leqslant n-1)$, 其定义如下:

$$X_i = \begin{cases} 1, & \text{若 AB 或 BA 出现在 } i \text{ 与 } i+1 \text{ 位置} \\ 0, & \text{否则} \end{cases}$$

则

$$T = \sum_{i=1}^{n-1} X_i$$

易知,

$$\mathrm{E}(X_i) = P(X_i = 1) = (a/n)(b/(n-1)) + (b/n)(a/(n-1)) = 2ab/(n(n-1))$$

所以,

$$\mathrm{E}(T) = \mathrm{E}\left(\sum_{i=1}^{n-1} X_i\right) = \sum_{i=1}^{n-1} \mathrm{E}(X_i) = \frac{2ab}{n}$$

方差的计算要复杂不少, 但却是计算相关随机变量之和的方差的一个很好的范例. 显然, 这时和的方差不等于方差的和. 我们从定义式开始:

$$\sigma^2 = E(T^2) - (E(T))^2$$

$$E(T^2) = E\left(\sum X_i \sum X_j\right) = \sum\sum E(X_i X_j)$$

$E(X_i X_j) = 1 \times P(X_i = 1, X_j = 1)$，共有 $(n-1)^2$ 项，具体见表 8.

表 8

下标	项数	并置模式	$E(X_i X_j)$
$j=i$	$n-1$	AB BA	$\dfrac{a}{n}\cdot\dfrac{b}{n-1}+$ $\dfrac{b}{n}\cdot\dfrac{a}{n-1}$
$j=i+1$ 或 $j=i-1$	$2(n-2)$	ABA BAB	$\dfrac{a}{n}\cdot\dfrac{b}{n-1}\cdot\dfrac{a-1}{n-2}+$ $\dfrac{b}{n}\cdot\dfrac{a}{n-1}\cdot\dfrac{b-1}{n-2}$
$j\geq i+2$ 或 $j\leq i-2$	$(n-2)(n-3)$	AB，AB AB，BA BA，AB BA，BA	$4\cdot\dfrac{a}{n}\cdot\dfrac{b}{n-1}\cdot\dfrac{a-1}{n-2}\cdot\dfrac{b-2}{n-3}$
$1\leq i, j\leq n-1$	$(n-1)^2$		

将表 8 中的每一个 $E(X_i X_j)$ 值乘以对应的项数，然后求和，得到

$$E(T^2) = \frac{2ab}{n}\left(1 + \frac{2ab-a-b}{n-1}\right)$$

再根据 $\sigma^2 = E(T^2) - (E(T))^2$，便可得到本节开头给出的方差计算式.

习题

9. 一副扑克牌随机排列，梅花牌与方块牌相邻数目的期望与方差分别是多少？

10. 一副扑克牌随机排列，人头牌构成的游程数的期望与标准差分别是多少？

11. 假设某课程考试成绩依序排列如下（数字表示该学生的年级）：

3 2 3 1 1 1 4 1 4 4 2 4 2 4 4 2 2 1 1 3

问:此序列的游程数目是否大于完全随机排列的游程数目?

12. 设有 a 个 A、b 个 B 和 c 个 C 随机排列,令 U 表示 AB 并置的数目,请推导 U 的期望与方差计算公式.

13. 游程数常被用作随机性检验的非参数统计量,可以用并置数替代.例如,14 棵植物种植排列如下:

H H H D D D D H H H H D D D

其中,H 表示健康,D 表示有病.问:这个序列的出现是随机的吗?

(a)计算随机排列时,HD,DH 并置数目的期望与标准差,并解释结果;

(b)计算随机排列时,出现 3 个或以下并置的概率;

(c)计算随机排列时,出现 11 个或以上并置的概率;

(d)验证并置数目出现极端情形(3 个或以下,以及 11 个或以上)的概率大约为 5%.

14. 5 个男人(M)、5 个妇女(W)和 10 个小孩(C)站成一排.

(a) 如果他们随机排队,妇女与孩子相邻数的期望与标准差是多少?

(b) 一个统计学家猜想,孩子往往倾向于站在妇女身旁,某次试验的结果如下:

WMCCWCWCMCCWCMCWCMCM

随机排列时,妇女与孩子相邻的数量至少与上述序列相同的概率有多大? 这个试验能否支持统计学家的猜想?

6. 相关问题

我们所讨论的并置问题只是随机排列相关问题中的一个,除了这里讨论的随机游程出现概率问题,随机游程分布理论中还有许多有趣的问题,包括那些涉及多种物体的游程的问题.详尽的列举可参见[David 和 Barton,1962],以及经典文章[Mood,1940].

Takács 在［Takács，1981］中还讨论了经典的家庭问题——n 对夫妻随机地围着一张圆桌用餐，男女相邻而坐，问：有夫妻相邻的概率有多大？Barbour 等在［Barbour，Holst，Janson，1992，第 4 章］中讨论了许多与随机排列相关的经典问题，包括配对问题与家庭问题，他们利用示性随机变量计算了各阶矩，给出了各种概率分布的 Poisson 近似.

不过，所有这些文献都未给出本文关于并置概率的研究结果.

7. 随机环形排列

接下来的习题讨论随机环形排列的理论及应用.

设有 n 个字母，其中 a 个 A、b 个 B 和 c 个 C 呈环形随机排列.

习题

15. 试推导 AB 并置数量 U 的期望与方差.

16. 试推导 AB，BA 并置数量 T 的期望与方差.

17. 试推导恰好有 j 个 AB 并置的概率公式，并表示成线形随机排列时 AB 并置概率的函数.

18. 试推导恰好有 j 个 AB、BA 并置的概率.

19. 有 3 个阿拉伯人、4 个以色列人和 6 个瑞士人随机地围着一张圆桌而坐，阿拉伯人和以色列人相邻而坐的期望与方差是多少？没有阿拉伯人与以色列人相邻而坐的概率是多少？

20. 就环形随机排列情形，重新完成例 1~例 4.

8. 习题解答

1. KQKQKQKQ   KQKQKQQK   KQKQQKQK   KQQKQKQK

   QKKQKQKQ   QKKQKQQK   QKKQQKQK   QQKKQKQK

QKQKKQKQ   QKQKKQQK   QKQQKKQK   QQKQKKQK

QKQKQKKQ   QKQKQQKK   QKQQKQKK   QQKQKQKK

2.

表9 习题2解答

m	Q 的后继位置	K 的前置位置	KQ 序列	插入 A 的方式		
				$j=0$	$j=1$	$j=2$
$m=0$	QQ	KK	KKQQ	5	0	0
$m=1$	Q | Q	| KK	QKKQ	1	4	0
$m=1$	Q | Q	K | K	KQKQ	1	4	0
$m=1$	QQ |	| KK	QQKK	1	4	0
$m=1$	QQ |	K | K	KQQK	1	4	0
$m=2$	Q | Q |	| K | K	QKQK	0	2	3

所以，$q_0 = \dfrac{9}{30} = \dfrac{3}{10}, q_1 = \dfrac{18}{30} = \dfrac{3}{5}, q_2 = \dfrac{3}{30} = \dfrac{1}{10}$.

3.

$i=1$ AABB $j=0$：AACBB.

$j=1$：AABBC，AABCB，ACABB，CAABB.

$i=1$ ABBA $j=1$：ABBCA，ACBBA.

$j=2$：ABBAC，ABCBA，CABBA.

$i=1$ BAAB $j=1$：BAACB，BCAAB.

$j=2$：BAABC，BACAB，CBAAB.

$i=1$ BBAA $j=0$：BBCAA.

$j=1$：BBAAC，BBACA，BCBAA，CBBAA.

$i=2$ ABAB $j=2$：ABACB，ABCAB，ACBAB.

$j=3$：ABABC，CABAB.

$i=2$ BABA $j=2$：BABCA，BACBA，BCABA.

$j=3$：BABAC，CBABA.

4. 传染病患者记为 A，健康人记为 B，免疫者记为 C，则 $a=3, b=4, c=5, n=12$，依题意，我们要计算至少有 1 个 A 与 B 相邻的概率 $1-p_0$，据公式，

$$p_0 = \left[2 \cdot \binom{11}{7} + 5 \cdot \binom{10}{7} + 12 \cdot \binom{9}{7} + 9 \cdot \binom{8}{7} + 6 \cdot \binom{7}{7} \right] \frac{3! \ 4! \ 5!}{12!} = \frac{59}{924}$$

所以, $1 - p_0 = 865/924 \approx 94\%$.

5.

表 10

j	0	1	2	3	4	5
p_j	$\frac{61}{440}$	$\frac{101}{264}$	$\frac{223}{660}$	$\frac{27}{220}$	$\frac{23}{1\,320}$	$\frac{1}{1\,320}$
	≈ 0.139	≈ 0.383	≈ 0.338	≈ 0.123	≈ 0.017	≈ 0.001

6. 从 a 个 A 中选出 i 个 A, 使它们的后继为 B, 选取方式有 $\binom{a}{i}$ 种, 同理, 从 b 个 B 中选出 i 个 B, 使它们的前置为 A, 选取方式有 $\binom{b}{i}$ 种. 上述两种选择共同确定一个 AB 并置, 所以恰好有 i 个 AB 并置的排列方式共有 $\binom{a}{i}\binom{b}{i}$ 种.

7. 这里 $a = 2, b = 2, c = 2$, 所以没有"长短"并置出现的概率 $q_0 = 2/5$.

8. $P($出现 7 个或以上 FM 组合 $|H_0$ 为真 $) = \sum_{j=7}^{10} q_j \approx 0.024 < 0.05$, 所以在 5% 的显著性水平下, 应当拒绝 H_0, 即认为学生的交卷顺序不是随机的.

9. 这时, $a = 13, b = 13, c = 26, n = 52$, 所以

$$\mu = \frac{2ab}{n} = \frac{2 \cdot 13 \cdot 13}{52} = \frac{13}{2} = 6.5$$

$$\sigma^2 = \frac{\mu(\mu + c - 1)}{n - 1} = \frac{6.5(6.5 + 26 - 1)}{51} = \frac{273}{68} \approx 4.01$$

10. 设人头牌有 a 张, 非人头牌有 b 张, 共 n 张牌. 虚拟增加一张非人头牌, 放在最后. 这样, 人头牌的游程数就等于人头牌-非人头牌并置数 T. 类似于第 12 题, 计算可得

$$\mu = \frac{a(b+1)}{n}$$

$$\sigma^2 = \frac{\mu b(a-1)}{n(n-1)}$$

11. 令 a_i 表示 i 年级学生数目,$i=1,2,3,4$,则 $a_1=6$,$a_2=5$,$a_3=3$,$a_4=6$,令 T_{ij} 表示 i 年级学生与 j 年级学生相邻的数目,R 表示所有相同数字的游程的总数,则有 $R=1+T_{12}+T_{13}+T_{14}+T_{23}+T_{24}+T_{34}$,$E(T_{ij})=2a_i a_j/n$,所以在随机排列时,有

$$E(R)=1+E(T_{12})+E(T_{13})+E(T_{14})+E(T_{23})+E(T_{24})+E(T_{34})$$
$$=1+2\times(6\times5+6\times3+6\times6+5\times3+5\times6+3\times6)/20 = 15.7$$

而实际排列的游程数是 14,仅略低于随机排列游程数的期望.(由于涉及随机变量之间的相关性,所以这里没有计算概率 $P(R\leqslant14)$,或者 R 的方差.)

12. 引入示性随机变量 $X_i(1\leqslant i\leqslant n-1)$,

$$X_i=\begin{cases}1,若 \text{ AB 出现在 } i \text{ 与 } i+1 \text{ 位置}\\0,否则\end{cases}$$

$$U=\sum_{i=1}^{n-1}X_i$$

$$\mu=E(U)=\sum_{i=1}^{n-1}E(X_i)=(n-1)\frac{a}{n}\cdot\frac{b}{n-1}=\frac{ab}{n}$$

$$\sigma_U^2=E(U^2)-[E(U)]^2=\sum_{i=1}^{n-1}\sum_{j=1}^{n-1}E(X_iX_j)-\mu^2$$

具体如表 11 所示.所以

表 11

下标	项数	并置模式	$E(X_iX_j)$
$j=i$	$n-1$	AB	$\dfrac{a}{n}\cdot\dfrac{b}{n-1}$
$j=i+1$ 或 $j=i-1$	$2(n-2)$	不可能	0
$j\geqslant i+2$ 或 $j\leqslant i-2$	$(n-2)(n-3)$	AB, AB	$\dfrac{a}{n}\cdot\dfrac{b}{n-1}\cdot\dfrac{a-1}{n-2}\cdot\dfrac{b-1}{n-3}$
$1\leqslant i, j\leqslant n-1$	$(n-1)^2$		

$$E(U^2)=(n-1)\frac{a}{n}\cdot\frac{b}{n-1}+(n-2)(n-3)\frac{a}{n}\cdot\frac{b}{n-1}\cdot\frac{a-1}{n-2}\cdot\frac{b-1}{n-3}$$

简单计算可得

$$\sigma_U^2=E(U^2)-(EU)^2=\frac{\mu(\mu+c)}{n-1}$$

13.（a）并置数期望为 7,标准差约为 1.8,实际序列出现 3 个并置,实际值与期望值的差异大于两倍标准差,所以可以认为该实际序列不是随机出现的.

（b）$p_0+p_1+p_2+p_3 \approx 0.025\ 06$,其中 $p_0=0$.

（c）$p_{11}+p_{12}+p_{13}+p_{14} \approx 0.025\ 06$,其中 $p_{14}=0$.

（d）极端情形概率约为 $0.025\ 06+0.025\ 06=0.051\ 2$.

14.（a）期望为 5,标准差约为 1.54.

（b）若随机排列,存在 8 个及以上 W,C 相邻情形的概率为

$$p_8+p_9+p_{10} \approx 0.049\ 56$$

而实际排列中出现了 8 个 W,C 相邻情形,故在 5% 的显著性水平下,这个试验可以支持统计学家的猜想.

15.

$$\mu_U = \mathrm{E}(U) = \frac{ab}{n-1}, \quad \sigma_U^2 = \frac{\mu_U(\mu_U+c-1)}{n-2}$$

16.

$$\mu_T = \mathrm{E}(T) = \frac{2ab}{n-1}, \quad \sigma_T^2 = \frac{\mu_T(\mu_T+c-2)}{n-2}$$

17. 设 $q(j;a,b,c)$ 表示线形排列时,恰好出现 j 个 AB 并置的概率,$q^*(j;a,b,c)$ 表示环形排列时,恰好出现 j 个 AB 并置的概率.如果在线形排列时,出现了 $j-1$ 个 AB 并置,并且该排列以 B 开头,以 A 结尾;或者出现了 j 个 AB 并置,并且该排列不是以 B 开头或以 A 结尾.将该线形排列首尾相接,则得到的环形排列中恰好出现了 j 个 AB 并置,所以有

$$q^*(j;a,b,c) = \frac{b}{n}\frac{a}{n-1}q(j-1;a-1,b-1,c) +$$

$$q(j;a,b,c) - \frac{b}{n}\frac{a}{n-1}q(j;a-1,b-1,c)$$

18. 应用线形排列中确定 p_j 同样的方法.要仔细,容易误入迷途.

对每一个 $i(1 \leqslant i \leqslant \min\{a,b\})$,讨论 a 个 A、b 个 B 的线形排列的情形,使得首尾相接时,A 与 B 的游程值均为 i.线形排列游程总共有四种模式（$A^+B^+A^+\cdots A^+B^+,\cdots$）,而环

形排列的游程数目必然是偶数$(2i)$,且等于 AB 及 BA 并置的数目.对每种游程排列模式,计算恰好保持 j 个 A,B 相邻的选择数(要考虑环形排列时首尾相接的影响),在每一个未被选择的 A^+,B^+ 连接处(也许在游程序列两端处),插入 1 个 C,使 A,B 分离,然后去除已被选择为 A,B 相邻的 j 个位置,将 A,B 之间所有其他的位置(可能含两端),视作盒子,把剩余的 C 视作球,放入这些盒子,计算选择方式数,再关于 i 求和,并乘以 $a!$ $b!$ $c!$ $/n!$,便得到环形排列时 A,B 相邻的概率为p_j^*.

例如,考虑 $A^+B^+A^+\cdots A^+B^+$ 模式,其中有 i 个 A^+ 和 i 个 B^+,a 个 A、b 个 B,此模式共有 $\binom{a-1}{i-1}\binom{b-1}{i-1}$ 种排列方式.首尾相接形成环形排列时,有如下两种情形.

(1) 首尾间没有 C 插入,则首尾形成 1 个 A,B 相邻,剩余的 $j-1$ 个 A,B 相邻将在 $A^+B^+A^+\cdots A^+B^+$ 的 $2i-1$ 个内部连接处产生,所以共有 $\binom{2i-1}{j-1}$ 种位置选择,而其余的 $2i-1-(j-1)=2i-j$ 个内部连接处将各插入 1 个 C,使 A,B 分离开,剩下的 $r=c-(2i-j)$ 个 C 被分配到 $u=a+b-j$ 个盒子中,共有 $\binom{r+u-1}{u-1}$ 种方式.

(2) 首尾间插入 C,则 j 个 A,B 相邻都在 $A^+B^+A^+\cdots A^+B^+$ 的 $2i-1$ 个内部连接处产生,共有 $\binom{2i-1}{j}$ 种位置选择,在其余的 $2i-1-j$ 个内部连接处将各插入 1 个 C,使 A,B 分离.还要在首尾相接处插入 1 个 C.

下面分两步计算,首先考虑将 $r=c-(2i-1-j)$ 个球放入 $u_1=a+b+1-j$(包含两端)个盒子,有 $\binom{r+u_1-1}{u_1-1}$ 种方式;再考虑将 r 个球放入 $u_2=a+b-1-j$(不包含两端)个盒子,有 $\binom{r+u_2-1}{u_2-1}$ 种方式,于是共有 $\binom{r+u_1-1}{u_1-1}-\binom{r+u_2-1}{u_2-1}$ 种排列方式.

以上(1)、(2)两种情形导出以下的 Y_{ij}.

其他 3 种游程排列模式可相仿得到,综合 4 模式的讨论得到结果:

$$p_j^* = \sum_{i=1}^{\min\{a,b\}} \left[2\binom{a-1}{i-1}\binom{b-1}{i-1}Y_{ij} + \left\{ \binom{a-1}{i}\binom{b-1}{i-1} + \binom{a-1}{i-1}\binom{b-1}{i} \right\} Z_{ij} \right] \frac{a!\ b!\ c!}{n!}$$

其中

$$Y_{ij} = \binom{2i-1}{j-1}\binom{n-2i-1}{a+b-j-1} + \binom{2i-1}{j}\left[\binom{n-2i+1}{a+b-j} - \binom{n-2i-1}{a+b-j-2} \right]$$

$$Z_{ij} = \binom{2i}{j}\binom{n-2i}{a+b-j}$$

19. 期望为 2,方差为 $12/11$,$p_0^* = 59/924 \approx 0.06$.

20. 结果如表 12、表 13、表 14、表 15 所示.

(1)

表 12

j	0	1	2	3	4	5	6	7
p_j^*	0.506 5	0.375 2	0.103 7	0.013 7	0.000 9	3×10^{-5}	4×10^{-7}	2×10^{-9}

(2)

表 13

j	2	3	4	5	6	7	8	9	10	11
p_j^*	0.01	0.04	0.09	0.15	0.19	0.19	0.15	0.10	0.05	0.02

(3)

表 14

j	0	1	2	3	4	5	6	7	8
p_j^*	0.108	0.289	0.322	0.194	0.070	0.015	0.002	0.000	0.000

(4)

表 15

j	0	1	2	3
q_j^*	$5/21\approx0.238\ 1$	$15/28\approx0.535\ 7$	$3/14\approx0.214\ 3$	$1/84\approx0.011\ 9$

参考文献

Barbour A D,Lars Holst,Svante Janson. 1992. Poisson Approximation. New York,NY:Oxford University Press.

Barton D E,F N David.1957.Multiple runs.Biometrika,44:168—178,534.

Beyer. 1968. Handbook of Tables for Probability and Statistics. 2nd ed.Boca Raton,FL:Chemical Rubber Company.

David F N,D E Barton.1962. Combinatorial Chance. London,England:Charles Griffin.

Freund John E. 1992. Mathematical Statistics. 5th ed. Englewood Cliffs,NJ:Prentice-Hall.

Hogg Robert V,Allen T Craig. 1995. Introduction to Mathematical Statistics. 5th ed.Upper Saddle River,NJ:Prentice Hall.

Hogg Robert V,Elliot A Tanis. 1993. Probability and Statistical Inference. 4th ed.New York.NY:Macmillan.

Holte John,Mark Holte. 1993. The probability of n Ace-King adjacencies in a shuffled deck. Mathematical Gazette, 77:368—370.

Mood A M.1940. The distribution theory of runs. Annals of Mathematical Statistics,11:367—392.

Ross Sheldon. 1994. A First Course in Probability. 4th ed. New York:Macmillan.

Singmaster David. 1991. The probability of finding an adjacent pair in a deck. Mathematical Gazette,75:293—299.

Suman Kenneth A. 1993. A problem in arrangements with adjacency restrictions. Mathematical Gazette,77:366—367.

Swed Frieda S,C Eisenhart. 1943. Tables for testing randomness of grouping in a sequence of alternatives. Annals of Mathematical Statistics,14:66—87.

Takács L. 1981. On the "problème des ménages."Discrete Mathematics,36:289—297.

Whitworth William Allen. 1886. Choice and Chance. 5th ed. New York:Hafner,1959.

4 微分和地图

Differentials and Geographical Maps

陆立强　编译　韩中庚　审校

摘要:

本单元旨在

•增强学生多维空间想象力；

•巩固所掌握的多元微分知识；

•介绍在微积分教材中极少出现的重要应用案例.

我们将介绍如何用微分来判断一张地图是保角的还是保面积的或者两者都不是；学习如何在地球表面任意两点之间画一条等角航线(保持方位角不变的路径).

习题的难度是介于机械模仿和抽象证明之间的中等水平,适用于所有多元微积分课程.

原作者:

Yves Nievergelt

Department of Mathematics, MS 32

Eastern Washington University

526 5th Street

Cheney, WA 99004-2431

ynievergelt@ewu.edu

发表期刊:

The UMAP Journal, 1996, 17.1;25—70.

数学分支:

多元微积分、复分析初步

应用领域:

地理制图、导航、工程

授课对象:

学习多元微积分或者复分析的学生

预备知识:

UMAP 747 单元《明暗界线和多元微积分中的其他地理曲线》的相关知识,该单元介绍经线和纬线知识,并展示如何利用向量值函数的微分计算夹角和方位角；预备知识包括微积分:初等函数的一阶导数；线性代数:矩阵和线性变换的复合；多元微积分:向量代数、平面和空间中的曲线、曲面、向量值函数(曲线)的一阶导数、多元函数的一阶和二阶偏导数.部分内容涉及积分.

目　录：

网上更多……　　本文英文版

1. 引言

位于美国 California 州 Sunnyvale 的天宝导航公司是世界上生产首台全球定位系统 (GPS) 的公司,可是该公司当初曾拒绝开发面向消费者群体的 GPS 系统,"因为研究显示大多数美国人看不懂地图" [Yamada, 1993].不过,对学过微积分的人来说这应该不算难题,他们甚至能够设计出一张地图.

本文主要介绍多元函数微分这个数学概念如何应用于地理制图和航海等实践活动.例如设计共形 (conformal) 或等角 (isogonal) 地图,在这种地图上所测出的角度和它们在星球球体表面上对应的角度相等,用于极地探险的球极投影 (stereographic projections) 图和用于海上导航的 Mercator 投影图就属于这种类型,可以让旅行者在地图上直接测出自己的方位.同时,本文也从理论和多变量角度对 Tuchinsky [1978] 一文做了补充.

经典的地理制图把地球表面投影到平面上,但为了便于理解其中的数学内涵,需要引入这个投影的逆投影.所以,我们把地图看作 Euclid 平面的一部分,将它(反方向)映射到通常的 Euclid 空间,其值域即为地球的表面——球面.这样,我们不用引入流形概念,用上述逆映射就能导出地图和球面参数化这两个概念,它们有助于从几何角度直观理解初等复分析中的映射概念,并给出详细的分类.

我们会简要提及多元微分在静电学和流体动力学中的应用. 这里,用共形映射可以将复杂几何体变换为简单几何体来简化电场和流场的计算,例如化简为两个同心球体的径向场和径向流的计算.

共形映射作为多元微积分的应用,需要的理论铺垫并不多,只涉及多元函数微分如下 3 个方面的知识:

- 通过线性变换用微分逼近映射;
- 由偏导数组成的微分矩阵;

●链式法则如何在曲线切向量的变换中发挥作用.

相比之下,如果要解释微分的其他应用,如求解非线性方程的 Newton-Raphson-Simpson 方法[Weinstock,1994]、用二阶导数判别函数极值等,则需要利用微分以外的数学分析知识.所以在微积分教材中引入这些应用案例难免成为一种死记硬背的练习.

本文着重介绍的不是套路化的微分计算,而是微分的概念及其带给我们的直观洞察力.(如果没有特别说明,本文出现的"函数""映射""变换"和"投影"等词语依据上下文应理解为含义相同.)

2. Euclid 空间映射的微分

我们回顾多元函数初等微分的理论,引入相关记号,大多数例题和习题涉及如何用微分作为工具来设计地图.

对于从一个 Euclid 空间到另一个 Euclid 空间的映射 $f: \mathbf{R}^n \to \mathbf{R}^m$,除了一些特殊情况,其切线和切平面已变得不是那么直观了.但是,微分所特有的极限思想却可以帮助我们从分析角度给出它们在高维空间中的定义.

定义 1　设 f 是定义在 Euclid 空间 $\mathbf{R}^n$ 开子集 D 上的函数 $f,D \subset \mathbf{R}^n \to \mathbf{R}^m$,$f$ 在点 $x \in D$ 处可微当且仅当存在线性变换 $L: \mathbf{R}^n \to \mathbf{R}^m$,满足

$$\lim_{h \to 0} \frac{f(x+h) - f(x) - L(x)}{\| h \|} = \mathbf{0}$$

如果该线性变换 L 存在,则称之为 f 在 x 处的微分,记作 Df_x.

多元微积分中的定理[Fleming,1982,89]给出了微分的计算方法:如果函数 f 的偏导数 $f_1,\cdots,f_n$ 在 x 的邻域中连续,那么 f 在 x 处可微.进一步,类似于对于标准基向量 $e_j = (0,\cdots,0,1,0,\cdots,0)^T$ 表示其中只有第 j 个坐标取 $1(j=1,2,\cdots,n)$,微分 Df_x 对应的矩阵 $[Df_x]$ 的元素可记作

$$[Df_x]_{i,j} = D_j f_i(x)$$

其中 D_j 表示关于第 j 个变量求偏导.

例 1 考虑从平面(地图)$\mathbf{R}^2$ 到单位球面(地球表面,下同)$S^2 := \{x \in \mathbf{R}^3 : \|x\| = 1\}$ 的逆球极投影 $N: \mathbf{R}^2 \to \mathbf{R}^3$,该投影将平面 $\mathbf{R}^2 \times \{\mathbf{0}\}$ 上的点投影到该点与北极$(0,0,1)$ 的连线与球面的交点.利用相似三角形得到公式[Ahlfors,1979,18]:

$$N(u,v) = \begin{bmatrix} N_1(u,v) \\ N_2(u,v) \\ N_3(u,v) \end{bmatrix} = \frac{1}{u^2+v^2+1} \begin{bmatrix} 2u \\ 2v \\ u^2+v^2-1 \end{bmatrix}$$

$$= \begin{bmatrix} 2u/(u^2+v^2+1) \\ 2v/(u^2+v^2+1) \\ (u^2+v^2-1)/(u^2+v^2+1) \end{bmatrix}$$

因为,对于平面上任意一点$(u,v) \in \mathbf{R}^2$,有

$$N(u,v) \cdot N(u,v) = \begin{bmatrix} N_1(u,v) & N_2(u,v) & N_3(u,v) \end{bmatrix} \begin{bmatrix} N_1(u,v) \\ N_2(u,v) \\ N_3(u,v) \end{bmatrix}$$

$$= \frac{\begin{bmatrix} 2u & 2v & u^2+v^2-1 \end{bmatrix}}{u^2+v^2+1} \frac{1}{u^2+v^2+1} \begin{bmatrix} 2u \\ 2v \\ u^2+v^2-1 \end{bmatrix}$$

$$= \frac{4u^2+4v^2+(u^2+v^2-1)^2}{(u^2+v^2+1)^2}$$

$$= \frac{(u^2+v^2+1)^2}{(u^2+v^2+1)^2} = 1$$

所以,向量 $N(u,v)$ 位于单位球面上.

求三个坐标的偏导数,得到微分矩阵

$$\begin{bmatrix} DN_{(u,v)} \end{bmatrix} = \begin{bmatrix} D_1N_1 & D_2N_1 \\ D_1N_2 & D_2N_2 \\ D_1N_3 & D_2N_3 \end{bmatrix}$$

$$= \frac{2}{\left(u^2+v^2+1\right)^2}\begin{bmatrix} -u^2+v^2+1 & -2uv \\ -2uv & u^2-v^2+1 \\ 2u & 2v \end{bmatrix}$$

例 2   考虑从平面(地图)$\mathbf{R}^2$ 到单位球面 $S^2 := \{\boldsymbol{x} \in \mathbf{R}^3 : \|\boldsymbol{x}\| = 1\}$ 的逆球极投影 S:
$\mathbf{R}^2 \to \mathbf{R}^3$,将平面 $\mathbf{R}^2 \times \{\mathbf{0}\}$ 上的点投影到该点与南极 $(0,0,-1)$ 的连线和球面的交点(如图 1 所示):

$$S(u,v)=\begin{bmatrix} S_1(u,v) \\ S_2(u,v) \\ S_3(u,v) \end{bmatrix}=\frac{1}{u^2+v^2+1}\begin{bmatrix} 2u \\ 2v \\ 1-\left[u^2+v^2\right] \end{bmatrix}$$

$$=\begin{bmatrix} 2u/\left(u^2+v^2+1\right) \\ 2v/\left(u^2+v^2+1\right) \\ \left(1-\left[u^2+v^2\right]\right)/\left(u^2+v^2+1\right) \end{bmatrix}$$

$$\left[DS_{(u,v)}\right]=\begin{bmatrix} D_1S_1 & D_2S_1 \\ D_1S_2 & D_2S_2 \\ D_1S_3 & D_2S_3 \end{bmatrix}$$

$$=\frac{2}{\left(u^2+v^2+1\right)^2}\cdot\begin{bmatrix} -u^2+v^2+1 & -2uv \\ -2uv & u^2-v^2+1 \\ -2u & -2v \end{bmatrix}$$

发自北极的逆球极投影 N 会改变所有角的方向,相反,发自南极的逆球极投影 S 则能够保持角的方向不变(如图 2 所示,解释见下一节),因而后者成为地理制图和航海导航的有用工具.

复合函数的微分是地图设计和分类的有用工具,利用一元实函数的链式法则[Fleming,1982,135]可以导出两个可微变换复合后的微分公式:

$$D(\boldsymbol{f}\circ\boldsymbol{g})_x=D\boldsymbol{f}_{g(x)}\circ D\boldsymbol{g}_x$$

假设 $\boldsymbol{f}$ 在 $\boldsymbol{g}(\boldsymbol{x})$ 处可微,$\boldsymbol{g}$ 在 $\boldsymbol{x}$ 处可微.

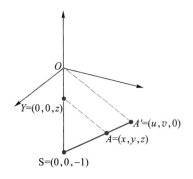

图1 发自南极的逆球极投影,将平面上的点
$(u,v,0)$投影到球面上的点(x,y,z).根据过点
$(0,0,z)$的相似三角形可得到投影的代数表达式
和微分矩阵

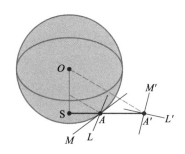

图2 发自南极的球极投影①将相交于球面
一点A的两条切线L和M投影到赤道
平面上相交于A'的两条直线L'和M',
两组直线的夹角保持不变

例3 考虑平面上圆心为原点、半径为ρ的圆,它的参数方程为

$$\boldsymbol{g}:[0,2\pi]\rightarrow \mathbf{R}^2$$

$$\boldsymbol{g}=\begin{bmatrix}g_1(t)\\g_2(t)\end{bmatrix}=\begin{bmatrix}\rho\cos(t)\\\rho\sin(t)\end{bmatrix}$$

进一步,考虑如例2所示的逆球极投影$\boldsymbol{S}:\mathbf{R}^2\rightarrow S^2\subset\mathbf{R}^3$,则复合变换$\boldsymbol{S}\circ\boldsymbol{g}:[0,2\pi]\rightarrow S^2$表示球面上的一条曲线,其表达式为

$$(\boldsymbol{S}\circ\boldsymbol{g})(t)=\boldsymbol{S}(\boldsymbol{g}(t))=\boldsymbol{S}(g_1(t),g_2(t))$$

$$=\frac{1}{[g_1(t)]^2+[g_2(t)]^2+1}\begin{bmatrix}2g_1(t)\\2g_2(t)\\1-[g_1(t)]^2-[g_2(t)]^2\end{bmatrix}$$

$$=\frac{1}{[\rho\cos(t)]^2+[p\sin(t)]^2+1}\begin{pmatrix}2\rho\cos(t)\\2\rho\sin(t)\\1-[\rho\cos(t)]^2-[\rho\sin(t)]^2\end{pmatrix}$$

---

① 原文误为逆球极投影——译者注.

$$= \begin{bmatrix} \dfrac{2\rho\cos(t)}{\rho^2+1} \\[2mm] \dfrac{2\rho\sin(t)}{\rho^2+1} \\[2mm] \dfrac{1-\rho^2}{1+\rho^2} \end{bmatrix}$$

以上表示位于高度 $H = \dfrac{1-\rho^2}{1+\rho^2}$①（半径为 $r = [2\rho/(\rho^2+1)]$）的一条

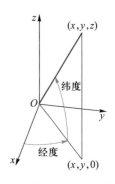

纬线, 其纬度为 $\mathrm{Arcsin}\left(\dfrac{H}{R}\right) = \mathrm{Arcsin}\left(\dfrac{H}{1}\right) = \mathrm{Arcsin}\left(\dfrac{1-\rho^2}{1+\rho^2}\right)$. 所以逆

球极投影 S 将单位圆映射为赤道, 将原点为圆心、半径 $\rho>1$ 的

圆映射为南半球面上的纬线, 将 $0<\rho<1$ 的圆映射为北半球面上

的纬线.

图 3　点 (x,y,z) 的地理坐标包括经度 φ 和纬度 λ, 前者是水平面上的投影 $(x, y, 0)$ 的极坐标中的角度 φ, 后者则是投影点 $(x,y,0)$ 和原点的连线到点 (x,y,z) 和原点连线的夹角

　　类似地, 对过平面原点、方向为 $(\cos(\varphi), \sin(\varphi))$ 的直线,

其参数形式为

$$L : \mathbf{R} \to \mathbf{R}^2$$

$$L(t) = t \begin{pmatrix} \cos(\varphi) \\ \sin(\varphi) \end{pmatrix}$$

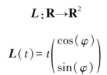

逆球极投影 S 将它映射成经度为 φ 的经线(图 3).

习题

　　1. 逆 Mercator 投影 $M : ([-\pi, \pi] \times \mathbf{R}) \subset \mathbf{R}^2 \to \mathbf{R}^3$, 可以理解为将地图所在平面卷成一个垂直的圆柱面后包围单位球面并使它们在赤道处相切, 这样, 平面中水平坐标轴上的点(记作 $(-\pi, \pi] \times \{0\}$)和地球赤道上的点一一对应. 然后将被卷起地图上的每一点 x 以倾斜方式②投影到球面上 [Goering, 1990, 13;

_____

①　正负分别对应北半球和南半球——译者注.

②　将地图上的每一点映射到该点与原点的连线和地球表面的交点——译者注.

Richardus 和 Adler, 1972, 96]:

$$\boldsymbol{M}(u,v) = \begin{bmatrix} M_1(u,v) \\ M_2(u,v) \\ M_3(u,v) \end{bmatrix} = \frac{1}{\cosh(v)} \begin{bmatrix} \cos(u) \\ \sin(u) \\ \sinh(v) \end{bmatrix} = \begin{bmatrix} \cos(u)/\cosh(v) \\ \sin(u)/\cosh(v) \\ \tanh(v) \end{bmatrix}$$

其中双曲函数

$$\cosh(t) = \frac{e^t + e^{-t}}{2}, \quad \sinh(t) = \frac{e^t - e^{-t}}{2}, \quad \tanh(t) = \frac{\sinh(t)}{\cosh(t)}$$

满足关系

$$\cosh^2 - \sinh^2 = 1, \quad \cosh' = \sinh, \quad \sinh' = \cosh$$

根据以上 $\boldsymbol{M}$ 的定义, 计算 $\boldsymbol{M}$ 的微分矩阵.

2. 验证逆 Mercator 投影 $\boldsymbol{M}$ 将平面映射到单位球面上, 即对任何 $(u,v) \in \mathbf{R}^2$, 有 $\boldsymbol{M}(u,v) \in S^2$.

3. 验证逆 Mercator 投影 $\boldsymbol{M}$ 将和平面的第二坐标轴(垂直坐标轴)平行的直线映射成球面上的半条经线.

4. 验证逆 Mercator 投影 $\boldsymbol{M}$ 将和平面的第一坐标轴(水平坐标轴)平行的直线映射成球面上的纬线.

5. 对于平面上的任何单位方向向量 $\boldsymbol{U} = (\cos(\psi), \sin(\psi)) \in S^1 \subset \mathbf{R}^2$ 和任何点 $\boldsymbol{P} = (P_1, P_2) \in \mathbf{R}^2$, 将过 $\boldsymbol{P}$ 沿 $\boldsymbol{U}$ 方向的直线记作 $l_{\boldsymbol{P},\boldsymbol{U}}$, 用参数形式描述空间曲线 $\boldsymbol{M} \circ l_{\boldsymbol{P},\boldsymbol{U}}$(通过逆 Mercator 投影 $\boldsymbol{M}$ 将平面直线映射到单位球面可得到该曲线).

6. 图 3 所示单位球面的参数形式可以用函数

$$\boldsymbol{F}: [-\pi, \pi] \times \left[-\frac{\pi}{2}, \frac{\pi}{2}\right] \to S^2 \subset \mathbf{R}^3$$

$$\boldsymbol{F}(\varphi, \lambda) = \begin{pmatrix} \cos(\varphi)\cos(\lambda) \\ \sin(\varphi)\cos(\lambda) \\ \sin(\lambda) \end{pmatrix}$$

表示. 计算 $\boldsymbol{F}$ 的微分矩阵.

7. 根据习题 1 的逆 Mercator 投影 $\boldsymbol{M}$ 和习题 6 的参数方程 $\boldsymbol{F}$, 关于 u 和 v 求解方程 $\boldsymbol{M}(u,v) = \boldsymbol{F}(\varphi, \lambda)$, 可得到地球表面上

纬度为 λ 和经度为 φ 的点在 Mercator 平面图上的对应点 (u,v).

8. 记 Mercator 投影为 $\boldsymbol{M}^{-1}$,则习题 7 所得关系可表示为 $(u,v)=\boldsymbol{M}^{-1}(\varphi,\lambda)$,验证 $\boldsymbol{M}\circ\boldsymbol{M}^{-1}=\boldsymbol{I}$ 和 $\boldsymbol{M}^{-1}\circ\boldsymbol{M}=\boldsymbol{I}$.

9. 考虑逆柱面等面积投影(cylindrical equal-area projection) $\boldsymbol{C}:[-\pi,\pi]\times[-R,R]\rightarrow\mathbf{R}^3$,它把平面上点 $(u,v)\in[-\pi,\pi]\times[-R,R]$ 映射为空间中经度 $\varphi=u$,纬度 $\lambda=\mathrm{Arcsin}(v/R)$ 的点,即

$$\boldsymbol{C}(u,v)=\begin{bmatrix} R\cos(u)\cos(\mathrm{Arcsin}[v/R]) \\ R\sin(u)\cos(\mathrm{Arcsin}[v/R]) \\ R\sin(\mathrm{Arcsin}[v/R]) \end{bmatrix}=\begin{bmatrix} R\cos(u)\cdot\sqrt{1-(v/R)^2} \\ R\sin(u)\cdot\sqrt{1-(v/R)^2} \\ v \end{bmatrix}$$

计算 $\boldsymbol{C}$ 的微分矩阵.

10. 考虑逆方位等面积投影(azimuthal equal-area projection) $\boldsymbol{A}:\mathbf{R}^2\rightarrow\mathbf{R}^3$,它把平面 $\mathbf{R}^2$ 上极坐标 (r,θ) 的点映射为空间中经度 $\phi=\theta$、纬度 $\lambda=\mathrm{Arcsin}\left(1-\dfrac{r^2}{2R^2}\right)$ 的点.首先,已知平面上点的极坐标 (r,θ),给出其用直角坐标 (u,v) 表示的 $\boldsymbol{A}(u,v)$ 计算公式;其次,计算 $\boldsymbol{A}$ 的微分矩阵.

11. 根据例 2 定义的发自南极的逆球极投影 $\boldsymbol{S}$,已知球面上点坐标 (x,y,z),推导出其对应平面上点 (u,v) 坐标用 (x,y,z) 表示的代数表达式,使得 $\boldsymbol{S}(u,v)=(x,y,z)$.

12. 根据例 1 定义的发自北极的逆球极投影 $\boldsymbol{N}$,已知球面上点坐标 (x,y,z),推导出其对应平面上点 (u,v) 坐标用 (x,y,z) 表示的代数表达式,使得 $\boldsymbol{N}(u,v)=(x,y,z)$.

3. 保角映射、保面积映射

本节将解释如何判定一张地图上的所有角度或面积是否与对应球体上的角度和面积相等.为方便起见,3.1 节从相对简单的线性变换开始;3.2 节通过微分,利用保角或保

面积的线性变换,来判定哪些可微映射是保角或者保面积的.

3.1　保角或保面积线性映射

定义2　线性变换 $L:\mathbf{R}^n \to \mathbf{R}^m$ 是保角的当且仅当所有 $\mathbf{R}^n$ 中的非零向量 $\boldsymbol{u}$ 和 $\boldsymbol{v}$ 的夹角等于 $L(\boldsymbol{u})$ 和 $L(\boldsymbol{v})$ 的夹角,即

$$\frac{\langle \boldsymbol{u}, \boldsymbol{v} \rangle}{\|\boldsymbol{u}\| \cdot \|\boldsymbol{v}\|} = \frac{\langle L(\boldsymbol{u}), L(\boldsymbol{v}) \rangle}{\|L(\boldsymbol{u})\| \cdot \|L(\boldsymbol{v})\|} \tag{1}$$

其中 $\langle \boldsymbol{a}, \boldsymbol{b} \rangle$ 表示向量内积.

进一步,记号 $[L]$ 表示将 $\mathbf{R}^n$ 的标准基(canonical basis)变换成 $\mathbf{R}^m$ 标准基的线性变换 $L:\mathbf{R}^n \to \mathbf{R}^m$ 所对应的 $m \times n$ 矩阵.

定理1　L 是保角线性变换当且仅当存在正实数 c,使对应的 $[L]$ 满足

$$[L]^{\mathrm{T}}[L] = c^2 \boldsymbol{I} \tag{2}$$

其中 T 表示转置运算,$\boldsymbol{I}$ 表示 n 阶单位阵.

证　如果 $[L]^{\mathrm{T}}[L] = c^2\boldsymbol{I}$,那么

$$\begin{aligned}
\frac{\langle L(\boldsymbol{u}), L(\boldsymbol{v}) \rangle}{\|L(\boldsymbol{u})\| \cdot \|L(\boldsymbol{v})\|} &= \frac{\boldsymbol{u}^{\mathrm{T}}[L]^{\mathrm{T}}[L]\boldsymbol{v}}{\sqrt{\boldsymbol{u}^{\mathrm{T}}[L]^{\mathrm{T}}[L]\boldsymbol{u}} \cdot \sqrt{\boldsymbol{v}^{\mathrm{T}}[L]^{\mathrm{T}}[L]\boldsymbol{v}}} \\
&= \frac{\langle \boldsymbol{u}, c^2\boldsymbol{v} \rangle}{\sqrt{\boldsymbol{u} \cdot c^2\boldsymbol{u}} \cdot \sqrt{\boldsymbol{v} \cdot c^2\boldsymbol{v}}} \\
&= \frac{\langle \boldsymbol{u}, c^2\boldsymbol{v} \rangle}{c\|\boldsymbol{u}\| \cdot c\|\boldsymbol{v}\|} \\
&= \frac{\langle \boldsymbol{u}, \boldsymbol{v} \rangle}{\|\boldsymbol{u}\| \cdot \|\boldsymbol{v}\|}
\end{aligned}$$

反之,如果对于所有非零向量 $\boldsymbol{u}, \boldsymbol{v}$,(1)成立,则 $\mathbf{R}^n$ 标准基中的每对向量 $\boldsymbol{e}_k, \boldsymbol{e}_l$ 同样满足(1).特别地,当 $k=l$ 时,有 $\|L(\boldsymbol{e}_k)\| > 0$,当 $k \neq l$ 时,有

$$0 = \frac{\langle \boldsymbol{e}_k, \boldsymbol{e}_l \rangle}{\|\boldsymbol{e}_k\| \cdot \|\boldsymbol{e}_l\|} = \frac{\langle L(\boldsymbol{e}_k), L(\boldsymbol{e}_l) \rangle}{\|L(\boldsymbol{e}_k)\| \cdot \|L(\boldsymbol{e}_l)\|} = \frac{([L]^{\mathrm{T}}[L])_{k,l}}{\|L(\boldsymbol{e}_k)\| \cdot \|L(\boldsymbol{e}_l)\|}$$

所以,$[L]^{\mathrm{T}} \cdot [L]$ 为对角阵.

同样,由 $\langle L(\boldsymbol{e}_k), L(\boldsymbol{e}_l) \rangle = 0$ 和 $\|\boldsymbol{e}_k + \boldsymbol{e}_l\| = \sqrt{2}$,可得

$$\frac{1}{\sqrt{2}} = \frac{(e_k + e_l) \cdot e_k}{\| e_k + e_l \| \cdot \| e_k \|} = \frac{(L(e_k) + L(e_l)) \cdot L(e_k)}{\| L(e_k) + L(e_l) \| \cdot \| L(e_k) \|}$$

$$= \frac{([L]^T [L])_{k,k}}{\sqrt{\| L(e_k) \|^2 + \| L(e_l) \|^2} \cdot \| L(e_k) \|}$$

$$= \frac{([L]^T [L])_{k,k}}{\sqrt{([L]^T [L])_{k,k} + ([L]^T [L])_{l,l}} \cdot \sqrt{([L]^T [L])_{k,k}}}$$

$$= \frac{\sqrt{([L]^T [L])_{k,k}}}{\sqrt{([L]^T [L])_{k,k} + ([L]^T [L])_{l,l}}}$$

两边平方并化简可得$([L]^T [L])_{k,k} = ([L]^T [L])_{l,l}$.因此,对于所有 k 有 $c = \| L(e_k) \|$.

定义 3　线性变换 $L: \mathbf{R}^n \to \mathbf{R}^m$ 是保面积的当且仅当所有 $\mathbf{R}^n$ 中的非零向量 $\boldsymbol{u}$ 和 $\boldsymbol{v}$ 所张成平行四边形面积等于 $L(\boldsymbol{u})$ 和 $L(\boldsymbol{v})$ 所张成的平行四边形的面积.在三维空间 $\mathbf{R}^3$ 中,这就意味着

$$\| \boldsymbol{u} \times \boldsymbol{v} \| = \| L(\boldsymbol{u}) \times L(\boldsymbol{v}) \| \tag{3}$$

习题

13. 验证:线性变换 $L: \mathbf{R}^2 \to \mathbf{R}^3$ 是保面积的(满足(3))当且仅当 $[L]^T \cdot [L]$ 的行列式等于 1.

14. 证明:如果 $n > m$,那么不存在满足(2)的线性变换.作为特殊情况,在平面上绘制三维物体不能保持图像上所有角度和实体上相同.

15. 矩阵 $\boldsymbol{Q} \in M_{n \times n}(\mathbf{R})$ 是正交的当且仅当 $\boldsymbol{Q}^T \boldsymbol{Q} = \boldsymbol{I}$.由正交阵 $\boldsymbol{Q}$、非零实数 $s \in \mathbf{R} \setminus \{0\}$ 和平移向量 $\boldsymbol{T}$ 决定的 $\mathbf{R}^n \to \mathbf{R}^n$ 的仿射变换 $L(\boldsymbol{x}) = \boldsymbol{T} + s\boldsymbol{Q}\boldsymbol{x}$ 称为相似变换.证明:相似变换是保角的.

16. $\mathbf{R}^n$ 中的 $n-1$ 维线性子空间 H 称为**超平面**.已知线性变换 $S: \mathbf{R}^n \to \mathbf{R}^n$,若在该变换下,$H$ 中的所有点 $\boldsymbol{h}$ 保持不变,即 $S\boldsymbol{h} = \boldsymbol{h}(\boldsymbol{h} \in H)$;所有和 H 垂直的向量变成反向量,即 $S\boldsymbol{v} = -\boldsymbol{v}(\boldsymbol{v} \in \mathbf{R}^n$ 且对于任何 $\boldsymbol{h} \in H, \boldsymbol{v} \cdot \boldsymbol{h} = 0)$,则变换 S 称为关于 H 的对称变

换(也称为 Householder 变换). 证明对称变换是保角的.进一步可得出平面上的任何旋转变换是保角的.

3.2 保角或保面积可微映射

定义 4 微分变换 $f: \mathbf{R}^n \to \mathbf{R}^m$ 在 x 处是保角的当且仅当对于任意一对经过 x 的光滑曲线 $p:(a,b) \subset \mathbf{R} \to \mathbf{R}^n$ 和 $q:(c,d) \subset \mathbf{R} \to \mathbf{R}^n (p(t_p) = x = q(t_q))$,切向量 $p'(t_p)$ 和 $q'(t_q)$ 的夹角等于切向量 $(f \circ p)'(t_p)$ 和 $(f \circ q)'(t_q)$ 的夹角:

$$\frac{\langle p'(t_p), q'(t_q) \rangle}{\| p'(t_p) \| \cdot \| q'(t_q) \|} = \frac{\langle (f \circ p)'(t_p), (f \circ q)'(t_q) \rangle}{\| (f \circ p)'(t_p) \| \cdot \| (f \circ q)'(t_q) \|} \tag{4}$$

定理 2 可微函数 f 在 $x \in \mathbf{R}^n$ 处是保角的当且仅当存在正数 $c(x)$,满足

$$[Df_x]^{\mathrm{T}}[Df_x] = c^2(x) \cdot I \tag{5}$$

证 根据链式法则,有

$$(f \circ p)'(t) = [Df_{p(t)}] \cdot p'(t) \tag{6}$$

则复合曲线 $f \circ p$ 在 $f(p(t))$ 处的切向量是曲线 p 在 $p(t)$ 处的切向量经线性变换 $Df_{p(t)}$ 所得的映像.因此,由(4)和(6)可以证明,变换是保角的当且仅当

$$\frac{\langle p'(t_p), q'(t_q) \rangle}{\| p'(t_p) \| \cdot \| q'(t_q) \|} = \frac{\langle (f \circ p)'(t_p), (f \circ q)'(t_q) \rangle}{\| (f \circ p)'(t_p) \| \cdot \| (f \circ q)'(t_q) \|}$$

$$= \frac{\langle \{[Df_{p(t_p)}]p'(t_p)\}, \{[Df_{q(t_q)}]q'(t_q)\} \rangle}{\| [Df_{p(t_p)}]p'(t_p) \| \cdot \| [Df_{q(t_q)}]q'(t_q) \|}$$

也就是说,f 的微分 Df_x 在 $x = p(t_p) = q(t_q)$ 处是保角的.由定理 1,f 在 $x \in \mathbf{R}^n$ 处是保角的当且仅当存在正数 $c(x)$,满足

$$[Df_x]^{\mathrm{T}}[Df_x] = [c(x)]^2$$

满足(4)的变换称为等角变换.在制图学中,平面到空间的等角变换代表从平面导航图到地球表面的对应规则,保角性质带来的好处是:航海员在实际操作时可以直接在航海图上(图 4)测出自己的方位(其航行方向和所在位置经线的夹角).

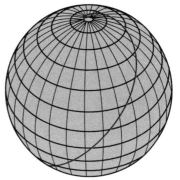

图 4 地球上的一条等角航线

制图投影将地球表面(不是 Euclid 空间)映射成一张平面图,其逆投影则将平面映射到空间,从微积分角度看,后者较前者更简单了.

例 4 再研究一下例 1 定义的逆球极投影 $N:\mathbf{R}^2 \rightarrow \mathbf{R}^3$,即

$$N(u,v) = \frac{1}{u^2+v^2+1}\begin{bmatrix} 2u \\ 2v \\ u^2+v^2-1 \end{bmatrix}$$

$$= \begin{bmatrix} 2u/(u^2+v^2+1) \\ 2v/(u^2+v^2+1) \\ (u^2+v^2-1)/(u^2+v^2+1) \end{bmatrix}$$

$$[DN_{(u,v)}] = \frac{2}{(u^2+v^2+1)^2} \cdot \begin{bmatrix} -u^2+v^2+1 & -2uv \\ -2uv & u^2-v^2+1 \\ 2u & 2v \end{bmatrix}$$

为判断 N 是否保角,需验证 $[DN]^{\mathrm{T}}[DN] = c^2 I$ 是否成立:

$$[DN(u,v)]^{\mathrm{T}}[DN(u,v)] = \frac{2}{(u^2+v^2+1)^2} \cdot \begin{bmatrix} -u^2+v^2+1 & -2uv & 2u \\ -2uv & u^2-v^2+1 & 2v \end{bmatrix}$$

$$\times \frac{2}{(u^2+v^2+1)^2} \cdot \begin{bmatrix} -u^2+v^2+1 & -2uv \\ -2uv & u^2-v^2+1 \\ 2u & 2v \end{bmatrix}$$

$$= \frac{4}{(u^2+v^2+1)^2}\begin{bmatrix} 1 & 0 \\ 0 & 1 \end{bmatrix} = [c(u,v)]^2 \cdot I$$

因此,映射 N 满足(4),其中正数 $c(u,v) = 2/(u^2+v^2+1)$,所以逆球极投影 N 将平面图 $\mathbf{R}^2$ 上两条曲线映射到空间球面 $S^2 \subset \mathbf{R}^3$ 上,并且映像曲线的夹角和原曲线的夹角大小相同(后面将说明它们的方向相反).

实践证明,在南极 $(0,0,-1)$ 附近球极投影 N 是有用的,但在其他地方却有一个缺点:地球表面一条具有恒定方位角的航线——等角航线(loxodromes 或 rhumb line)投影到平面图上(如图 1 所示),其形状会变得复杂起来.与之形成对比的是,航海者沿着

"Mercator"图中的直线方向,就能够沿着等角航线航行(习题将给出简要的说明).

地图通常也要求保持方向,这意味着你从上方观看地图,相当于从地球外面观看地球,而不是从内部观看.换句话说,地图是正面朝上放在地球表面.从数学角度看,e_1,e_2,e_3 表示 $\mathbf{R}^3$ 的一组标准基,从地图 $\mathbf{R}^2$ 指向上方的单位向量为 $e_3 = e_1 \times e_2$,其中 $e_1 = (1,0)$,$e_2 = (0,1)$,在空间中分别等价于 $(1,0,0)$,$(0,1,0)$,所以 $e_3 = (0,0,1)$.在地图上一点 (u,v) 处,制图投影的逆映射 $m: \mathbf{R}^2 \to S^2 \subset \mathbf{R}^3$ 将 e_1 和 e_2 分别映射到

$$Dm_{(u,v)}(e_1) \text{ 和 } Dm_{(u,v)}(e_2)$$

地图映像的法向则指向

$$Dm_{(u,v)}(e_1) \times Dm_{(u,v)}(e_2)$$

的方向.而地球的法向量一定是在地球表面的某个点 $m(u,v)$ 上从内向外,而不是从外向内.因为点 $m(u,v)$ 在地球表面,所以向量 $m(u,v)$ 也是从 S^2 的里面指向外面,因此 m 是保方向的当且仅当

$$\langle m(u,v), (Dm_{(u,v)}(e_1) \times Dm_{(u,v)}(e_2)) \rangle > 0 \tag{7}$$

m 是反方向的当且仅当

$$\langle m(u,v), (Dm_{(u,v)}(e_1) \times Dm_{(u,v)}(e_2)) \rangle < 0 \tag{8}$$

定义 5 变换 $m: \mathbf{R}^2 \to S^2 \subset \mathbf{R}^3$ 是共形的当且仅当它既是保角的又是保方向的.

例 5 在例 1 中定义的逆球极投影 N 是反方向的,因为

$$\langle N(u,v), (DN_{(u,v)}e_1 \times DN_{(u,v)}e_2) \rangle$$

$$= \frac{1}{u^2+v^2+1}\begin{bmatrix} 2u \\ 2v \\ u^2+v^2-1 \end{bmatrix}^{\mathrm{T}} \cdot \left\{ \frac{2}{(u^2+v^2+1)^2}\begin{bmatrix} -u^2+v^2+1 \\ -2uv \\ 2u \end{bmatrix} \times \frac{2}{(u^2+v^2+1)^2}\begin{bmatrix} -2uv \\ u^2-v^2+1 \\ 2v \end{bmatrix} \right\}$$

$$= \frac{-4}{(u^2+v^2+1)^2} < 0$$

有些地图是保角和保方向的,有些则是保面积(通常是原面积乘以一个因子)的.以下定理给出了判断映射是否保面积的微分准则.

定理 3 可微投影 $f: \mathbf{R}^2 \to S^2 \subset \mathbf{R}^3$ 是(按比例)保面积的当且仅当存在正数 s(比例),使得对于地图 $\mathbf{R}^2$ 上的任意一点 (u,v) 满足

$$\det\left(\left[Df_{(u,v)}\right]^{\mathrm{T}}\left[Df_{(u,v)}\right]\right)=s^2$$

其中 $\det(A)$ 表示矩阵 A 的行列式.

证 假设存在正数 s, $\det\left(\left[Df_{(u,v)}\right]^{\mathrm{T}}\left[Df_{(u,v)}\right]\right)=s^2$ 成立,根据习题 13,对地图 $\mathbf{R}^2$ 上的任何一点 (u,v),有

$$\|D_u f(u,v)\times D_v f(u,v)\|^2 = \det\left(\left[Df_{(u,v)}\right]^{\mathrm{T}}\left[Df_{(u,v)}\right]\right)=s^2$$

对于地图 $\mathbf{R}^2$ 上的任何有界开子集 $\Omega\subset\mathbf{R}^2$,映像 $f(\Omega)$ 是空间某曲面的一部分,面积为

$$\mathrm{Area}(f(\Omega))=\iint_\Omega \|D_u f(u,v)\times D_v f(u,v)\|\,\mathrm{d}u\mathrm{d}v$$

$$=\iint_\Omega s\,\mathrm{d}u\mathrm{d}v = s\cdot\iint_\Omega \mathrm{d}u\mathrm{d}v = s\cdot\mathrm{Area}(\Omega)$$

这意味着在差一个比例 s 的意义下 f 是保面积的.

反之,采用反证法(反证法是数学分析中的常用方法,例如可用于证明:一个连续函数 f 在 x 处取非零值,则 f 在 x 附近的一个开集邻域内恒不为零).

假设存在两个不同的点 $(u_1,v_1)\neq(u_2,v_2)$,使 $\det\left(\left[Df_{(u,v)}\right]^{\mathrm{T}}\left[Df_{(u,v)}\right]\right)$ 取不同值 $s_1^2\neq s_2^2$,不妨设 $0\leq s_1<s_2$,利用偏导数的连续性,存在两个不相交的有界开子集 Ω_1 和 Ω_2 (如两个开圆盘)分别包含 (u_1,v_1) 和 (u_2,v_2),满足

$$\det\left(\left[Df_{(u,v)}\right]^{\mathrm{T}}\left[Df_{(u,v)}\right]\right)<(s_1^2+s_2^2)/2<s_2^2,\text{对所有}(u,v)\in\Omega_1$$

$$\det\left(\left[Df_{(u,v)}\right]^{\mathrm{T}}\left[Df_{(u,v)}\right]\right)>(s_1^2+s_2^2)/2>s_1^2,\text{对所有}(u,v)\in\Omega_2$$

因此,

$$\mathrm{Area}(f(\Omega_1))=\iint_{\Omega_1}\|D_1 f(u,v)\times D_2 f(u,v)\|\,\mathrm{d}u\mathrm{d}v$$

$$<\iint_{\Omega_1}\frac{\sqrt{s_1^2+s_2^2}}{\sqrt{2}}\mathrm{d}u\mathrm{d}v=\frac{\sqrt{s_1^2+s_2^2}}{\sqrt{2}}\mathrm{Area}(\Omega_1)$$

$$\mathrm{Area}(f(\Omega_2))=\iint_{\Omega_2}\|D_1 f(u,v)\times D_2 f(u,v)\|\,\mathrm{d}u\mathrm{d}v$$

$$>\iint_{\Omega_2}\frac{\sqrt{s_1^2+s_2^2}}{\sqrt{2}}\mathrm{d}u\mathrm{d}v=\frac{\sqrt{s_1^2+s_2^2}}{\sqrt{2}}\mathrm{Area}(\Omega_2)$$

这意味着 f 将 Ω_1 和 Ω_2 的面积用不同的比例进行了缩放.

习题

17. Mercator 投影的逆映射 $\boldsymbol{M}:\mathbf{R}^2\rightarrow\mathbf{R}^3$ 定义如下：

$$\boldsymbol{M}(u,v)=\begin{bmatrix}\cos(u)/\cosh(v)\\[4pt]\sin(u)/\cosh(v)\\[4pt]\tanh(v)\end{bmatrix}$$

由习题 1, 可得其微分为

$$D\boldsymbol{M}(u,v)=\begin{bmatrix}-\sin(u)/\cosh(v)&-\cos(u)\tanh(v)/\cosh(v)\\[4pt]\cos(u)/\cosh(v)&-\sin(u)\tanh(v)/\cosh(v)\\[4pt]0&1/\left[\cosh(v)\right]^2\end{bmatrix}$$

试验证上述映射是保角的.

应用 1

Mercator 投影图可以带来以下好处：在没有可靠的导航设备或者导航设备损坏失效的情况下, 航海者可以直接在航海图上从起点到终点画一条直线, 测出它和图中任意一条垂线的夹角, 那么在整个航行过程中方位角只需始终保持以上角度就可以了. 尽管这条航线并不是沿着最短的大圆, 但还是能够使航海者到达目的地 [Brown, 1979, 138].

18. 验证 Mercator 投影的逆映射也是保方向的.

19. 假设等角航线和经线的夹角为 α, 这里 $\alpha\notin\left\{0,\dfrac{\pi}{2},\pi\right\}$, 所以它不是纬线也不是经线. 试探讨这种等角航线是有限长度还是无限长度；与每条经线的相交是有限次还是无限多次.

20. 地球表面任意两点有两种路径相连：过两点的大圆和等角线. 试问：哪条路径需要航海者始终把握船舵使船舶保持适当的方向以避免偏离航线？哪条路径允许航海者总能保持同一条看似“平直”的航线？

21. 计算从马达加斯加首都 Antananarivo [纬度 $\lambda=-18°55'$ (南纬), 经度 $\phi=47°31'$ (东经)] 到印度 Bombay [纬度 $\lambda=18°56'$

(北纬),经度 $\phi=72°51'$(东经)]的等角航线的方位角和长度.

22. 解释为什么从马达加斯加首都 Antananarivo 到印度 Bombay 的大圆和等角线有大致相同的长度和方位角.

23. 考虑柱面等面积投影的逆映射 $C:[-\pi,\pi]\times[-R,R]\to \mathbf{R}^3$,它把平面区域 $[-\pi,\pi]\times[-R,R]$ 上的点 (u,v) 映射成经度 $\phi=u$,纬度 $\lambda=\mathrm{Arcsin}(v/R)$ 的点,因此

$$C(u,v)=\begin{bmatrix} R\cos(u)\cos(\mathrm{Arcsin}[v/R]) \\ R\sin(u)\cos(\mathrm{Arcsin}[v/R]) \\ R\sin(\mathrm{Arcsin}(v/R)) \end{bmatrix}=\begin{bmatrix} R\cos(u)\cdot\sqrt{1-(v/R)^2} \\ R\sin(u)\cdot\sqrt{1-(v/R)^2} \\ v \end{bmatrix}$$

验证 C 是保面积的,即存在实数 $s>0$,使 $\det([DC_{(u,v)}]^{\mathrm{T}}[DC_{(u,v)}])=s^2$ 成立.

24. 探讨柱面等面积投影的逆映射 C 是否保方向.

3.3　改变坐标系

在某些应用场合,采用其他坐标系,如极坐标系、球坐标系或者地理坐标系,比直角坐标系更为方便.例如,在设计地图时,用椭球面近似地球比球面要好,这时新坐标系就有用武之地了[Snyder,1987b].

例6　对于发自北极的逆球极投影 N,用极坐标系就比较方便,因为投影前后点的坐标保持经度不变.

设平面图 $\mathbf{R}^2$ 中点 (u,v) 的极坐标为 (r,θ),则

$$\begin{bmatrix} u \\ v \end{bmatrix}=P(r,\theta)=\begin{bmatrix} r\cos(\theta) \\ r\sin(\theta) \end{bmatrix}$$

记 $T=N\circ P$ 表示在极坐标系中的逆球极投影:

$$N(u,v)=\frac{1}{u^2+v^2+1}\begin{bmatrix} 2u \\ 2v \\ u^2+v^2-1 \end{bmatrix}$$

$$T(r,\theta)=N\circ P(r,\theta)=N(P(r,\theta))=N(r\cos(\theta),r\sin(\theta))$$

$$= \frac{1}{r^2+1} \begin{bmatrix} 2r\,\cos(\theta) \\ 2r\,\sin(\theta) \\ r^2-1 \end{bmatrix} = \begin{bmatrix} \cos(\theta) \cdot [\,2r/(r^2+1)\,] \\ \sin(\theta) \cdot [\,2r/(r^2+1)\,] \\ [\,r^2-1\,]/[\,r^2+1\,] \end{bmatrix}$$

由此可以看出:平面 $\mathbf{R}^2$ 上极坐标为 (r,θ) 的点对应于经度 $\varphi=\theta$,纬度 $\lambda=\mathrm{Arcsin}\,([\,r^2-1\,]/[\,r^2+1\,])$ 的点.

随着直角坐标系换成其他坐标系,需要用新的关系式来判断映射是否保角或者保面积.

例7 令 $T=N\circ P$ 表示平面中极坐标系下的逆球极投影,P^{-1} 表示例 6 中函数 P 的反函数.则求 N 可得 $N=T\circ P^{-1}$,它表示返回到直角坐标系的逆球极投影,利用链式法则和矩阵转置,可得

$$[\,DN\,]^{\mathrm{T}}[\,DN\,] = [\,D(\,T\circ P^{-1})\,]^{\mathrm{T}}[\,D(\,T\circ P^{-1})\,]$$
$$= ([\,DP\,]^{-1})^{\mathrm{T}}[\,DT\,]^{\mathrm{T}}[\,DT\,]([\,DP\,]^{-1})$$

其中

$$T(r,\theta) = \begin{bmatrix} \cos(\theta) \cdot [\,2r/(r^2+1)\,] \\ \sin(\theta) \cdot [\,2r/(r^2+1)\,] \\ [\,r^2-1\,]/[\,r^2+1\,] \end{bmatrix}$$

$$[\,DT(r,\theta)\,] = \begin{bmatrix} 2\cos(\theta) \cdot (1-r^2)/(1+r^2)^2 & -2r\sin(\theta)/(1+r^2) \\ 2\sin(\theta) \cdot (1-r^2)/(1+r^2)^2 & 2r\cos(\theta)/(1+r^2) \\ 4r/(1+r^2)^2 & 0 \end{bmatrix}$$

$$P(r,\theta) = \begin{bmatrix} r\cos(\theta) \\ r\sin(\theta) \end{bmatrix}$$

$$[\,DP\,] = \begin{bmatrix} \cos(\theta) & -r\,\sin(\theta) \\ \sin(\theta) & r\cos(\theta) \end{bmatrix}$$

$$[\,DP\,]^{-1} = \begin{bmatrix} \cos(\theta) & \sin(\theta) \\ -\sin(\theta)/r & \cos(\theta)/r \end{bmatrix}$$

以及

$$([\,DP\,]^{-1})^{\mathrm{T}}[\,DT\,]^{\mathrm{T}}[\,DT\,]([\,DP\,]^{-1}) = \frac{4}{[\,1+r^2\,]^2} \begin{bmatrix} 1 & 0 \\ 0 & 1 \end{bmatrix}$$

这就证明了在直角坐标平面 $\mathbf{R}^2$ 中,$\boldsymbol{T}$ 是保角的.

与平面极坐标系类似,球面上的地理坐标 (φ,λ) 要比空间中直角坐标 (x,y,z) 更方便.以地理坐标为自变量的函数

$$\boldsymbol{Q}:(-\pi,\pi)\times[-\pi/2,\pi/2]\to\mathbf{R}^3$$

$$\boldsymbol{Q}(\varphi,\lambda)=\begin{bmatrix} R\cos(\lambda)\cos(\varphi) \\ R\cos(\lambda)\sin(\varphi) \\ R\sin(\lambda) \end{bmatrix}$$

表示以原点为球心、R 为半径的球面 $S^2(0,R)$ 上纬度为 λ、经度为 φ 的点所对应的空间坐标 (x,y,z),那么有

$$[DQ_{(\varphi,\lambda)}]=\begin{bmatrix} -R\cos(\lambda)\sin(\varphi) & -R\sin(\lambda)\cos(\varphi) \\ R\cos(\lambda)\cos(\varphi) & -R\sin(\lambda)\sin(\varphi) \\ 0 & R\cos(\lambda) \end{bmatrix}$$

$$[DQ_{(\varphi,\lambda)}]^{\mathrm{T}}[DQ_{(\varphi,\lambda)}]=\begin{bmatrix} -R\cos(\lambda)\sin(\varphi) & R\cos(\lambda)\cos(\varphi) & 0 \\ -R\sin(\lambda)\cos(\varphi) & -R\sin(\lambda)\sin(\varphi) & R\cos(\lambda) \end{bmatrix}$$
$$\times\begin{bmatrix} -R\cos(\lambda)\sin(\varphi) & -R\sin(\lambda)\cos(\varphi) \\ R\cos(\lambda)\cos(\varphi) & -R\sin(\lambda)\sin(\varphi) \\ 0 & R\cos(\lambda) \end{bmatrix}$$
$$=\begin{bmatrix} R^2[\cos(\lambda)]^2 & 0 \\ 0 & R^2 \end{bmatrix}$$

定理 4   设映射

$$\boldsymbol{G}:([0,\infty)\times(-\pi,\pi))\to((-\pi,\pi]\times[-\pi/2,\pi/2])$$

将地图 $\mathbf{R}^2$ 上极坐标为 (r,θ) 的点映射到球面 $S^2(0,R)$ 上地理坐标为 (φ,λ) 的点.同时,定义矩阵

$$M_{(r,\theta)}=([DP]^{-1}_{(r,\theta)})^{\mathrm{T}}[DG]^{\mathrm{T}}_{(r,\theta)}[DQ]^{\mathrm{T}}_{G(r,\theta)}[DQ]_{G(r,\theta)}[DG]_{(r,\theta)}[DP]^{-1}_{(r,\theta)}$$

那么,映射 $\boldsymbol{G}$ 是保角的当且仅当在每一点 (r,θ),矩阵 $M_{(r,\theta)}$ 等于单位阵乘以一个由 r,θ 决定的数.类似地,$\boldsymbol{G}$ 是保面积的当且仅当 $\det(\boldsymbol{M})=1$.

证 函数

$$\boldsymbol{F} = \boldsymbol{Q} \circ \boldsymbol{G} \circ \boldsymbol{P}^{-1}$$

表示在直角坐标系下的映射 $\boldsymbol{G}$，应用链式法则可得

$$[\,D\boldsymbol{F}\,] = [\,D(\boldsymbol{Q} \circ \boldsymbol{G} \circ \boldsymbol{P}^{-1})\,] = [\,D\boldsymbol{Q}\,][\,D\boldsymbol{G}\,][\,D\boldsymbol{P}\,]^{-1}$$

$$[\,D\boldsymbol{F}\,]^{\mathrm{T}}[\,D\boldsymbol{F}\,] = ([\,D\boldsymbol{P}\,]^{-1})^{\mathrm{T}}[\,D\boldsymbol{G}\,]^{\mathrm{T}}[\,D\boldsymbol{Q}\,]^{\mathrm{T}}[\,D\boldsymbol{Q}\,][\,D\boldsymbol{G}\,][\,D\boldsymbol{P}\,]^{-1} = \boldsymbol{M}$$

例 8 对于地图平面 $\mathbf{R}^2$ 中的极坐标系 (r,θ) 和球面 S^2 上的地理坐标系 (φ,λ)，逆球极投影对应的映射可表示为

$$\boldsymbol{G} : ([\,0,\infty\,) \times (-\pi,\pi\,]\,) \to ((-\pi,\pi\,] \times [-\pi/2,\pi/2\,]\,)$$

$$\begin{bmatrix} \varphi \\ \lambda \end{bmatrix} = \boldsymbol{G}(r,\theta) = \begin{bmatrix} \theta \\ \mathrm{Arcsin}(\,[\,r^2-1\,]/[\,r^2+1\,]\,) \end{bmatrix}$$

则上述映射的微分矩阵为

$$[\,D\boldsymbol{G}_{(r,\theta)}\,] = \begin{bmatrix} 0 & 1 \\ 2/[\,r^2+1\,] & 0 \end{bmatrix}$$

于是

$$\boldsymbol{M}_{(r,\theta)} = ([\,D\boldsymbol{P}\,]_{(r,\theta)}^{-1})^{\mathrm{T}}[\,D\boldsymbol{G}\,]_{(r,\theta)}^{\mathrm{T}}[\,D\boldsymbol{Q}\,]_{G(r,\theta)}^{\mathrm{T}}[\,D\boldsymbol{Q}\,]_{G(r,\theta)}[\,D\boldsymbol{G}\,]_{(r,\theta)}[\,D\boldsymbol{P}\,]_{(r,\theta)}^{-1}$$

$$= \begin{bmatrix} \cos(\theta) & -\sin(\theta)/r \\ \sin(\theta) & \cos(\theta)/r \end{bmatrix} \begin{bmatrix} 0 & 2/[\,r^2+1\,] \\ 1 & 0 \end{bmatrix} \begin{bmatrix} R^2[\,\cos(\lambda)\,]^2 & 0 \\ 0 & R^2 \end{bmatrix}$$

$$\times \begin{bmatrix} 0 & 1 \\ 2/[\,r^2+1\,] & 0 \end{bmatrix} \begin{bmatrix} \cos(\theta) & \sin(\theta) \\ -\sin(\theta)/r & \cos(\theta)/r \end{bmatrix}$$

$$= \begin{bmatrix} 4R^2/[\,r^2+1\,]^2 & 0 \\ 0 & 4R^2/[\,r^2+1\,]^2 \end{bmatrix} = \frac{4R^2}{[\,r^2+1\,]^2} \begin{bmatrix} 1 & 0 \\ 0 & 1 \end{bmatrix}$$

其中，化简过程中利用了关系式 $\sin(\lambda) = [\,r^2-1\,]/[\,r^2+1\,]$ 和 $\cos(\lambda) = 2r/[\,r^2+1\,]$.

习题

25. 考虑方位等面积投影的逆映射 $\boldsymbol{A} : \mathbf{R}^2 \to \mathbf{R}^3$，它把地图平面 $\mathbf{R}^2$ 上极坐标为 (r,θ) 的点映射成经度 $\varphi = \theta$，纬度 $\lambda = \mathrm{Arcsin}(\,1$

$-\left[r^2/\{2R^2\}\right]$)的点.验证 A 是保面积的.

26. 试讨论由地理坐标定义的单位球面参数形式

$$F:(-\pi,\pi]\times[-\pi/2,\pi/2]\to S^2\subset\mathbf{R}^3$$

$$F(\varphi,\lambda)=\begin{bmatrix}\cos(\varphi)\cos(\lambda)\\\sin(\varphi)\cos(\lambda)\\\sin(\lambda)\end{bmatrix}$$

是否保角、保面积或者两者都不是.

3.4 不存在保持所有距离不变的映射

我们简要证明在平面到球面的映射中,找不出可以保持所有距离不变的映射.

定义 6 变换 $T:\mathbf{R}^n\to\mathbf{R}^m$ 是等距(isometry)的当且仅当对于所有的 $x,z\in\mathbf{R}^n$,

$$\|T(x)-T(z)\|=\|x-z\|$$

成立,其中记号 $\|\cdot\|$ 表示 Euclid 范数.所有等距性的分类都需要使用以下"极化恒等式 (polar indentity)".

命题 1 对任意 $k\in\mathbf{N}\setminus\{0\}$ 和所有 $x,z\in\mathbf{R}^k$,下式成立:

$$\langle x,z\rangle=\frac{1}{4}(\|x+z\|^2-\|x-z\|^2)$$

证 利用 Euclid 范数的定义 $\|w\|^2=\langle w,w\rangle$,将等式右端化简即得.

定理 5 线性变换 $L:\mathbf{R}^n\to\mathbf{R}^m$ 是等距的当且仅当 $[L]^{\mathrm{T}}[L]=I$.

证 先证明:如果线性变换 $L:\mathbf{R}^n\to\mathbf{R}^m$ 是等距的,那么 L 保持所有[①] Euclid 范数不变,即

$$\|L(w)\|=\|L(w)-L(0)\|=\|w-0\|=\|w\|$$

因此,对任意点积

$$\langle L(x),L(z)\rangle=\frac{1}{4}(\|L(x)+L(z)\|^2-\|L(x)-L(z)\|^2)$$

$$=\frac{1}{4}(\|L(x+z)\|^2-\|L(x-z)\|^2)$$

---

① 这里指向量及其映像——译者注.

$$= \frac{1}{4}(\parallel x{+}z \parallel^{2} - \parallel x{-}z \parallel^{2}) = \langle x, z \rangle$$

因此,

$$([L]^{\mathrm{T}}[L])_{i,j} = \langle L(e_i), L(e_j) \rangle = \langle e_i, e_j \rangle = I_{i,j}$$

反之,如果 $[L]^{\mathrm{T}}[L] = I$,那么 L 保持基向量的内积不变,

$$\langle e_i, e_j \rangle = I_{i,j} = [L]^{\mathrm{T}}[L]_{i,j} = \langle L(e_i), L(e_j) \rangle$$

由此,根据线性性质,L 可以保持所有向量的内积不变,因为对于 $\mathbf{R}^n$ 中任意的 $x = \sum_{i=1}^{n} x_i e_i$ 和 $z = \sum_{j=1}^{n} z_j e_j$,有

$$\langle L(x), L(z) \rangle = \langle L\big(\sum_{i=1}^{n} x_i e_i \big), L\big(\sum_{j=1}^{n} z_j e_j \big) \rangle$$

$$= \langle \sum_{i=1}^{n} x_i L(e_i), \sum_{j=1}^{n} z_j L(e_j) \rangle$$

$$= \sum_{i=1}^{n} \sum_{j=1}^{n} x_i z_j \langle L(e_i), L(e_j) \rangle$$

$$= \sum_{i=1}^{n} \sum_{j=1}^{n} x_i z_j I_{i,j}$$

$$= \sum_{i=1}^{n} x_i z_i$$

$$= \langle x, z \rangle$$

由此,基于距离的范数定义及其与内积的关系有

$$\parallel L(x) - L(z) \parallel^{2} = \langle L(x) - L(z), L(x) - L(z) \rangle$$

$$= \langle L(x{-}z), L(x{-}z) \rangle$$

$$= \langle x{-}z, x{-}z \rangle$$

$$= \parallel x{-}z \parallel^{2}$$

所以 L 保持所有距离不变.

定理 6　定义在开集 Ω 上的可微变换 $T: \Omega \subset \mathbf{R}^n \to \mathbf{R}^m$ 保持所有距离不变当且仅当对所有的 $w \in \Omega$,$[DT_w]^{\mathrm{T}}[DT_w] = I$.

证　定义在开集 Ω 上的可微变换 $T: \Omega \subseteq \mathbf{R}^n \to \mathbf{R}^m$ 保持所有距离不变当且仅当对于每一条可微曲线 $g: [a,b] \subset \mathbf{R} \to \Omega \subseteq \mathbf{R}^n$,曲线 g 的长度和经 T 变换后的映像曲线长度相

等,即[①]

$$\int_a^b \|\boldsymbol{g}'(t)\| \, \mathrm{d}t = \int_a^b \|(\boldsymbol{T} \circ \boldsymbol{g})'(t)\| \, \mathrm{d}t = \int_a^b \|[D\boldsymbol{T}_{g(t)}]\boldsymbol{g}'(t)\| \, \mathrm{d}t \qquad (9)$$

如果线性变换 $D\boldsymbol{T}_{g(t)}$ 是等距的,那么对于所有 $t \in [a, b]$, $\|[D\boldsymbol{T}_{g(t)}]\boldsymbol{g}'(t)\| = \|\boldsymbol{g}'(t)\|$ 成立,则(9)中的 3 个积分取相等的值.

反之,利用反证法,如果存在 $t_0 \in [a, b]$, $D\boldsymbol{T}_{g(t_0)}$ 不是等距的,由 $\boldsymbol{T}$ 偏导数的连续性可推出在 $[a, b]$ 中存在一个 t_0 的相对开邻域(relatively open neighborhood) $\mathcal{T}$,使得对于任意 $t \in \mathcal{T}$, $\|[D\boldsymbol{T}_{g(t)}]\boldsymbol{g}'(t)\| > \|\boldsymbol{g}'(t)\|$ 或者对于任意 $t \in \mathcal{T}$, $\|[D\boldsymbol{T}_{g(t)}]\boldsymbol{g}'(t)\| < \|\boldsymbol{g}'(t)\|$. 将(9)中 $[a, b]$ 换成 $\mathcal{T}$,则对这段曲线 $\boldsymbol{g}|\mathcal{T}$,(9)中的 3 个积分取值不等,这意味着曲线 $\boldsymbol{g}|\mathcal{T}$ 及其映像 $\boldsymbol{T} \circ \boldsymbol{g}|\mathcal{T}$ 长度不相等.

推论   开集 Ω 上的可微变换 $\boldsymbol{T}: \Omega \subseteq \mathbf{R}^n \to \mathbf{R}^m$ 保持所有距离不变当且仅当 $\boldsymbol{T}$ 既是保角的,也是保面积的.

证   见习题 27.

定理 7   不存在可以保持所有距离不变的可微变换 $\boldsymbol{T}: \Omega \subseteq \mathbf{R}^2 \to S^2 \subset \mathbf{R}^3$.

证   考虑任意三角形 $\Delta \subset \Omega$,三个顶点 A, B, C 分别在平面上,因为三角形的三边是直线段,分别对应三个顶点之间的最短曲线,它们在变换 $\boldsymbol{T}$ 下的映像也是球面上映像 $\boldsymbol{T}(\Delta)$ 的顶点 $\boldsymbol{T}(A), \boldsymbol{T}(B)$ 和 $\boldsymbol{T}(C)$ 间的最短曲线,因为这种曲线对应球面上两点之间的大圆[Vest 和 Benge,1994—1995],所以 $\boldsymbol{T}(\Delta)$ 是由球面上三段大圆所围成的球面三角形.但是,球面三角形的内角和大于 π,而平面三角形内角和等于 π,因此 $\boldsymbol{T}$ 不可能是保角的,因而也不会保持所有距离不变.

习题

27. 证明定理 6 的推论.

28. 验证逆球极投影、逆 Mercator 柱面投影、逆柱面等面积投影和逆方位等面积投影不能保持所有距离不变.

---

① 请注意和定理 5 讨论"距离"的区别和联系——译者注.

4. 共形映射的其他应用

以上内容可能给读者留下一种印象——共形映射只适用于地图绘制,为了避免这种错觉,本节将指出它如何应用于物理和工程领域.想了解历史上有关三维空间共形映射的论文,可参阅 Liouville[1847]和 Thomson[1847],如果需要进一步了解它们在物理中的应用案例,则可以参阅 Maxwell[1892,276—280]和 Sommerfeld[1949,135—142].

二阶可微实函数 $f:\mathbf{R}^n\to\mathbf{R}$ 称为调和的(harmonic)当且仅当其 Laplace 变换 Δf 处处为零:

$$\Delta f := \sum_{i=1}^n D_i^2 f = \sum_{i=1}^n D_i(D_i f) = 0 \tag{10}$$

在物理中,调和函数可以表示诸如电势[Sommerfeld,1949,32]和不可压无黏无旋流体的速度势[Lin 和 Segel,1988,560](作为从微积分向现实中流体动力学的过渡,这种流体也许只适合在课堂上讲解,因为据报道它在现实中几乎不存在[Morawetz,1992]).即使这些电势(速度势)在复杂区域 $\mathscr{D}\subset\mathbf{R}^n$ 中存在,要在 $\mathscr{D}$ 上求出这样的调和函数从计算角度看还是有很大难度的.不过,因为调和函数和某些共形变换复合以后仍然还是调和的,先利用共形变换将复杂区域 $\mathscr{D}$ 变换成较简单的区域 $\mathscr{D}'$,可以减少求调和函数的计算难度.在偶数维 Euclid 空间中,存在许多这样的共形变换,它们组成了复分析的主体.而在奇数维空间中,尤其是 $\mathbf{R}^3$,很少存在这样的等角变换.例如,Liouville 和 Thomson 提出的一个定理[Liouville 1847;Thomson,1847](被 Sommerfeld 引用[Sommerfeld,1949,140])证实:在常见的 Euclid 空间 $\mathbf{R}^3$,本质上只存在一种非仿射共形变换.

习题

29. 考虑如下定义的逆变换 $h:\mathbf{R}^n\setminus\{\mathbf{0}\}\to\mathbf{R}^n$

$$h(x)=\frac{1}{\|x\|^2}x=\frac{1}{\sum_{i=1}^n(x_i)^2}\begin{bmatrix}x_1\\x_2\\\vdots\\x_n\end{bmatrix}$$

证明 h 是保角的.

30. 对于 $n=3$ 的特殊情况,完成上述习题.

31. 设 $f:\mathbf{R}^3\to\mathbf{R}$ 为调和函数,定义一个新的函数 $w:\mathbf{R}^3\to\mathbf{R}$,满足关系 $w(t)=\|t\|\cdot f(t)$.令 h 是逆变换,验证复合变换 $w\circ h$ 是调和的.

32. 设 $f:\mathbf{R}^2\to\mathbf{R}$ 为调和函数,是否存在只依赖于 $\|t\|$ 和 $f(t)$ 的函数 $w:\mathbf{R}^2\to\mathbf{R}$ 使得 $w\circ h$ 是调和的?

33. 根据每个球面上的电势值,可以求出两个同心球面之间的调和电势函数 f.已知 $a,b\in\mathbf{R}$,验证下列函数 f 在 $\mathbf{R}^3\setminus\{\mathbf{0}\}$ 中调和:

$$f(\boldsymbol{x})=\frac{a}{\|\boldsymbol{x}\|}+b$$

然后,考虑两个同心球面,原点为球心,半径 $r_1<r_2$.对于给定两个实数 c_1 和 c_2,求 a,b 使得函数 f 在第 1 个球面上等于 c_1,在第 2 个球面上等于 c_2.

34. 验证函数 $f:\mathbf{R}^2\setminus\{\mathbf{0}\}\to\mathbf{R}$,$f(\boldsymbol{x})=a\cdot\ln(\|\boldsymbol{x}\|)+b$ 是调和的.

35. 本习题说明如何将逆变换 h 用于计算两个不相交球体外部区域的调和电势[Sommerfeld,1949,295,321],但计算复杂性要远超前面的习题,详细的解答不能靠单一习题,需要采用团队作业形式来完成.

考虑空间中两个不相交的球体,它们半径分别为 R_1 和 R_2,球心分别在 $\boldsymbol{x}_1$ 和 $\boldsymbol{x}_2$,则球心间距离 $d=\|\boldsymbol{x}_1-\boldsymbol{x}_2\|>R_1+R_2$,请说明存在形如 $H(\boldsymbol{x})=a^2h(\boldsymbol{x}-\boldsymbol{z})$ 的逆变换 H,将两个球体的外部区域变换成两个同心球面之间的区域.

设 f 如习题 33 所示,那么复合函数 $w(H(\boldsymbol{x}))=\|H(\boldsymbol{x})\|\cdot f(H(\boldsymbol{x}))$,在两个球体外是调和的,并且在球面上取指定值,于是 w 给出了两个球面之间区域的电势或者流势.

36.（复分析） 研究是否在三维空间 $\mathbf{R}^3$ 才有保角的可微变换、可逆变换、仿射变换、坐标平面上的全纯函数,并且沿法线方向为常数(从微积分角度看,这是一道难题.见[Liouville,1847]).

5. 考核样题

在安排多元微积分的考试和作业时,除了常见的题目以外,可以考虑以下和地图有关的问题.

（1）逆圆锥投影将平面图 $\mathbf{R}^2$ 上极坐标为 (r,θ) 的点投影成球面上的点,其地理坐标为纬度 $\lambda = \mathrm{Arcsin}\left(\dfrac{27R^4 - r^4}{27R^4 + r^4}\right)$,经度 $\varphi = (2\theta + \pi)$.试讨论这种圆锥投影是保角的还是保面积的或者都不是.

（2）计算过澳大利亚 Canberra(经度 $149°8'$(东经),纬度 $-35°15'$(南纬))和加拿大 Vancouver(经度 $-123°7'$(西经),纬度 $49°15'$(北纬))的等角航线的距离.假定地球平均半径约 6 378 km,也请算出该航线的恒定方位角.

（3）验证采用直角坐标系的可微映射

$$f: \mathbf{R}^2 \to \mathbf{R}^2$$

$$f\binom{x}{y} = \begin{bmatrix} u(x,y) \\ v(x,y) \end{bmatrix}$$

是保角的当且仅当 u,v 满足以下方程(称为 Cauchy-Riemann 方程):

$$\frac{\partial u}{\partial x} = \frac{\partial v}{\partial y}$$

$$\frac{\partial u}{\partial y} = \frac{\partial v}{\partial x}$$

（4）验证采用地理坐标系的映射

$$F: S^2 \to \mathbf{R}^2$$

$$(\varphi, \lambda) \mapsto \begin{bmatrix} U(\varphi, \lambda) \\ V(\varphi, \lambda) \end{bmatrix}$$

是保角的当且仅当

$$\frac{\partial U}{\partial \lambda} = -\frac{1}{\cos(\lambda)} \cdot \frac{\partial V}{\partial \varphi}$$

$$\frac{\partial V}{\partial \lambda} = \frac{1}{\cos(\lambda)} \cdot \frac{\partial U}{\partial \varphi}$$

其中角度 φ 和 λ 分别表示经度和纬度. 请注意以上公式给出了用点的经纬度表示的映像,没有直接用点的坐标.所以,推导关于 F 或者 F^{-1} 的公式需要增加一次坐标变换.

(5) 令 $s: \mathbf{R} \to (S^1 \setminus \{(0, -1)\})$ 表示将实数轴 $\mathbf{R}$ 投影成平面上过南极 $S = (0, -1)$ 的单位圆 $S^1 = \{(r, s) \in \mathbf{R}^2 : r^2 + s^2 = 1\}$ 的逆球极投影,即

$$s(t) = \begin{bmatrix} 2t/(1+t^2) \\ (1-t^2)/(1+t^2) \end{bmatrix}, \quad s^{-1}\binom{r}{s} = \frac{r}{1+s}$$

对任意 $\theta \in \mathbf{R}$,令 R_θ 表示将平面 $\mathbf{R}^2$ 逆时针转 θ 角的变换,对每个实数 t(可能一个除外)定义以下复合函数 F_θ:

$$F_\theta(t) := s^{-1} \circ R_\theta \circ s(t)$$

指出 F_θ 的性质(多项式函数、有理函数、三角函数、零点、渐近线等).

课题 1(复分析) 令 $S: \mathbf{R}^2 \to \mathbf{R}^3$ 表示将地图平面 $\mathbf{R}^2 = C$ 投影成过南极 $S = (0, 0, -1)$ 的单位球面 $S^2 := \{x \in \mathbf{R}^3 : \|x\| = 1\}$ 的逆球极投影(详见例2).

进一步,令 R 表示三维 Euclid 空间 $\mathbf{R}^3$ 中任一绕原点的旋转变换.因此,也是球面 S^2 的旋转变换,定义以下函数

$$F_R := S^{-1} \circ R \circ S$$

指出函数 F_R 的性质(多项式函数、有理函数、三角函数、零点、极点等).

6. 习题解答

只给出奇数序号题目的答案.

1.

$$\left[\, DM_{(u,v)} \,\right] = \begin{bmatrix} D_1M_1 & D_2M_1 \\ D_1M_2 & D_2M_2 \\ D_1M_3 & D_2M_3 \end{bmatrix}$$

$$= \begin{bmatrix} -\sin(u)/\cosh(v) & -\cos(u)\tanh(v)/\cosh(v) \\ \cos(u)/\cosh(v) & -\sin(u)\tanh(v)/\cosh(v) \\ 0 & 1/\left[\cosh(v)\right]^2 \end{bmatrix}$$

3. 变换 $\boldsymbol{M}$ 将二维地图 $\mathbf{R}^2$ 中坐标为 u 的"垂直"直线投影到三维空间中一个过原点且和水平单位向量 $\boldsymbol{w}(u) = \left[-\sin(u),\cos(u),0\right]$ 正交的垂直平面,即有

$$\langle\, \boldsymbol{M}(u,v),\boldsymbol{w}(u) \,\rangle = \frac{\cos(u)}{\cosh(v)}(-\sin(u)) + \frac{\sin(u)}{\cosh(v)}\cos(u) + \frac{\sinh(v)}{\cosh(v)} \cdot 0 = 0$$

由此,$\boldsymbol{M}$ 将平面地图上每一条"垂直"直线映射为一条垂直平面和球面的交线,即过南北两极的一个大圆:经线.但是,因为 $\cosh(v)>0$,这些平面上垂线的映像只是经线的一半并且不包含南北极.同一条经线的另一半对应于 $\mu\pm\pi$.

5. 在平面 $\mathbf{R}^2$ 中,直线 $\boldsymbol{l}_{P,U}$ 的参数表示形式为

$$\begin{bmatrix} U(t) \\ V(t) \end{bmatrix} = \boldsymbol{l}_{P,U}(t) = \boldsymbol{P} + t\boldsymbol{U} = \begin{bmatrix} P_1 \\ P_2 \end{bmatrix} + t\begin{bmatrix} \cos(\psi) \\ \sin(\psi) \end{bmatrix} = \begin{bmatrix} P_1 + t\cos(\psi) \\ P_2 + t\sin(\psi) \end{bmatrix}$$

用 $U(t),V(t)$ 分别替换 u,v,则得到复合函数 $\boldsymbol{M}\circ\boldsymbol{l}_{P,U}$,于是,直线 $\boldsymbol{l}_{P,U}$ 经 $\boldsymbol{M}$ 映射到球面所得空间曲线的参数形式为

$$\boldsymbol{M}\circ\boldsymbol{l}_{P,U}(t) = \boldsymbol{M}(\boldsymbol{l}_{P,U}(t))$$

$$= \begin{bmatrix} \cos(U(t))/\cosh(V(t)) \\ \sin(U(t))/\cosh(V(t)) \\ \tanh(V(t)) \end{bmatrix}$$

$$= \begin{bmatrix} \cos(P_1 + t\cos(\psi))/\cosh(P_2 + t\sin(\psi)) \\ \sin(P_1 + t\cos(\psi))/\cosh(P_2 + t\sin(\psi)) \\ \tanh(P_2 + t\sin(\psi)) \end{bmatrix}$$

7. 考虑下列方程

$$M(u,v) = \begin{bmatrix} \cos(u)/\cosh(v) \\ \sin(u)/\cosh(v) \\ \tanh(v) \end{bmatrix} = \begin{bmatrix} \cos(\varphi)\cos(\lambda) \\ \sin(\varphi)\cos(\lambda) \\ \sin(\lambda) \end{bmatrix} = F(\varphi,\lambda)$$

由第三个坐标相等, 可得 $\sin(\lambda) = \tanh(v)$, 亦即 $v = \text{Arctanh}(\sin(\lambda))$.

但由于 $\lambda \in \left[-\dfrac{\pi}{2}, \dfrac{\pi}{2}\right]$, 得 $\cos(\lambda) \geqslant 0$, 由此

$$\cos\lambda = \sqrt{1 - [\sin(\lambda)]^2} = \sqrt{1 - [\tanh(v)]^2} = \sqrt{\frac{[\cosh(v)]^2 - [\sinh(v)]^2}{[\cosh(v)]^2}}$$

$$= \sqrt{\frac{1}{[\cosh(v)]^2}} = \frac{1}{\cosh(v)}$$

因此, 令前两个坐标相等, 可得 $\cos(u) = \cos(\varphi)$ 和 $\sin(u) = \sin(\varphi)$, 因为 $u,\varphi \in [-\pi,\pi]$, 所以 $u = \varphi$. 最终得到

$$M^{-1}(\varphi,\lambda) = \begin{bmatrix} \varphi \\ \text{Arctanh}(\sin(\lambda)) \end{bmatrix}$$

9.

$$[DC_{(u,v)}] = \begin{bmatrix} -R\sin(u)\sqrt{1-(v/R)^2} & \dfrac{(-v/R)\cos(u)}{\sqrt{1-(v/R)^2}} \\ R\cos(u)\sqrt{1-(v/R)^2} & \dfrac{(-v/R)\sin(u)}{\sqrt{1-(v/R)^2}} \\ 0 & 1 \end{bmatrix}$$

11. 为了减少记号, 以突出和直线到单位圆投影的相似性, 令 $t^2 = u^2 + v^2$. 解关于 t^2 的方程

$$z = (1-(u^2+v^2))/(1+u^2+v^2) = (1-t^2)/(1+t^2)$$

得 $t^2 = (1-z)/(1+z)$, 从而

$$1+u^2+v^2 = 1+t^2 = 2/(1+z)$$

因此解关于 u 的方程

$$x = 2u/(1+u^2+v^2) = 2u/(1+t^2)$$

得 $u = (x/2)(1+t^2) = x/(1+z)$. 类似地, $v = y/(1+z)$, 所以

$$\begin{bmatrix} u \\ v \end{bmatrix} = \boldsymbol{S}^{-1} \begin{pmatrix} x \\ y \\ z \end{pmatrix} = \begin{bmatrix} x/(1+z) \\ y/(1+z) \end{bmatrix}$$

13. 对于每一对向量 $\boldsymbol{u} \in \mathbf{R}^3$ 和 $\boldsymbol{v} \in \mathbf{R}^3$, 有

$$\begin{aligned}
\|\boldsymbol{u}\times\boldsymbol{v}\|^2 &= \|(u_2v_3-u_3v_2, u_3v_1-u_1v_3, u_1v_2-u_2v_1)\|^2 \\
&= (u_2v_3-u_3v_2)^2 + (u_3v_1-u_1v_3)^2 + (u_1v_2-u_2v_1)^2 \\
&= \cdots \\
&= (u_1^2+u_2^2+u_3^2)(v_1^2+v_2^2+v_3^2) - (u_1v_1+u_2v_2+u_3v_3)^2 \\
&= (\langle \boldsymbol{u}, \boldsymbol{u}\rangle)(\langle \boldsymbol{v}, \boldsymbol{v}\rangle) - (\langle \boldsymbol{u}, \boldsymbol{v}\rangle)^2 \\
&= \det \begin{bmatrix} \langle \boldsymbol{u}, \boldsymbol{u}\rangle & \langle \boldsymbol{u}, \boldsymbol{v}\rangle \\ \langle \boldsymbol{v}, \boldsymbol{u}\rangle & \langle \boldsymbol{v}, \boldsymbol{v}\rangle \end{bmatrix} \\
&= \det[(\boldsymbol{u}\ \ \boldsymbol{v})^{\mathrm{T}}(\boldsymbol{u}\ \ \boldsymbol{v})]
\end{aligned}$$

将 $\boldsymbol{p} = \boldsymbol{L}(\boldsymbol{e}_1)$ 和 $\boldsymbol{q} = \boldsymbol{L}(\boldsymbol{e}_2)$ 代入上式, 再结合 $\boldsymbol{L}$ 和外积的线性性质:

$$\|\boldsymbol{p}\times\boldsymbol{q}\| = \|\boldsymbol{L}(\boldsymbol{p})\times\boldsymbol{L}(\boldsymbol{q})\|$$

$$\Updownarrow$$

$$\|(p_1\boldsymbol{e}_1+p_2\boldsymbol{e}_2)\times(q_1\boldsymbol{e}_1+q_2\boldsymbol{e}_2)\| = \|\boldsymbol{L}(p_1\boldsymbol{e}_1+p_2\boldsymbol{e}_2)\times\boldsymbol{L}(q_1\boldsymbol{e}_1+q_2\boldsymbol{e}_2)\|$$

$$\Updownarrow$$

$$|p_1q_2-p_2q_1| \cdot \|\boldsymbol{e}_1\times\boldsymbol{e}_2\| = |p_1q_2-p_2q_1| \|\boldsymbol{L}(\boldsymbol{e}_1)\times\boldsymbol{L}(\boldsymbol{e}_2)\|$$

$$\Updownarrow$$

$$\|\boldsymbol{e}_1\times\boldsymbol{e}_2\|^2 = \|\boldsymbol{L}(\boldsymbol{e}_1)\times\boldsymbol{L}(\boldsymbol{e}_2)\|^2$$

$$\Updownarrow$$

$$1 = \det[\boldsymbol{L}]^{\mathrm{T}}[\boldsymbol{L}]$$

15. 由相似变换 $\boldsymbol{L}(\boldsymbol{x}) = \boldsymbol{T}+s\boldsymbol{Q}\boldsymbol{x}$ 可得 $s\boldsymbol{Q}$ 为微分矩阵, 由此, 如果 $\boldsymbol{Q}^{\mathrm{T}}\boldsymbol{Q} = \boldsymbol{I}$, 那么 $(s\boldsymbol{Q})^{\mathrm{T}}(s\boldsymbol{Q}) = s^2\boldsymbol{I}$, 所以 $\boldsymbol{L}$ 是保角的.

17. 回顾习题 1 的 DM，验证 $[DM]^{\mathrm{T}}[DM]=c^2 I$，

$$[DM_{(u,v)}]=\begin{bmatrix} D_1M_1 & D_2M_1 \\ D_1M_2 & D_2M_2 \\ D_1M_3 & D_2M_3 \end{bmatrix}$$

$$=\begin{bmatrix} -\sin(u)/\cosh(v) & -\cos(u)\tanh(v)/\cosh(v) \\ \cos(u)/\cosh(v) & -\sin(u)\tanh(v)/\cosh(v) \\ 0 & 1/[\cosh(v)]^2 \end{bmatrix}$$

$$[DM_{(u,v)}]^{\mathrm{T}}[DM_{(u,v)}]=\begin{bmatrix} 1/[\cosh(v)]^2 & 0 \\ 0 & 1/[\cosh(v)]^2 \end{bmatrix}$$

$$=\frac{1}{[\cosh(v)]^2}\begin{bmatrix} 1 & 0 \\ 0 & 1 \end{bmatrix}=[c(u,v)]^2\cdot I$$

其中应用以下恒等式作了化简：

$$\tanh'(v)=(\cosh(v)\cosh(v)-\sinh(v)\sinh(v))/\cosh(v)\cosh(v)=1-\tanh^2(v)=1/\cosh^2(v)$$

$$(\tanh^2(v)+[1/\cosh^2(v)])/(\cosh^2(v))=([\sinh^2(v)]+1)/(\cosh^4(v))=1/\cosh^2(v)$$

19. （由 Edward S. Miller, John F. Nord 和 Ronald L Waite 完成，详见 Miller 等 [1996]）. 如同习题 5，将这种等角航线参数化，可以证实其长度有限，等于 $\pi\sec(\alpha)/2$，但是在南北极附近将和所有经线无限次相交.

21. 首先根据习题 7，将两个端点投影到 Mercator 地图上，对于 Antananarivo，有

$$\begin{bmatrix} u_A \\ v_A \end{bmatrix}=M^{-1}\begin{pmatrix} \varphi_A \\ \lambda_A \end{pmatrix}=\begin{bmatrix} \varphi_A \\ \mathrm{Arctanh}(\sin(\lambda_A)) \end{bmatrix}$$

$$=\begin{bmatrix} 47°31' \\ \mathrm{Arctanh}(\sin(-18°55')) \end{bmatrix}$$

$$=\begin{bmatrix} 0.829\,322\ \mathrm{rad} \\ \mathrm{Arctanh}(\sin(-0.330\,158\ \mathrm{rad})) \end{bmatrix}$$

$$=\begin{bmatrix} 0.829\,322 \\ -0.336\,325 \end{bmatrix}$$

对于 Bombay, 有

$$\begin{bmatrix} u_B \\ v_B \end{bmatrix} = \boldsymbol{M}^{-1} \begin{bmatrix} \varphi_B \\ \lambda_B \end{bmatrix} = \begin{bmatrix} 72°51' \\ \operatorname{Arctanh}(\sin(18°56')) \end{bmatrix}$$

$$= \begin{bmatrix} 1.271\ 472\ \text{rad} \\ \operatorname{Arctanh}(\sin(0.330\ 449\ \text{rad})) \end{bmatrix} = \begin{bmatrix} 1.271\ 472 \\ 0.336\ 633 \end{bmatrix}$$

其次, 在 Mercator 地图上, 连接点 (u_A, v_A) 和 (u_B, v_B) 的直线段对应两个城市之间的等角航线, 其斜率 $m = 1.522\ 012\cdots$, 垂直截距 $b = -1.598\ 563\cdots$, 将该线段参数化可得

$$\boldsymbol{l}(t) = \begin{bmatrix} t \\ mt+b \end{bmatrix} \approx \begin{bmatrix} t \\ 1.522\ 012t - 1.598\ 563 \end{bmatrix}$$

第三, 如同习题 5, 将线段 $\boldsymbol{l}$ 与逆 Mercator 投影 $\boldsymbol{M}$ 相复合, 就得到单位球面上等角航线的参数表示. 最后算出这段等角航线的弧长, 再乘以地球半径可得实际长度为 5 041 km.

因为 Mercator 投影是保角的, 且 $0 \leqslant \alpha \leqslant \pi/2$, 由 Arctan 函数定义得

$$\frac{\pi}{2} - \alpha = \operatorname{Arctan}(m) \approx \operatorname{Arctan}(1.522\ 012) \approx 0.989\ 498\ \text{rad} \approx 56°41'39''$$

所以 $\alpha = 33°18'21''$.

23.

$$\begin{aligned}
[DC_{(u,v)}]^{\mathrm{T}}[DC_{(u,v)}] &= \begin{bmatrix} -R\sin(u)\sqrt{1-(v/R)^2} & R\cos(u)\sqrt{1-(v/R)^2} & 0 \\[2mm] \dfrac{(-v/R)\cos(u)}{\sqrt{1-(v/R)^2}} & \dfrac{(-v/R)\sin(u)}{\sqrt{1-(v/R)^2}} & 1 \end{bmatrix} \\[4mm]
&\times \begin{bmatrix} -R\sin(u)\sqrt{1-(v/R)^2} & \dfrac{(-v/R)\cos(u)}{\sqrt{1-(v/R)^2}} \\[4mm] R\cos(u)\sqrt{1-(v/R)^2} & \dfrac{(-v/R)\sin(u)}{\sqrt{1-(v/R)^2}} \\[4mm] 0 & 1 \end{bmatrix} \\[4mm]
&= \begin{bmatrix} R^2 - v^2 & 0 \\[2mm] 0 & \dfrac{R^2}{R^2 - v^2} \end{bmatrix}
\end{aligned}$$

$$\det([\,DC_{(u,v)}\,]^{\mathrm{T}}[\,DC_{(u,v)}\,]) = R^2$$

25. 设平面中采用极坐标，球面上采用地理坐标，映射 A 的表达式记作 E：

$$\begin{bmatrix} \varphi \\ \lambda \end{bmatrix} = E(r,\theta) = \begin{bmatrix} 0 \\ \mathrm{Arcsin}(1-[\,r^2/\{2R^2\}\,]) \end{bmatrix}$$

$$[\,DE_{(r,\theta)}\,] = \begin{bmatrix} 0 & 1 \\ -1/\sqrt{R^2-r^2/4} & 0 \end{bmatrix}$$

利用 $[\cos(\lambda)]^2 = 1-[\sin(\lambda)]^2 = (r^2/R^2)-(r^4/[4R^4])$，有

$$M_{(r,\theta)} = ([\,DP\,]^{-1}_{(r,\theta)})^{\mathrm{T}}[\,DE\,]^{\mathrm{T}}_{(r,\theta)}[\,DQ\,]^{\mathrm{T}}_{G(r,\theta)}[\,DQ\,]_{G(r,\theta)}[\,DE\,]_{(r,\theta)}[\,DP\,]^{-1}_{(r,\theta)}$$

$$= \begin{bmatrix} \cos(\theta) & -\sin(\theta)/r \\ \sin(\theta) & \cos(\theta)/r \end{bmatrix} \begin{bmatrix} 0 & -1/\sqrt{R^2-r^2/4} \\ 1 & 0 \end{bmatrix} \begin{bmatrix} R^2[\cos(\lambda)]^2 & 0 \\ 0 & R^2 \end{bmatrix}$$

$$\times \begin{bmatrix} 0 & 1 \\ -1/\sqrt{R^2-r^2/4} & 0 \end{bmatrix} \begin{bmatrix} \cos(\theta) & \sin(\theta) \\ -\sin(\theta)/r & \cos(\theta)/r \end{bmatrix}$$

$$= R^2 \begin{bmatrix} \dfrac{[\cos(\theta)]^2}{R^2-r^2/4}+\dfrac{(R^2-r^2/4)[\sin(\theta)]^2}{R^4} & \dfrac{\cos(\theta)\sin(\theta)}{R^2-r^2/4}-\dfrac{(R^2-r^2/4)\cos(\theta)\sin(\theta)}{R^4} \\ \dfrac{\cos(\theta)\sin(\theta)}{R^2-r^2/4}-\dfrac{(R^2-r^2/4)\cos(\theta)\sin(\theta)}{R^4} & \dfrac{[\sin(\theta)]^2}{R^2-r^2/4}+\dfrac{(R^2-r^2/4)[\cos(\theta)]^2}{R^4} \end{bmatrix}$$

其行列式为常数 $1/R^2$，这意味着 A 是保面积的.

27. $[\,DT_W\,]^{\mathrm{T}}[\,DT_W\,] = I$ 当且仅当 $\det([\,DT_W\,]^{\mathrm{T}}[\,DT_W\,]) = I$ 并且 $[\,DT_W\,]^{\mathrm{T}}[\,DT_W\,]$ 等于单位阵的正数倍.

29. 利用商的求导法则对每个 $h_i(x) = x_i/\sum\limits_{m=1}^{n}(x_m)^2$ 求导，可以证明 $[\,Dh\,]^{\mathrm{T}}[\,Dh\,] = c^2 I$ 等价于

$$D_j h_i(x) = \begin{cases} -2x_i x_j/\|x\|^4, & j \neq i \\ (\|x\|^2-2(x_i)^2)/\|x\|^4, & j = i \end{cases}$$

$$\langle D_k h, D_k h \rangle = \sum_{i=1}^{n}(D_k h_i)^2 = \sum_{i \neq k}\left(\frac{-2x_i x_k}{\|x\|^4}\right)^2 + \left(\frac{\|x\|^2-2(x_k)^2}{\|x\|^4}\right)^2$$

$$= \frac{4(x_k)^4}{\|x\|^8}-\frac{4(x_k)^2}{\|x\|^6}+\frac{1}{\|x\|^4}-\sum_{i \neq k}\frac{4(x_i)^2(x_k)^2}{\|x\|^8} = \frac{1}{\|x\|^4} > 0$$

$$\langle D_k\boldsymbol{h}, D_l\boldsymbol{h}\rangle = \sum_{i\notin\{k,l\}} \left(\frac{-2(x_i)(x_k)}{\|\boldsymbol{x}\|^4}\cdot\frac{-2x_ix_l}{\|\boldsymbol{x}\|^4}\right)$$

$$+\left(\frac{1}{\|\boldsymbol{x}\|^2}-\frac{2(x_k)^2}{\|\boldsymbol{x}\|^4}\right)\cdot\frac{-2x_kx_l}{\|\boldsymbol{x}\|^4}+\frac{-2x_lx_k}{\|\boldsymbol{x}\|^4}\cdot\left(\frac{1}{\|\boldsymbol{x}\|^2}-\frac{2(x_l)^2}{\|\boldsymbol{x}\|^4}\right)$$

$$=2\cdot\frac{-2x_kx_l}{\|\boldsymbol{x}\|^6}+4x_kx_l\frac{\sum_{i=1}^{n}(x_i)^2}{\|\boldsymbol{x}\|^8}$$

$$=-4x_kx_l\frac{1}{\|\boldsymbol{x}\|^6}+4x_kx_l\frac{\|\boldsymbol{x}\|^2}{\|\boldsymbol{x}\|^8}=0$$

所以 $[D\boldsymbol{h}]^{\mathrm{T}}\cdot[D\boldsymbol{h}]=\|\boldsymbol{x}\|^{-4}\cdot\boldsymbol{I}$.

31. 对于 $g=w\circ\boldsymbol{h}$ 反复应用链式法则得

$$D_jw=\sum_{i=1}^{n}D_ig(\boldsymbol{h}(\boldsymbol{x}))D_jh_i(\boldsymbol{x})=\sum_{i=1}^{n}(D_ir\cdot f+r\cdot D_if)(\boldsymbol{h}(\boldsymbol{x}))\cdot D_jh_i(\boldsymbol{x})$$

$$D_j^2w(\boldsymbol{x})=\sum_{i=1}^{n}\left\{\sum_{k=1}^{n}(D_kD_ir\cdot f+D_irD_kf+D_krD_if+r\cdot D_iD_kf)\cdot D_jh_kD_jh_i\right.$$

$$\left.+(D_ir\cdot f+r\cdot D_if)(\boldsymbol{h}(\boldsymbol{x}))\cdot D_j^2h_i(\boldsymbol{x})\right\}$$

先关于 j 求和并利用 $[D\boldsymbol{h}]$ 列的正交性质证明 $\Delta w(\boldsymbol{x})=\sum_{j=1}^{n}D_j^2w(\boldsymbol{x})$ 中 $i\neq k$ 的项为 0,可得

$$\Delta w(\boldsymbol{x})=\sum_{j=1}^{n}D_j^2w(\boldsymbol{x})$$

$$=\frac{1}{\|\boldsymbol{x}\|^4}\sum_{k=1}^{n}\left\{(D_k^2r\cdot f+2D_krD_kf+r\cdot D_k^2f)(\boldsymbol{h}(\boldsymbol{x}))\right.$$

$$\left.+(D_kr\cdot f+r\cdot D_kf)(\boldsymbol{h}(\boldsymbol{x}))\sum_{j=1}^{n}D_j^2h_k(\boldsymbol{x})\right\}$$

$$=\frac{1}{\|\boldsymbol{x}\|^4}(r\cdot\Delta f+f\cdot\Delta r+2\nabla r\cdot\nabla f)(\boldsymbol{h}(\boldsymbol{x}))$$

$$+(f\cdot\nabla r+r\cdot\nabla f)(\boldsymbol{h}(\boldsymbol{x}))\cdot(\Delta h_1,\cdots,\Delta h_n)(\boldsymbol{x})$$

但是

$$r(\boldsymbol{h}(\boldsymbol{x}))=\|\boldsymbol{h}(\boldsymbol{x})\|=\left\|\frac{\boldsymbol{x}}{\|\boldsymbol{x}\|^2}\right\|=\frac{1}{\|x\|^2}$$

$$\nabla r(\boldsymbol{t})=(D_1\|\boldsymbol{t}\|,\cdots,D_n\|\boldsymbol{t}\|)=\left(\frac{t_1}{\|\boldsymbol{t}\|},\cdots,\frac{t_n}{\|\boldsymbol{t}\|}\right)=\frac{\boldsymbol{t}}{\|\boldsymbol{t}\|}=\frac{\boldsymbol{r}}{r}(\boldsymbol{t})$$

$$\Delta r(\boldsymbol{t}) = \sum_{i=1}^{n} D_i^2 r(\boldsymbol{t}) = \sum_{i=1}^{n} D_i \frac{t_i}{\sqrt{\sum_{m=1}^{n}(t_m)^2}}$$

$$= \sum_{i=1}^{n} \frac{\|\boldsymbol{t}\| - (t_i)^2/\|\boldsymbol{t}\|}{\|\boldsymbol{t}\|^2} = \sum_{i=1}^{n} \frac{\|\boldsymbol{t}\|^2 - (t_i)^2}{\|\boldsymbol{t}\|^3} = \frac{n-1}{\|\boldsymbol{t}\|}$$

$$\Delta h_k(\boldsymbol{x}) = \sum_{i=1}^{n} D_i^2 h_k = \sum_{i \neq k} D_i \frac{-2x_k x_i}{\|\boldsymbol{x}\|^4} + D_k \frac{\|\boldsymbol{x}\|^2 - 2(x_k)^2}{\|\boldsymbol{x}\|^4}$$

$$= \frac{(4-2n)x_k}{\|\boldsymbol{x}\|^4}$$

利用记号 $r(\boldsymbol{t}) = \boldsymbol{t}$，并令以上各式中的 $n = 3$，则有

$$\Delta w(\boldsymbol{x}) = \frac{1}{\|\boldsymbol{x}\|^4} \left(r \cdot \Delta f + f \cdot \frac{2}{r} + 2\frac{\boldsymbol{r}}{r} \cdot \nabla f \right)(\boldsymbol{h}(\boldsymbol{x})) +$$

$$\left(f \cdot \frac{\boldsymbol{r}}{r} + r \cdot \nabla f \right)(\boldsymbol{h}(\boldsymbol{x})) \cdot \frac{-2\boldsymbol{x}}{\|\boldsymbol{x}\|^4}$$

$$= \frac{(r \cdot \Delta f)(\boldsymbol{h}(\boldsymbol{x}))}{\|\boldsymbol{x}\|^4} + f(\boldsymbol{h}(\boldsymbol{x})) \cdot \left(\frac{1}{\|\boldsymbol{x}\|^4} \frac{2}{\|\boldsymbol{h}(\boldsymbol{x})\|} + \frac{\boldsymbol{h}(\boldsymbol{x})}{\|\boldsymbol{h}(\boldsymbol{x})\|} \frac{-2\boldsymbol{x}}{\|\boldsymbol{x}\|^4} \right) +$$

$$\nabla f(\boldsymbol{h}(\boldsymbol{x})) \cdot \left(\frac{1}{\|\boldsymbol{x}\|^4} \frac{\boldsymbol{h}(\boldsymbol{x})}{\|\boldsymbol{h}(\boldsymbol{x})\|} + \|\boldsymbol{h}(\boldsymbol{x})\| \frac{-2\boldsymbol{x}}{\|\boldsymbol{x}\|^4} \right)$$

$$= \frac{(r \cdot \Delta f)(\boldsymbol{h}(\boldsymbol{x}))}{\|\boldsymbol{x}\|^4} + f(\boldsymbol{h}(\boldsymbol{x})) \cdot \left(\frac{1}{\|\boldsymbol{x}\|^4} \frac{2}{1/\|\boldsymbol{x}\|} + \frac{\boldsymbol{x}/\|\boldsymbol{x}\|^2}{1/\|\boldsymbol{x}\|} \cdot \frac{-2\boldsymbol{x}}{\|\boldsymbol{x}\|^4} \right) +$$

$$\nabla f(\boldsymbol{h}(\boldsymbol{x})) \cdot \left(\frac{1}{\|\boldsymbol{x}\|^4} 2\frac{\dfrac{\boldsymbol{x}}{\|\boldsymbol{x}\|^2}}{\dfrac{1}{\|\boldsymbol{x}\|}} + \frac{1}{\|\boldsymbol{x}\|} \frac{-2\boldsymbol{x}}{\|\boldsymbol{x}\|^4} \right)$$

$$= \frac{1}{\|\boldsymbol{x}\|^4} (r \cdot \Delta f)(\boldsymbol{h}(\boldsymbol{x})) + f \cdot 0 + \nabla f \cdot 0$$

$$= \frac{1}{\|\boldsymbol{x}\|^5} \Delta f(\boldsymbol{h}(\boldsymbol{x}))$$

33. 利用手算或者计算机代数软件直接计算，可以证明 $\Delta(1/\|\boldsymbol{x}\|) = 0$。由此可以导出两个关于 a, b 的线性方程

$$\begin{cases} b+a/r_1 = c_1 \\ b+a/r_2 = c_2 \end{cases}$$

求解得

$$a = \frac{c_2-c_1}{\dfrac{1}{r_2}-\dfrac{1}{r_1}}, \quad b = \frac{c_2 r_2 - c_1 r_1}{r_2 - r_1}$$

35. 首先证明逆变换将广义球面(球面和平面)变成广义球面,为此,需在逆变换下利用 Euclid 的内积拉回(pull back)(见[Sommerfeld,1949,139])或者过球面中心和逆变换中心的平面(见复分析[Ahlfors,1979,80]).其次,在该平面上过上述两个球面中心(极限点,limit point)可形成一个圆束(pencil of circles),与该平面相交于以上圆周束的球面可组成一个由上述两个球面所决定的球面束(pencil of spheres),利用该球面束,根据相应的 Steiner 圆的性质[Ahlfors,1979,85]可得:以上述任一极限点为中心的逆变换将可以把上述两个球面变成同心球面.

7. 考核问题解答

(1)

$$[DG_{(r,\theta)}] = \begin{bmatrix} 0 & 2 \\ \dfrac{-12\sqrt{3}R^2 r}{27R^4 + r^4} & 0 \end{bmatrix}$$

$$M_{(r,\theta)} = ([DP]_{(r,\theta)}^{-1})^{\mathrm{T}} [DG]_{(r,\theta)}^{\mathrm{T}} [DQ]_{G(r,\theta)}^{\mathrm{T}} [DQ]_{G(r,\theta)} [DG]_{(r,\theta)} [DP]_{(r,\theta)}^{-1}$$

$$= \begin{bmatrix} \cos(\theta) & -\sin(\theta)/r \\ \sin(\theta) & \cos(\theta)/r \end{bmatrix} \begin{bmatrix} 0 & \dfrac{-12\sqrt{3}R^2 r}{27R^4 + r^4} \\ 2 & 0 \end{bmatrix} \begin{bmatrix} R^2 [\cos(\lambda)]^2 & 0 \\ 0 & R^2 \end{bmatrix} \times$$

$$\begin{bmatrix} 0 & 2 \\ \dfrac{-12\sqrt{3}R^2 r}{27R^4 + r^4} & 0 \end{bmatrix} \begin{bmatrix} \cos(\theta) & \sin(\theta) \\ -\sin(\theta)/r & \cos(\theta)/r \end{bmatrix}$$

$$= \frac{432R^6r^2}{[27R^4+r^4]^2}\begin{bmatrix} 1 & 0 \\ 0 & 1 \end{bmatrix}$$

其中应用 $\sin(\lambda) = [27R^4-r^4]/[27R^4+r^4]$ 和 $\cos(\lambda) = 6\sqrt{3}\,R^2r^2/[27R^4+r^4]$ 两个关系式进行化简.

因为以上矩阵是单位阵的常数倍,所以上述圆锥投影 G 是保角的,但是矩阵行列式

$$(108R^6r^2/[27R^4+r^4]^2)^2$$

依赖于 r,不是常数.

(2) 首先,根据习题 7 将两个城市投影到 Mercator 地图上.

对 Canberra:

$$\begin{bmatrix} u_c \\ v_c \end{bmatrix} = \boldsymbol{M}^{-1}\begin{pmatrix} \varphi_c \\ \lambda_c \end{pmatrix} = \begin{bmatrix} \varphi_c \\ \mathrm{Arctanh}(\sin(\lambda_c)) \end{bmatrix}$$

$$= \begin{bmatrix} 149°8' \\ \mathrm{Arctanh}(\sin(-35°15')) \end{bmatrix}$$

$$= \begin{bmatrix} 2.602\ 868\ \mathrm{rad} \\ \mathrm{Arctanh}(\sin(-0.615\ 229\ \mathrm{rad})) \end{bmatrix} = \begin{bmatrix} 2.602\ 868 \\ -0.658\ 171 \end{bmatrix}$$

对 Vancouver:

$$\begin{bmatrix} u_V \\ v_V \end{bmatrix} = \boldsymbol{M}^{-1}\begin{pmatrix} \varphi_V \\ \lambda_V \end{pmatrix} = \begin{bmatrix} -123°7' \\ \mathrm{Arctanh}(\sin(49°16')) \end{bmatrix}$$

$$= \begin{bmatrix} -2.148\ 791\ \mathrm{rad} \\ \mathrm{Arctanh}(\sin(0.859\ 866\ \mathrm{rad})) \end{bmatrix} = \begin{bmatrix} -2.148\ 791\ \mathrm{rad} \\ 0.990\ 921 \end{bmatrix}$$

$$= \begin{bmatrix} 4.134\ 394\ \mathrm{rad} \\ 0.990\ 921 \end{bmatrix}$$

其次,在 Mercator 地图上,连接点 (u_c, v_c) 和 (u_V, v_V) 的直线段对应两个城市之间的等角航线,其斜率 $m = 1.076\ 764\cdots$,垂直截距 $b = -3.460\ 846\cdots$,将该线段参数化可得

$$\boldsymbol{l}(t) = \begin{bmatrix} t \\ mt+b \end{bmatrix} \approx \begin{bmatrix} t \\ 1.076\ 764\ t-3.460\ 846 \end{bmatrix}$$

第三,如同习题 5,将线段 l 和逆 Mercator 投影 M 相复合,就得到单位球面上等角航线的参数表示.最后算出这段等角航线的弧长,再乘以地球半径可得实际长度为 12 840 km.

因为 Mercator 投影是保角的,则

$$\frac{\pi}{2}-\alpha = \mathrm{Arctan}(m) \approx \mathrm{Arctan}(1.076\,764) \approx 0.822\,345\ \mathrm{rad} \approx 47°7'1''$$

所以 $\alpha = 42°52'59''$.

(3) 为方便起见,用下标表示偏导数,验证 $[Df]^{\mathrm{T}}[Df]$ 等于单位阵的正数倍:

$$[Df]^{\mathrm{T}}[Df] = \begin{bmatrix} u_x & u_y \\ v_x & v_y \end{bmatrix}\begin{bmatrix} u_x & v_x \\ u_y & v_y \end{bmatrix}$$

$$= \begin{bmatrix} u_x u_x + u_y u_y & u_x v_x + u_y v_y \\ u_x v_x + u_y v_y & v_x v_x + v_y v_y \end{bmatrix}$$

$$= \begin{bmatrix} \|(u_x, u_y)\|^2 & \langle(u_x, u_y),(v_x, v_y)\rangle \\ \langle(u_x, u_y),(v_x, v_y)\rangle & \|(v_x, v_y)\|^2 \end{bmatrix}$$

以上矩阵等于单位阵的正数倍当且仅当以下两个向量

$$[u_x, u_y], \quad [v_x, v_y]$$

的长度相等且非零又相互垂直,这种情况当且仅当

$$\pm v_x = -u_y$$

$$\pm v_y = u_x$$

记号 $\pm$ 中负号"$-$"表示方向相反,"$+$"表示方向相同.

因为 $[Df]$ 两个列向量的外积等于 $e_1 \times e_2$ 的正数倍:

$$[u_x, u_y] \times [v_x, v_y] = (u_x, u_y) \times (-u_y, u_x) = (0, 0, u_x^2 + u_y^2)$$

$$= (u_x^2 + u_y^2)(1, 0) \times (0, 1)$$

所以,f 保持所有角度的大小和方向都不变当且仅当

$$\frac{\partial u}{\partial x} = \frac{\partial v}{\partial y}$$

$$\frac{\partial u}{\partial y} = -\frac{\partial v}{\partial x}$$

(4) 因为映射 $F:S^2 \to \mathbf{R}^2$ 采用地理坐标系且通过辅助映射

$$G:(-\pi,\pi] \times \left[-\frac{\pi}{2},\frac{\pi}{2}\right] \to \mathbf{R}^2$$

$$G(\varphi,\lambda) = \begin{pmatrix} U(\varphi,\lambda) \\ V(\varphi,\lambda) \end{pmatrix}$$

所以 F^{-1}[①] 可视作 $\mathbf{R}^2 \to S^2 \subset \mathbf{R}^3$ 的复合映射 $F^{-1}:=Q \circ G^{-1}$,其中 Q 表示球面用地理坐标系表示的参数形式.现在,F^{-1} 将平面 $\mathbf{R}^2$ 映射到空间 $\mathbf{R}^3$,可得 F^{-1} 保角当且仅当 $[DF^{-1}]^{\mathrm{T}}$ $[DF^{-1}]$ 在每个点上都是单位阵的正数倍.事实上,

$$[DF^{-1}]^{\mathrm{T}}[DF^{-1}]_{(u,v)}$$

$$= [DG^{-1}_{(u,v)}]^{\mathrm{T}}[DQ_{(\varphi,\lambda)}]^{\mathrm{T}}[DQ_{(\varphi,\lambda)}][DG^{-1}_{(u,v)}]$$

$$= \frac{R^2}{(U_\lambda V_\varphi - V_\lambda U_\varphi)^2} \begin{bmatrix} V_\lambda & -V_\varphi \\ -U_\lambda & U_\varphi \end{bmatrix} \begin{bmatrix} [\cos(\lambda)]^2 & 0 \\ 0 & 1 \end{bmatrix} \begin{bmatrix} V_\lambda & -U_\lambda \\ -V_\varphi & U_\varphi \end{bmatrix}$$

$$= \frac{R^2}{(U_\lambda V_\varphi - V_\lambda U_\varphi)^2} \begin{bmatrix} V_\varphi^2 + [\cos(\lambda)]^2 V_\lambda^2 & -U_\varphi V_\varphi - [\cos(\lambda)]^2 U_\lambda V_\lambda \\ -U_\varphi V_\varphi - [\cos(\lambda)]^2 U_\lambda V_\lambda & U_\varphi^2 + [\cos(\lambda)]^2 U_\lambda^2 \end{bmatrix}$$

$$= \frac{R^2}{(U_\lambda V_\varphi - V_\lambda U_\varphi)^2} \cdot$$

$$\begin{bmatrix} \|(V_\varphi,[\cos(\lambda)]V_\lambda)\|^2 & \langle -(V_\varphi,[\cos(\lambda)]V_\lambda),(U_\varphi,[\cos(\lambda)]U_\lambda)\rangle \\ \langle -(V_\varphi,[\cos(\lambda)]V_\lambda),(U_\varphi,[\cos(\lambda)]U_\lambda)\rangle & \|(U_\varphi,[\cos(\lambda)]U_\lambda)\|^2 \end{bmatrix}$$

上述矩阵等于单位阵的正数倍当且仅当两个向量

$$(U_\varphi,[\cos(\lambda)]U_\lambda), \quad (V_\varphi,[\cos(\lambda)]V_\lambda)$$

相互正交且长度相等,这意味着

$$U_\varphi = [\pm\cos(\lambda)]V_\lambda, \quad V_\varphi = -[\pm\cos(\lambda)]U_\lambda$$

其中符号"$\pm$"取法相同:"$-$"表示方向相反,"$+$"表示方向相同,于是

$$\frac{\partial U}{\partial \lambda} = -\frac{1}{\cos(\lambda)}\frac{\partial V}{\partial \varphi}, \quad \frac{\partial V}{\partial \lambda} = \frac{1}{\cos(\lambda)}\frac{\partial U}{\partial \varphi}$$

---

① 原文有误——译者注.

（5）直接计算复合函数，可得公式

$$F_\theta(t) = s^{-1} \circ R_\theta \circ s(t) = \frac{s \cdot t^2 + 2c \cdot t - s}{(1-c) \cdot t^2 + 2s \cdot t + (1+c)}$$

其中符号 $c := \cos(\theta), s := \sin(\theta)$.

利用二次方程求根公式对分子、分母分别作因式分解并约去公因子，可得

$$F_\theta(t) = \frac{s \cdot t - (1-c)}{(1-c) \cdot t + s}$$

这是一个有理函数，零点为 $t_0 = (1-c)/s$，垂直渐近线位于 $t_\infty = -s/(1-c)$，成立 $t_0 t_\infty = -1$.

课题 1（要点）

对于任意 $\theta \in \mathbf{R}$，令

$$\mathrm{cis}(\theta) := (\cos(\theta), \sin(\theta)) = \cos(\theta) + \mathrm{i}\sin(\theta) \in \mathbf{C}$$

情形 1：$R_{3,\beta}$ 表示绕坐标系第三根轴（垂直）在坐标系水平面中逆时针旋转 β 角，直接算得

$$(S \circ R_{3,\beta} \circ S^{-1})(z) = \mathrm{cis}(\beta) \cdot z = R_3(z)$$

情形 2：$R_{2,\alpha}$ 表示绕坐标系第二根轴（水平）在由第一坐标轴和第三坐标轴所在的垂直平面中逆时针旋转 α 角，算得公式

$$(S \circ R_{2,\alpha} \circ S^{-1})(x) = \frac{\sin(\alpha)x - (1-\cos(\alpha))}{(1-\cos(\alpha))x + \sin(\alpha)} = \frac{s \cdot x - r}{r \cdot x + s}$$

其对应一个线性分式变换，零点位于 r/s，极点位于 $-s/r$.

为了检验以上在复平面中所建公式的有效性，将解析开拓原理应用到复合映射 $S \circ R_{2,\alpha} \circ S^{-1}$ 及函数 $G:(\mathbf{C} \backslash \{-s/r\}) \to \mathbf{C}$，得

$$G(z) = \frac{s \cdot z - r}{r \cdot z + s}$$

函数 G 是定义域（有孔平面 $\mathbf{C} \backslash \{-s/r\}$）上的全纯函数，而且，复合映射 $S \circ R_{2,\alpha} \circ S^{-1}$ 在其定义域 $\mathbf{C} \backslash \{-s/r\}$ 上是保角的. 进一步，两个全纯函数 G 和 $S \circ R_{2,\alpha} \circ S^{-1}$ 在有孔水平坐标轴 $\mathbf{R} \backslash \{-s/r\}$ 上重叠，即在 $\mathbf{C} \backslash \{-s/r\}$ 上有（无限个）聚点，所以，G 和 $S \circ R_{2,\alpha} \circ S^{-1}$ 在 $\mathbf{C} \backslash \{-s/r\}$ 上处处重叠.

结果 1：对每一种旋转变换 R，复合映射 $S \circ R \circ S^{-1}$ 是线性分式变换.

特别地,将两种旋转变换 $R_{2,\alpha}$ 和 $R_{3,\beta}$ 复合,可得

$$S \circ (R_{2,\alpha} \circ R_{3,\beta}) \circ S^{-1}(z) = \frac{s \cdot \mathrm{cis}(\beta)z - r}{r \cdot \mathrm{cis}(\beta)z + s}$$

其零点位于 $\dfrac{r}{s \cdot \mathrm{cis}(\beta)}$,极点位于 $-\dfrac{s}{r \cdot \mathrm{cis}(\beta)}$,有

$$\frac{r}{s \cdot \mathrm{cis}(\beta)}\left(-\frac{s}{r \cdot \mathrm{cis}(\beta)}\right) = -\frac{1}{\mathrm{cis}^2(\beta)}$$

一般地,R 表示在空间中绕沿单位向量 $\boldsymbol{w} = (\cos(\varphi)\cos(\lambda), \sin(\varphi)\cos(\lambda), \sin(\lambda))$ 的轴线旋转 θ 角,则 R 可分解为

$$R = (R_{3,\varphi} \circ R_{2,\alpha}) \circ R_{3,\theta} \circ (R_{2,\alpha}^{-1} \circ R_{3,\varphi}^{-1})$$

其中 $\alpha := \lambda - (\pi/2)$,将对应的线性分式变换直接复合,可得:$R$ 的零点位于

$$rs\,\mathrm{cis}(\varphi)(\mathrm{cis}(\theta) - 1)/(\mathrm{cis}(-\varphi)(s^2\,\mathrm{cis}(\theta) + r^2))$$

极点位于

$$\mathrm{cis}(-\varphi)(s^2\,\mathrm{cis}(\theta) + s^2)/(rs\,\mathrm{cis}(\varphi)(\mathrm{cis}(\theta) - 1))$$

它们的乘积还是模为 1 的复数.

结果 2:$S \circ R \circ S^{-1}$ 零点和极点乘积的模等于 1,所以分子分母同除以一个公因子表示"酉"形式下的相同线性分式变换

$$S \circ R \circ S^{-1}(z) = \frac{v \cdot z - w}{\overline{w} \cdot z + \overline{v}}$$

其中系数 $v, w \in \mathbf{C}$,满足 $|v|^2 + |w|^2 = 1$.

还有其他证明,例如见 [Schwerdtfeger, 1979].

参考文献

Ahlfors Lars V. 1979.Complex Analysis. 3rd ed. New York:McGraw-Hill.

Audin Michel. 1994. Courbes algébriques et systèmes intégrables:géodésiques des quadriques. Expositiones Mathematicae,12:193-226.

Ayoub Ayoub B. 1991. Proof without words:The reflection property of the parabola. Mathematics Magazine, 64 (3):175.

Bassein Richard S. 1992. The length of the day.American Mathematical Monthly,99(10):917—921.

Brown Lloyd A. 1979.The Story of Maps. New York,NY:Dover.

Curjel Caspar R. 1990.Exercises in Multivariable and Vector Calculus. New York,NY:McGraw-Hill.

Edelman Alan,Eric Kostlan. 1995. How many zeros of a random polynomial are real? Bulletin of the American Mathematical Society(N.S.),32(1):1—37.

Fleming Wendell. 1982.Functions of Several Variables. 2nd ed. New York:Springer-Verlag.

Goering David K. 1990. Three Families of Map Projections. Master's thesis. Cheney, WA: Eastern Washington University.

Lin C C,L A Segel. 1988. Mathematics Applied to Deterministic Problems in the Natural Sciences. Philadelphia,PA: SIAM.

Liouville Joseph. 1847. Note au sujet de l'article précédent [namely, Thomson's 1947 reference]. Journal de Mathématiques Pures et Appliquées,1(XII):265—290.

Maxwell James Clark. 1892.A Treatise on Electricity and Magnetism. 3rd ed. Oxford,UK:Clarendon.

Miller Edward S,John F Nord,Ronald L Waite. 1996. Mercator's Rhumb Lines:A Multivariable Application of Arc Length.College Mathematics Journal,27(5):384—387.

Morawetz Cathleen S. 1992. Giants.American Mathematical Monthly,99:819—828.

Richardus Peter,Ron K Adler. 1972.Map Projections:For Geodesists, Cartographers, and Geographers. Amsterdam: North-Holland.

Reid Miles. 1990.Undergraduate Algebraic Geometry. Cambridge,UK:Cambridge University Press.

Schwerdtfeger Hans. 1979.Geometry of Complex Numbers. New York:Dover.

Shafarevich I R.1977.Basic Algebraic Geometry. Berlin & Heidelberg:Springer-Verlag.

Snyder John P.1987a. Bulletin 1532. Washington DC:U.S. Government Printing Office.

Snyder John P. 1987b.Map Projections—A Working Manual. Geological Survey Professional Paper 1395. Washington D C:U.S. Government Printing Office.

Sommerfeld Arnold. 1949.Partial Differential Equations in Physics. New York,NY:Academic Press.

Spiegel Murray S. 1964. Complex Variables. Schaum's Outline Series. New York:McGraw-Hill.

Spivak Michael. 1980.Calculus. 2nd ed. Wilmington,DE:Publish or Perish.

Strang Gilbert. 1991.Calculus. Wellesley,MA:Wellesley-Cambridge Press.

Thomson William. 1847. Extraits de deux lettres adressées à M. Liouville. Journal de Mathématiques Pureset Appliquées,1(XII):256—264.

Thurston William P. 1994. On proof and progress in mathematics.Bulletin of the American Mathematical Society(N. S.),30(2):161—177.

Tuchinsky Phillip M. 1978.Mercator's World Map and the Calculus. UMAP Module 206. Lexington,MA:COMAP.

U.S. Geological Survey. Undated. Map Projections. Anonymous poster,U.S. Geological Survey,507 National Center, Reston,VA 22092,Telephone(800)USA-MAPS.

Vest Floyd,Raymond Benge. 1994-1995. Latitude and longitude. HiMap Pull-Out Section,Consortium #52.

van der Waerden,Bartel Leenert.1983. Geometry and Algebra in Ancient Civilizations. Berlin & Heidelberg:Springer-Verlag.

Weinstock Robert. 1994. Isaac Newton:Credit where credit won't do.Mathematics Magazine,25(3):179—192.

Wolfram Stephen. 1991.Mathematica:A System for Doing Mathematics by Computer. 2nd ed. Redwood City,CA: Addison-Wesley.

Yamada Ken. 1993. Technology.Wall Street Journal,128(81):B1.

5 离网光伏系统
Photovoltaic Systems Off-Grid

薛 毅 编译 蔡志杰 审校

摘要：

本文介绍了用于离网的光伏系统，其中包括太阳路径图的分析与 Mathematica 作图，显示光伏电池输出的 I-V 特性曲线，以及表明电池容量作为工作电流强度和工作温度函数的曲线图.

原作者：

Paul A. Isihara

Wheaton College

Wheaton IL 60187

Paul.A.Isihara@ wheaton.edu

Joshua Whitmore

Mekelle Institute of Technology

P.O. Box 1632, Mekelle, Ethiopia

发表期刊：

The UMAP Journal, 2007, 28(1)：41—74.

数学分支：

微积分和向量微积分

应用领域：

太阳能

授课对象：

学完向量微积分的学生

预备知识：

第一年的物理课程应涵盖的向量微积分和基本电子学的内容

目 录:

网上更多······   本文英文版

1. 引言

本文提供独立光伏系统的数学介绍,所谓独立,就是不与电网相连接.此类系统对于偏远地区的人们是至关重要的,否则他们就将生活在没有电的世界里.光伏系统需要进一步开发与完善,使其在经久耐用和经济负担方面能够胜任偏远乡村的使用,同时还需要与负责监督和实施这项技术的当地政府与机构进行合作[Krause 和 Nordstrom, 2004].本讲还希望能够激励未来的科学家与工程师将他们的知识真正应用到人道主义用途的先进技术上.

在第 1 节,从直观描述太阳能电池的工作原理开始,接着描述离网光伏系统的主要组件,包括如下几个部分:

- 光伏模块(与太阳能电池连接的一块"平板").
- 三个系统配套组件:蓄电池、控制器和逆变器.

在第 2 节,描述了对所有离网光伏系统具有现实意义的如下三个数学问题.

- 确定太阳轨迹图或太阳路径图.这种路径图能够给出不同纬度地区、一天中的不同时刻和一年中的不同月份太阳在空中的位置.还可以使用太阳路径图对太阳能电池板进行定位以优化其效率.
- 分析太阳能电池板的 I-V 特性曲线,给出在指定工作电压下的电流输出.该曲线会受到诸如光线的入射角度、蓄电池的温度以及阴影等工作环境的影响.
- 描述蓄电池容量作为放电过程中所提供的电流强度和工作温度的函数.

2. 光伏系统概述

2.1 事实和预测

认真考虑人类可以利用的总能源——阳光、流水或强风,可以猜想:与水力发电机和风力发电机相比,光伏发电在普遍的适用性上具有最大的潜能.作为真正的"绿色"能源,从长远的观点来看,光伏系统可以在总成本上与目前市面上不可再生的电力资源的成本相当.后者以低成本通过电网提供且即时交付,但另一方面,它们也产生了大量的有害废物(如二氧化碳、二氧化硫、放射性材料等).表 1 显示了光伏发电与火力发电相比的基本优势.

表 1　光伏发电与火力发电相比的优势

评判标准	光伏发电系统	火力发电厂
环境	清洁、绿色	危险废物
配件维修	低（没有移动部件）	高（多移动部件）
燃料成本	无	高
适用范围	高（模块化）	低
公众接受	高	低（非社区友好）

就平均而言,工业化国家每人每天在家中大约使用 2 000 Wh(瓦时)(= 2 kWh)的电力.例如,每天观看 25 英寸电视两小时,大约需要 250 Wh(= 0.25 kWh)的电力.表 2 显示了一些家用电器典型的功率需求.

表 2　家用电器典型的功率需求[Solar Energy International,2004]

家用电器	用电量/Wh
手机	24
笔记本电脑	25
中等微波炉	1 000
电吹风	1 000
电咖啡壶	1 500
洗衣机	1 500
大型电烤箱	2 100

单个光伏电池可能会有 1~2 W 的容量,而且单个光伏模块(由多个光伏电池构成)可能会有 20~40 W 的容量.这意味着,如果光伏模块满负荷运行,每小时会产生 20~40 Wh 的电能输出.因此,在光照有利的条件下,家庭用电可由安装在屋顶上的太阳能模块提供.

在 2005 年,世界的光伏发电容量约为 15 亿瓦,预计每三年翻一番.到 2050 年,光伏电池的发电量将约占全世界发电总量的$\frac{1}{3}$[Luque 和 Hegedus,2003].

光伏系统的成本以 \$/kWh(美元/千瓦时)计算.更常用的计量单位为 \$/Wp(美元/峰值功率瓦特).光伏系统的峰值功率只有在标准测试条件下才会出现,所谓标准测试条件是指:

- 温度为 25℃;
- 太阳的照明强度为 1 kW/m^2;
- 空气质量=1.5(将在 3.2.2 节中解释).

在 2000 年,大约 40 万千瓦的光伏模块被售出,其价格大约是 25 \$/Wp.随着产量翻番,价格将下降近 20%.

独立的光伏系统可以满足许多人口稀少或居住分散村庄的基本电力需求,这些村庄可能永远不能与电网连接,同时也不处于风力发电的良好位置.生产光伏电池或光伏模块的技术已经相当成熟,但还需要进一步研究以降低成本.

发展离网光伏发电的应用是至关重要的,其原因如下[Luther,2003]:

- 世界上有$\frac{1}{3}$的人口是离网的;
- 将电网延伸至居住分散且人口稀少的地区,在经济上或许是不合理的;
- 偏远社区需要将电力资源用于基本通信、清洁水源、健康和教育等设施;
- 农村人口应该公平分配资源以维持政治上的稳定;
- 大规模城市化的替代方法可能变得越来越重要.

在 2000 年,大约安装了 5 000 千瓦的离网光伏系统,其中的大多数是小型设施:每户 10~40 W(占工业化国家家庭能源需求的 1%)[Luque 和 Hegedus,2003].

2.2 硅太阳能电池的工作原理

本小节将直观介绍太阳能电池是如何将太阳光转换成电能的.

大多数材料可以按照它们是否允许通过电流或电荷流动来分类:

- 导体(如金属)是允许自由电子移动的材料;

• 绝缘体(如木材)是不允许大部分自由电子移动的材料.

半导体是介于导体与绝缘体之间的一类材料.绝大多数(占 90%)太阳能电池是由硅晶体制成的半导体(硅是地球上最丰富的自然资源之一).

硅原子有 4 个外层电子,它们能够与其他硅原子或另一种元素的外层电子构成共价键.在共价键中,每个原子贡献它的一个外层电子,这样的两个电子共享就形成了键.

硅晶体是由硅原子构成的均匀晶格,在晶格中,每个外层电子是相邻的硅原子共价键的一部分.当向晶体硅中掺入或注入诸如砷或镓的杂质时,构造出硅半导体.杂质类型决定了半导体的类型:

n-型半导体:通过向晶体硅中掺入小浓度的($1/10^6$ 或 $1/10^7$)具有 5 个外层电子砷原子构造出 n-型半导体.由于硅原子有 4 个外层电子,所以砷原子中的 1 个外层电子无法参与到共价键中.这个额外电子可以在半导体材料中相对自由地移动.

p-型半导体:通过向晶体硅中掺入少量的镓原子构造出 p-型半导体.镓原子有 3 个外层电子.这 3 个电子与硅原子的外层电子构成共价键中的正常部分,因为共价键需要两个电子共享.然而,还有一个共价键,它仅有硅原子贡献出电子,这样,在镓原子附近的键中会产生一个空穴.当某个硅原子中的电子跳跃以填充这个空穴时,该硅原子附近又生新的带有正电荷的空穴.依此,这个新空穴又可以被附近其他的外层硅电子填充,从而产生带有正电荷的新空穴.其结果是,正电荷似乎是通过半导体材料在移动.

尽管半导体中的电子或空穴可以在半导体中移动,但半导体作为一个整体没有净电荷,这是因为构成它的每个原子不具有净电荷.

半导体二极管是将 p-型半导体和 n-型半导体拼接在一起构成的.太阳能电池是一种特殊设计的半导体二极管,它吸收来自太阳光的能量并转换成电能.借助于从光子中吸收的能量,价电子(即共价键中的电子)被激发并可以跳跃到空穴中,从而产生新的空穴.从空穴到空穴移动的电子被称为在导带中,而产生的空穴被称为在价带中.光子能量的光电吸收导致了电子-空穴对的产生.

将 1 个价电子移动到导带所需的能量称为带隙能量.对于晶体硅来说,该能量为 1.1 eV(电子伏特).如果光子能量低于带隙能量,则照射到太阳能电池上的阳光不被吸收.当光子能量远远高于带隙能量时,又会产生多余的热量.在太阳光中,大约只有一半的光子,其能量足够接近带隙能,可以被有效地利用.

太阳能电池半导体中的大多数电子在价带中;光子提供额外的能量将某些电子移动到较高能量水平的导带中.这些较高能量的电子(称为自由电子)能够形成电流,或者对蓄电池充电或者直接应用于外负荷(即从电路汲取电力的任何东西,如电冰箱或荧光灯).在通过整个回路之后,这些电子又返回到太阳能电池半导体材料的低能量端的价带中[Luque 和 Hegedus,2003].

由于晶体硅是易碎的,所以必须在光伏太阳能电池中使用更厚的晶片(即整片半导体材料).因此,电子就必须移动更远的距离以到达触点(光伏系统中传导电流的装置).在这种情况下,导带中的某些电子倾向于返回到价带中,这一过程称为重组.为了减少重组的数量,没有必要的杂质不必掺入到光伏电池中.这种缺陷会将传导电子中的能量转换成热量,导致重组并使光伏电池的性能降低.(后面将在 3.2.3 节中介绍重组对光伏电池性能影响的数学描述.)

半导体可以由其他的元素制成,如碲化镉(CdTe)(带隙能量 1.4eV),而且制造成本也将随着材料的变化而变化.

2.3 光伏模块

将单个的光伏电池组合成一个整体称为光伏模块.(模块又可以互连以形成光伏阵列,如图 1 所示.)模块中的电池通常排列成矩形,并用电线相连,以产生所期望的模块电压和电流.

光伏模块可以在很宽的工作电压范围内产生直流电(DC).模块的性能会受到许多因素的影响,诸如

图1 屋顶的阵列由四个模块组成,为埃塞俄比亚偏远村庄诊所的冰箱供电

- 倾斜的角度;
- 负载的电阻;
- 入射太阳光的辐射强度;
- 工作温度;

- 阴影.

因此,光伏模块的定位有着重要的现实意义,事实上,它是促使我们讨论太阳路径图(3.1 节)的原因.受太多变量的影响,精确估计模块的年度产出量是一个复杂的统计问题,它已超出了本节所要讨论的范围.

2.4   系统的配套组件

除模块之外,光伏系统还包括其他的几种组件,统称为系统配套(BOS)组件:

- 蓄电池(仅在离网系统中需要);
- 控制器(用于保护蓄电池);
- 逆变器(将直流电转换成交流电).

其他的 BOS 组件,如单轴或双轴的自动跟踪装置也很重要,它会自动地将光伏模块朝向太阳的方向(参见 3.1 节),但这超出了本节所要讨论的范围.

2.4.1   蓄电池

光伏模块仅占整个系统寿命成本的 25%,蓄电池可以占到 40% 以上,因此,在离网光伏系统中,恰当的蓄电池设计与维护是需要考虑的重要因素.(并网光伏系统不需要蓄电池,因为不必储存能量.)

铅酸汽车蓄电池经常被用在离网光伏系统中,因为它们很容易被获取.汽车蓄电池的缺点是,它们被设计成在很短的时间内通过一个浅放电(仅用蓄电池充电的很小部分)产生大量的电流,然后立即由交流发电机或直流发电机充电.而另一方面,光伏系统需要在一个较长的时间内提供少量的电流,并且蓄电池频繁发生深度循环放电(在再次充电之前,蓄电池失去了多达 80% 的电量).一个循环由蓄电池的一次充电和一次放电构成,在光伏系统中,通常一天内就可能发生一个周期的循环.对于光伏系统来说,理想的蓄电池设计应至少可使用 10 年之久,并可经历大量的深度放电.在经历了 80% 的放电之后,汽车蓄电池只能维持几天的时间——所以特别强调,在光伏系统中,使用汽车蓄电池需要使用控制器来防止它深度放电[Solar Energy International,2004].

常用的深度循环蓄电池(即专门为光伏系统设计的蓄电池)可以分为以下几类:

- 铅酸蓄电池,液体排放或封闭式(阀控);
- 碱性蓄电池,镍镉或镍铁.

在蓄电池评价中,值得关注的问题包括:

- 预期的寿命(循环的次数);

- 放电深度;

- 费用;

- 必要的维护(添加电解液或水);

- 处理和安全(危险包括酸液的泄漏和潜在易爆气体的排放;在给定电压和充电电流下,热蓄电池比冷蓄电池产生更多的气体排放);

- 易受过度充电或温度变化造成的损坏.

蓄电池的电压类型决定了它可以支持什么样的负荷(例如,12 V 的电池可以支持12 V 的设备).维持天数是指蓄电池在再次充电之前能够连续使用的天数,并且取决于诸如天气条件和负载大小之类的因素.

蓄电池容量(即电荷)以安培小时(AH)度量,它表示在指定安培数下蓄电池的放电时间.例如,40 AH 的蓄电池可以提供 40 安培的电流 1 小时,20 安培的电流 2 小时,1安培的电流 40 小时,等等.蓄电池的 AH 额定值可随放电速率而变化:放电速率越慢,AH 值就越高.蓄电池容量还与温度有关.在较低温度下,蓄电池有较长的寿命,但容量较低.在较高温度下,蓄电池具有较高的容量,但寿命较短.(描述蓄电池容量关于放电速率和温度关系的方程,请参见 3.3 节.)

2.4.2 控制器

由于蓄电池寿命受到深度放电的影响,所以控制器是一个重要的 BOS 组件.过度放电是冬季数月存在的问题,这是由于

- 天气条件不利于光伏发电;

- 为蓄电池充电的时间变短;

- 负载的工作时间相对变长.

在夏季,蓄电池保持其充电的 90%;事实上,并不希望发生过度充电,这是由于

- 有较高能量的太阳辐射量照射到光伏模块上;

- 有更长的充电时间;

- 由于日照时间变长,使用时间相对变短.

使用控制器设计出的电路可以弥补上述缺陷.为了防止过度放电,控制器可以

- 自动断开负载;

- 通知用户断开负载;

- 自动切换到任何可用的备用电源上(如包含风力发电机的混合动力系统).

控制器还可以采用不同方法来限制蓄电池的过度充电[Solar Energy International,2004]:

分流　　控制器通过旁路机制来保护充满电的蓄电池(小系统设计);

单级　　当蓄电池达到称为充电终止(充电恢复)的预设电压时,控制器给出一个电路的通(断)动作开(关)电路;

多级　　控制器根据蓄电池的电量多少,调整蓄电池充电电流的大小;

脉冲　　控制器根据蓄电池的电量多少,调整蓄电池充电的持续时间.

控制器可拥有多项可选功能,其中的几项见表 3.

表 3　控制器的功能

选项	控制器的功能
温度调节	改变与蓄电池温度有关的充电电流
电流表	显示由光伏模块释放出来的充电电流
电压表	显示蓄电池的充电状态
容量表	显示使用或剩余的蓄电池容量
减缓控制器	使光伏阵列的电压与蓄电池的电压同步
电力中心	包含有过电流保护的集成软件包
逆变器	见 2.4.3 节

2.4.3　逆变器

蓄电池产生直流电.另一方面,许多电器是在交流电下运行的.因此,光伏系统可能会包含逆变器,即将直流电(DC)转换成交流电(AC).直流电允许电子在一个方向上流动,而交流电允许电子在电流中往返振荡.

逆变器有许多可取的功能,其中包括以下几种能力:

- 将 80% 的直流电转换成交流电;

- 将低电压的交流电变换到高电压(例如,110 V 至 220 V);

- 提供过载保护.

然而,由于将直流转换成交流要产生损耗,故直流电器比交流电器更受青睐.

不同的逆变器产生不同的波形,这与系统所要连接的负载类型有关(表4)[Solar Energy International,2004].

表4 逆变器的波形和应用

产生的波形	逆变器的应用
方波	廉价,但仅用于小家电
修正方波	可运行各种负载,但不适用于具有数字计时器的设备,如微波炉
正弦波	甚至可以运行最敏感的电子设备

3. 数学模型

3.1 太阳路径图

在光伏系统中,实际关注的数学问题是太阳能模块的最佳定位.定位直接与太阳能窗口的确定有关,太阳能窗口是指全年上午9时至下午3时之间太阳在空中的位置.太阳能窗口可以很容易地从称为太阳路径图的一类图中读取,如图2所示.

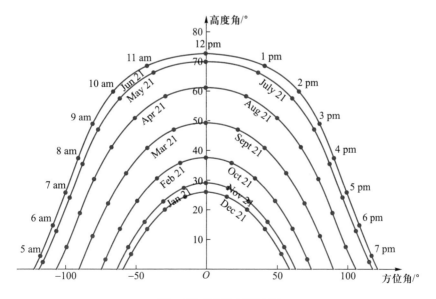

图2 北纬40.5°的太阳路径图

太阳路径图由 7 条曲线组成.顶部曲线对应于 6 月 21 日(夏至),底部曲线对应于 12 月 21 日(冬至).中间的 5 条曲线,每条代表两个不同的日期,分别是(从上到下)5 月 21 日和 7 月 21 日、4 月 21 日和 8 月 21 日、3 月 21 日和 9 月 21 日、2 月 21 日和 10 月 21 日,以及 1 月 21 日和 11 月 21 日.以这种方式,太阳路径图描绘了一年当中每月一天的太阳位置.

太阳的位置由方位角和高度角两个角度表示(参见图 3).在正午,方位角为零,高度角达到最大.每条曲线上的点以对称方式表示一天中不同整点时刻太阳的位置.例如,在纵轴左右两侧的两个点给出了太阳在上午 11 时和下午 1 时的位置.

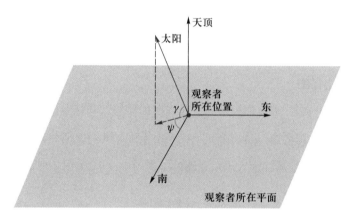

图 3   方位角 ψ 和高度角 γ

上午 9 时至下午 3 时之间的日照时间是太阳能电池板使用效率最高的时间. 如果太阳能模块放置在一个固定位置(常见于偏远村庄的光伏系统),它应该对准太阳能窗口.照顾好太阳能模块,由于电力需要,在一年当中,从上午 9 时至下午 3 时之间的任何时间,光伏模块不能被遮挡.(阴影将大幅度地削减光伏模块的效率:一个完全被遮挡的光伏电池将减少模块 75% 的电能输出[Solar Energy International,2004]).

3.1.1   方位角与高度角方程

这里展示如何构造任意纬度下的太阳路径图.为此做出以下简化假设,这些假设对于实际的光伏项目来说,通常是足够的:

• 地球是一个完美的球体,它的中心在环绕太阳的圆形轨道上运行.(地球椭圆轨道的离心率为 0.017, 这意味着太阳与地球之间的距离与平均距离最多相差 1.7%; 但是, 还可以认为地球轨道是一个以 1.5×10^8 km 为半径的圆[Lorenzo, 2003].)

- 极轴(也就是穿过地球南北极的自转轴)总是与纵轴(通过地球中心且垂直于地球轨道平面的直线)形成一个 $23.45°$ 的角度.

- 在一天中, 地球与太阳在空间中的位置是固定的, 并且假设地球以恒定的角速度绕极轴旋转.(换句话说, 将地球轨道离散化成圆上的 365 个等距间隔点).

- 每个纬度是地球表面上的圆, 它位于垂直于极轴的平面, 且圆心在极轴上.对于纬度 $\phi°$, $(90-\phi)°$ 是极轴与从地球中心到该纬度上任何一点直线之间的夹角.

- 可以使用同一单位向量(记为 *SUN*)表示从地球上的任何一点指向太阳中心的方向.(这是基于这样的事实, 地球与太阳之间的距离远远大于地球上任意两点之间的距离.)为了简便起见, 使用地球中心到太阳中心的方向来计算 *SUN* 向量.

- 以"太阳时"为度量的时间可以通过地球的自转的角度来确定.在太阳时中, 两个经度相差 $15°$ 的点具有一小时的时差.在正午, 总是假定太阳在正南方向, 这意味着它的方位角为零, 高度角达到最大值.

为简便起见, 定义地球半径为 1 个单位, 所以地球中心到太阳中心之间的距离(记为 R)为 $R \approx 4.4 \times 10^4$ 个单位.还可以使用两种不同的直角坐标系:

- xyz 坐标系(图 4), 在坐标系中, 原点位于地球的中心, xy 平面是赤道面, z 轴是极轴;

- $x_1 x_2 x_3$ 坐标系, 在坐标系中, 原点位于太阳的中心, 地球轨道位于 $x_1 x_2$ 平面上, 北天极为 x_3 坐标的正方向.

表 5 列出导出太阳路径图方程的参数与向量.

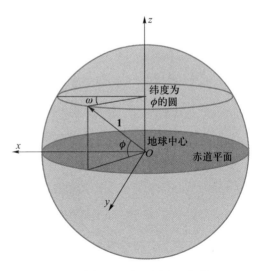

图 4 纬度 ϕ 和在太阳时中表示时间的
角度 ω 确定了观察者在地球上的位置

表5   太阳路径图所需的向量与参数

向量	描述
SUN	地球中心指向太阳中心方向的单位向量.还可以用 **SUN** 表示从地球上任意一点指向太阳中心的向量（见 3.1 节列出的假设）.
ZENITH	地球上观察点处切平面的单位法向量.
SOUTH	观察点处经线圆的单位切向量（指向南极方向）.
EAST	观察点处纬线圆的单位切向量（沿地球自转方向）. 注意：**SOUTH**，**EAST** 和 **ZENITH** 三个向量是相互正交的，且 **SOUTH** 和 **EAST** 向量确定了观察者所在的平面.

参数	描述
t	一年中从某天算起的天数（$t=0$ 对应于 6 月 21 日，$t=1$ 对应于 6 月 22 日，$t=30$ 对应于 7 月 21 日，$t=61$ 对应于 8 月 21 日，以此类推.）
η	地球环绕太阳运行的角度：在 6 月 21 日对应于 $\eta=0$，在 6 月 21 日之后的第 t 天，其角度为 $\eta=t(360/365)$.见图 5.
δ	赤道面与 **SUN** 向量之间的夹角.注意：$\delta=\arcsin\left[\sin 23.45°\cos\dfrac{360t}{365}\right]$.（见习题 1）
ω	地球自转的角度，通常用于"太阳时"的度量.$\omega=0°$ 为正午，$\omega>0°$ 表示下午，$\omega<0°$ 表示上午.
ϕ	纬度.
γ	高度角（观察点处地球切平面与 **SUN** 向量之间的夹角.）
ψ	方位角（**SOUTH** 向量和 **SUN** 向量到 **SOUTH** 与 **EAST** 向量所确定平面上的投影之间的夹角.）
θ	**SUN** 与 **ZENITH** 向量之间的夹角（$\theta=90°-\gamma$.）

习题

1. 令 $t=0$ 表示 6 月 21 日（夏至），$t=1$ 表示 6 月 22 日，$t=2$ 表示 6 月 23 日，以此类推.建立 $x_1x_2x_3$ 的直角坐标系，且原点位于太阳中心，x_1 轴的正方向是夏至（6 月 21 日）时指向地球中心的方向.地球轨道位于 x_1x_2 平面，并且北天极总是 x_3 轴的正方向（见图 5）.

完成以下步骤来证明：赤道面与 **SUN** 向量之间的夹角 δ 由下面的公式给出

$$\delta=\arcsin\left[\sin 23.45°\cos\frac{360t}{365}\right]$$

（a）在整个一年中，假定从地球中心指向北极的单位向量 **POLAR** 是不变的.通过考虑夏至时刻来计算 **POLAR** 向量（提示：见图 6）.

(b) 将 **EARTH** 记作 x_1x_2 平面上从太阳中心指向地球中心的单位向量,并记 η 为 x_1 轴的正方向与 **EARTH** 向量之间的夹角(见图 5).由于 $\eta=0$ 表示 6 月 21 日,所以在 6 月 21 日之后的第 t 天,η 的计算公式为 $\eta=t(360/365)$.用 η 来表示 6 月 21 日之后第 t 天的 **EARTH** 向量.

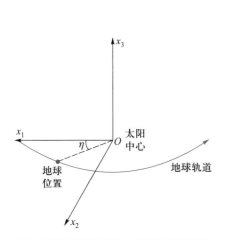

图 5　习题 1 的直角坐标系.x_1 轴的正方向是夏至
　　　(6 月 21 日)时指向地球中心的方向

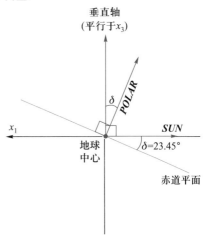

图 6　在夏至时刻,垂直轴、**POLAR** 向量和
　　　SUN 向量共面

(c) 令 **SUN** 表示从地球中心指向太阳中心的单位向量.用这样的事实 **SUN** = −**EARTH** 证明:在 6 月 21 日之后的第 t 天,$\sin\delta=\sin 23.45°\cos\eta$(见图 7).

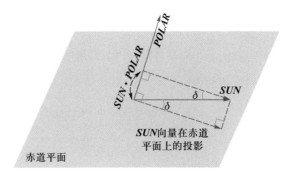

图 7　习题 1(c)的图

(d) 解释:为什么 δ 可以很好地近似为 $\delta\approx 23.45°\cos\eta$.

对于一年中的任意一天,现在使用 xyz 坐标系,坐标系的原点位于地球的中心,z 轴是极轴(即自转轴),并令 **SUN** 向量平行于 xz 平面.在习题 2 中,要求你验证下列用于确定方位角和高度角的单位向量公式:

$$\textbf{ZENITH} = \langle \cos\phi\cos\omega, \cos\phi\sin\omega, \sin\phi \rangle \tag{1}$$

$$\textbf{EAST} = \langle -\cos\phi\sin\omega, \cos\phi\cos\omega, 0 \rangle \tag{2}$$

$$\textbf{SOUTH} = \langle \sin\phi\cos\omega, \sin\phi\sin\omega, -\cos\phi \rangle \tag{3}$$

$$\textbf{SUN} = \langle \cos\delta, 0, \sin\delta \rangle \tag{4}$$

习题

2. 令 z 轴表示极轴,xy 平面为赤道面,且 x 轴使得 **SUN** 向量与 xz 平面平行.假设观察者处于纬度 ϕ 处,且一天中的时间(以"太阳时"为准)由绕 z 轴旋转的角度 ω 确定.(按照约定,在正午 $\omega=0°$,下午 $\omega>0°$,上午 $\omega<0°$.)

(a) 证明:观察者所处位置的点是

$$(\cos\phi\cos\omega, \cos\phi\sin\omega, \sin\phi)$$

(b) 验证(1)式.

(c) 验证(2)式.

(d) 验证(3)式.

(e) 验证(4)式.

借助于点积,上述向量可以导出下列角度公式,这些角度确定了太阳在空中相对于观察点的位置(习题 3):

$$\cos\theta = \cos\phi\cos\omega\cos\delta + \sin\phi\sin\delta \tag{5}$$

$$\cos\psi = \frac{\cos\delta\sin\phi\cos\omega - \sin\delta\cos\phi}{\cos\gamma} \tag{6}$$

其中 $\gamma = 90° - \theta$.

3. 验证

(a)(5)式;

(b)(6)式.

3.1.2 确定日照时间

太阳路径图中的每条曲线显示了在整个日照期间太阳的位置.该曲线与水平轴的交点发生在日出和日落时刻.本节将解释,如何确定日出时刻的方位角 ψ_{sunrise}.使用太阳位置关于正午的对称性,还能够计算出日落时刻的方位角.在日出时刻,高度角 γ 等于 $0°$(太阳出现在观察者的水平面上).也就是 $\theta = 90°$,因此,(5)式等号左边等于零.这样可以求解 ω_{sunrise}:

$$-\cos\delta\cos\phi\cos\omega_{\text{sunrise}} = \sin\delta\sin\phi \quad \Rightarrow$$

$$\cos\omega_{\text{sunrise}} = -\tan\delta\tan\phi \quad \Rightarrow$$

$$\omega_{\text{sunrise}} = -\arccos(-\tan\delta\tan\phi) \tag{7}$$

((7)式中的负号是由于约定一天中在正午之前的时间是 $\omega < 0$.)由这个式子很容易证明(习题4)

$$\psi_{\text{sunrise}} = \arccos(\cos\delta\sin\phi\cos\omega_{\text{sunrise}} - \sin\delta\cos\phi) \tag{8}$$

4. 推导出(8)式.

使用本节所获得的方程,编写一个计算北纬任意度数 ϕ 的太阳路径图的 Mathematica 代码.(见附录 A,它是再现图 2 所示的太阳路径图的代码.附录 A 和附录 B 中的代码可由作者提供电子版.)

5.(a)再现图 2 所示的北纬 40.5° 的太阳路径图.

　　(b)(灵敏度分析)探讨在北纬各种度数下太阳路径图的变化情况.

　　(c)如何修改附录 A 中的 Mathematica 代码,以获得南纬各种度数下的太阳路径图?

3.2　*I-V* 特性曲线

　　用于描述光伏电池性能的标准图形称为 *I-V* 特性曲线(参见图 8).对于光伏模块,获得类似的曲线取决于模块包含电池的数量、类型和相应的配置.

　　该曲线表明:在工作电压 *V* 下,由光伏电池释放出的电流 *I*.曲线包含三个关键的参考点:

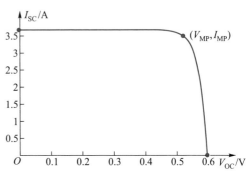

　　●I_{SC},短路电流,是图中曲线与纵坐标轴相交处的值,它给出当电路中没有负载或电阻时的电流(单位:安培(A));

图 8　光伏电池 *I-V* 特性曲线,其中包括短路电流 I_{SC}、开路电压 V_{OC} 和最大功率点(V_{MP},I_{MP})

　　●V_{OC},开路电压,是图中曲线与横坐标轴相交处的值,它给出当电流为零(无穷大负载电阻)时模块可释放出的最大电压;

　　●(V_{MP},I_{MP}),最大功率点,是光伏电池可以输出最大功率的点(单位:瓦特=伏特×安培(W=V·A)).人们希望光伏电池的工作电压在 V_{MP} 附近.

　　I-V 特性也可以通过实验的方法来确定,实验条件可以考虑以下几个因素:

　　●温度;

　　●照射到光伏电池(或光伏模块)上的日照量(太阳辐射量);

　　●寄生电阻;

　　●阴影;

　　●光伏电池上的灰尘.

　　本节将描述控制 *I-V* 特性的理论方程,并且说明在温度和日照量变化的情况下,理论方程是如何与实验保持一致的.

3.2.1 控制 I-V 特性的公式

以下关于光伏电池的 I-V 特性曲线的理论公式是半导体物理学的深层结果（参见 [Gray, 2003]）：

$$I(V) = I_{SC} - I_{o1}\left[\exp\left(\frac{qV}{kT}\right) - 1\right] - I_{o2}\left[\exp\left(\frac{qV}{2kT}\right) - 1\right] \tag{9}$$

这里

- I_{SC} 是短路电流；

- $I_{o1} = I_{o1,p} + I_{o1,n}$ 被称为准中性区域的饱和暗电流，其中

$$I_{o1,p} = qA\left(\frac{n_i^2 D_p}{N_D L_p}\right)\frac{\dfrac{D_p \sinh\left[\dfrac{W_N - x_N}{L_p}\right]}{L_p} + S_{F,eff}\cosh\left[\dfrac{W_N - x_N}{L_p}\right]}{\dfrac{D_p \cosh\left[\dfrac{W_N - x_N}{L_p}\right]}{L_p} + S_{F,eff}\sinh\left[\dfrac{W_N - x_N}{L_p}\right]}$$

$$I_{o1,n} = qA\left(\frac{n_i^2 D_n}{N_A L_n}\right)\frac{\dfrac{D_n \sinh\left[\dfrac{W_P - x_P}{L_n}\right]}{L_n} + S_{BSF}\cosh\left[\dfrac{W_P - x_P}{L_n}\right]}{\dfrac{D_n \cosh\left[\dfrac{W_P - x_P}{L_n}\right]}{L_n} + S_{BSF}\sinh\left[\dfrac{W_P - x_P}{L_n}\right]}$$

- $I_{o2} = qA(x_N + x_P)\, n_i / (\tau_p + \tau_n)$ 被称为由空间电荷区域复合形成的饱和暗电流.

这些方程中使用的常数和参数值如表 6 所示.

表 6 使用的常数与参数值

物理量	符号	取值	单位
电池的面积	A	100	cm^2
电子扩散系数	D_n	35	cm^2/s
空穴扩散系数	D_p	1.5	cm^2/s
短路电流	I_{SC}	3.67	安培
Boltzmann 常数	k	1.38×10^{-23}	J/K
n-型半导体的长度	L_n	1.1×10^{-1}	cm

续表

物理量	符号	取值	单位
p-型半导体的长度	L_p	1.2×10^{-2}	cm
受体密度	N_A	1×10^{15}	cm^{-3}
供体密度	N_D	1×10^{20}	cm^{-3}
固有载流子浓度	n_i	5×10^{10}	cm^{-3}
一个电子的电荷	q	1.6×10^{-19}	库仑
有效后表面复合速度	S_{BSF}	100	cm/s
有效前表面复合速度	$S_{F,eff}$	3×10^4	cm/s
电池的工作温度	T	298	K
少数电子载流子寿命	τ_n	3.5×10^{-4}	s
少数空穴载流子寿命	τ_p	1×10^{-6}	s
n-侧耗尽区的宽度	x_N	6.39×10^{-7}	cm
p-侧耗尽区的宽度	x_P	6.39×10^{-2}	cm
n-型半导体的宽度	W_N	3.5×10^{-5}	cm
p-型半导体的宽度	W_P	3×10^{-2}	cm

习题

6. 用(9)式求

（a）$I(0)$；

（b）$I(V)$ 的单位.

3.2.2　最大功率点的计算

光伏电池产生的功率 P 是其工作电压 V 与相应的电流 $I=I(V)$ 的乘积. 光伏电池可产生的最大功率 P_{MP} 是

$$P_{MP} = V_{MP}I_{MP} \tag{10}$$

这里的 (V_{MP}, I_{MP}) 被称为最大功率点.

为了获得由图 8 所示的 $I-V$ 特性曲线的最大功率点，可由如下（11）式获得 V_{MP} 的值：

$$\frac{\mathrm{d}}{\mathrm{d}V}VI(V)\bigg|_{V=V_{MP}} = V_{MP}I'(V_{MP}) + I(V_{MP}) = 0 \tag{11}$$

附录 B 给出了绘制图 8 所示的 $I\text{-}V$ 特性曲线的 Mathematica 代码.对于该曲线,V_{MP} = 0.525 V,且 $I_{\text{MP}} = I(V_{\text{MP}}) = 3.5$ A.

填充因子(Fill Factor,FF)是 $I\text{-}V$ 曲线的矩形度的一种度量,并由下面的比值来定义

$$\text{FF} = \frac{P_{\text{MP}}}{V_{\text{OC}} I_{\text{SC}}} \tag{12}$$

太阳能电池的功率转换效率(记作 η)由下式给出

$$\eta = 100 \times \frac{P_{\text{MP}}}{E_{\text{tot}} A} \tag{13}$$

其中 E_{tot} 是照射在电池(或模块)上的辐照度(单位:W/单位面积),A 是电池(或模块)的面积.

光伏模块的制造商应当提供模块在标准测试条件(Standard Test Conditions,STC)下 $I\text{-}V$ 特性曲线的关键点(V_{OC},I_{SC},V_{MP} 和 I_{MP}),所谓标准测试条件就是:

电池的温度 25℃;

辐照度 1 kW/m^2;

光谱分布 AM(空气质量)= 1.5,也就是,当大气质量为 1.5 时,地球表面的太阳光谱.(太阳光谱是考虑大气在晴朗天气影响下的功率密度(单位:W/m^2)关于入射光的波长 μ(单位:m)的曲线图.AM $\approx 1/\cos\theta$ 是阳光直射通过大气层与垂直照射到海平面上的大气厚度之比[Lorenzo,2003],随着 AM 的变化,光谱分布也随着变化,当阳光通过大气层时,由于光线吸收和散射的原因,AM 1.5 对应的光谱比在地球大气层外部的测量值减少了 28%.)

光伏模块在 STC 下的最大功率称为峰值功率,记为瓦特-峰值(W_{P}).实际工作条件会与 STC 完全不同,其结果将导致效率的损失.

习题

7. 考虑第一象限中的矩形,矩形中的一个点位于原点,与该点相对应的点是由(9)式定义的曲线 $I(V)$ 得到的.与原点相对应的点应该处于什么位置可以使矩形的面积达到最大?

3.2.3　温度的影响

增加光伏电池的温度将影响其性能,并改变 I-V 特性曲线.一个重要的温度依赖量是本征载流子浓度 n_i ,它影响饱和暗电流 I_{o1} 和 I_{o2}.n_i 依赖于温度 T 的简化表达为

$$n_i = c_0 T^{3/2} \exp\left(\frac{-E_G}{2kT}\right) \qquad (14)$$

这里对于硅光伏电池来说,常数 c_0 近似于 1.9×10^{16}.鼓励读者修改附录 B 中的 Mathematica 代码,以获得从 $T = 298$ K 开始、增量为 5 K 的 I-V 特性曲线(见图 9).

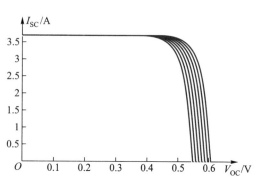

图 9　温度每增加 5 K, 相应的 I-V 特性曲线将向左移动一条曲线.最右边的曲线对应于标准测试条件的温度 $T = 298$ K

随着温度升高,I-V 特性曲线向左移动,并且有较低的电压输出.因此,热就像电阻.在 80° 至 90℃ 之间(即在 353 K 至 363 K 之间),每增加 1℃(或 1 K)光伏模块将损失 0.5% 的效率[Solar Energy International,2004].

3.2.4　日照量的影响

照射到太阳能电池(模块)的太阳辐射强度称为日照量,通常表示成指定月份的日平均值.峰值日照量约为 1 000 W/m². 实际日照量取决于以下因素:

- 天气条件(云量、污染、臭氧消耗等);
- 在与太阳关系中地球所处的位置;
- 模块的放置(阴影、倾斜等);
- 灰尘.

由于电流输出与日照量成正比,降低日照会减少短路电流 I_{sc}(见图 10).

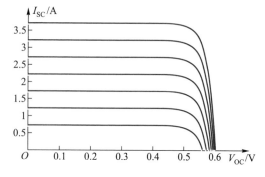

图 10　减少日照量会降低 I-V 特性曲线.(注意, 短路电流明显降低,而开路电压大体上保持不变)

3.3　蓄电池的容量

蓄电池是独立系统的重要组成部分.模型描述了在充电、放电和过充电的过程中,蓄电池的电压,以及这些过程如何受到工作电流和工作温度等因素的影响.

这些模型的一个重要组成部分是描述蓄电池容量作为工作电流和工作温度的函数.再次将蓄电池容量 C 用安培小时(AH)度量.如果蓄电池在 h 小时的放电周期内释放 I 安培的电流,则 $C=Ih$.因此,容量依赖于 h 的值(或者依赖于 I 的值).C_{10} 容量的额定值给出了当 $h=10$ 小时(或者当电流 $I_{10}=C_{10}/10$ A)时电池的 AH 值.C 与 C_{10} 之间的关系定义为

$$C=C_{10}\frac{1.67}{1+0.67(I/I_{10})^{0.9}}\left[1+0.005(T-T_0)\right] \quad (15)$$

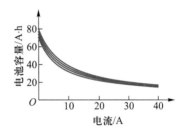

图 11　顶部曲线显示了在参考温度 $T_0=$ 25℃下电池容量作为工作电流 I 的递减函数.随着温度从 T_0 开始逐次降低 10℃,容量也相应地减少(见下面的曲线)

其中 T 是工作温度,T_0 是标准测试条件下的温度(25℃)[Copetti 等,1993].图 11 表明容量随着工作电流 I 的增加而减少,也随着温度 T 的降低而减少,图中的曲线是从参考温度 T_0 起逐次降低 10℃所对应的容量值.

习题

8. 对于由(15)式定义的蓄电池容量 $C=C(I,T)$,计算偏导数 $\dfrac{\partial C}{\partial I}$ 和 $\dfrac{\partial C}{\partial T}$,然后根据图 11 解释它们的符号.

4. 进一步的方向

在光伏电池技术中,有一些重要的且密切相关的考虑,而这些考虑并没有在本文中讨论:

- 通过制造更薄的电池、使用更便宜的半导体材料和提高电池效率来改进太阳能

电池的设计；

- 降低成本和能源消耗来制造太阳能电池模块；

- 回收停用的太阳能电池模块；

- 模拟光合作用,探索染料敏化太阳能电池的潜力；

- 开发集中式光伏系统,直接将阳光聚焦到具有特殊效率的太阳能电池上且减少太阳能电池的数量；

- 设计具有最大功率点跟踪(MPPT)能力的控制器和逆变器；

- 改善混合系统(那些与风力发电机或其他能源结合使用的系统)；

- 分析系统可靠性(特别是负载损失概率,或是系统可用容量不足与负载需求之间的长期比值)；

- 建立光伏系统使用的培训中心.

对于光伏系统的使用介绍,这里推荐太阳能国际[Solar Energy International,2004],以及美国能源部一个简短的非技术概述[U.S. Dept. of Energy,2006].关于综合和权威的技术介绍,请参见 Luque 和 Hegedus 的论文[2003].

5. 附录 A:太阳路径图的 Mathematica 代码

(这里和附录 B 中 Mathematica 代码的电子版可从作者或编辑那里得到.)

(∗输入所需的北纬度数∗)

phi = 40.5Degree;

(∗计算角度 theta(高度角的补角)和 psi(方位角)的函数 ∗)

THETA[delta,omega,phi]: = ArcCos[Cos[phi]Cos[omega]Cos[delta]+Sin[phi]Sin[delta]];

PSI[delta,phi,omega,theta]: = -ArcCos[(Cos[delta]Sin[phi]Cos[omega]-Sin[delta]Cos[phi])/Cos[Pi/2-theta]];

(∗ Delta[m]给出从 6 月 21 日到 m 月 21 日的天数,其中 m = 1 是 6 月,m = 2 是 7 月等∗)

```
Delta[1] = 0;Delta[2] = 30;Delta[3] = 61;Delta[4] = 92;Delta[5] = 122;
Delta[6] = 153;Delta[7] = 183;
```

(*这是主程序,它构造第 m 个月的太阳路径曲线.*)

```
Do[
delta = ArcSin[Sin[23.45Degree]Cos[Delta[m](360/365)Pi/180]];
omegasunrise = -ArcCos[-Tan[delta]Tan[phi]];
```

(*这部分计算一天中每个小时太阳的位置.*)

```
Dawn = Floor[12+(12/Pi)omegasunrise];
sunpath = Table[{x[i,m],y[i,m]},{i,1,25-2Dawn}];
Do[omega = (Dawn-12.)Pi/12+15 Degree*(j-1);
theta = 1.THETA[delta,omega,phi];
y[j,m] = (Pi/2.-theta)180/Pi; x[j,m] = (180./Pi)PSI[delta,phi,
omega,theta],{j,1,12-Dawn,1}];
omeganoon = (Dawn-12.)Pi/12+15.Degree*(12-Dawn);
thetanoon = 1.THETA[delta,omeganoon,phi];
y[13-Dawn,m] = (Pi/2.-thetanoon)180/Pi;
x[13-Dawn,m] = 0;
Do[x[13-Dawn+i,m] = -x[13-Dawn-i,m];y[13-Dawn+i,m] = y[13-Dawn-i,
m],{i,1,12-Dawn,1}];
sunlist[m] = sunpath;
sunpoints[m] = ListPlot[sunpath, AxesLabel -> {"Azimuth",
"Altitude"},PlotStyle->{Hue[0],
AbsolutePointSize[5]}];
```

(*这部分计算一天中每半分钟太阳的位置.*)

```
sunpathmin = Table[{xmin[i,m],ymin[i,m]},{i,1,240(12-Dawn)+1}];
Do[omegamin = (Dawn-12.)Pi/12+(1./8)Degree*(k-1);
thetamin = 1.THETA[delta,omegamin,phi];
```

```
ymin[k,m]=(Pi/2.-thetamin)180/Pi;
xmin[k,m]=(180./Pi)PSI[delta,phi,omegamin,thetamin],
{k,1,120(12-Dawn),1}];
omeganoonmin=(Dawn-12.)Pi/12+(1./8)Degree(120(12-Dawn));
thetanoonmin=1.THETA[delta,omeganoonmin,phi];
ymin[120(12-Dawn)+1,m]=(Pi/2.-thetanoonmin)180/Pi;
xmin[120(12-Dawn)+1,m]=0;
Do[xmin[120(12-Dawn)+1+i,m]=-xmin[120(12-Dawn)+1-i,m];
ymin[120(12-Dawn)+1+i,m]=ymin[120(12-Dawn)+1-i,m],i,1,120(12-
Dawn),1];
suncurve[m]=ListPlot[sunpathmin,PlotStyle- >AbsolutePointSize
[1]],
{m,1,7,1}];
(*主程序结束.*)
(*这个命令产生从主程序输出的太阳图.*)
Show[suncurve[1],suncurve[2],suncurve[3],
suncurve[4],suncurve[5],suncurve[6],suncurve[7],sunpoints[1],
sunpoints[2],sunpoints[3],
sunpoints[4],sunpoints[5],sunpoints[6],sunpoints[7],PlotRange- >
{0,100}]
```

6. 附录 B: $I-V$ 特性曲线的 Mathematica 代码

```
(*这个 Mathematica 代码产生如图 8 所示的 I-V 特性曲线*)
(*这部分分配表 6 中给出的参数值*)
A = 100; Dn = 35.; Dp = 1.5; EG = 1.76(10∧(-19)); h = 6.626 10∧(-34);k
= (1.38)10∧(-23);
```

Ln = 1100(10∧(-4)); Lp = 12(10∧(-4)); NA = 1.(10∧15); ND = 1.(10∧20);

q = (1.602)10∧(-19);

SBSF = 100.; SFeff = 3.(10∧4); T = 298;

TAUn = 350.(10∧(-6)); TAUp = 1.(10∧(-6));

WN = .35(10∧(-4));WP = 300(10∧(-4)); xN = 6.39 10∧(-7); xP = xN ND/NA;

TAUD = 351(10∧(-6));

ni = 5 10∧(10);

(*这部分用于定义函数 I(V)(称为 CURRENT(V))*)

Io1p = q A(ni∧2Dp)/(ND Lp)((Dp/Lp Sinh[(WN - xN)/Lp] + SFeff Cosh[(WN - xN)/Lp])/(Dp/Lp Cosh[(WN - xN)/Lp] + SFeff Sinh[(WN - xN)/Lp]));

Io1n = q A(ni∧2 Dn)/(NA Ln)((Dn/Ln Sinh[(WP - xP)/Ln] + SBSF Cosh[(WP - xP)/Ln])/(Dn/Ln Cosh[(WP - xP)/Ln] + SBSF Sinh[(WP - xP)/Ln]));

Io1 = Io1p + Io1n;

Io2 = q A (xN + xP)ni/TAUD;

ISC = 3.67;

VOC = 1.k T/q Log[(ISC + Io1)/Io1];

(*计算最大功率点 (V_{mp}, I_{mp})*)

CURRENT[V] := ISC - Io1(Exp[q V/(k T)] - 1) - Io2(Exp[q V/2k T] - 1);

POWER[V] := V CURRENT[V];

FindRoot[POWER'[V] == 0,{V,.6}];

Vmp = 1.V /.%;

Imp = 1.CURRENT[Vmp];

(* 画出 I - V 特性曲线.*)

```
POINTS = ListPlot[{{Vmp,Imp},{0,ISC},{VOC,0}},PlotStyle - > {Hue
[0],AbsolutePointSize[5]}];
CURVE = Plot[CURRENT[t],{t,0,VOC},PlotRange - > {-.1,ISC + .5}];
TEXT1 = Graphics[Text["(Vmp,Imp)",{Vmp,Imp - .2}]];
TEXT2 = Graphics[Text["Voc",{VOC - .03,.2}]];
TEXT3 = Graphics[Text["Isc",{.03,ISC - .2}]];
Show[POINTS,CURVE,TEXT1,TEXT2,TEXT3,AxesLabel - > {Volts,Amps},
PlotRange - > {0,ISC}]
```

7. 习题解答

1. (a) $\boldsymbol{POLAR} = \langle -\sin 23.45°,0,\cos 23.45° \rangle$.

(b) $\boldsymbol{EARTH} = \langle \cos \eta,\sin \eta,0 \rangle$.

(c) $\sin \delta = \boldsymbol{SUN} \cdot \boldsymbol{POLAR}$

$$= \langle -\cos\eta,-\sin\eta,0 \rangle \cdot \langle -\sin 23.45°,0,\cos 23.45° \rangle$$

$$= \sin 23.45°\cos \eta.$$

(d) 对于很小的 x（用弧度度量），有 Taylor 逼近 $\sin x \approx x$，或等价地，$\arcsin x \approx x$.（例如，$\sin 23.45° \approx 0.398$ 和 $23.45° \approx 0.409$ rad.）由此得到

$$\arcsin[\sin 23.45°\cos\eta] \approx \sin 23.45°\cos \eta$$

$$\approx 23.45°\cos \eta$$

2. (a) 由图 12 可以得到观察者的 x 和 y 的坐标，$x = r\cos \omega$ 和 $y = r\sin \omega$，其中 $r = \cos \phi$. 观察者的 z 坐标是 $\sin \phi$.

(b) $\boldsymbol{ZENITH}$ 是位于观察点且与

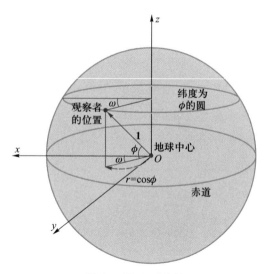

图 12　习题 2(a)的解答

半径方向相同的单位向量.(球的半径方向垂直于切平面.)

（c）注意：*EAST* 是纬度为 ϕ，并指向地球自转方向的纬度圆的切向量.因此，计算 *EAST* 的公式为

$$EAST = \frac{\partial}{\partial \omega} \langle \cos \phi \cos \omega, \cos \phi \sin \omega, \sin \phi \rangle$$

$$= \langle -\cos \phi \sin \omega, \cos \phi \cos \omega, 0 \rangle$$

（d）注意：*SOUTH* 是经度圆的切向量，且经度为 ω，并指向南极.因此，计算 *SOUTH* 公式为

$$SOUTH = -\frac{\partial}{\partial \phi} \langle \cos \phi \cos \omega, \cos \phi \sin \omega, \sin \phi \rangle$$

$$= \langle \sin \phi \cos \omega, \sin \phi \sin \omega, -\cos \phi \rangle$$

（e）由图 13 可以得到：*SUN* 向量在 xz 平面上，且三个分量分别为 $x = \cos \delta, y = 0, z = \sin \delta$.

3.（a）参见图 3，仍记 θ 是 γ 的补角，由此得到

$$\cos \theta = ZENITH \cdot SUN$$

$$= \langle \cos \phi \cos \omega, \cos \phi \sin \omega, \sin \phi \rangle \cdot \langle \cos \delta, 0, \sin \delta \rangle$$

$$= \cos \phi \cos \omega \cos \delta + \sin \phi \sin \delta$$

（b）由图 14 可以得到 $\cos \psi = (SUN \cdot SOUTH)/\cos \gamma$.这个结果可由下面的计算得到

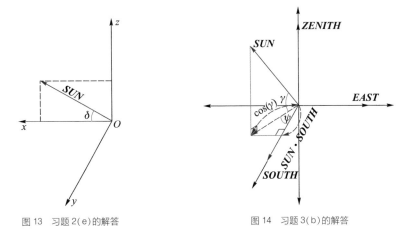

图 13　习题 2(e)的解答　　　　　　　图 14　习题 3(b)的解答

$$SUN \cdot SOUTH = \langle \cos \delta, 0, \sin \delta \rangle \cdot \langle \sin \phi \cos \omega, \sin \phi \sin \omega, -\cos \phi \rangle$$

$$= \cos \delta \sin \phi \cos \omega - \sin \delta \cos \phi$$

4. 在(6)式中,取 $\omega = \omega_{sunrise}$ 和 $\theta = 90°$,因此,$\gamma = 0$,即 $\cos \gamma = 1$.因此,$\cos \psi_{sunrise} = \cos \delta \sin \phi \cos \omega_{sunrise} - \sin \delta \cos \phi$.

5. (a) 使用附录 A 中的 Mathematica 代码.

(b) 比较北纬 56°(见图 15)、北纬 40.5°(见图 2)和北纬 28°(见图 16)的太阳路径图,观察如何随着纬度的减小,太阳在空中移动得更高且表示夏至的顶部曲线明显变得平坦.(如果用插值的方法绘制太阳路径曲线,则必须小心.)

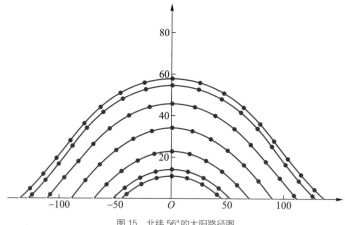

图 15　北纬 56°的太阳路径图

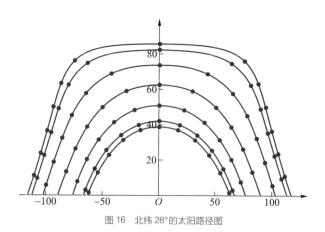

图 16　北纬 28°的太阳路径图

(c) 对于南纬,(6)式中等号右端的项应乘 -1.

6. (a) $I(0) = I_{\mathrm{sc}}$.

(b) A.

7. 选择顶点为最大功率点.

8. 选择这样的 T, 使得 $1+0.005(T-T_0) > 0$. 所以有

$$\frac{\partial C}{\partial I} = \frac{-C_{10}\times 1.67\times 0.9\times 0.67\,\dfrac{I^{-0.1}}{I_{10}^{0.9}}}{\left[1+0.67\left(\dfrac{I}{I_{10}}\right)^{0.9}\right]^2}\left[1+0.005(T-T_0)\right] < 0$$

所以容量 C 随着电流 I 的增加而减少. 因为

$$\frac{\partial C}{\partial T} = C_{10}\frac{1.67\times 0.005}{1+0.67\left(\dfrac{I}{I_{10}}\right)^{0.9}} > 0$$

容量 C 随着温度 T 的降低而减少. 这两个结论与图 11 所示图形是一致的.

参考文献

Copetti J B, E Lorenzo, F Chenlo. 1993. A general battery model for PV system simulation. Progress in Photovoltaics: Research and Applications, 1: 283—292.

Giancoli D. 2000. Physics for Scientists and Engineers. Vol. 2. Upper Saddle River, NJ: Prentice Hall.

Gray Jeffrey L. 2003. The physics of the solar cell. In Luque and Hegedus, [2003]: 61—112.

Hegedus Steven S, Antonio Luque. 2003. Status, trends and the bright future of solar electricity fromphotovoltaics. In Luque and Hegedus, [2003]: 1—43.

Krause M, S Nordstrom. 2004. Solar Photovoltaics in Africa: Experiences with Financing and Delivery Models. United Nations Development Programme, Lessons for the Future Monitoring and Evaluation Report Series, Issue 2. New York: United Nations Development Programme/GEF.

Lorenzo Eduardo. 2003. Energy collected and delivered by PV modules. In Luque and Hegedus, [2003]: 905—970.

Luque Antonio, Steven Hegedus. 2003. Handbook of Photovoltaic Science and Engineering. West Sussex, England: Wiley.

Luther Joachim. 2003. Motivation for photovoltaic application and development. In Luque and Hegedus, [2003]: 45—60.

Solar Energy International. 2004. Photovoltaics: Design and Installation Manual. Carbondale, CO: Solar Energy International.

U.S. Dept. of Energy. 2006. Solar Energies Technologies Program.

6 无线信号处理

Wireless Signal Processing

蔡志杰　编译　吴孟达　审校

摘要：

本文介绍了无线信号处理问题中的数学分析,包括信号恢复、功率损耗和衰落信道、调制和滤波,以及蜂窝系统设计.

原作者：

Haftu Abreha,Tsegazeab Hailu,

Haile Weleslassie

Mekelle Institute of Technology

P.O. Box 1632,Mekelle,Ethiopia

Andrew Betts,Patrick Krage,

Paul A. Isihara(通讯作者)

Wheaton College

Wheaton, IL 60187

Paul.A.Isihara@ wheaton.edu

发表期刊：

UMAP/ILAP Modules 2008;Tools for Teaching,1—76.

数学分支：

Fourier 分析、概率与统计、图论

应用领域：

模拟和数字无线信号处理

授课对象：

高年级数学专业和通信工程专业学生

预备知识：

虽然我们在主要章节和附录中明确列出了理解所阐述内容需要的大部分专业数学知识,但仍建议具有数学背景及纯数学或应用数学的高年级本科生阅读.我们不要求具备信号处理的预备知识.

目 录:

网上更多……　　本文英文版

1. 引言

无线通信的时代已经到来.很难想象一个当代组织或企业不利用无线移动通信或计算机网络的优势.

1980 年以前,无线系统的使用范围仍十分有限:

- 越洋无线电报服务始于 19 世纪末;

- 警车和出租车的陆地移动无线电网络始于 20 世纪 20 年代;

- 步话机的军事用途始于第二次世界大战.

模拟蜂窝电话大约于 1980 年出现,而数字蜂窝电话则迟了 10 年.到 2005 年,数字手机用户数已经超过 15 亿,使之成为世界上最大的商务活动[Pahlavan 和 Levesque,2005].这种快速发展可以用四代无线技术予以说明(见表 1).

表 1 各代无线技术（1980 年起）

第一代（1G）	面向语音的模拟蜂窝和无绳电话
第二代（2G）	数字蜂窝、个人通信系统、无线广域网和局域网
第三代（3G）	通信和数据业务整合
第四代（4G）	当前在多媒体及其他增强移动服务方面的研究和发展

从模拟到数字的转变产生了许多优点:

- 扩展的信道容量:通过在数字传输中的时分多址(time-division multiple access, TDMA)实现信道共享,与传统的只利用频分多址的模拟系统相比,允许每个信道多个时间有更多用户[Akaiwa,1997].数字寻呼系统每个通道可以容纳 30 000 个用户,而原有的传统信号系统每个通道仅能容纳 10 000 个用户.

- 安全与质量:与模拟通信相比,数字通信提供了更好的保护以反窃听,同时保持了更好的语音质量.

- 多样性的统一:音乐、视频、数据和语音信号一旦数字化,都可以以相同的方式发送.

数字通信的缺点包括需要更宽的带宽及更复杂/昂贵的终端和系统总成本.

　　大多数用户认为所需的研究范围是克服信号质量和通用可用性的问题.这个研究包括大量的数学,表 2 给出了其中的几个例子.

表 2　数学应用于无线通信的例子

信号质量	Fourier 分析（带宽的使用和调制解调器的设计） 凸集投影的 Hilbert 空间分析（信号恢复）
通用性	图论着色问题（蜂窝系统设计） 排队论（高需求的绩效评估）

　　在本文中,我们从单一信号的发送和接收的几个问题的数学概述开始讨论:

- 信号恢复:有没有办法恢复丢失的信号?（第 2 节）
- 衰落信道:什么原因导致信号衰落?（第 3 节）
- 滤波:如何克服信号的失真?（第 4 节）

　　这些章节为设计蜂窝系统以有效处理大量信号的更广泛的背景作了准备(第 5 节).我们以参考文献作为总结,这些文献包括更深入的研究以及超出我们范围的主题(第 6 节).

　　我们通过回顾必要的数学和信号处理概念,力求使本文的学习没有障碍.附录列出了本文使用到的有关 Fourier 变换和 delta 函数的大部分知识.

2. 带宽及基于凸集投影的信号恢复

　　在本节中,我们讨论无线系统中两个最重要的参数,即信号频率(signal frequency)和带宽(bandwidth).

　　信号频率的选择使得小尺寸以及无线计算机和手机的室内/室外的连接成为可能.在几千兆赫兹(GHz)范围内的传输有如下几个优点:

- 低功率发射机(<1 W)可以覆盖建筑物的几个楼层和室外几英里(mile)①外的距离;
- 天线的尺寸可以在 1 in② 以下;

---

①　1 mile = 1.609 344 km.

②　1 in = 0.025 4 m.

• 天线分隔仅几英寸就可实现不干涉.

在更高的频率(几十千兆赫兹),传输受制于房间的墙壁(这是否是所期望的,取决于应用和安全考虑).除了工作频率以外,表3比较了无线数据传输和语音信号传输的基本特征.

表3　无线数据和语音传输的比较

标准	数据传输	语音信号传输
工作频率	无线局域网可以 1~10 GHz 的频率运行	载波频率的范围从嘈杂的 VHF/UHF 频段（几百兆赫兹（MHz））到 2 GHz 的 PCS 系统
误码率性能	可能需要非常低的误码率（例如，10^{-5}，即每传输 10^5 位的数据含有 1 个错误位），譬如，对于银行信息	较高的误码率是可以接受的（高达 10^{-2}）
传输速率	对庞大的数据文件传输所必需的最高传输速度	需要实时通信

信号频率与信号的带宽有关,其数学定义在本节后面介绍.我们将说明如何用信号的带宽知识,连同仅含一小部分的有缺失信号,来恢复信号的更大部分.

2.1　凸集和投影的回顾

我们从一个简短的数学题外话开始,这有助于提供直观的信号恢复过程.一个集合 $\mathscr{C}$ 定义为凸(convex)的,当且仅当

$$p,q \in \mathscr{C} \Rightarrow \lambda p+(1-\lambda)q \in \mathscr{C}, \quad 0 \le \lambda \le 1 \tag{1}$$

为直观地理解这个定义,考虑 xy 平面中以原点为圆心的单位圆盘 $\mathscr{D}$.任意给定两点 p, $q \in \mathscr{D}$,以 p,q 为端点的线段 $\mathscr{L}$ 完全落在 $\mathscr{D}$ 中.组成 $\mathscr{L}$ 的点集为

$$\mathscr{L} = \{\lambda p+(1-\lambda)q \,|\, 0 \le \lambda \le 1\}$$

圆盘 $\mathscr{D}$ 是凸的,因为它满足 (1).类似地,在平面或三维空间中的一个集合 $\mathscr{C}$ 是凸的,当且仅当连接 $\mathscr{C}$ 中任意两点的直线段完全落在 $\mathscr{C}$ 中.

凸的概念并不限于几何定义的集合.例如,设 $g_0(t)$ 为区间 $I=[a,b]$ 上任意一个连续函数,定义 $\mathscr{C}$ 为定义在 $t \in (-\infty, \infty)$ 上的实值函数集合,使得

$$\mathscr{C} = \{f(t) \,|\, f(t) = g_0(t), t \in I\} \tag{2}$$

习题

1. 证明 (2) 中定义的集合 $\mathscr{C}$ 是凸的.

与几何基础有关的第二个概念是投影(projection).最简单的例子是将一个点投影到直线上.给定一点 P 与一条直线 L, P 到 L 上的投影是 L 上离 P 最近的点.通过点 P 和投影点 Q 的直线垂直于 L(见图1).

各种各样的有趣问题都可以通过凸集投影来求解(见 Stark 和 Yang [1998]).读者在线性代数课程中可能遇到的一个重要例子是确定一条直线,来拟合一个给定数据点集的问题.为给出一个简单说明,假设希望找到一条直线 $\mathscr{L}: y = mt + b$ 来拟合三个数据点 $(1,5),(2,15),(3,10)$.直线 $\mathscr{L}$ 上 $t = 1,2,3$ 对应的点为 $(1, m+b),(2, 2m+b),(3, 3m+b)$.数据点与直线 $\mathscr{L}$ 上的点之间的垂直距离平方和 $E(m,b)$ 为(参见图2)

$$E(m,b) = (m+b-5)^2 + (2m+b-15)^2 + (3m+b-10)^2 \tag{3}$$

运用微积分可以证明,使 E 最小的直线(称为最小二乘拟合直线, least squares line of best fit)为 $\mathscr{L}^*: y = \dfrac{5}{2}t + 5$.

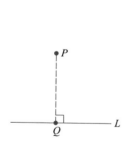

图1　点 Q 是点 P 到直线 L 上的投影

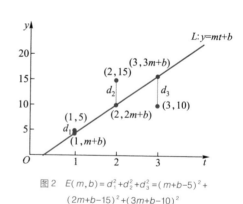

图2　$E(m,b) = d_1^2 + d_2^2 + d_3^2 = (m+b-5)^2 + (2m+b-15)^2 + (3m+b-10)^2$

习题

2. 使用偏导数 $\dfrac{\partial E}{\partial m}$ 和 $\dfrac{\partial E}{\partial b}$ 求临界值 m^* 和 b^*,使得由 (3) 给出的 $E(m,b)$ 最小.

另外,这个问题也可以用投影方法来求解.考虑数据向量 $V_1 = \langle 5,15,10 \rangle$ 和参数表示为

$$x_1(m,b) = m+b$$

$$x_2(m,b) = 2m+b$$

$$x_3(m,b) = 3m+b$$

的平面 $\mathscr{P}$ (均在 $x_1 x_2 x_3$ 空间中).

我们说明这个问题可通过把数据点 $(5,15,10)$ 投影到平面 $\mathscr{P}$ 上来求解(投影点具有参数 $m = m^* = \dfrac{5}{2}, b = b^* = 5$,与最小二乘回归直线 $y = m^* t + b^*$ 一致).为了说明原因,记 $V_2 = \langle m+b, 2m+b, 3m+b \rangle$ 表示起点为原点、终点在 $\mathscr{P}$ 上的任意向量,考虑从数据向量 $\langle 5,15,10 \rangle$ 到 $\mathscr{P}$ 上这一点的差向量 V:

$$V = V_2 - V_1 = \langle m+b-5, 2m+b-15, 3m+b-10 \rangle$$

由于 V 的平方模为 $|V|^2 = E(m,b)$,使 E 达到最小的值 $m = m^*, b = b^*$ 对应于平面 $\mathscr{P}$ 上到数据点 $(5,15,10)$ 距离最小的点,因此它可由将 V_1 投影到凸集 $\mathscr{P}$ 得到(参见图 3).换言之,这个问题可以通过凸集投影而不用微积分来求解.

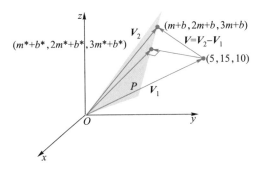

图 3　当 $V \perp V_2$ 时,$|V|^2 = E(m,b) = (m+b-5)^2 + (2m+b-15)^2 + (3m+b-10)^2$ 达到最小

习题

3. (a) 证明当 $m = m^* = \dfrac{5}{2}, b = b^* = 5$ (习题 2 的解)时,向量 V 实际上垂直于向量 V_2.

　　（b）利用投影方法求 m^*, b^* 的值（不用微积分）.

　　使用投影的第二个例子是确定相切于圆盘的直线上的点的问题.图 4 显示了通过依次投影到圆盘的圆边界上和投影到直线上,可以得到收敛于所希望交点的一个点序列(注意直线和圆盘都是凸集).

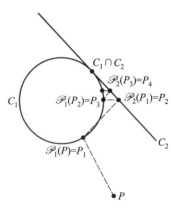

图 4　可用于确定两个闭凸集交点的投影序列 [Stark 和 Yang, 1998]

2.2　Fourier 变换和信号带宽

　　现在我们来描述直线和圆盘交点的求解问题与模拟信号恢复算法之间的一个显著类比[Stark 和 Yang, 1998].这个算法需要有缺失信号的带宽(bandwidth)信息,用 Fourier 变换(Fourier transform)来定义(附录中编选了本文中所用到的 Fourier 变换知识).

　　假设发送信号由定义在实值 t 上的连续函数 $f(t)$ 来表示(如果 $f(t)$ 仅在有限区间 $a \leqslant t \leqslant b$ 上定义,那么假设在区间外 $f(t)$ 为零).信号的带宽 B(单位:rad/s)定义为使得当 $\omega \notin [-2\pi B, 2\pi B]$($\omega$ 的单位:rad/s)时,信号的 Fourier 变换

$$\mathscr{F}[f(t)] = F(\omega) = \int_{-\infty}^{\infty} f(t) \, \mathrm{e}^{-\mathrm{j}\omega t} \mathrm{d}t \quad (\text{其中 j} = \sqrt{-1}) \tag{4}$$

为零的最小正数 B.用复值函数的积分定义的变换可通过 Euler 恒等式 $\mathrm{e}^{\mathrm{j}\theta} = \cos\theta + \mathrm{j}\sin\theta$ 变成两个实积分来计算:

$$\mathscr{F}[f(t)] = \int_{-\infty}^{\infty} f(t) \cos(\omega t) \, \mathrm{d}t - \mathrm{j} \int_{-\infty}^{\infty} f(t) \sin(\omega t) \, \mathrm{d}t \tag{5}$$

因为 t 是积分变量,当对 t 确定了积分限时,所得的表达式通常是 ω 的(复值)函数,而不是 t 的函数——这就是为什么我们将 Fourier 变换写为 $F(\omega)$.

　　例如,考虑矩形脉冲

$$f(t) = \begin{cases} 1, & -1 \leqslant t \leqslant 1 \\ 0, & \text{其他} \end{cases} \tag{6}$$

由定义 (4),并用 (5) 式计算,有

$$\mathscr{F}[f(t)] = F(\omega) = \int_{-1}^{1} e^{-j\omega t} dt$$

$$= \int_{-1}^{1} \cos(\omega t) dt - j \int_{-1}^{1} \sin(\omega t) dt$$

$$= 2 \frac{\sin \omega}{\omega}$$

事实上,Fourier 变换 $F(\omega) = \dfrac{2\sin \omega}{\omega}$ 是 ω 的函数,而不是 t 的函数.因为此时变换是实的(乘 j 的积分项结果为零),我们可以如图 5 画出作为 ω 的函数变换的图形.

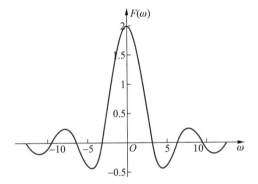

图 5 (6) 式中定义的矩形脉冲的 Fourier 变换

严格来讲,根据带宽的定义,矩形脉冲具有无限带宽.然而,在实践中由于变换 $F(\omega) = \dfrac{2\sin \omega}{\omega}$ 是偶函数,且当 $|\omega| \to \infty$ 时衰减到零,我们可以将矩形脉冲视为具有"宽的带宽".

接下来,我们还需要考虑逆问题:给定 Fourier 变换 $\mathscr{F}[f(t)] = F(\omega)$,如何恢复原始函数 $f(t)$? 答案是通过一个类似的积分来计算,称之为 Fourier 逆变换(inverse Fourier transform):

$$f(t) = \mathscr{F}^{-1}[F(\omega)] = \frac{1}{2\pi} \int_{-\infty}^{\infty} F(\omega) e^{j\omega t} d\omega$$

观察逆变换,积分变量为 ω.因此,此时确定 ω 的积分限后,剩下的将是 t 的函数,而不是 ω 的函数.通常很难得到 Fourier 变换和 Fourier 逆变换的精确表达式(有兴趣的读者可以学习复分析或 Fourier 分析).在简单情形下,可以用诸如 Mathematica 这样的符号运算器得到精确的结果.例如,如果 $F(\omega) = \dfrac{2\sin \omega}{\omega}$,Mathematica 的命令

```
InverseFourierTransform[2Sin[OMEGA]/OMEGA,OMEGA, t]
```

可得到逆变换

$$\sqrt{\frac{\pi}{2}}\,(\mathrm{Sign}\,[\,1-t\,]+\mathrm{Sign}\,[\,1+t\,]) \tag{7}$$

函数 $\mathrm{Sign}[\,x\,]$ 当 $x>0$ 时,等于 1;当 $x=0$ 时,等于 0;当 $x<0$ 时,等于 -1.

　　Mathematica 定义的 Fourier 变换及其逆变换与我们的定义略有不同(见表 4).要调整其逆变换到我们的形式,只要简单地将 (7) 式乘上 $\dfrac{1}{\sqrt{2\pi}}$ 得到

$$f(t)=\frac{1}{2}\,(\mathrm{Sign}\,[\,1-t\,]+\mathrm{Sign}\,[\,1+t\,]) \tag{8}$$

表 4　变换的比较

变换	本文	Mathematica
$\mathscr{F}[\,f(t)\,]$	$\displaystyle\int_{-\infty}^{\infty}f(t)\,\mathrm{e}^{-\mathrm{i}\omega t}\mathrm{d}t$	$\dfrac{1}{\sqrt{2\pi}}\displaystyle\int_{-\infty}^{\infty}f(t)\,\mathrm{e}^{\mathrm{i}\omega t}\mathrm{d}t$
$\mathscr{F}^{-1}[\,G(\omega)\,]$	$\dfrac{1}{2\pi}\displaystyle\int_{-\infty}^{\infty}G(\omega)\,\mathrm{e}^{\mathrm{i}\omega t}\mathrm{d}\omega$	$\dfrac{1}{\sqrt{2\pi}}\displaystyle\int_{-\infty}^{\infty}G(\omega)\,\mathrm{e}^{-\mathrm{i}\omega t}\mathrm{d}\omega$

　　图 6[①]显示了 (8) 式的 Mathematica 图(假设 $f(t)$ 的连续性,我们可以修正 $t=0$ 处的可去间断).

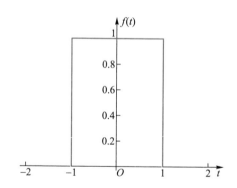

图 6　可以使用 Mathematica 得到并绘制 Fourier 逆变换,例如这是 $f(t)=\dfrac{1}{2}(\mathrm{Sign}\,[\,1-t\,]+\mathrm{Sign}\,[\,1+t\,])$ 的图,它是 $F(\omega)=\dfrac{2\sin\omega}{\omega}$ 的逆变换[②]

---

① 原文为图 7,有误——译者注.

② 原文为 $F(\omega)=\dfrac{4\pi\sin\omega}{\omega}$,有误——译者注.

习题

4. sinc 函数(参见图 7)定义为

$$\operatorname{sinc}(x) = \frac{\sin(\pi x)}{\pi x}$$

（a）用 L' Hôspital 法则求 $\operatorname{sinc}'(0)$ 和 $\operatorname{sinc}''(0)$. 使用 Mathematica 这类符号运算器检查你的答案.

（b）用 sinc 函数表示矩形脉冲

$$f(t) = \begin{cases} A, & -\dfrac{T}{2} \leqslant t \leqslant \dfrac{T}{2} \\ 0, & \text{其他} \end{cases}$$

的 Fourier 变换.

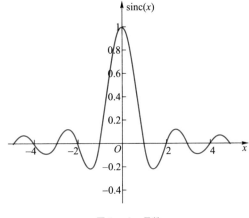

图 7　sinc 函数

2.3　模拟信号的恢复

因各种原因(包括物理障碍物、干扰信号以及设备故障),信号可能会中断、丢失或失真.信号恢复需要仅从一个片段重构出大部分发送信号.

在本节中,我们描述基于带宽和凸集投影知识的模拟信号恢复的方法.虽然我们描述的例子必然是简单的,但凸集投影方法有许多复杂的应用,包括高清电视的图像增强.

假设发送信号由连续函数 $f(t)$（$-\infty < t < \infty$）来表示,而接收信号仅覆盖某个时间

区间 $I=[a,b]$.也就是说,假设给定一个函数 $r_0(t)$(接收信号),满足当 $t \in I$ 时,$r_0(t) \approx f(t)$,当 t 为其他值时,$r_0(t)=0$.能否恢复整个信号 $f(t)$?

类似于上一节中最小二乘的例子,原则上可以使用微积分方法和凸集投影方法来求解这个问题.微积分方法是选取 $t_0 \in I$,然后使用 $r_0(t)$ 关于 t_0 的 Taylor 级数来恢复整个信号 $f(t)$:

$$f(t) \approx \sum_{n=0}^{\infty} \frac{r_0^{(n)}(t_0)}{n!}(t-t_0)^n$$

在实践中,计算 t_0 处接收信号的导数是困难的,且对噪声很敏感.

另一种方法,我们可以通过定义以下凸集来处理信号恢复:

$$\mathscr{C}_1 = \{f(t) \mid f(t)=r_0(t), t \in I\} \tag{9}$$

$$\mathscr{C}_2 = \{f(t) \mid \mathscr{F}[f(t)]=F(\omega)=0, 当 |\omega|>2\pi B 时\} \tag{10}$$

习题

5. 回顾一下,在习题 1 中我们证明了,如 (9) 式定义的集合 $\mathscr{C}_1$ 是凸的.证明如 (10) 式定义的集合 $\mathscr{C}_2$ 也是凸的.

采用高级分析(超出了本文的范围),可以证明集合 $\mathscr{C}_1$ 和 $\mathscr{C}_2$ 存在唯一一个交点.该交点是一个用来表示恢复信号的函数 $r(t)$.从概念上讲,如先前所看到的(见图 4),我们可以通过一个投影序列来确定两个凸集的交点.对参与信号恢复的两个投影的分析,以及为什么投影序列必收敛于交点,也是高级(泛函)分析的内容[Stark 和 Yang,1998].这里,我们仅简单地指出使用的投影,然后说明它们在一种简单情形下的应用.

• 到 $\mathscr{C}_1$ 上的投影 $\mathscr{P}_1$ 定义为

$$r_n(t)=\mathscr{P}_1 r_{n-1}(t)=\begin{cases} r_0(t), & t \in I \\ r_{n-1}(t), & 其他 \end{cases} \tag{11}$$

任意给定 $r_{n-1}(t)$,$r_n(t)=\mathscr{P}_1 r_{n-1}(t) \in \mathscr{C}_1$ 成立.

• 投影 $\mathscr{P}_2$ 将一个函数 $r_n(t)$ 映射到另一个函数 $r_{n+1}(t)=\mathscr{P}_2[r_n(t)] \in \mathscr{C}_2$,可以通过给出 $r_{n+1}(t)$ 的 Fourier 变换来描述(回顾一下一个函数可以从它的 Fourier 变换通过

使用逆变换来恢复）：

$$\mathscr{F}[r_{n+1}(t)] = \mathscr{F}[\mathscr{P}_2 r_n(t)] = \begin{cases} R_n[\omega] = \mathscr{F}[r_n(t)], & |\omega| \leqslant 2\pi B \\ 0, & \text{其他} \end{cases}$$

再一次，任意给定 $r_n(t)$，$r_{n+1}(t) = \mathscr{P}_2 r_n(t) \in \mathscr{C}_2$ 成立.

用于确定 $\mathscr{C}_1$ 和 $\mathscr{C}_2$ 交点的投影迭代序列为

$$r_0(t)$$

$$r_1(t) = \mathscr{P}_2 r_0(t)$$

$$r_2(t) = \mathscr{P}_1 r_1(t)$$

$$r_3(t) = \mathscr{P}_2 r_2(t)$$

$$\cdots\cdots$$

$$r_n(t) \rightarrow r(t) \quad （恢复的信号）$$

例 我们对一个特殊例子来说明这个过程.为简单起见,假设发送信号 $f(t)$ 具有带宽 $B = 1$.此时,可以用

$$f(t) = \frac{\sin(2\pi t)}{2\pi t} = \operatorname{sinc}(2t)$$

$(-\infty < t < \infty)$ 来表示信号.要知道为什么会这样,利用 Mathematica 命令

```
FourierTransform[Sin[2Pi t]/(2 Pi t), t, ω]
```

得到变换

$$F(\omega) = \frac{\operatorname{Sign}[2\pi - \omega] + \operatorname{Sign}[2\pi + \omega]}{4\sqrt{2\pi}} \tag{12}$$

为了得到如（4）式定义的变换形式,必须将此答案乘上 $\sqrt{2\pi}$（见表4）——而这样做不会影响带宽.由于当 $|\omega| > 2\pi$ 时,变换为 0,我们得到带宽 B 实际上等于 1.

现在假设发送信号 $f(t)$ 在很短的时间区间 $I = [0, 0.1]$ 内被准确地接收为 $r_0(t)$.假设接收到的数据能够以很好的精度确定 $f(t)$ 的二阶 Maclaurin 多项式.也就是说,将接收信号 $r_0(t)$ 取为

$$r_0(t) = f(0) + f'(0)t + \frac{f''(0)}{2}t^2 = 1 - \frac{2\pi^2}{3}t^2$$

我们知道，$r_0(t)$ 是发送信号在 $t=0$ 附近的良好近似（见图 8）.如果接收到的数据可以用来高精度地确定高阶 Maclaurin 多项式，我们可以扩大近似发送信号的区间.然而，正如我们所提到的，在实践中从数据重构 Maclaurin 多项式是困难的，因为导数对噪声是敏感的.

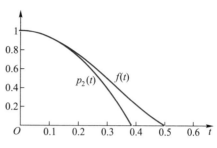

图 8   发送信号 $f(t)$ 及其二阶 Maclaurin 多项式 $p_2(t)$，用来表示在小时间区间 $0 \leqslant t \leqslant 0.1$ 上的接收信号 $r_0(t)$

借助于凸集投影方法而不是使用微积分.此时，运用（11）式，投影为

$$\mathscr{P}_1 r_{n-1}(t) = \begin{cases} r_0(t) = 1 - \dfrac{2\,\pi^2}{3}t^2, & t \in [0,0.1] \\[2mm] r_{n-1}(t), & \text{其他} \end{cases}$$

习题

6. 如何定义投影 $\mathscr{P}_2$？

从 $r_0(t)$ 开始，使用 Mathematica 来计算第一步迭代，得到的函数 $r_1(t) = \mathscr{P}_2 r_0(t)$ 和发送信号在图 9 中显示.从一小部分发送信号开始，仅一步迭代后我们就得到了整个信号的合理近似.为了使用 Maclaurin 级数得到与振荡信号行为相同程度的近似，需要很多项.这说明知道信号带宽的重要性.

习题

7. $r_2(t)$ 是什么？

2.4   数字信号的恢复

在传输中，相比于模拟信号，数字信号在噪声、再生性以及处理的方便性等方面具有优势.根据 Stark 和 Yang［1998］，现在我们来说明凸集投影如何也适用于数字信号的恢复.

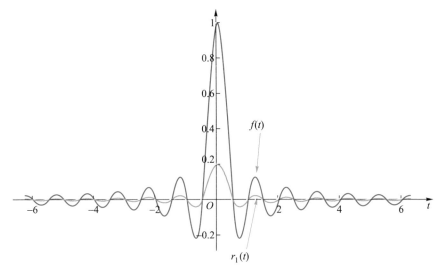

图9　发送信号 $f(t)$ 及恢复信号的第一步迭代 $r_1(t)$

假设具带宽 B(如第 2.2 节中的定义)的模拟信号由连续函数 $x(t)$ 表示.为将这个模拟信号转换为数字信号,首先以每秒 f_s 个样本的恒定速率进行采样,将 $x(t)$ 转换成离散时间信号(discrete time signal) $\{x(t_1),x(t_2),\cdots\}$.样本之间的时间间隔 T_s 是采样频率的倒数: $T_s=\dfrac{1}{f_s}$.Fourier 分析中的定理说明,只要采样频率足够高: $f_s>2B$,连续信号 $x(t)$ 可以从离散时间信号唯一地恢复出来[Stark 和 Yang,1998].

接下来,我们通过指定一个有限集 $Q=\{q_1,q_2,\cdots,q_N\}$ 来量化(quantize)离散信号,其中 $q_1<q_2<\cdots<q_N$ 且 q_i 等间隔,满足 $\Delta q=q_i-q_{i-1}$,对所有的 $i=2,\cdots,N$.用 Q 中最接近 $x(t_i)$ 的值来代替,即若 $|x(t_i)-q^{(i)}|<\dfrac{\Delta q}{2}$,则 $x(t_i)=q^{(i)}\in Q$(如果 $x(t_i)$ 恰在两个值的中间,则取较小的值).注意,我们不能从量化的数字信号序列 $\{q^{(i)}\}$ 中再精确地恢复出模拟信号 $x(t)$,因为多个模拟信号可产生相同的数字序列.

数字信号转换成二进制序列可抗噪声保护、防窃听和减少误码(见第 4.5 节①).为简单起见,假设接收机可以正确地确定所发送的数字序列 $\{q^{(i)}\}$.低通滤波器(lowpass

----

①　原文为第 4.4 节,有误——译者注.

filter)用来产生接近于实际模拟信号 $x(t)$ 的输出模拟信号 $\hat{x}(t)$：

$$\hat{x}(t) = \sum_i q^{(i)} \mathrm{sinc}[2B(t - i\,T_s)]$$

模拟信号 $\hat{x}(t)$ 会产生与 $x(t)$ 相同的数字序列 $\{q^{(i)}\}$ 吗？如果可以，能在多大程度上恢复 $x(t)$？然而，通常情况不是这样的。下面涉及凸集投影的算法产生连续信号序列 $\hat{x}_k(t)$，其量化序列收敛到期望的量化序列 $\{q^{(i)}\}$ [Stark 和 Yang,1998]：

● 凸集：

$$C_B = \{y(t) \mid \mathscr{F}[y(t)] = Y(\omega) = 0, \text{当} |\omega| > 2\pi B \text{ 时}\} \tag{13}$$

● 投影：

$$P_B(g(t)) = g(t) * 2B\mathrm{sinc}(2Bt) \tag{14}$$

其中星号运算不是乘法，而表示卷积(convolution product)：

$$h(t) = f(t) * g(t) = \int_{-\infty}^{\infty} f(\tau)g(t - \tau)\mathrm{d}\tau$$

我们后面要用到卷积的一个重要性质是，两个函数卷积的 Fourier 变换等于它们变换的乘积，即

$$\mathscr{F}[h(t)] = \mathscr{F}[f(t) * g(t)] = \mathscr{F}[f(t)] . \mathscr{F}[g(t)] \tag{15}$$

● 递归：

$$\text{初始条件：} \hat{x}_1(t) = P_B(\hat{x}_0(t))$$

$$\hat{x}_{k+1}(t) = \begin{cases} \hat{x}_k(t) - \left\{\hat{x}_k(k\,T_s) - \left(q^{(k)} + \dfrac{\Delta q}{2}\right)\right\} \mathrm{sinc}(2B(t-k\,T_s)), & \text{若} \hat{x}_k(k\,T_s) > q^{(k)} + \dfrac{\Delta q}{2} \\[3mm] \hat{x}_k(t) - \left\{\hat{x}_k(k\,T_s) - \left(q^{(k)} - \dfrac{\Delta q}{2}\right)\right\} \mathrm{sinc}(2B(t-k\,T_s)), & \text{若} \hat{x}_k(k\,T_s) < q^{(k)} - \dfrac{\Delta q}{2} \text{①} \\[3mm] \hat{x}_k(t), & \text{其他} \end{cases}$$

习题

8. 证明 (14) 定义了 (13) 中定义的凸集投影.

---

① 原文此条件有误，已更正——译者注.

3 信号功率损耗和衰落信道

信号的功率(power)对维持适当的连接及克服噪声是非常重要的.因此,我们有兴趣来确定传送的无线电信号的功率在各种情况下是如何受到影响的.最简单的情形是信号沿直线路径传送,称之为可视(line of sight,LOS).接收信号不仅受到可视信号的影响,也受到具有足够强度的反射信号的影响.此外,必须考虑发射机和接收机的相对运动.除了基本的分析结果,我们指出统计方法适用于更为复杂的情形.

3.1 单径信道中的功率损耗

研究功率损耗的基本事实是,一个无阻碍的无线电信号的功率按传播距离的平方反比衰减.为精确起见,通过自由空间传送距离为 d 的可视(LOS)信号的接收功率 P_r 为

$$P_r = P_t \frac{G_r G_t \left(\frac{\lambda}{4\pi}\right)^2}{d^2} \tag{16}$$

其中 P_t 为传送信号的功率, G_t 为发射天线的增益(下面解释), G_r 为接收天线的增益, $\lambda = \frac{c}{f}$ 为发射信号的波长(光速除以信号频率).

现在我们来解释为什么这个公式是成立的.首先,注意到

$$\frac{P_r}{P_t} = \frac{\mathscr{A}_r}{\mathscr{A}_0} \tag{17}$$

其中 $\mathscr{A}_r$ 为接收天线的有效面积, $\mathscr{A}_0$ 是所谓的传输照射面积(transmitted illuminated area)或足迹(footprint)(见图10).换言之,接收功率与发送功率之比等于接收面积与总照射面积之比.

接着,发射天线增益 G_t 为

$$G_t = \frac{4\pi \, d^2}{\mathscr{A}_0} \tag{18}$$

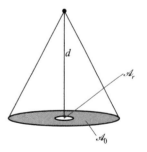

图 10 信号功率与天线增益依赖于足迹(总照明面积 $\mathscr{A}_0$)和天线的接收面积($\mathscr{A}_r$)

如果在距离 d 处的信号功率传播到半径为 d 的整个球面上,其增益 G_t 等于 1(由于增益是一个乘法因子,增益为 1 表示没有增加).天线聚焦于信号的传播,使得功率集中于面积 $\mathscr{A}_0$,从而增益等于球面面积与足迹之比.

从 (17) 中解出 $\mathscr{A}_0$,并代入 (18) 式,得到

$$P_r = \frac{P_t \mathscr{A}_r G_t}{4\pi d^2}$$

最后,接收天线增益 G_r 与频率的平方成正比,为 [Lee,1995]

$$G_r = \frac{4\pi \mathscr{A}_r}{\lambda^2} \tag{19}$$

简单的代数计算可得到所要的 (16) 式.

习题

9. *归一化功率*(normalized power) P_0 定义为距发射机单位距离的信号功率.

(a) 证明 $P_0 = P_t G_r G_t \left(\dfrac{\lambda}{4\pi} \right)^2$.

(b) 证明 $P_r = \dfrac{P_0}{d^2}$.

10. 设在自由空间中的信号传输,中心频率为 $f = 1$ GHz,且偶极天线 $G_t = G_r = 1.6$,计算

(a) 距接收机 1 m 的发射机的信号功率损耗(单位:dB(分贝))(功率 P 的单位由瓦特转换为分贝,取为 $10\log_{10}P$);

(b) 距离 10 m 和 100 m 处的功率损耗①;

(c) 距离 $d = 10$ m 和 100 m 时的传输延迟 τ(所用的知识是,距离=速度×时间,或 $d = c\tau$,其中 $c = 3\times10^8$ m/s).

①　原文是接收功率,有误——译者注.

3.2 多径信道中窄带信号的功率损耗

在无线通信中,发射机和接收机之间的信号路径通常不是直接的,而且由于以下原因显得更为复杂:

- 室内墙壁、天花板和其他物品;
- 户外建筑及各种人为的和自然的地形特征.

到达时间和信号强度因从发射机到接收机的多重路径而变化的现象称为多径衰落(multi-path fading).

图 11 显示了接收信号作为沿多径信号的总和.运用初等几何光学("光线追踪"),我们可以确定无线电信号经反射的传送路径.

在尝试分析多径信号之前,我们考虑沿可视路径简单传播的信号.

发射信号有如下两个重要特征:

- 功率,随传播时间或传播距离减小;
- 频率,由参数 $f>0$ 给出.

如果发送信号 $x_0(t)$ 定义为

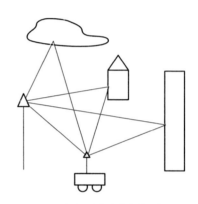

图 11 在移动车辆中的发射天线和移动电话接收机之间的多路径

$$x_0(t) = A_0(t)\,\mathrm{e}^{2\pi j nt} \qquad (\text{其中 } j = \sqrt{-1})$$

那么在时刻 t 信号的功率为 $P_0(t) = |A_0(t)|^2$,其频率为 $f=n$.对 n 的不同整数值,基本信号 $u_n(t) = \mathrm{e}^{2\pi j nt}$ 在表示信号时写为余弦函数和正弦函数之和(称为 Fourier 级数表示(Fourier series representations))是有用的.使用 Mathematica,得到基本信号的 Fourier 变换为

$$\mathscr{F}[\mathrm{e}^{2\pi j nt}] = U_n(\omega) = 2\pi\delta(\omega - 2\pi n) \, [1] \qquad (20)$$

其中 δ 是 Dirac delta 函数(Dirac delta function),满足当 $x\neq 0$ 时 $\delta(x) = 0$.当 $\omega \neq 2\pi n = \omega_0$ 时[2],$U_n(\omega) = 0$.信号 $f(t)$ 具有窄带(narrow bandwidth),如果其变换 $F(\omega)$ 仅在中心为

---

[1] 原文(20)式有误,已更正——译者注.

[2] 原文为 $\omega \neq -2\pi n = \omega_0$,有误——译者注.

$\omega=\omega_0$ 和 $\omega=-\omega_0$ 的小区间内非零. 因此, 基本信号 $u_n(t)=e^{2\pi jnt}$ 是理想化的窄带信号.

如果发射信号已经传播了距离 d, 相应的传输时间延迟 $\tau=\dfrac{c}{d}$, 那么接收信号 $r(t)$ 为

$$r(t)=A_0(t-\tau)e^{j2\pi n(t-\tau)}=A_r(t)e^{j\phi_r}e^{j2\pi nt}$$

其中 $A_r(t)=A_0(t-\tau)$ 是接收信号的振幅, $\phi_r=-2\pi n\tau$ 是接收信号的相位 (phase).

如果 P_0 为原始信号的归一化功率 (信号传送单位距离后的功率), P_r 是该信号传送距离 d 后的功率, 那么由习题 9(b), 有

$$P_r=\frac{P_0}{d^2} \tag{21}$$

由于信号功率由振幅模长的平方给出, (21) 式意味着

$$|A_r|=\frac{|A_0|}{d} \tag{22}$$

其中 $|A_0|^2=P_0$ 为归一化功率.

现在, 我们来考虑多径信道. 复合接收信号是沿不同路径到达的信号之和. 令 L 为信道中不同的路径数. 记 k_i 为路径 i 从发射到接收的反射次数. 对具有反射 $j=1,\cdots,k_i$ 的第 i 条路径, 其总反射因子 a_i 由反射系数的乘积给出:

$$a_i=\prod_{j=1}^{k_i}a_{ij}$$

沿第 i 条路径的反射因子 a_i 将信号振幅从 $\dfrac{A_0}{d_i}$ 减

小为 $\dfrac{A_0 a_i}{d_i}$, 而相位 $\phi_i=-\dfrac{2\pi d_i}{\lambda}$ 保持不变, 其中 d_i 是

第 i 条路径的总长度. 对 L 条路径求和, 接收信号的振幅 A_r 和相位 ϕ_r 为

$$A_r\,e^{j\phi_r}=A_0\sum_{i=1}^{L}\frac{a_i\,e^{j\phi_i}}{d_i} \tag{23}$$

接收信号的振幅 A_r 为涉及的所有路径振幅和相位的向量和 (参见图 12).

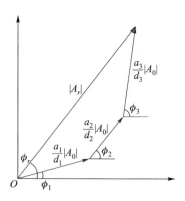

图 12　接收信号的振幅 $|A_r|$ 由多径信道中涉及的所有路径 (此处 $L=3$) 的向量和得到

最后,对(23)式两边取模长的平方,得到接收功率为

$$P_r = P_0 \left| \sum_{i=1}^{L} \frac{a_i \, \mathrm{e}^{\mathrm{j}\phi_i}}{d_i} \right|^2 \tag{24}$$

P_r的值由于沿 L 条路径信号的相长/相消干涉而变化.信号强度的这种变化称为多径衰落(multi-path fading).

习题

11. 本习题分析了图 13 所示的两条路径的移动无线电信道的距离与功率的关系.

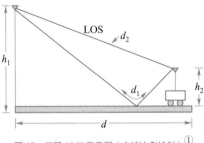

图 13 习题 11 的示意图(未按比例绘制)[①]

(a)由(24),其中 $L=2$, $a_1 = -1$(对地面是理想的无损反射), $a_2 = 1$(可视信号),且假设 $d \gg h_1, h_2$,证明

$$P_r = \frac{P_0}{d^2} \left| 1 - \mathrm{e}^{\mathrm{j}\Delta\phi} \right|^2 \tag{25}$$

其中 $\Delta\phi = \phi_1 - \phi_2 = \dfrac{2\pi f \Delta d}{c}$, $\Delta d = d_2 - d_1$.

(b)证明

$$d_1 \approx d + \frac{(h_1 + h_2)^2}{2d}, \quad d_2 \approx d + \frac{(h_1 - h_2)^2}{2d}$$

因此 $\Delta d = d_1 - d_2 \approx \dfrac{2 h_1 h_2}{d}$.

---

① 原文 d 的标注有误,已更正——译者注.

(c) 利用事实 $\Delta\phi = \dfrac{2\pi\Delta d}{\lambda}$ 及 $e^x \approx 1+x$, 证明

$$|1-e^{j\Delta\phi}| \approx \Delta\phi \approx \frac{2\pi}{\lambda} \cdot \frac{2\,h_1 h_2}{d}$$

(d) 代入 (25) 式可得

$$P_r = \frac{P_0}{d^4}\left(\frac{4\,\pi^2}{\lambda^2}\right)(2\,h_1 h_2)^2 \tag{26}$$

(e) 利用公式

$$P_0 = P_t G_t G_r\left(\frac{\lambda}{4\pi}\right)^2$$

(见习题 9(a)), 证明

$$P_r \approx \frac{P_t G_t G_r h_1^2 h_2^2}{d^4}$$

(f) 断言距离与功率的关系(单位:分贝)为

$$P_{r_{dB}} \approx 10\log_{10}\left[P_t G_t G_r h_1^2 h_2^2\right] - 40\log_{10}d \tag{27}$$

(功率 P 的单位从瓦转换为分贝(dB), 取 $10\log_{10}P$).

理论推导出来的关系 (27) 的某些优点和缺点已经被实验数据揭示出来[Lee, 1993]:

优点

• 实验数据已经证实, 距离 d 增加 10 倍导致功率损耗 40 dB.

• 该模型预测, 发射天线的高度增加 1 倍($h_1 \to 2\,h_1$)导致的增益为 $10\log_{10}4 \approx 6$ dB[1].这已被平坦地形的实验所证实.

缺点

• 该模型预测, 接收天线的高度减半应导致 6 dB 的损耗.而实验证明, 3 m 高的接收天线减半仅导致 3 dB 的损耗.

• 模型隐藏了接收功率与频率的显式相关性, 而 (16) 式[2]表示接收功率以频率平

---

① 原文此式有误, 已更正——译者注.

② 原文为 (26) 式, 有误——译者注.

方的倒数 f^{-2} 变化.而实验证明,P_r 以 f^n 变化,其中 $2 \leqslant n \leqslant 3$.

3.3 多径信道中宽带信号的功率损耗

回顾一下,数字通信系统使用宽带(而不是窄带)信号.现在我们来分析宽带信号的多径衰落.

假设发送信号由连续函数 $x(t)$ 表示.类似于前面第 2.2 节中的定义,带宽的单位为 rad/s,以 Hz(周期/s)为单位的信号带宽 B 是使得当频率 $f \notin [-B, B]$(单位:Hz)时,信号的 Fourier 变换

$$\mathscr{F}[x(t)] = X(f) = \int_{-\infty}^{\infty} x(t) \, \mathrm{e}^{-2\pi \mathrm{j}ft} \mathrm{d}t \quad (\text{其中 } \mathrm{j} = \sqrt{-1})$$

为 0 的最小正数 B [①].考虑特殊情况,其中 $x(t)$ 为脉冲函数 $\delta(t)$.delta 函数 $\delta(t)$ 不是通常意义下的函数,但具有几个限定性质,如 $\int_{-\infty}^{\infty} \delta(t) \mathrm{d}t = 1$,当 $t \neq 0$ 时 $\delta(t) = 0$.这些性质对具有底边 $\left[-\dfrac{1}{2n}, \dfrac{1}{2n}\right]$ 及常数高度 n 的矩形函数序列 $R_n(t)$ 当 $n \to \infty$ 时的"极限"成立,这就是为什么 delta 函数被认为是短脉冲信号的理想化(参见图 14).进一步,注意到

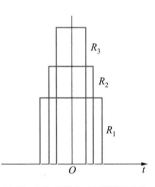

图 14   delta 函数是具有单位面积的
矩形脉冲的极限

$$\int_{-\infty}^{\infty} \delta(t - \tau) f(t) \mathrm{d}t = \lim_{n \to \infty} \int_{-\infty}^{\infty} R_n(t - \tau) f(t) \mathrm{d}t$$

$$= \lim_{n \to \infty} \int_{\tau - \frac{1}{2n}}^{\tau + \frac{1}{2n}} R_n(t - \tau) f(t) \mathrm{d}t = f(\tau) \tag{28}$$

为了确定脉冲信号 $x(t) = \delta(t)$ 的带宽,使用 delta 函数的性质

$$\int_{-\infty}^{\infty} \delta(t - \tau) f(t) \mathrm{d}t = f(\tau)$$

此时,Fourier 变换为

$$\mathscr{F}[\delta(t)] = \int_{-\infty}^{\infty} \delta(t) \, \mathrm{e}^{-\mathrm{j}2\pi ft} \mathrm{d}t = \mathrm{e}^{-\mathrm{j}2\pi ft} \big|_{t=0} = 1 \tag{29}$$

---

① 在本文中,Fourier 变换的定义在不同的地方略有不同,阅读时需加留意——译者注.

由于 $\mathscr{F}[\delta(t)]$ 的图像在 $-\infty < f < \infty$ 时为常数值 1,因此 delta 函数被认为具有无限带宽. 于是 delta 函数(脉冲信号)是宽带信号的理想化表示.更为现实的是,宽带信号可用非常短、但宽度不为零的脉冲来表示.

习题

12. 具有振幅 A 和持续时间 τ 的短宽度矩形脉冲定义为

$$x(t) = A\mathrm{rect}\left(\frac{t}{\tau}\right) = \begin{cases} A, & \text{当} -\dfrac{\tau}{2} < t < \dfrac{\tau}{2} \text{时} \\ 0, & \text{其他} \end{cases}$$

证明对这个函数

$$\mathscr{F}[x(t)] = X(f) = A\tau \frac{\sin(\pi f\tau)}{\pi f\tau} = A\tau\mathrm{sinc}(f\tau)$$

(见图 15).

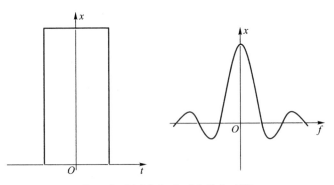

图 15   矩形脉冲的 Fourier 变换是 sinc 函数

在时刻 τ_i 的脉冲由 $\delta(t - \tau_i)$ 表示.与如何得到 (23) 式相类似,到达接收机的复合脉冲函数 $h(\tau, t)$ 为若干具有不同振幅和相位的脉冲之和:

$$h(\tau, t) = A_0 \sum_{i=1}^{L} \frac{a_i}{d_i} e^{\mathrm{j}\phi_i} \delta(t - \tau_i) \tag{30}$$

其中传输延迟 τ_i 和相位角 ϕ_i 如同前面一样计算:

$$\tau_i = \frac{d_i}{c}, \qquad \phi_i = -\frac{2\pi d_i}{\lambda}$$

注意在时刻 τ_i 到达的第 i 个脉冲信号路径的振幅为 $\beta_i = \dfrac{A_0 a_i}{d_i}$.对理想的宽带通信,某种意义上路径彼此隔离,没有相长或相消干涉(这在数学上由在(30)中出现的仅在离散时刻 τ_i 处非零的 delta 函数因子来表示).相位差不改变信道的振幅特性.因此,接收功率为

$$P_r = P_0 \sum_{i=1}^{L} \left| \frac{a_i}{d_i} \right|^2 = \sum_{i=1}^{L} |\beta_i|^2$$

这里,接收功率为路径振幅的平方和(与此相对照,窄带信号的向量和表达式由(24)式给出).

习题

13. 复合脉冲

$$h(\tau,t) = A_0 \sum_{i=1}^{L} \beta_i \, e^{j\phi_i} \delta(t - \tau_i) \tag{31}$$

可以由图16① 中的框图来表示(这种图在电路设计分析中是很有用的).给出图中两个丢失标签"(?)"的表示形式.

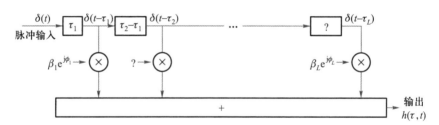

图 16 离散延迟信道系统的框图

3.4. 窄带信号的局部移动和 Doppler 频移

衰落不仅可用于信号功率,也可以用于信号频率的变化.为了正确传输,频率必须维持在规定的带宽内.因此,分析信号频率中可能的变化是很重要的.

频率衰落的一个简单例子是 Doppler 效应.它在发射机和接收机相对运动时出现,此时,接收频率相对于发射信号的频率会发生变化(图17).

---

① 原文为图15,有误——译者注.

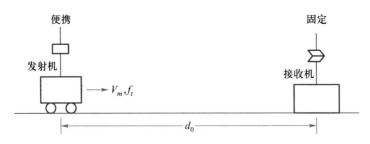

图 17   通过无线电链路通信的固定终端和便携式终端的一个简单例子

为了使这个想法更为精确,假设一个便携式终端发送频率为 f_t 的信号.首先,考虑发射机和接收机没有相对运动的情形.正如我们在第 3.2 节中所看到的,接收信号 $r(t)$ 为

$$r(t) = A_r \mathrm{e}^{\mathrm{j}2\pi f_t(t-\tau_0)}$$

其中 $\tau_0 = \dfrac{d_0}{c}$ 是信号从发射机以速度 c 传播到接收机所需要的时间,A_r 为接收信号的振幅.

下面假设发射机以速度 V_m 向接收机移动.

情形 i:发射机沿可视路径移动(图 17)①

令 $d(t)$ 为时刻 t 发射机与接收机之间的距离,其中 $d(0)=d_0$.传播时间 $\tau(t)$ 必从 $\tau_0 = \dfrac{d_0}{c}$ 修改为

$$\tau(t) = \frac{d(t)}{c} = \frac{d_0 - V_m t}{c} = \tau_0 - \frac{V_m t}{c}$$

因此,接收信号变为

$$
\begin{aligned}
r(t) &= A_r \exp\left[\mathrm{j}2\pi f_t(t-\tau(t))\right]\\
&= A_r \exp\left[\mathrm{j}2\pi f_t\left(t-\left(\tau_0 - \frac{V_m t}{c}\right)\right)\right] \\
&= A_r \exp\left\{\mathrm{j}\left[2\pi\left(f_t + \frac{V_m}{c}f_t\right)t - 2\pi f_t\tau_0\right]\right\}
\end{aligned}
\tag{32}
$$

────────────

① 原文为图 18,有误——译者注.

习题

14. 将（32）式中的接收信号 $r(t)$ 表示为常数相移 $\phi = 2\pi f_t \tau_0$ 和 Doppler 频移 $f_d = \dfrac{V_m}{c} f_t$ 的形式.

情形 ii：发射机从可视路径沿角度 θ 移动(图 18)[①].

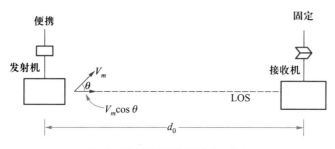

图 18　发射机从可视路径沿角度 θ 移动

在这种情况下,发射机沿可视路径的速度分量为 $V = V_m \cos\theta$,相应的 Doppler 频率为 $f_d = \dfrac{V f_t}{c} = \dfrac{V_m \cos\theta f_t}{c}$.运用习题 14 的解,接收信号 $r(t)$ 为

$$r(t) = A_r \exp\left\{ \mathrm{j}\left[2\pi(f_t + f_d)t - \phi \right] \right\}$$

习题

15. （a）Doppler 频移 f_d 的最大值是多少?

（b）最大 Doppler 频移何时出现?

（c）确定 Doppler 频移可能偏差的界及其带宽(即最大和最小频率偏差之间的差).

3.5　衰落信道的统计描述

我们所描述的分析方法均仅限于特殊的控制情形.实际情况要复杂得多,因此相较

---

① 原文为图 17,有误——译者注.

于确定性模型,统计模型在分析信道时被更多地使用.

场强(field strength) $R(t)$ 定义为实际接收信号电平 $r(t)$ 的包络(envelope)或模长;也就是说, $R(t) = |r(t)|$ (其中 t 为时间).另一方面,场强可由函数 $R(x)$ 给出,其中 x 是从发射机到接收机的距离.类似于功率,场强通常用分贝为单位.如果接收信号的功率为 P_r (单位:W),以分贝为单位的信号电平为 $10 \log_{10} P_r$.

场强可以表示为长期衰落 $\mu(x)$ 与短期衰落 $\rho(x)$ 的乘积:

$$R(x) = \mu(x)\rho(x)$$

长期衰落是由信号在传输过程中遇到自然地形(平原、丘陵、山脉)和人为环境(乡村、郊区、城市)引起的.短期衰落是由诸如建筑物和卡车等障碍物导致的多径反射所引起的,可发生于各种各样的情形,其中包括如下情形:

情形 i : $V = 0$ (移动接收机仍停留在原地),而接收机周围存在移动障碍物;

情形 ii : $V > 0$,而周围没有障碍物;

情形 iii : $V > 0$,从 N 个不同方向等概率接收到 N 个反射波(但没有直射波).

同时,对长期衰落和短期衰落的精确分析通常是不可能的.因此,在实践中,根据经验在某些控制条件下得到场强数据,例如[Lee,1993]:

• 基站发射天线的高度固定,周围没有障碍物(在大城市中,对于一个半径约为 10 km 的大区域,基站天线的高度约为 150 m).

• 场强由移动接收天线(MRA)测定,其高度给定(约为 3 m).

• MRA 的速度为常数 V.

如果假设接收单元以恒定速度 V 移动,那么 $x = Vt$,且通过横轴的重新缩放从 $R(t)$ 可能得到 $R(x)$ (反之亦然).从收集的场强数据(图 19),可以构建图 20 所示的经验概率密度函数(PDF).它显示了在每个分贝水平上数据点的比例.习题 16 要求读者给出相应的经验累积分布函数(CDF)的图形,即给出小于等于给定分贝水平的数据点的比例.

利用各种概率密度函数的统计模型(超出了本文的范围)已被广泛发展于分析衰落信道[Simon 和 Alouini,2000].

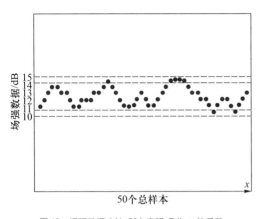

图 19　场强数据（$N=50$）表明 R 为 x 的函数

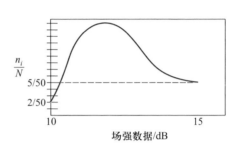

图 20　经验概率密度函数表示对图 19 中的场强数据在各分贝水平上的数据点的比例

习题

16. 做一张对应于图 20 所示的概率密度函数（PDF）的累积分布函数（CDF）的定性图形.

4　信号调制和滤波

在无线传输中可能会遇到任意数量的障碍物,从而影响接收信号的质量.信号的前处理和后处理寻求创新的解决方案以减轻这些影响.我们描述的解析方法再次显示出应用数学的强大作用.此外,可以设计调制解调器（modem）（图 21）和滤波器（filter）,以物理实现这些解析方法.

4.1　线性时不变滤波器

滤波器（filter）是一种通过减少噪声分量或回声效应修改输入信号的设备.类似地,发送无线信号通过的环境作为一类天然的滤波器对信号产生不利的影响.

一类重要的滤波器,线性时不变滤波器（linear time-invariant filter）以这样的方式修改输入信号 $x(t)$,其输出是卷积

$$x(t) * h(t)$$

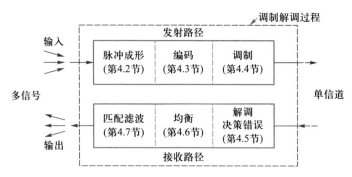

图 21　调制解调器是用于多路复用器（mux）信号传输（通过相同信道
发送多个不同信号）的前处理和后处理的关键物理设备[①]

其中 $h(t)$ 是滤波器的脉冲响应(impulse response)（见图 22）.

之所以称为脉冲响应 $h(t)$,是因为它是输入为
脉冲函数时的输出或响应:$\delta(t) * h(t) = h(t)$.线性
滤波器在数字信号传输中有着广泛的应用,这一事
实促使我们去了解其应用,将在下面的章节中给出.

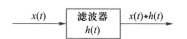

图 22　线性时不变滤波器的输出是输入 $x(t)$
与脉冲响应 $h(t)$ 的卷积

习题

17. 表 5 给出了脉冲响应函数 $h(t)$ 的 Nyquist 准则(Nyquist criteria).取采样时间为 $T = 1$.函数 $h(t) = \mathrm{sinc}(t)$ 满足 3 个 Nyquist 准则中的哪几个（见图 23）？

表 5　脉冲响应函数 $h(t)$ 的 Nyquist 准则

第一准则	$h(t) = \begin{cases} 1, & t=0 \\ 0, & t=nT,\ n\neq0 \end{cases}$
第二准则	$h(t) = \begin{cases} 1, & t=\pm\dfrac{T}{2} \\ 0, & t=\pm\left(n+\dfrac{1}{2}\right)T,\ n\neq0 \end{cases}$
第三准则	$\displaystyle\int_{nT-\frac{T}{2}}^{nT+\frac{T}{2}} h(t)\,\mathrm{d}t = \begin{cases} C, & n=0 \\ 0, & n\neq0 \end{cases}$

---

① 原文图中节号有误,已更正——译者注.

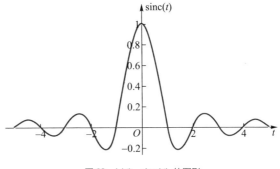

图 23 $h(t) = \text{sinc}(t)$ 的图形

4.2 脉冲成形

由于发送信号到达接收机之前沿不同路径传播,信号会有自身干扰.为了提高信号质量,我们有兴趣探讨如下的内容.

目标:以最小化码间干扰(inter-symbol interference)的方式对发送信号成形.

在数字信号传输中,发送的数据 d 是一个二进制序列.数据在收到之前经过各种滤波处理的多次修改.无线传输信道本身通过噪声和干扰修改信号,所以它是一类天然的滤波器.接收到的信号通过滤波作进一步修改,从而用二进制数据序列 $\hat{d}$ 来近似原始数据 d(见图 24).

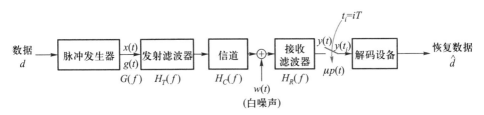

图 24 数字信号处理的框图.时刻 $t_i = iT$ 处的开关表示采样

二进制数据 d 通过脉冲发生器后,要发送的信号 $x(t)$ 具有形式

$$x(t) = \sum_{k=-\infty}^{\infty} A_k g(t - kT)$$

其中成形脉冲(shaping pulse)$g(t)$ 取为使得 $g(0) = 1$,而 T 为连续样本之间的时间间隔,取为一位或根据应用指定位数的持续时间.振幅 A_k 取决于所使用的编码方案(将在

第 4.3 节①中作进一步说明).

通过若干中间滤波器的处理(图 24),我们所希望的理想的接收滤波器的输出 $y(t)$ 具有形式

$$y(t) = \sum_{k=-\infty}^{\infty} \mu A_k p(t - kT)$$

其中,常数 μ 为振幅缩放因子(amplitude scaling factor),$p(t)$ 为基本脉冲(basic pulse),T 为相邻样本之间的时间间隔.

这个脉冲应归一化,使得 $p(0)=1$.在所有滤波器是线性时不变的假设下,基本脉冲 $p(t)$ 满足

$$\mu p(t) = g(t) * h_T(t) * h_c(t) * h_R(t)$$

从而

$$\mu P(f) = G(f) H_T(f) H_c(f) H_R(f) \tag{33}$$

(回顾一下,卷积的 Fourier 变换是 Fourier 变换的乘积.)

采样后接收滤波器的输出为 $y(t_i) = y(t)\big|_{t=iT}$,其中

$$y(t_i) = \mu \sum_{k=-\infty}^{\infty} A_k p(iT - kT)$$

$$= \mu A_i p(0) + \mu \sum_{\substack{k=-\infty \\ k \neq i}}^{\infty} A_k p(iT - kT)$$

$$= \mu A_i + \mu \sum_{\substack{k=-\infty \\ k \neq i}}^{\infty} A_k p(iT - kT) \tag{34}$$

在 (34) 式的右端,第一项 μA_i 为所要的输出,第二项为码间干扰(ISI),我们力求其最小(我们的既定目标).理想地,$p(t)$ 应满足

$$\mu \sum_{\substack{k=-\infty \\ k \neq i}}^{\infty} A_k p(iT - kT) = 0$$

换言之,如果接收机的输出脉冲没有码间干扰,$p(t)$ 必满足 Nyquist 第一准则(Nyquist's first criterion):

---

① 原文为第 4.2 节,有误——译者注.

$$p(iT-kT) = \begin{cases} 1, & k=i \\ 0, & k \neq i \end{cases} \tag{35}$$

现在我们证明,最后一个条件意味着在频域中基本脉冲 $p(t)$ 必满足

$$\sum_n P(f - nf_s) = T, \qquad f \in (-\infty, \infty) \tag{36}$$

其中 $f_s = \dfrac{1}{T}$ 为采样频率.为此,注意如果采样的接收序列为 $\{p(nT)\}, n = 0, \pm 1, \pm 2, \cdots$,

那么采样输出为

$$p_\delta(t) = \sum_n p(nT)\delta(t - nT) = \sum_n p(t)\delta(t - nT)$$

从而

$$p_\delta(t) = p(t) \sum_n \delta(t - nT) \tag{37}$$

delta 函数具有 Fourier 变换性质[Haykin, 1988][1]

$$\mathscr{F}\Big[\sum_n \delta(t - nT)\Big] = f_s \sum_n \delta(f - nf_s) \tag{38}$$

$$F(f) * \delta(f - nf_s) = F(f - nf_s) \tag{39}$$

对 (37) 式作 Fourier 变换,得到

$$\begin{aligned} P_\delta(f) &= P(f) * \mathscr{F}\Big[\sum_n \delta(t - nT)\Big] \\ &= f_s P(f) * \sum_n \delta(f - nf_s) \quad （由(38) 式） \\ &= f_s \sum_n P(f) * \delta(f - nf_s) \\ &= f_s \sum_n P(f - nf_s) \quad （由(39) 式） \end{aligned} \tag{40}$$

此外,直接计算,有

$$\begin{aligned} P_\delta(f) &= \mathscr{F}[p_\delta(t)] = \int_{-\infty}^{\infty} p_\delta(t) \, \mathrm{e}^{-\mathrm{j}2\pi ft} \mathrm{d}t \\ &= \int_{-\infty}^{\infty} \sum_n p(nT)\delta(t - nT) \, \mathrm{e}^{-\mathrm{j}2\pi ft} \mathrm{d}t \end{aligned}$$

---

[1] 原文为 1998,有误——译者注.

$$= \int_{-\infty}^{\infty} p(0)\delta(t)\, e^{-j2\pi ft}\mathrm{d}t \quad （由（35）式）$$

$$= p(0)$$

$$= 1 \tag{41}$$

由（40）式和（41）式，我们得到希望的结果：

$$f_s \sum_n P(f - nf_s) = 1 \Rightarrow \sum_n P(f - nf_s) = \frac{1}{f_s} = T \tag{42}$$

　　现在我们已经得到了使码间干扰 ISI 最小（读者记住：这是我们的目标）的理论准则，那么这样的脉冲信号实际上是什么样子呢？一种可能性是升余弦滤波器（raised cosine filter）（滚降率（roll-off factor）为 α），定义为

$$p(t) = \mathrm{sinc}(2\,B_0 t)\frac{\cos(2\pi\alpha\,B_0 t)}{1 - 16\,\alpha^2 B_0^2 t^2}$$

其中 $B_0 = \dfrac{f_s}{2} = \dfrac{1}{2T}$，带宽 $B = 2\,B_0 - f_1 = B_0(1+\alpha)$，限制在区间 $0 \leqslant \alpha \leqslant 1$ 中，滚降率 $\alpha = 1 - \dfrac{f_1}{B_0}$.
由于 $\mathrm{sinc}\,0 = 1$，对非零整数 n，$\mathrm{sinc}\,n = 0$，这个函数满足（35）式（图 25）.

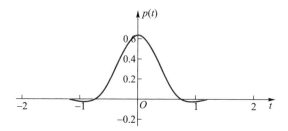

图 25　一个码间干扰最小的脉冲的例子：升余弦滤波器，其中 $\alpha = 1$，$T = 1$，$f_s = 1$，$B = 1$，$B_0 = 0.5$

　　该脉冲的变换为

$$P(f) = \begin{cases} \dfrac{1}{2\,B_0}, & |f| < f_1 \\[3mm] \dfrac{1}{4\,B_0}\left[1 + \cos\left(\dfrac{\pi(\,|f| - f_1)}{2(B_0 - f_1)}\right)\right], & f_1 < |f| < 2\,B_0 - f_1 \\[3mm] 0, & |f| > 2\,B_0 - f_1 \end{cases}$$

为了验证此变换满足（36）式，为简单起见，固定滚降率 $\alpha = 1$.此时，$f_1 = B_0(1-\alpha) = 0$.由此得出

$$P(f) = \begin{cases} \dfrac{1}{4B_0}\left[1+\cos\left(\dfrac{\pi\,|f|}{2B_0}\right)\right], & 0 < |f| < 2B_0 \\[2mm] 0, & \text{其他} \end{cases}$$

对 $f \in [0, 2B_0]$（见图26），有

$$\sum_n P(f - nf_s) = P(f) + P(f - f_s)$$

$$= \frac{1}{4B_0}\left[1 + \cos\left(\frac{\pi\,|f|}{2B_0}\right)\right] + \frac{1}{4B_0}\left[1 + \cos\left(\frac{\pi\,|f - 2B_0|}{2B_0}\right)\right]$$

$$= \frac{1}{4B_0}\left[1 + \cos\left(\frac{\pi f}{2B_0}\right)\right] + \frac{1}{4B_0}\left[1 + \cos\left(\frac{\pi(2B_0 - f)}{2B_0}\right)\right]$$

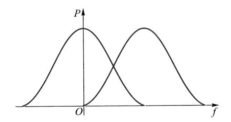

图26 两个脉冲变换 $P(f - nf_s)$（$n=0$ 画在左边 $[-2B_0, 2B_0]$，$n=1$ 画
在右边 $[0, 4B_0]$）在区间 $[0, 2B_0]$ 内的和为 T

重新安排最后一行的各项，并使用三角恒等式 $\cos(\theta_1 - \theta_2) = \cos\theta_1\cos\theta_2 + \sin\theta_1\sin\theta_2$，有

$$\sum_n P(f - nf_s) = \frac{1}{4B_0} + \frac{1}{4B_0} + \frac{1}{4B_0}\left[\cos\left(\frac{\pi f}{2B_0}\right) + \cos\pi\cos\left(\frac{\pi f}{2B_0}\right) + \sin\pi\sin\left(\frac{\pi f}{2B_0}\right)\right]$$

$$= \frac{1}{2B_0}$$

$$= T$$

类似计算可以证明，对所有的 f，有

$$\sum_n P(f - nf_s) = T$$

（参见图 27）.

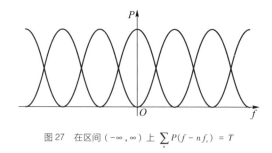

图 27   在区间 $(-\infty, \infty)$ 上 $\sum_n P(f - nf_s) = T$

习题

18. 使用理想化的滚降率 $\alpha = 0$ 证明, 升余弦滤波器满足 (36) 式, 对 $\alpha = 0$ 和 $\alpha = 1$ 比较带宽效率 $\dfrac{R_b}{B}$, 其中 R_b 为比特率.

4.3   编码

有多种方法可以将二进制串信息编码成发送波形. 在一些应用中, 波形必须具有零直流分量. 这可以通过编码波形的功率谱密度（power spectral density）进行分析, 这涉及二进制数据的自相关（autocorrelation）. 自相关在分析受噪声影响的周期信号中有着重要的应用. 在本节中, 我们用一个简单的例子来说明如何计算自相关, 同时使用功率谱密度来确定信号的直流分量（dc content）.

一个符号（symbol）是作为一个单元发送的一个或多个位. 码间干扰（ISI）是传输信道的特性, 其中一个符号与另一个符号在时间上重叠, 可能导致在符号接收中产生错误. 将数据编码成适当的符号脉冲可以使误码率达到最小. 确保数字信号频谱特性与信道上实际传输的良好匹配可使这种误码率最小. 匹配适当的符号脉冲到信道主要考虑如下内容:

● 时间同步: 由一个线性编码器产生的波形应当包含足够的定时信息, 使得接收机可以与发射机同步, 并对接收信号正确地解码.

● 零直流分量: 由于在电话中使用的中继器是"交流"耦合的, 因此, 希望在由给定编码所产生的波形中具有零"直流"分量; 这消除了对变压器的需要.

● 功率谱:为了避免明显的失真,发射信号应该与信道的频率响应相匹配.功率谱应该使大部分能量被包含在尽可能小的带宽中.

许多不同类型的波形编码(技术上称为脉冲编码调制,PCM line encoding)——单极性码、极性码、非归零电平编码、标记不归零编码、不归零空间、Bi-ϕ-L(曼彻斯特编码方案)、Bi-ϕ-M、Bi-ϕ-S——用于不同的信道:

● NRZ 单极编码方案(也称为"开-关")除了零电压以外,还使用一个电压极性. NRZ(不归零)意味着在每个位时间(bit time)T_b中或者保持开或者保持关.例如,图 28 显示了位串 100101 的单极编码.

● NRZ 极性编码使用正电压表示符号 1,负电压表示符号 0(图 29).

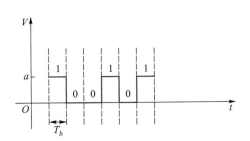

图 28 位串 100101 的 NRZ 单极编码("开-关").NRZ(非归零)意味着信号在每个位时间 T_b 中或者保持开或者保持关

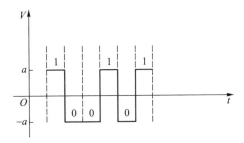

图 29 位串 100101 的 NRZ 极性编码

● NRZ 双极编码有三个电压:负电平和正电平交替表示符号 1,零电平表示符号 0(图 30).

所有信令方案可以表示为

$$x(t) = \sum_{n=-\infty}^{\infty} A_k g(t - n T_b)$$

其中,系数 A_k 为依赖于信号类型(单极、极性、双极等)的离散随机变量,$g(t)$ 为基本脉冲波形(在第 4.2 节[①]中讨论),T_b 为位时间(见图 28).

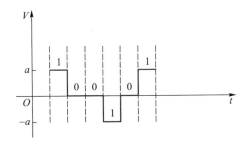

图 30 位串 100101 的 NRZ 双极编码

---

① 原文为第 4.1 节,有误——译者注.

$x(t)$ 的功率谱密度(power spectrum density,PSD)为

$$S_x(f) = \frac{1}{T_b} \mid G(f) \mid^2 \sum_{n=-\infty}^{\infty} R_A(n) \, \mathrm{e}^{-\mathrm{j}2\pi fnT_b}$$

其中 $G(f)$ 为 $g(t)$ 的 Fourier 变换,$R_A(n)$ 为自相关函数(autocorrelation function,AF),定义为期望值

$$R_A(n) = E[A_k A_{k-n}] = \sum_{k=-\infty}^{\infty} (A_k A_{k-n}) \Pr[A_k A_{k-n}]$$

其中 $\Pr[\cdot]$ 表示概率值[①].

对开-关方案,系数 A_k 表示为

$$A_k = \begin{cases} 0, & \text{对符号 } 0 \\ a, & \text{对符号 } 1 \end{cases}$$

因此,自相关函数 $R_A(n)$ 可利用表 6 来计算.

表 6　开-关方案的自相关

n	数据	A_k	A_{k-n}	$A_k A_{k-n}$	$\Pr[A_k A_{k-n}]$	$R_A(n)$
0	0	0	0	0	$\frac{1}{2}$	$0 \times \frac{1}{2} +$
	1	a	a	a^2	$\frac{1}{2}$	$a^2 \times \frac{1}{2} = \frac{a^2}{2}$
1	00	0	0	0	$\frac{1}{4}$	$0 \times \frac{1}{4} +$
	01	0	a	0	$\frac{1}{4}$	$0 \times \frac{1}{4} +$
	10	a	0	0	$\frac{1}{4}$	$0 \times \frac{1}{4} +$
	11	a	a	a^2	$\frac{1}{4}$	$a^2 \times \frac{1}{4} = \frac{a^2}{4}$
2	000	0	0	0	$\frac{1}{8}$	$0 \times \frac{1}{8} +$
	001	0	a	0	$\frac{1}{8}$	$0 \times \frac{1}{8} +$
	010	0	0	0	$\frac{1}{8}$	$0 \times \frac{1}{8} +$
	011	0	a	0	$\frac{1}{8}$	$0 \times \frac{1}{8} +$

----

① 原文上式对 n 求和,有误——译者注.

续表

n	数据	A_k	A_{k-n}	$A_k A_{k-n}$	$\Pr[A_k A_{k-n}]$	$R_A(n)$
	100	a	0	0	$\dfrac{1}{8}$	$0 \times \dfrac{1}{8} +$
	101	a	a	a^2	$\dfrac{1}{8}$	$a^2 \times \dfrac{1}{8} +$
	110	a	0	0	$\dfrac{1}{8}$	$0 \times \dfrac{1}{8} +$
	111	a	a	a^2	$\dfrac{1}{8}$	$a^2 \times \dfrac{1}{8} = \dfrac{a^2}{4}$
$n \geqslant 3$	⋮	⋮	⋮	⋮	⋮	$\dfrac{a^2}{4}$

对所有的 $n \neq 0, R_A(n) = \dfrac{a^2}{4}$, 其中 a 是对应于符号 1 的波形振幅:

$$R_A(n) = \begin{cases} \dfrac{a^2}{2}, & n = 0 \\[3mm] \dfrac{a^2}{4}, & n \neq 0 \end{cases}$$

对开-关方案, 基本脉冲 $g(t)$ 是归一化的, 其中心在原点

$$g(t) = 1, \qquad t \in \left[-\frac{T_b}{2}, \frac{T_b}{2} \right]$$

可以证明(见习题 12), $g(t)$ 的变换为

$$G(f) = T_b \operatorname{sinc}(f T_b)$$

功率谱密度(PSD)为(习题 19)

$$S_x(f) = T_b \mid \operatorname{sinc}(f T_b) \mid^2 \left[\frac{a^2}{4} + \sum_{n=-\infty}^{\infty} \frac{a^2}{4} e^{-j2\pi f n T_b} \right] \tag{43}$$

习题

19. 对开-关编码方案得到功率谱密度的表达式 (43).

使用 Poisson 公式(Poisson's formula)

$$\sum_{n=-\infty}^{\infty} e^{-j2\pi f n T_b} = \frac{1}{T_b} \sum_{n=-\infty}^{\infty} \delta(f - n f_b) \tag{44}$$

可以将功率谱密度重新表示为

$$S_x(f) = T_b \operatorname{sinc}^2(fT_b) \left[\frac{a^2}{4} + \frac{a^2}{4} \frac{1}{T_b} \sum_{n=-\infty}^{\infty} \delta(f - nf_b) \right]$$

$$= \frac{a^2 T_b}{4} \operatorname{sinc}^2(fT_b) + \frac{a^2}{4} \sum_{n=-\infty}^{\infty} \operatorname{sinc}^2(nf_b T_b)\delta(f - nf_b)$$

$$= \frac{a^2 T_b}{4} \operatorname{sinc}^2(fT_b) + \frac{a^2}{4} \sum_{n=-\infty}^{\infty} \operatorname{sinc}^2(n)\delta(f - nf_b)$$

$$= \frac{a^2 T_b}{4} \operatorname{sinc}^2(fT_b) + \frac{a^2}{4}\delta(f) \tag{45}$$

作为一个实际应用,直流分量(dc)具有零频率.如(45)式给出的功率谱密度 $S_x(f)$ 的曲线图所示(参见图31),对开-关编码方案直流分量存在,因为 $S_x(0)>0$.这一分析表明,这个编码方案对交流电(ac)-偶联设备,例如变压器和电容器,是不合适的.

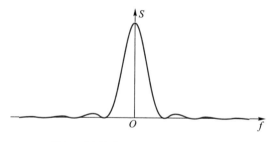

图 31 单极性(开-关)方案的功率谱密度

4.4 调制和解调

调制(modulation)指的是(通常是正弦)载波的某些特性(振幅、相位、频率)根据调制(信息)信号(参见图 32)而变化的过程.

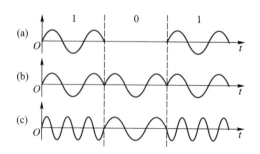

图 32 通过(a)振幅、(b)相位、(c)频率来调制正弦载波

无线电广播的增强除了调幅(振幅调制)以外还包括调频(频率调制),说明调制在信号传输中起着关键的作用.

在调幅中,信号通过正弦基波的振幅变化来编码.因此,接收信号的振幅是信息解码的关键.由于建筑物及其他信号障碍物,多径功率衰落是调幅传输的一个主要问题.

另一方面,调频信号通过改变基载波的频率,而不是基载波的振幅对信息进行编码,以避免功率衰落的问题.

由于以下原因,信号调制也是重要的[Pahlavan 和 Levesque,2005]:

• 天线利用率:未经调制的 3 kb/s 的比特流具有 3 kHz 的带宽,需要 25 km 的天线进行传输.使用 3 GHz 的载波频率,天线长度仅需 2.5 cm(见习题20).

• 频分复用:调制允许在给定的频谱带内多个信号的有序传输.

• 扩频调制:调制可以减少不良信号的干扰,提高安全性.

习题

20. 使用天线长度约为 $\frac{\lambda}{4}$(其中 $\lambda = \frac{c}{f}$ 为发射信号的波长,电磁波的速度为 $c = 3 \times 10^8$ m/s)的事实证明,具有带宽 B kHz 的信号需要用 $\frac{3}{4B} \times 10^5$ m 的天线来传输.

无线传输的调制技术远比有线传输更加多元化、更为复杂,虽然后者的技术已被前者纳入.对高速无线局域网数据通信和数字蜂窝网络也有不同的调制技术,调制技术随所使用的脉冲成形方法而变化.

调制的选择基于如下几个因素,包括

• 最大数据速率;

• 最大带宽效率;

• 最小误码率;

• 最小发射功率;

- 最大抗干扰信号;

- 最小电路复杂性.

解调(demodulation)是从接收到的调制载波检测调制信号(信息信号)的过程.解调的主要类型有

- 相干:接收机需对到达信号精确了解,特别是载波的相位信息;

- 非相干:无须假设对载波相位的了解.

我们将继续更详细地讨论相干解调的误码率.

4.5 二进制相移键位(BPSK)调制方案的误码率

人际交往通常是相当主观的;所说的与所听到的可能完全不同.在理想情况下,一个非常简单的,纯粹的技术交流(0 或 1 的传输)应该没有这样的误传.现在我们来解释为什么并非总是如此.进一步,就像一个大声的或有活力的声音更容易被理解,我们将证实具有更高能量的信号如何降低误传率.

一个相对简单的误码分析发生在二进制相移键控(binary phase shift keying, BPSK)调制方案,其中两个符号是位 0 和/或位 1,采用相移调制方案.假设每个传输时间为 T_b 的位符号 0 和 1 都具有正弦载波 $\phi_1(t)$(称为基函数(basis function)),具有已知的角频率 $\omega_c = 2\pi f_c = \dfrac{2\pi}{T_b}$ rad/s(相干检测):

$$\phi_1(t) = A\cos(\omega_c t) \tag{46}$$

从 $t=a$ 到 $t=b$ 的发送信号 $f(t)$ 的能量 E 由积分

$$E = \int_a^b f^2(t)\,\mathrm{d}t$$

计算.若 $A = \sqrt{\dfrac{2}{T_b}}$,则位信号的传输过程中载波 (46) 具有单位能量:

$$E = A^2 \int_0^{T_b} \cos^2(\omega_c t)\,\mathrm{d}t = 1 \Leftrightarrow A^2 \frac{T_b}{2} = 1 \Leftrightarrow A = \sqrt{\frac{2}{T_b}}$$

因此,如果发送位符号 1 为

$$s_1(t) = \sqrt{E_b}\,\phi_1(t) = \sqrt{\frac{2E_b}{T_b}}\cos(\omega_c t), \quad 0 \le t < T_b$$

而符号 0 使用相移

$$s_2(t) = \sqrt{E_b}\,\phi_1\left(t + \frac{T_b}{2}\right) = -\sqrt{\frac{2E_b}{T_b}}\cos(\omega_c t)\,, \quad 0 \leqslant t < T_b$$

那么两个位信号的能量均为 E_b.

相干 BPSK 系统有一维信号空间(signal space with one dimension)($N=1$)(所有信号可由实数表示)和两个信息点(message points)($M=2$)(只有两个信号).通常一个信息点由信号 $s_i(t)$ 和基函数 $\phi_j(t)$ 使用

$$S_{ij} = \int_{-\infty}^{\infty} s_i(t)\,\phi_j(t)\,\mathrm{d}t \tag{47}$$

来计算.在我们的情况下,两个信息点计算如下:

$$
\begin{aligned}
S_{11}(t) &= \int_0^{T_b} s_1(t)\,\phi_1(t)\,\mathrm{d}t \\
&= \int_0^{T_b} \sqrt{\frac{2E_b}{T_b}}\cos(\omega_c t)\,\sqrt{\frac{2}{T_b}}\cos(\omega_c t)\,\mathrm{d}t \\
&= \frac{2\sqrt{E_b}}{T_b}\int_0^{T_b}\left[\frac{1}{2} + \frac{1}{2}\cos(2\omega_c t)\right]\mathrm{d}t \\
&= \sqrt{E_b}
\end{aligned}
$$

类似地,

$$S_{21}(t) = \int_0^{T_b} s_2(t)\,\phi_1(t)\,\mathrm{d}t = -\sqrt{E_b}\ ①$$

信号空间图(signal space diagram)(见图 33)显示所有信息点(在我们的情况下,两个信息点)及对应于信息点在空间中的值(决策边界).

假设在传输过程中,噪声由将随机 Gauss 变量加到脉冲上来表示.这样,可

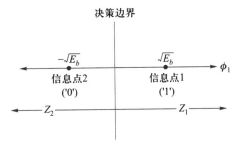

图 33　信号空间图

---

① 原文缺负号——译者注.

能会发生两类决策错误:

- 发送 $s_1(t)$ 或符号 1,但接收到符号 0;
- 发送 $s_2(t)$ 或符号 0,但接收到符号 1.

可按如下方式计算误码率.记 Z_1 为符号 1 的决定域,Z_2 为符号 0 的决定域,即 Z_1: $0 < X_1 < \infty$,Z_2: $-\infty < X_2 < 0$,其中 X_1 和 X_2 是随机变量,定义为

$$X_i = \int_0^{T_s} x_i(t) \, \phi_1(t) \, \mathrm{d}t$$

其中 $x_i(t) = s_i(t) +$ 随机噪声为接收信号($i = 1, 2$).

例如,考虑发送符号 0 或 $s_2(t)$ 的情况.为了确定发送 0 在一定的时间段内随机变量 x_1 的值的概率,使用 Gauss 概率密度函数(PDF)

$$f_{X_1}(x_1 \mid 0) = \frac{1}{\sqrt{2\pi\,\sigma^2}} \exp\left[-\frac{(X-\mu)^2}{2\,\sigma^2} \right]$$

具有均值 $\mu = S_{21} = -\sqrt{E_b}$ 和方差(由于是 Gauss 白噪声)$\sigma^2 = \dfrac{N_0}{2}$(其中,引入 N_0 以简化公式).代入 σ^2 和 m,有

$$f_{X_1}(x_1 \mid 0) = \frac{1}{\sqrt{\pi N_0}} \exp\left[-\frac{(X-S_{21})^2}{N_0} \right]$$

$$= \frac{1}{\sqrt{\pi N_0}} \exp\left[-\frac{(X+\sqrt{E_b})^2}{N_0} \right]$$

当发送符号 0 时,接收机决定是符号 1 的条件概率(在图 34 中标为 $p_e(0)$ 的尾部)为

$$\Pr(x_1 > 0 \mid 0) = p_e(0) = \int_0^\infty f_{X_1}(x_1 \mid 0) \, \mathrm{d}x_1$$

$$= \int_0^\infty \frac{1}{\sqrt{\pi N_0}} \exp\left[-\frac{(x_1 + \sqrt{E_b})^2}{N_0} \right] \mathrm{d}x_1$$

$$= \frac{1}{\sqrt{\pi N_0}} \int_0^\infty \exp\left[-\frac{1}{N_0}(x_1 + \sqrt{E_b})^2 \right] \mathrm{d}x_1$$

记

$$z = \frac{x_1 + \sqrt{E_b}}{\sqrt{N_0}}$$

将积分变量由 x_1 变为 z，得到

$$p_e(0) = \frac{1}{\sqrt{\pi}} \int_{\sqrt{\frac{E_b}{N_0}}}^{\infty} e^{-z^2} dz$$

互补误差函数（complementary error function）定义为

$$\mathrm{erfc}(u) = \frac{2}{\sqrt{\pi}} \int_{u}^{\infty} e^{-z^2} dz$$

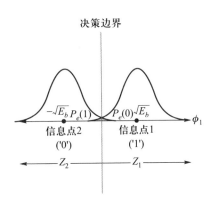

图 34　Gauss 噪声导致的决策错误

则有

$$p_e(0) = \frac{1}{2} \mathrm{erfc}\left(\sqrt{\frac{E_b}{N_0}}\right)$$

对 $p_e(1)$ 做类似的计算，可以证明（习题 21）误码率 P_e 的期望为

$$P_e = \frac{1}{2} \mathrm{erfc}\left(\sqrt{\frac{E_b}{N_0}}\right) \tag{48}$$

由此，注意到符号能量 E_b 增加（保持 Gauss 白噪声，因此 N_0 固定），误码率减小.直观来说，这是有道理的，因为这两个信息点之间的分离随着 E_b 的增加而增加（图 34）.

习题

21. （a）求发送符号 1 而接收机决定是符号 0 的条件概率.

（b）证明相干 PSK 的误码率的期望由（48）式给出.

4.6　均衡

回到只有黑白电视的年代，因信号延迟或"回波"在屏幕上出现"重影图像"这类不良接收并不鲜见.类似地，在无线电频道中最常见的信号失真（如果不妥善处理，会惹恼

用户)是具有显著功率和延迟的回波信号以干扰主信号.为与提高信号质量的总体目标保持一致,现在我们来解释自适应均衡器(adaptive equalizer)如何被用来最小化回波效应.

最常用的均衡器是线性均衡器(linear equalizer),它基于这样的假设,回波可由添加时间延迟项来表示.也就是说,假设发送信号为 $A_0 s(t)$,延迟回波信号为 $A_1 s(t-t_1)$,接收信号 $r(t)$ 为

$$r(t) = A_0 s(t) + A_1 s(t-t_1) \tag{49}$$

系数 A_0 和 A_1 分别表示发送信号和回波信号的强度.在理想情况下,我们用线性均衡器来消除接收信号 $r(t)$ 的回波部分(即 $A_1 s(t-t_1)$).这种均衡器设计的数学理论基础是 Fourier 变换的分析.分析的关键是函数 $h(t)$,其 Fourier 变换 $H(\omega)$ 称为信道传递函数(channel transfer function).其原因很快就会清晰,$h(t)$ 定义为系数为 A_0 的 delta 函数与对应于时间延迟回波的系数 A_1、相移为 t_1 的 delta 函数之和:

$$h(t) = A_0 \delta(t) + A_1 \delta(t-t_1)$$

$h(t)$ 的选择以及 delta 函数的性质

$$\int_{-\infty}^{\infty} f(u) \delta(u_0 - u) \, du = f(u_0)$$

使我们可以将接收信号 $r(t)$ 表示为发送信号 $s(t)$ 与 $h(t)$ 的卷积:

$$r(t) = A_0 s(t) + A_1 s(t - t_1) \qquad \Rightarrow$$

$$r(t) = \int_{-\infty}^{\infty} \left[s(\tau) A_0 \delta(t - \tau) + s(\tau) A_1 \delta(t - t_1 - \tau) \right] d\tau \qquad \Rightarrow$$

$$r(t) = s(t) * \left(A_0 \delta(t) + A_1 \delta(t - t_1) \right) \qquad \Rightarrow$$

$$r(t) = s(t) * h(t) \tag{50}$$

对 (50) 式的两边取 Fourier 变换,并使用两个函数卷积的变换是它们变换的卷积这一事实,我们有

$$R(\omega) = S(\omega) H(\omega) \Rightarrow \frac{R(\omega)}{H(\omega)} = S(\omega) \tag{51}$$

由接收信号 $r(t)$ 可以得到变换 $R(\omega)$.如果我们也可以计算信道传递函数 $H(\omega)$ 的倒数,由 (51) 可以得到 $S(\omega)$,然后通过取 Fourier 逆变换来恢复发送信号 $s(t)$.

均衡器的作用是用由接收信号 $r(t)$ 可得到的信息来逼近 $\dfrac{1}{H(\omega)}$. 在数字信号处理中,我们对接收信号在时刻 $t_i = iT$ 采样(i 是整数值,T 是样本之间的时间). 由 (49),有

$$r(t_i) = A_0 s(t_i) + A_1 s(t_i - t_1)$$

此时,由于使用的是采样数据序列而不是连续的信号函数,我们必须使用离散 Fourier 变换(discrete Fourier transform). 离散 Fourier 变换由采样数据序列 $f(t_i)$(i 为整数)通过

$$\mathscr{F}[f(t_i)] = F(\omega) = \sum_{i=-\infty}^{\infty} f(t_i)\, \mathrm{e}^{-j\omega iT}$$

来计算[1].

利用 Fourier 变换的性质(习题 22),有

$$h(t) = A_0 \delta(t) + A_1 \delta(t - t_1)$$

从而

$$\mathscr{F}[h(t)] = H(\omega) = A_0 + A_1 \mathrm{e}^{-j\omega T}$$

或等价地,

$$H(z) = A_0 + A_1 z^{-1}$$

其中 $z = \mathrm{e}^{j\omega T}$. 函数 $H(z)$ 称为 z 变换(z-transform).

习题

22. 使用附录中离散 Fourier 变换的性质,证明

$$\mathscr{F}[A_0 \delta(t) + A_1 \delta(t - t_1)] = A_0 + A_1 \mathrm{e}^{-j\omega T}$$

我们得到 $\dfrac{1}{H(z)}$ 的有限和近似:

$$\frac{1}{H(z)} = \frac{1}{A_0 + A_1 z^{-1}} = \frac{1}{A_0} \frac{1}{1 + \dfrac{A_1}{A_0} z^{-1}} \tag{52}$$

(52) 式可以展开为几何级数

---

[1] 原文此式有误,已更正——译者注.

$$H(z)^{-1} = \frac{1}{A_0} \sum_{m=0}^{\infty} \alpha^m z^{-m}$$

其中 $\alpha = -\dfrac{A_1}{A_0}$. 使用 n 项部分和,得到近似式

$$H(z)^{-1} \approx \frac{1}{A_0} \sum_{m=0}^{n} \alpha^m z^{-m}$$

A_0 和 α 的值可以由接收到的信号数据来近似.

使用电路和计算机算法,可以实现上面给出的计算过程.特别地,离散信道传递函数的倒数 $\dfrac{1}{H(z)}$ 的有限和近似可以通过一个称为线性横向均衡器(linear transversal equalizer)的电路得到,其框图如图 35 所示.

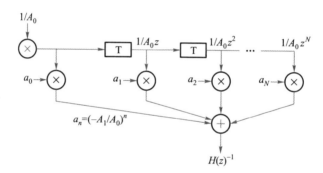

图 35   线性横向均衡器

由 (51),将这个均衡器的输出乘以采样接收信号数据的离散变换 $R(\omega)$,得到离散发送信号变换 $S(\omega)$ 的近似.取逆变换,得到发送信号序列 $s(t_i)$ 的近似,它补偿了回波效应.

4.7   匹配滤波

在传输过程中,信号始终受到背景或白噪声的影响.因此,主要目标是将实际信号从添加的噪声中区分开来.要做到这一点,我们使用预测滤波器(prediction filter)来产生相对于噪声而言信号强度的最大增强.

这种优化的两种基本方法如下:

- 相关接收机,基于概率准则;

• 匹配滤波器,基于信噪比(signal to noise ratio,SNR)的最优化.

在加性噪声信道上,这是最大化信噪比的最优接收机(见图36).

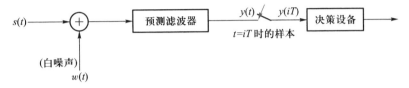

图36 具有理想预测滤波器的接收机的输出 $y(iT)$ 应最大化信噪比(SNR)

我们继续讨论匹配滤波器方法(这是最常见的).考虑一个线性时不变系统(linear time-invariant system,LTI)滤波器,具有脉冲响应 $h(t)$、输入 $x(t)$ 和输出 $y(t)$(见图37 及第4节开始时的介绍材料).

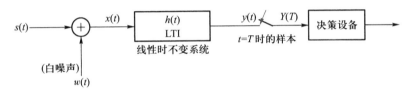

图37 匹配滤波器接收机

假设输入 $x(t)$ 由信号分量 $s(t)$ 和白噪声分量 $w(t)$ 组成:

$$x(t) = s(t) + w(t), \quad 0 \leq t \leq T$$

其中 T 是采样之间的时间间隔.输出 $y(t)$ 由信号分量 $s_0(t)$ 和噪声分量 $N_0(t)$ 组成.输出信号分量 $s_0(t)$ 由 Fourier 逆变换计算:

$$s_0(t) = \int_{-\infty}^{\infty} H(f)S(f)\, \mathrm{e}^{\mathrm{j}2\pi ft}\mathrm{d}f$$

通常,信号 $f(t)$ 的功率谱密度(power spectral density)是 Fourier 变换 $F(f)$ 的振幅平方.因此,输出信号的功率谱密度为 $|S(f)|^2$.Gauss 白噪声的功率谱密度为 $\dfrac{N_0}{2}$,而滤波器的功率谱密度为 $|H(f)|^2$.两者的乘积给出了输出的噪声分量的功率谱密度 $S_{N_0}(f)$:

$$\text{输出噪声的功率谱密度} = S_{N_0}(f) = |H(f)|^2\frac{N_0}{2}$$

平均输出功率噪声 $E[P_{N_0}]$ 由功率谱密度的积分得到

$$E[P_{N_0}] = \int_{-\infty}^{\infty} |H(f)|^2 \frac{N_0}{2} \mathrm{d}f$$

接收机对输出 $s_0(t)$ 在 $t=iT$ 采样,并对信号值做出决定.最大化信噪比 SNR 就是最大化 $\dfrac{|s_0(t)|^2}{E[P_{N_0}]}$,即最大化

$$\mathrm{SNR}_0 = \frac{\left| \int_{-\infty}^{\infty} H(f) S(f) \, \mathrm{e}^{\mathrm{j}2\pi/T} \mathrm{d}f \right|^2}{\dfrac{N_0}{2} \int_{-\infty}^{\infty} |H(f)|^2 \mathrm{d}f} \tag{53}$$

由 Schwarz 不等式,有

$$\left| \int_{-\infty}^{\infty} H(f) S(f) \, \mathrm{e}^{\mathrm{j}2\pi/T} \mathrm{d}f \right|^2 \leqslant \int_{-\infty}^{\infty} |H(f)|^2 \mathrm{d}f \int_{-\infty}^{\infty} |S(f) \, \mathrm{e}^{\mathrm{j}2\pi/T}|^2 \mathrm{d}f$$

$$\leqslant \int_{-\infty}^{\infty} |H(f)|^2 \mathrm{d}f \int_{-\infty}^{\infty} |S(f)|^2 \mathrm{d}f \tag{54}$$

将 (54) 式的右端代入 (53) 式的分子,得到

$$\mathrm{SNR}_0 \leqslant \frac{\int_{-\infty}^{\infty} |H(f)|^2 \mathrm{d}f \int_{-\infty}^{\infty} |S(f)|^2 \mathrm{d}f}{\dfrac{N_0}{2} \int_{-\infty}^{\infty} |H(f)|^2 \mathrm{d}f}$$

$$\leqslant \frac{2}{N_0} \int_{-\infty}^{\infty} |S(f)|^2 \mathrm{d}f \tag{55}$$

(55) 式中的等号成立,当且仅当 $H(f)$ 是 $S(f) \mathrm{e}^{\mathrm{j}2\pi/T}$ 的复共轭 $[\cdot]^*$:

$$H(f) = [S(f) \mathrm{e}^{\mathrm{j}2\pi/T}]^*$$

等价地,$H(f)$ 的最优值为

$$H_{\mathrm{opt}}(f) = S^*(f) \, \mathrm{e}^{-\mathrm{j}2\pi/T}$$

取 Fourier 逆变换,匹配滤波器的脉冲响应为

$$h(t) = h_{\mathrm{opt}}(t) = \mathscr{F}^{-1}[H_{\mathrm{opt}}(f)] = \int_{-\infty}^{\infty} H_{\mathrm{opt}}(f) \, \mathrm{e}^{\mathrm{j}2\pi ft} \mathrm{d}f①$$

$$= \int_{-\infty}^{\infty} S^*(f) \, \mathrm{e}^{-\mathrm{j}2\pi f(T-t)} \mathrm{d}f$$

---

① 原文中这个积分有误,已更正 —— 译者注.

由于 $s(t)$ 是实值的,其变换的复共轭等于变换在 $-f$ 时的值,所以有

$$S^*(f) = S(-f) \qquad \Rightarrow \qquad (56)$$

$$h_{\mathrm{opt}}(t) = \int_{-\infty}^{\infty} S(-f)\, \mathrm{e}^{-\mathrm{j}2\pi f(T-t)}\, \mathrm{d}f \qquad (57)$$

$$= \int_{-\infty}^{\infty} S(f)\, \mathrm{e}^{\mathrm{j}2\pi f(T-t)}\, \mathrm{d}f \qquad (58)$$

进一步,$S(f)$ 的 Fourier 逆变换为

$$s(t) = \mathscr{F}^{-1}[S(f)] = \int_{-\infty}^{\infty} S(f)\, \mathrm{e}^{\mathrm{j}2\pi ft}\, \mathrm{d}f$$

代入 $t = T-t$,得到

$$s(T-t) = \int_{-\infty}^{\infty} S(f)\, \mathrm{e}^{\mathrm{j}2\pi f(T-t)}\, \mathrm{d}f \qquad (59)$$

由(58)和(59),显然有

$$h_{\mathrm{opt}}(t) = s(T-t)$$

这就证明了,最优脉冲响应是输入信号的"折叠和延迟".因此,为了最大化信噪比[①],匹配滤波器的脉冲响应 $h(t)$ 是滤波器输入的折叠和延迟(它是 $s(t)$ 的近似).

习题

23. 给定输入信号 $s(t)$,如图 38 所示,确定

(a) 最优脉冲响应 $h_{\mathrm{opt}}(t)$.

(b) 输出信号分量 $s_0(t)$.

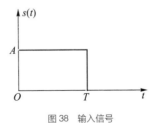

图 38 输入信号

---

① 原文是最小化信噪比,有误——译者注.

5. 蜂窝系统的设计

在前面的章节中,我们看到数学在与单个信号的发送和接收有关的理解和求解问题中的作用.当大量用户同时且很近地发送信号时,数学在克服蜂窝系统设计所出现的问题中再次扮演重要角色.一些最基本的考虑因素[Lee,1995]包括如下几个.

• 小区覆盖:基于某些考虑,如城市密度、自然地形和呼叫密度(例如,一条主要公路比农村地区有更高的呼叫密度),将一个地理区域最优分割成小区.当我们提及一个小区(cell)时,意思是将信号中继到基站的特定天线的范围.理想小区是圆形的,但在现实中,小区是不规则的.为了简化示意图,小区用六边形表示(图39).

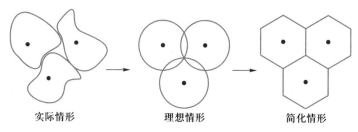

实际情形   理想情形   简化情形

图39　小区的几何表示

• 频率复用和同信道干扰:可以将频带划分为多个离散的信道(频分复用, frequency-division multiplexing,FDM),还可以允许多个用户在同一信道内发送信号(时分复用,time-division multiplexing,TDM).即使如此,系统的某些小区还是必须使用相同的频率,这将导致同信道干扰.

• 天线选择和安置:对指定区域选择最佳天线,以实现所希望的覆盖和最小化同信道干扰;

• 越区切换和掉话:当用户在小区之间移动或进入小区内部的"洞"(未覆盖区域)时,呼叫可能会中断或丢失;

• 系统评估:使用某些准则,如掉话率,来评价系统的效率和性能.

5.1 频率复用

带宽是蜂窝系统最宝贵的资源.它也非常稀少(只有频谱的某些部分才能被使用),所以蜂窝系统设计为最有效地利用带宽.

每个小区被分配单个频带用于传输.在该频带中足够数量的信道被设置为同时使用频分复用(FDM)和时分复用(TDM),以容纳呼叫量并最大化小区效率.即使如此,相同频带必须被系统中的其他小区一起使用.

相同频带的两个小区之间的距离 D 应当足够大($D \geq D^*$),以最小化同信道干扰.最小化所需的距离 D^* 的公式来源于所考虑的环境条件,同时使用经验和理论方法推导得到

$$D^* = \sqrt{3k}R \qquad (60)$$

其中 R 为小区的半径(见图40),而 k 为蜂窝系统中使用的不同频带的数量.

对具有 $k=i^2+ij+j^2$ 个频带的系统,一种实现最小距离 D^* 的方法如图41所示.

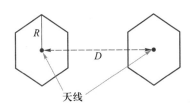

图40 蜂窝间的距离 D 和小区半径 R

例如,令 $i=1,j=1$,并设半径 R 为单位距离.则 $k=1+1+1=3$,这意味着使用了三个不同的频带.由图42容易验证实现了 $D^* = \sqrt{9} = 3$.

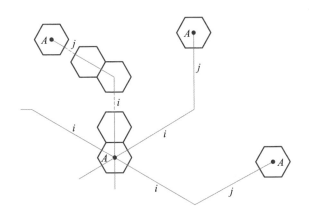

图41 "i, j法"分配 $k=i^2+ij+j^2$ 个频率

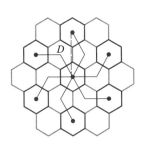

图42 具有 $i,j=1$, $D^*=3$ 的系统

习题

24. 当 $i=2, j=1, R=1$ 时，计算 k 和 D^*.

5.2 图的 T 着色

由于系统中小区的频带最优分配是当务之急，大量方法已被研究.一个直观的方法是将频率分配作为图的着色（graph-coloring）问题.在前面的章节中，根据"i,j 法"我们可以为小区分配 $k=i^2+ij+j^2$ 个频带.在图的着色中，必须为顶点以这样的方式指定颜色：同一条边的顶点不能是相同的颜色.将图的着色应用于信道频率分配，记 $S=\{1,2,\cdots\}$ 为频带（颜色）集合.事先不指定系统中频带的数目 k.于是构造一个图 G，其中

- 每个顶点 v 表示不同的天线位置；

- 每对顶点，其距离 D 满足 $D<D^*=\sqrt{3k}$（单位半径），由一条边连接.

为了减少同信道干扰，我们希望给图 G"着色"，通过下面这种方式给每个顶点 v_i 分配频带 $C(v_i)\in S=\{1,2,\cdots\}$

$$\text{如果顶点 } v_i \text{ 和 } v_j \text{ 之间有一条边，则 } C(v_i)\neq C(v_j) \tag{61}$$

例如，在图 42 中根据规定的着色方案，得到的图如图 43 所示.

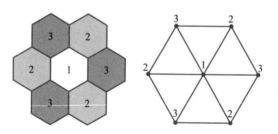

图 43   对 $i,j=1$ 的情形，频率分配（左）及对应的图着色（右）

习题

25. 画出习题 24（$i=2, j=1$）图着色的表示.

为了进一步减少同信道干扰，可以用稍强的条件来代替条件（61）：

如果顶点 v_i 和 v_j 之间有一条边，则

$$|C(v_i)-C(v_j)| \notin T=\{0,1\} \tag{62}$$

条件（62）避免了具有"相近"频率（包括在集合 T 中的分隔）的小区"相互靠近".两个频率数相互越接近,发生同信道干扰的可能性就越大.例如,给相邻小区分配频率 1 和频率 2 会比分配频率 1 和频率 3 更可能产生干扰.

更一般地,我们可能会寻求最大的正整数 n,使得可以对 G 进行 $T=\{0,1,2,\cdots,n\}$ 着色,即以这样的方式对 G 着色,满足条件:

如果顶点 v_i 和 v_j 之间有一条边,则

$$|C(v_i)-C(v_j)| \notin T=\{0,1,\cdots,n\} \tag{63}$$

可以提出各种优化问题,例如利用最少颜色数来着色.存在利用最少颜色数自动对图进行 T 着色的最优或近似最优算法（见 Janczewski［2004］及表 7）.力求使算法对所有图 G 实现最优或近似最优着色是非常困难的,因为通常对具有特殊类型的图算法会有特别的问题.从六边形小区系统构建的图的顶点全部有相同的度,除非它们在离系统的边一定的距离内.表 7 中的算法建议在"边界小区"之前先对"内部小区"进行频率分配.它也被称为"贪婪"算法,意指它总是选择第一个可用的频率.

表 7　用于得到近似最优的 T 着色算法（颜色集合为 $S=\{1,2,\cdots\}$)［Janczewski, 2004］

初始步骤	将颜色 1 分配给度最大（即最大入射边数）的顶点（记为 v_1)
递归步骤	设已对顶点 $v_1,\cdots,v_{n-1}$ 着色,选择未着色顶点中度最大的顶点 v_n,用尽可能小的颜色 k 对其着色

如果在一个或多个小区（图中的顶点）,我们必须将可能的频带（颜色）限制在频带（颜色）的无限制集合 S 的子集 $L(v)$ 中,该问题称为列表 T 着色(list T coloring).这类着色问题是目前的图论研究,适用于蜂窝系统中的频率分配.

5.3　同信道干扰

当频率复用通过扩大用户容量来增加限带频谱的效率时,也会产生同信道干扰的问题（由使用相同频带的不同小区所造成的信号干扰）.载波干扰电平(carrier to interference level) $\left(\dfrac{C}{I}\right)$ 和载噪比(carrier to noise ratio) $\left(\dfrac{C}{N}\right)$ 是适当系统设计的经验度量（见表 8）.这些比率可以由对干扰同信道的统计控制的场强实验（见第 3.5 节）得到,并由从相同频带中的其他信道收集的噪声和多径衰落数据补充［Lee, 1993］.

表8 同信道干扰和覆盖问题的指标

1. $\dfrac{C}{I} > 18$ dB	系统设计成功
2. $\dfrac{C}{I} < 18$ dB 且 $\dfrac{C}{N} > 18$ dB①	存在同信道干扰
3. $\dfrac{C}{N} \approx \dfrac{C}{I} < 18$ dB	存在覆盖问题
4. $\dfrac{C}{I} < \dfrac{C}{N} < 18$ dB	同时存在覆盖问题和同信道干扰问题

假设一个半径为 R 的小区与相邻小区相距 D. 同信道的抑制比 (co-channel reduction ratio) $a = \dfrac{D}{R}$ 是一个关键参数,可被调整使得同信道干扰指标满足 $\dfrac{C}{I} > 63.1$(以分贝为单位,相当于 $10 \log_{10} 63.1 = 18$ dB). $\dfrac{C}{I}$ 也可修正为噪声电平 N_0 与相邻同信道干扰小区的数量 M 来计算,此时要求

$$\frac{C}{N_0 + I} = \frac{C}{N_0 + \sum_{i=1}^{M} I_i} \geqslant 18 \text{ dB} \tag{64}$$

记 C_b 为基站接收到的信号强度,M 为相邻同信道干扰小区的数量. 如果基站接收到的噪声电平 N_b 与干扰电平相比是很小的,则 (64) 式变为

$$\frac{C_b}{\sum_{i=1}^{M} I_i} \geqslant 18 \text{ dB}$$

对移动无线电传播,我们已经看到,功率损耗使得基站接收到的信号强度 C_b 与 R^{-4} 成正比 (习题11(e)). I 也与 D^{-4} 成正比. 对在 $i = 2, j = 1$ 的系统中配置 $k = 7$ 个频带,系统具有 $\dfrac{D}{R} = \sqrt{3k} = 4.6$, $M = 6$ 个相邻小区共享相同的频带 (见图44),我们要求

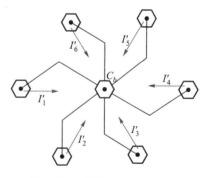

图44 $M = 6$ 个相邻小区的同信道干扰

$$\frac{C}{I} = \frac{C}{\sum_{i=1}^{M} I_i} = \frac{R^{-4}}{M D^{-4}} = \frac{a^4}{M} \geqslant 63.1 \tag{65}$$

因此,由于 $M=6$,可求得同信道抑制因子为 $a=4.4.a$ 的值不依赖于发射功率,而是依赖于干扰的数目.具有小区覆盖 $R=13$ km(8 mile) 的天线,我们可以使用天线间隔距离 $D=57.3$ km(35.6 mile);当 $R=6$ km 时,D 减少到 26.5 km(16.4 mile)[①].

习题

26. 将第一层($M=6$ 个干扰小区)的干扰与第一和第二层($M=12$ 个干扰小区)($D_2=2D_1$)的干扰进行比较(见图 45).

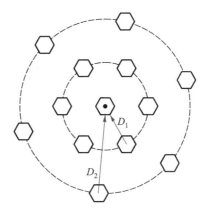

图 45　第一和第二层的同信道干扰

5.4　越区切换

移动用户(譬如说在车内)不知道他们什么时候已经越过小区边界,如果通话质量不可避免地受到干扰,显然是没有道理的.因此,系统设计人员的目标是使得这些转换尽可能无缝.

在通话过程中,双方都连接在同一个(双向)语音信道上.当一个移动用户移出特定小区站点或基站的覆盖区域,呼叫可能中断,且信号会出现以下两种情况:

---

① 原文计算结果有误,已更正——译者注.

- 足够弱(大约 $-100 \text{ dBm} = 10^{-10} \text{ mW}$,其中"dBm"中的"m"是指使用的参考电平,在现在这种情况下为 mW(毫瓦);相应的转换为 x mW 等于 $10 \log_{10} x$ dBm);

- 质量不高(载波干扰比 $\dfrac{C}{I}$ 小于 18 dB).

此时,向移动电话交换局(mobile telephone switching office, MTSO)提交越区切换(hand-off)的请求,如果 MTSO 系统可以在没有任何中断的情况下将呼叫切换到新的小区和频率信道,那么越区切换就成功完成了.越区切换请求发生在小区之间的边界处,也发生在小区内部的空洞(holes)中(低信号强度区域),但是后一种情况无法处理.越区切换启动的阈值实际上是一个比 -100 dBm 电平高 Δ dBm 的量,因此可以在信号完全丢失("掉线")之前完成越区切换.例如,如果 $\Delta = 10$ dBm,越区切换在信号达到 -90 dBm 时启动.

尽管完整的分析超出了本文的范围,但让我们简要地说明一下如何将排队论应用于越区切换的分析中(更完整的内容见 Lee[1995]).首先,我们在表 9 中定义几个参数.

表 9　越区切换分析的参数

参数	单位	定义
$\dfrac{1}{\mu}$	s	平均通话时间(新的呼叫加上越区切换的呼叫)
λ_1	每秒呼叫数	新呼叫的到达率
λ_2	每秒呼叫数	越区切换呼叫的到达率
M_1	呼叫数	新呼叫的队列长度
N		语音信道数

导出量: $a = \dfrac{\lambda_1 + \lambda_2}{\mu}$, $b_1 = \dfrac{\lambda_1}{\mu}$, $b_2 = \dfrac{\lambda_2}{\mu}$

根据小区业务和系统设计,可以将新呼叫请求和越区切换请求形成队列(系统中的某些信道被保留用于这样的请求).当呼叫量超出系统容量时,请求被拒绝或"阻塞".对如下三种不同的情形给出呼叫阻塞的概率 B_0:

- 系统不允许新呼叫或越区切换呼叫的队列:

$$B_0 = \frac{a^N}{N!} p(0)$$

其中

$$p(0) = \left(\sum_{n=0}^{N} \frac{a^n}{n!} \right)^{-1} \text{①}$$

• 系统将新呼叫请求排队,但不对越区切换呼叫排队($p_q(0)$ 是队列中没有新呼叫的概率):

$$B_{0_q} = \left(\frac{b_1}{N} \right)^{M_1} p_q(0) \qquad \text{(新呼叫阻塞概率)}$$

$$B_{0_h} = \frac{1 - \left(\frac{b_1}{N} \right)^{M_1+1}}{1 - \frac{b_1}{N}} p_q(0) \qquad \text{(越区切换呼叫阻塞概率)}$$

• 系统将越区切换呼叫排队,但不对新呼叫排队($p_q(0)$ 是队列中没有越区切换呼叫的概率):

$$B_{0_h} = \left(\frac{b_2}{N} \right)^{M_2} p_q(0) \qquad \text{(越区切换呼叫阻塞概率)}$$

$$B_{0_q} = \frac{1 - \left(\frac{b_2}{N} \right)^{M_2+1}}{1 - \frac{b_2}{N}} p_q(0) \qquad \text{(新呼叫阻塞概率)}$$

这类信息在评估整个系统的性能方面是有价值的.

习题

27. 给出蜂窝系统,具有 $N=60$ 个信道,呼叫持续时间 $\frac{1}{\mu} = 100 \text{ s} = 0.027$ 小时,新呼叫的到达率 $\lambda_1 = 220$,越区切换呼叫的到达率 $\lambda_2 = 40$.求 a, b_1, b_2.

---

① 原文此式有误,已更正——译者注.

5.5 掉话

所有移动用户都曾经遇到过掉话(dropped call),即已建立但未正确终止的通话.呼叫是在因请求通过建立信道(set-up channel)而分配了语音信道(voice channel)之后建立的.一个呼叫称为阻塞(blocked)(而不是掉话),如果在请求时没有语音信道可用.掉话可能是由于

- 在分配的信道中出现信号问题(频率选择性衰落);

- 设备故障或误操作;

- 用户不知不觉地进入空洞或在小区边界处越区切换.

掉话与小区容量(capacity)(每个小区的信道数)和在通话期间必须保持的语音质量$\left(\dfrac{C}{I}\right)$的最小"阈值"水平有关.

考虑具有 k 个频带的六边形蜂窝系统.将 $a = \dfrac{D}{R}$ 代入 (60) 式,同信道分离要求

$$a = \sqrt{3k}$$

进一步注意到

$$\frac{C}{I} = \frac{R^{-4}}{6 D^{-4}} = \frac{a^4}{6} \quad \Rightarrow \quad a = \left(6\,\frac{C}{I}\right)^{\frac{1}{4}} \tag{66}$$

由上面两式立即可得①

$$k = \sqrt{\frac{2}{3} \cdot \frac{C}{I}} \tag{67}$$

假设总带宽 B_t 分割成 k 个频带,每个小区具有 m 个信道.每个信道的带宽 B_c 为

$$B_c = \frac{B_t}{km} \quad \Rightarrow \quad m = \frac{B_t}{B_c k}$$

代入 (67) 式给出的 k,可以得到容量 m 为

$$m = \frac{B_t}{B_c \sqrt{\dfrac{2}{3} \cdot \dfrac{C}{I}}}$$

---

① 原文为 (5.5) 式和 (66) 式,有误——译者注.

因此,系统要求的容量 m 越高,可支持的语音质量 $\frac{C}{I}$ 越低.因为低于语音质量水平阈值的呼叫会自动掉话,所以大容量系统的掉话概率更大.

习题

28. 保持可用总带宽 B_t 和信道带宽 B_c 不变,容量 m 加倍会如何影响六边形蜂窝系统可以支持的语音质量 $\frac{C}{I}$?

更一般地,掉话率 P 依赖于许多参数(见表10),这些参数已作了详细分析,且并入公式

$$P = \sum_{n=0}^{N} \alpha_n (1 - [(1 - \delta)(1 - \mu)(1 - \theta v)(1 - \beta)]^{\,n})$$

这是蜂窝系统性能的多种不同衡量指标之一[Lee,1995].

表 10 掉话率分析的参数

参数	定义	参数	定义
n	呼叫期间的越区切换数($N=$ 最大允许值)	θ	呼叫返回原小区的概率
δ	信号降至信号强度阈值以下的概率	β	越区切换期间线路阻塞的概率
μ	信号降至同信道干扰阈值以下的概率	α_n	依赖于越区切换数的权重($\sum_{n=1}^{N}\alpha_n=1$)[1]
v	越区切换请求时没有可用信道的概率			

6. 进一步指导

除了本文介绍的内容之外,还有大量的有关无线通信的文献.

• 关于无线/数字通信的全面概述,我们推荐 Pahlavan 和 Levesque [2005],Akaiwa [1997],Lee [1993]和 Haykin [1988].

• 对于超出第 2 节提到的凸集投影的应用,包括的主题如

---

① 原文有误,已更正——译者注.

　　– 图像压缩;

　　– 颜色匹配;

　　– 神经网络;

　　– 噪声平滑;

　　– 模糊图像的恢复,

读者可参见 Stark 和 Yang [1998].

　　● 关于深入研究多径衰落信道性能分析(在第 3 节中介绍)中使用的统计方法,可参阅 Simon 和 Alouini [2000].

　　● 滤波器的其他应用(在第 4 节中介绍),包括

　　– 语音建模;

　　– 图像增强和处理;

　　– 边缘提取;

　　– 信号检测,

在 Mathews 和 Sicuranza [2000]中介绍.

　　● Lee[1995]给出了蜂窝系统设计的全面概述.

　　● Kubale [2004]介绍了从高等数学角度出发的各种图着色问题,在[Carlsson 和 Grindal,1993]中可以找到关于频率分配(第 5 节)的图论方法的更多内容.

7. 习题解答

　　1. 设 $f_1(t), f_2(t) \in \mathscr{C}$,则对 $a \le t \le b$ 和任意的实数 λ,

$$f(t) = \lambda f_1(t) + (1-\lambda)f_2(t) = \lambda g_0(t) + (1-\lambda)g_0(t) = g_0(t)①$$

因此,$f(t)$ 也属于 $\mathscr{C}$.

　　2. 值 $m^* = \dfrac{5}{2}, b^* = 5$ 可由方程组

---

　　① 原文将式中的 $g_0(t)$ 写成了 $g(t)$——译者注.

$$\frac{\partial E}{\partial m} = 28m + 12b - 130 = 0, \qquad \frac{\partial E}{\partial b} = 12m + 6b - 60 = 0$$

的解得到.

3.（a）$\boldsymbol{V}_2 \cdot \boldsymbol{V} = \left\langle \frac{15}{2}, 10, \frac{25}{2} \right\rangle \cdot \left\langle \frac{5}{2}, -5, \frac{5}{2} \right\rangle = 0.$

（b）因为向量 $\langle 1,2,3 \rangle$（$m=1,b=0$）和 $\langle 1,1,1 \rangle$（$m=0,b=1$）在 $\mathscr{P}$ 中，从而 $\mathscr{P}$ 的法向量 $\boldsymbol{N}$ 为

$$\boldsymbol{N} = \langle 1,1,1 \rangle \times \langle 1,2,3 \rangle = \langle 1, -2, 1 \rangle$$

向量 $-\boldsymbol{V}$ 是 $\boldsymbol{V}_1$ 到 $\boldsymbol{N}$ 上的投影[①]：

$$-\boldsymbol{V} = \frac{\boldsymbol{V}_1 \cdot \boldsymbol{N}}{\boldsymbol{N} \cdot \boldsymbol{N}} \boldsymbol{N} = \left\langle -\frac{5}{2}, 5, -\frac{5}{2} \right\rangle$$

最后，向量 $\boldsymbol{V}_2 = \langle m^* + b^*, 2m^* + b^*, 3m^* + b^* \rangle$ 为

$$\boldsymbol{V}_2 = \boldsymbol{V}_1 + \boldsymbol{V} = \langle 5, 15, 10 \rangle - \left\langle -\frac{5}{2}, 5, -\frac{5}{2} \right\rangle$$

$$= \left\langle \frac{15}{2}, 10, \frac{25}{2} \right\rangle^{②}$$

从中得到 $m^* = \frac{5}{2}, b^* = 5$，而无须使用微积分.

4.（b）$AT\mathrm{sinc}\left(\dfrac{\omega T}{2\pi}\right).$

5. 设 $f_1(t), f_2(t) \in \mathscr{C}_2, f(t) = \lambda f_1(t) + (1-\lambda) f_2(t).$ 若 $|\omega| > 2\pi B$，则 $\mathscr{F}[f(t)] = \lambda \mathscr{F}[f_1(t)] + (1-\lambda) \mathscr{F}[f_2(t)] = 0$，所以 $f(t) \in \mathscr{C}_2.$

6. $\qquad\qquad \mathscr{F}[\mathscr{P}_2 r_n(t)] = \begin{cases} \mathscr{F}[r_n(t)], & |\omega| \leqslant 2\pi \\ 0, & \text{其他} \end{cases}$

7. $r_2(t)$ 在 $[0, 0.1]$ 上等于 $r_0(t)$，在其他地方等于 $r_1(t)$.

8. 使用 Mathematica 证明，如果 $|\omega| > 2\pi B$，变换 $F(\omega) = \mathscr{F}[2B\mathrm{sinc}(2Bt)]$ 等于零. 由卷积规则（15）直接得到结果.

---

①　原文为 $\boldsymbol{V}$ 是 $\boldsymbol{V}_1$ 到 $\boldsymbol{N}$ 上的投影. 但实际上，$-\boldsymbol{V}$ 才是 $\boldsymbol{V}_1$ 到 $\boldsymbol{N}$ 上的投影，它与 $\boldsymbol{V}_1$ 到 $\mathscr{P}$ 上的投影 $\boldsymbol{V}_2$ 之和为 $\boldsymbol{V}_1$，即 $-\boldsymbol{V} + \boldsymbol{V}_2 = \boldsymbol{V}_1$，从而 $\boldsymbol{V} = \boldsymbol{V}_2 - \boldsymbol{V}_1$，与 $\boldsymbol{V}$ 的定义一致——译者注.

②　原文此公式及计算有误，已更正——译者注.

9.（a）在（16）式中令 $d=1$.

（b）将（a）中 P_0 的表达式代入（16）式.

10.（a）信号功率的损失为 28.4 dB，如以下计算所示：

$$P_r = P_t G_t G_r \left(\frac{\lambda}{4\pi d} \right)^2, \quad \lambda = \frac{c}{f} = 0.3, \quad P_r = P_t (1.6)^2 \left(\frac{0.3}{4\pi \times 1} \right)^2$$

$$P_{r_{db}} = 10 \log_{10} P_t + 10 \log_{10} \left(\frac{0.09}{16\pi^2} \times 2.56 \right) = 10 \log_{10} P_t - 28.4 \text{ dB}$$

（b）10 m：48.4 dB；100 m：68.4 dB.

（c）10 m：$\tau = \frac{d}{c} \cong \frac{10}{3 \times 10^8} = 33$ ns；100 m：333 ns.

11.（a）
$$P_r = P_0 \left| \sum_{i=1}^{2} \frac{a_i e^{j\phi_i}}{d_i} \right|^2 = P_0 \left| \frac{a_1}{d_1} e^{j\phi_1} + \frac{a_2}{d_2} e^{j\phi_2} \right|^2$$

$$= P_0 \left| \frac{1}{d_2} e^{j\phi_2} - \frac{1}{d_1} e^{j\phi_1} \right|^2$$

由于 $d \gg h_1, d \gg h_2$，我们可以用近似 $d_1 \approx d, d_2 \approx d$. 从而得到

$$P_r \approx \frac{P_0}{d^2} \left| e^{j\phi_2} - e^{j\phi_1} \right|^2$$

$$= \frac{P_0}{d^2} \left| e^{j\phi_2} (1 - e^{j\Delta\phi}) \right|^2 \quad (\Delta\phi = \phi_1 - \phi_2)$$

$$= \frac{P_0}{d^2} \left| 1 - e^{j\Delta\phi} \right|^2 ①$$

（b）参见图 46，有

$$d_1 = \sqrt{d^2 + (h_1 + h_2)^2} \approx d + \frac{(h_1 + h_2)^2}{2d}$$

$$d_2 = \sqrt{d^2 + (h_1 - h_2)^2} \approx d + \frac{(h_1 - h_2)^2}{2d}$$

这里我们使用了 Taylor 展开

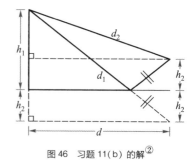

图 46　习题 11（b）的解②

————————————

① 原文此式漏了平方——译者注.

② 原文 d 的标注有误，已更正——译者注.

$$\sqrt{x+\epsilon} \approx \sqrt{x} + \frac{\epsilon}{2\sqrt{x}}$$

12.
$$\mathscr{F}[x(t)] = X(f) = \int_{-\frac{\tau}{2}}^{\frac{\tau}{2}} A\, \mathrm{e}^{-2\pi\mathrm{j}ft}\,\mathrm{d}t = \frac{A}{-2\pi\mathrm{j}f}\, \mathrm{e}^{-2\pi\mathrm{j}ft}\Big|_{-\frac{\tau}{2}}^{\frac{\tau}{2}}$$

$$= \frac{A}{2\pi\mathrm{j}f}\big[\mathrm{e}^{\mathrm{j}\pi f\tau} - \mathrm{e}^{-\mathrm{j}\pi f\tau}\big]$$

$$= \frac{A}{\pi f}\sin(\pi f\tau) = A\tau\,\frac{\sin(\pi f\tau)}{\pi f\tau} = A\tau\mathrm{sinc}(f\tau)$$

13. 见图 47.

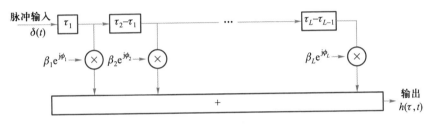

图 47　离散延迟信道系统的框图

14. $r(t) = A_r \exp\{\mathrm{j}[2\pi(f_t+f_d)t-\phi]\}$.

15.（a）最大频率偏差为 $|f_d| = \dfrac{V_m}{c}f_t$.

（b）当发射机朝向（$\theta=0°$）或远离（$\theta=180°$）接收机移动时,发生最大偏差.

（c）频率范围可以从 f_t-f_d 到 f_t+f_d.当 $\cos\theta=1$ 时,有 $f_d=f_m$.偏差为 $\pm f_m$;偏差的带宽为 $2f_m$.[①]

16. 见图 48.

17. 仅满足第一个条件.

18. 取 $\alpha=0,f_1=B_0-\alpha B_0=B_0(1-\alpha)=B_0(1-0)=B_0$.则

$$P(f)=\begin{cases}\dfrac{1}{2B_0}, & |f|<B_0 \\[3mm] 0, & \text{其他}\end{cases}$$

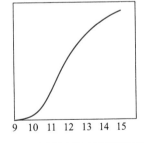

图 48　对应于图 20 中概率密度函数
（PDF）的累积分布函数（CDF）

———————————

① 原文使用符号 f_M——译者注.

由图 49[①]中 $P(f)$ 的图形及 $P(f-nf_s)$ 是图形 $P(f)$ 的平移，得到 $\sum_n P(f-nf_s)=T$. 当 $\alpha=0$ 时，升余弦滤波器的带宽效率是 $\alpha=1$ 的两倍.

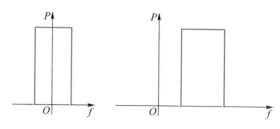

图 49 $n=0$（左）和 $n=1$（右）时 $P(f-nf_s)$ 的图形

19.
$$S_x(f) = \frac{1}{T_b}\,|\,T_b\,\mathrm{sinc}(f\,T_b)\,|^2 \sum_{n=-\infty}^{\infty} R_A\,\mathrm{e}^{-\mathrm{j}2\pi fnT_b}$$

$$= \frac{T_b^2}{T_b}\,|\,\mathrm{sinc}(f\,T_b)\,|^2\left[\frac{a^2}{2} + \sum_{\substack{n=-\infty\\n\neq 0}}^{\infty}\frac{a^2}{4}\,\mathrm{e}^{-\mathrm{j}2\pi fnT_b}\right]$$

$$= T_b\,|\,\mathrm{sinc}(f\,T_b)\,|^2\left[\frac{a^2}{4} + \sum_{n=-\infty}^{\infty}\frac{a^2}{4}\,\mathrm{e}^{-\mathrm{j}2\pi fnT_b}\right]$$

20. 波长 λ 为 $\dfrac{c}{B\times 10^3}$ m.

21. (a) $Z_2:-\infty<X_2<0$:

$$f_{X_2}(x_2\mid 1) = \frac{1}{\sqrt{2\pi\,\sigma^2}}\exp\left[-\frac{(X-m)^2}{2\,\sigma^2}\right]$$

$$= \frac{1}{\sqrt{\pi\,N_0}}\exp\left[-\frac{(X-\sqrt{E_b})^2}{N_0}\right]$$

$$p_e(1) = \int_{-\infty}^{0} f_{X_2}(x_2\mid 1)\,\mathrm{d}x_2$$

$$= \int_{-\infty}^{0}\frac{1}{\sqrt{\pi\,N_0}}\exp\left[-\frac{(x_2-\sqrt{E_b})^2}{N_0}\right]\mathrm{d}x_2$$

记

---

① 原文为图 48，有误——译者注.

$$z = \frac{1}{\sqrt{N_0}}(x_2 - \sqrt{E_b})$$

将积分变量由 x_2 变为 z,有

$$p_e(1) = \frac{1}{\sqrt{\pi}} \int_{-\infty}^{-\sqrt{\frac{E_b}{N_0}}} e^{-z^2} dz = \frac{1}{\sqrt{\pi}} \int_{\sqrt{\frac{E_b}{N_0}}}^{\infty} e^{-(-z)^2} dz$$

$$= \frac{1}{2} \mathrm{erfc} \sqrt{\frac{E_b}{N_0}}$$

(b) 平均误码率 (P_e) 为

$$p(0) = \frac{1}{2}, \quad p(1) = \frac{1}{2}, \quad p_e = p_e(0)p(0) + p_e(1)p(1) = \frac{1}{2} \mathrm{erfc} \sqrt{\frac{E_b}{N_0}}$$

22. $\mathscr{F}[A_0\delta(t) + A_1\delta(t-t_1)] = A_0\mathscr{F}[\delta(t)] + A_1\mathscr{F}[\delta(t-T)] = A_0 + A_1 e^{-j\omega T}$.

23. (a) 由 $h_{\mathrm{opt}}(t) = s(T-t)$,首先进行折叠,然后如图 50 所示将 $s(t)$ 延迟 T,求得最优脉冲响应.

(b) 使用卷积计算滤波器的输出.对 $y(t) = s(t) * h_{\mathrm{opt}}(t)$ 使用卷积的 Laplace 变换的性质,有 $Y(\omega) = S(\omega)H_{\mathrm{opt}}(\omega)$[①].输入信号 $s(t)$ 可以表示为

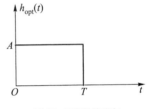

图 50 最优脉冲响应

$$s(t) = Au(t) - Au(t-T)$$

及

$$h_{\mathrm{opt}}(t) = s(T-t) = Au(t) - Au(t-T) = s(t)$$

输出信号可由

$$Y(\omega) = S(\omega)H_{\mathrm{opt}}(\omega) = \frac{A}{\omega}(1 - e^{-T\omega})^2 \frac{A}{\omega}(1 - e^{-T\omega})^2$$

$$= \frac{A^2}{\omega^2}(1 - 4e^{-T\omega} + 6e^{-2T\omega} - 4e^{-3T\omega} + e^{-4T\omega})$$

确定[②].对 $Y(\omega)$ 取 Laplace 逆变换,得到

---

① 原文将 Laplace 变换后的自变量记为 s,但 s 已用作输入信息 $s(t)$ 的记号,故将自变量改为 ω——译者注.

② 原文计算有误,已更正——译者注.

$$y(t) = A^2 tu(t) - A^2(3t-4T)u(t-T) + A^2(3t-8T)u(t-2T) - A^2(t-4T)u(t-3T) ①$$

输出如图 51 所示.

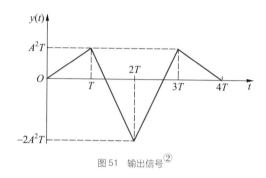

图51 输出信号②

24. $k = 7$，所以 $D^* = \sqrt{21} = 4.6$.

25. 见图 52.

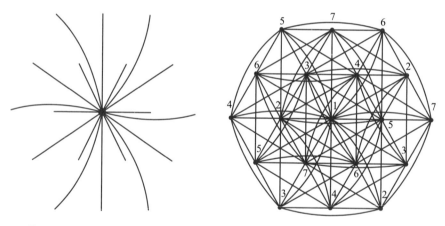

图52 子图（左）有 18 条边入射到右侧图中的中心顶点，表明小区在 D^* 内可以有 18 个相邻小区

26. 对仅有第一层的情形，

$$\frac{C}{I} = \frac{C}{\sum_{i=1}^{6} I_i} = \frac{a_1^4}{6}$$

---

① 原文计算有误，已更正——译者注.
② 原文图形有误，已更正——译者注.

对有第一层和第二层的情形,有

$$\frac{C}{I} = \frac{C}{\sum_{i=1}^{6}\left[I_{1i} + I_{2i} \right]} = \frac{1}{6\left[a_1^{-4} + a_2^{-4} \right]}$$

其中 $a_1 = \dfrac{D_1}{R}$, $a_2 = \dfrac{D_2}{R} = \dfrac{2D_1}{R}$.

$$\left(\frac{C}{I} \right)_{第一层} = 10\log\left(\frac{C}{I} \right) = 10\log\left(\frac{447.746}{6} \right) = 18.7 \text{ dB}$$

$$\left(\frac{C}{I} \right)_{第一层和第二层} = 10\log\left(\frac{C}{I} \right)$$

$$= 10\log\left(\frac{1}{6\left(4.6^{-4} + 9.2^{-4} \right)} \right) = 18.5 \text{ dB}$$

因此,第二层的影响是微不足道的.

27. $a = 26\,000$, $b_1 = 22\,000$, $b_2 = 4\,000$.

28. 系统可以支持的语音质量 $\dfrac{C}{I}$ 将降低 $\dfrac{3}{4}$.

8. 数学公式的附录

参阅表 A1.

表 A1　本文中用到的 Fourier 变换和 delta 函数的结果

A. Fourier 变换		说明
A1 (a)	$\mathscr{F}\left[g(t) \right] = G(\omega) = \int_{-\infty}^{\infty} g(t)\, e^{-j\omega t}\mathrm{d}t$	Fourier 变换的定义: ω 为角频率(单位: rad/s), $g(t)$ 为信号, $j = \sqrt{-1}$. 见 (12). $\operatorname{sinc}(t) = \dfrac{\sin(\pi t)}{\pi t}$;
	例 1: $\mathscr{F}\left[\operatorname{sinc}(2t) \right] = \dfrac{\operatorname{Sign}\left[2\pi - \omega \right] + \operatorname{Sign}\left[2\pi + \omega \right]}{4}$	$\operatorname{Sign}\left[x \right] = \begin{cases} 1, & x > 0, \\ -1, & x < 0, \\ 0, & x = 0. \end{cases}$
	例 2: $\mathscr{F}\left[e^{2\pi j n t} \right] = 2\pi\delta(\omega - 2\pi n)$①	见 (20). 这里 $\delta(\cdot)$ 是下面 C1–C3 描述的 delta 函数

---

① 原文此式有误,已更正——译者注.

续表

A.Fourier 变换	说明
A1 (b) $g(t) = \mathscr{F}^{-1}[G(\omega)] = \dfrac{1}{2\pi}\displaystyle\int_{-\infty}^{\infty} G(\omega)e^{i\omega t}d\omega$ 例: $\mathscr{F}^{-1}\left[\dfrac{2\sin\omega}{\omega}\right] = \dfrac{\text{Sign}[1-t]+\text{Sign}[1+t]}{2}$	逆变换的定义. 见第 2.2 节
A2 (a) $\mathscr{F}[g(t)] = G(f) = \displaystyle\int_{-\infty}^{\infty} g(t)e^{-2\pi j f t}dt$ 例 1: $\mathscr{F}\left[A\text{rect}\left(\dfrac{t}{\tau}\right)\right] = A\tau\,\text{sinc}(f\tau)$ ① 例 2: $\mathscr{F}[\delta(t)] = 1$. 例 3: $\mathscr{F}\left[\displaystyle\sum_n \delta(t-nT)\right] = f_s \sum_n \delta(f-n f_s)$	Fourier 变换的定义: 　　f 为频率(单位: Hz=周期/s), 　　$g(t)$ 为信号, $j=\sqrt{-1}$. 见习题 12 $\text{rect}\left(\dfrac{t}{\tau}\right)(t) = \begin{cases} 1, & -\dfrac{\tau}{2} < t < \dfrac{\tau}{2}, \\ 0, & \text{其他} \end{cases}$ $\text{sinc}(t) = \dfrac{\sin(\pi t)}{\pi t}$ 见 (29). (delta 函数 $\delta(\cdot)$ 在 C1–C3 中描述). 见 (38)
A2 (b) $g(t) = \mathscr{F}^{-1}[G(f)] = \displaystyle\int_{-\infty}^{\infty} g(f)e^{2\pi j f t}df$	相应的逆变换的定义.
A3 $\mathscr{F}[g_1(t)*g_2(t)] = \mathscr{F}[g_1(t)]\mathscr{F}[g_2(t)]$	卷积 $*$ 定义为 $g_1(t)*g_2(t) = \displaystyle\int_{-\infty}^{\infty} g_1(\tau)g_2(t-\tau)d\tau$. 线性滤波器可计算卷积(见图 22 和 (33))
A4 $F[f]*\delta(f-nf_s) = F[f-nf_s]$	见 (39)
A5 $S^*(f) = S(-f)$	$f(t)$ 是实的, $S^*(f)$ 表示 $S(f) = \mathscr{F}[f(t)]$ 的复共轭. 见 (56)

B. 离散 Fourier 变换	说明
B1 $\mathscr{F}[g(t_i)] = G(\omega) = \displaystyle\sum_{i=-\infty}^{\infty} f(t_i)e^{-i\omega i}$. 例: $\mathscr{F}[\delta(t-T)] = G(\omega) = e^{-i\omega T}$	离散变换的定义, 其中 $f(t_i)$ 是采样数据序列.
B2 $\mathscr{F}[c_1 g_1(t_i)+c_2 g_2(t_i)] = c_1 G_1(\omega)+c_2 G_2(\omega)$	线性性质

C. delta 函数	说明
C1 $\displaystyle\int_{-\infty}^{\infty}\delta(t)dt = 1$	见图 14
C2 $\displaystyle\int_{-\infty}^{\infty} f(t)\delta(t-\tau)dt = f(\tau)$	见 (28)
C3 $\dfrac{1}{T_b}\displaystyle\sum_{n=-\infty}^{\infty}\delta(f-nf_b) = \sum_{n=-\infty}^{\infty}e^{-j2\pi f nT_b}$	Poisson 公式 (44). 这里 $f_b = \dfrac{1}{T_b}$

---

① 原文此式有误, 已更正——译者注.

参考文献

Akaiwa Y. 1997. Introduction to Digital Mobile Communication. New York：Wiley.

Babu P. 2001. Digital Signal Processing. Chennai，India：Scitech.

Carlsson M，Grindal G. 1993. Automatic frequency assignment for cellular telephones using constraint satisfaction techniques. Tenth International Conference on Logic Programming：647—665.

Haykin S. 1988. Digital Communications. New York：Wiley.

Janczewski R. 2004. T-coloring of graphs. Kubale，[2004]：67—77.

Kubale Marek. 2004. Graph Colorings. Providence，Rhode Island：American Mathematical Society.

Lee W C. 1993. Mobile Communications Design Fundamentals. 2nd ed. New York：Wiley.

Lee W C. 1995. Mobile Cellular Telecommunications. 2nd ed. New York：Wiley.

Mathews V，Sicuranza G. 2000. Polynomial Signal Processing. New York：Wiley.

Pahlavan K，Levesque A. 2005. Wireless Information Networks. 2nd ed. Hoboken，NJ：Wiley.

Simon Marvin K，Alouini Mohamed-Slim. 2000. Digital Communication over Fading Channels：A Unified Approach to Performance Analysis. New York：Wiley.

Stark H，Yang Y. 1998. Vector Space Projections：A Numerical Approach to Signal and Image Processing，Neural Nets and Optics. New York：Wiley.

7 气候变化与日温度周期

Climate Change and the Daily Temperature Cycle

张文博　编译　周义仓　审校

摘要：

针对无大气层和有大气层两种行星,本文构造了关于日温度周期的微分方程模型. 文中的这些模型对近几十年来观测到的地球表面夜间最低温度的升高速度比白天最高温度的升高速度更快的现象给出了一些解释.

原作者：

Robert M. Gethner

Mathematics Departmant

Franklin & Marshall College

Lancaster, PA 17604-3003

r_gethner@ acad.FandM.edu

发表期刊：

The UMAP Journal, 1998, 19(1)：33—86.

数学分支：

线性常微分方程

应用领域：

地理学、气候模型

授课对象：

具有大学二年级或初级数学建模水平的学生

预备知识：

掌握单变量微积分,熟悉一阶微分方程,包括如何将它们线性化.一些可选的计算机习题需要使用图形计算器或计算机软件来绘制函数图形及确定图中的坐标.

目 录：

网上更多⋯⋯　本文英文版

1. 引言

最近几十年来,地球表面空气温度持续升高.但奇怪的是,这种升高在昼夜之间的分布却是不同的.事实上,夜间最低温度的升高速度是白天最高温度升高速度的 3 倍.因此,温度日较差(diurnal temperature range,DTR),即一天内最高温度和最低温度之差在减小.本文将建立一个地球及其大气层的数学模型来分析这一现象.

当然,在不同日期、不同地点,温度总是存在波动的;但从平均的意义上说,接近地表的空气温度在 1951 年至 1990 年之间上升了约 1 ℉.与此同时(选择这个时期是因为只有这个时期的数据是可以获得的),夜间最低温度升高了大约 1.5 ℉,而白天最高温度仅仅升高了 0.5 ℉.因此,温度日较差在减小,平均温度以大致相同的速度上升.(此处数据针对的是占地球表面大约 37% 的大陆的研究结果[Karl 等,1993,1007,1009].)

尽管与气候模型相比,本文研究的模型极其简单,但数学上很有意义,同时,其复杂程度足以用于模拟影响日温度周期的两个地表受热因素:

(1) 日照强度的增加,这一因素提高了能量进入地球大气层系统的速度;

(2) 大气层中温室气体浓度的增加,这一因素使大气层吸收地表能量比向地表释放能量的效率更高.

在地球大气层中最多的温室气体,除了水蒸气外,就是二氧化碳(CO_2)了.大气层中的二氧化碳含量总是存在一些自然的变化,例如,大气层会吸收火山喷发释放的二氧化碳,又将二氧化碳释放到海水中.但是,在工业革命之前的数千年里,这种变化是非常小的,大概只有 4%[Houghton 等,1996,18].与此相反,自 1850 年以来,二氧化碳的浓度增加了大约 25%[Peixoto 和 Oort,1992,435;Houghton 等,1996,18].造成这种增加的原因也许是由于人类活动越来越多地依赖燃烧化石燃料.按照当前燃料消耗的模式,在未来 50 至 150 年中的某个时刻,大气层中的二氧化碳含量将变成 1850 年含量的两倍[Peixoto 和 Oort,1992,436;Houghton 等,1996,8].与此同时,其他温室气体的浓度也在持续增加[Houghton 等,1996,19]. 因此,有理由猜测,观测到的温度升高是缘于大气层中温室气体的增加. 尽管这种猜想是合理的,但也存在一些不确定性,因为关于日照强度变化的好的历史数据是无法获得的[Baliunas 和 Soon,1996].

定性地讲,本文将要研究的日温度周期模型对日照强度变化的响应与温室气体浓度变化的响应之间存在很大的差异. 但是,没有任何一个响应能够大到足以完全与观测结果匹配. 这说明,模型中没有考虑的一些因素也会产生影响. 事实上,这并不奇怪,因为此处的模型本质上是由单个线性常微分方程组成的. 在本文的末尾将讨论可能有哪些因素. 在此期间,读者将可以体会到数学是如何帮助人们理解自然界中一些复杂现象的,哪怕是非常简单的数学模型,也能启发人们去得到利用纯定性分析不可能得到的猜想.

事实上,简单模型的预测结果,仅仅是为了解真实现象提供了一些建议,而且这些结果通常与一些高级的、复杂的模型得到的结果有很大的差异. 真实现象往往是难以分析的,因为现象本身往往错综复杂,同时存在的多种不同原因会导致多种不同的结果. 由于相同的原因,复杂到能够与真实现象相匹配的模型,必然会难以分析. 最为复杂的气候模型——全球气候模型(global climate models,GCMs),模拟了全球范围内的风、温度、压强、云和降雨等在大气层中任何垂直高度上的情形,也包含了海洋中的现象,如环流、含盐量、大气层与海洋的相互作用等,而且"由这些模型产生的人工气象与地球气象一样复杂和神秘莫测"[North 等,1981,91].

与此相反,本文将要讨论的模型将地球表面等效地看作一个点,地球大气层则被看作另外一点;它将考虑两个物理过程,即地球表面及大气层的能量贮存过程和这两者之间的电磁辐射能量传递过程(仅包含这些过程的模型称为能量平衡模型(energy balance models)).因此,它能够相对容易地考察模型中单个因素的变化对温度的影响. 事实上,(在查阅过一些物理学知识后)本文首先讨论一个没有大气层的行星. 此时,可建立一个简化的数学模型,这一模型也将在讨论有大气层的模型时使用.这一简化模型也可以帮助我们将大气层在控制地球表面日温度周期中的作用分离出来进行研究.

表1提供了一些我们常用的符号表示.

表 1　符号表

A	常数 $=\sigma T_e^4/c$
A	大气层吸收率，假设等于 ϵ
ATR	温度年较差
a	伴随反照率，入射阳光被吸收的比例
α	反照率，入射阳光中没有被吸收的比例
B	常数 $=AP/2$（第 6、7 节） 常数 $=Pq\sigma T_e^4/2c_0$（第 9 节）
β	常数
C	表面热容
c	每平方米热容
ΔT_e	表面平衡温度的上升量
DTR	温度日较差 $u_{max}-u_{min}$
ϵ	大气层发射率 $=$ 大气层吸收率 $=\epsilon_c+\epsilon_w$
ϵ_c	行星表面发射的长波辐射被大气层中 CO_2 吸收的比例
ϵ_w	行星表面发射的长波辐射被大气层中 H_2O 吸收的比例
G	温室函数，大气层表面温度增加的因子
γ	常数
H	常数
J	焦耳符号，能量单位
K	开（开氏度）的符号，温度单位
k	常数 $=4\sigma T_e^3/c$
k	指数衰减常数；$k=1/\tau$
λ	波长
K.E.	动能 $=mv^2/2$
Ω，Ω_E	地球的太阳常数 $=1\,372\ W/m^2$
Ω_V	金星的太阳常数
ω	常数 $=kP/2=P/2\tau$（第 6、7 节） 常数 $=2P\sigma\hat{T}_0^3/c_0$（第 9 节）
P	太阳通量的周期
ψ	周期为 2，均值为 0 的分段连续函数
q	被行星表面吸收的短波通量比例
S	地球表面面积
s	秒；积分中的哑元；用半行星日来度量的时间单位，$s=2t/P$
σ	Stefan-Boltzmann 常数 $=5.67\times10^{-8}\ W/(m^2\cdot K^4)$
T	开氏温度
T	无大气层行星表面温度

续表

$\hat{T}$	无大气层行星表面平衡温度
T_C	用摄氏度表示的温度
T_e	等效温度
T_F	用华氏度表示的温度
T_0	有大气层行星的表面温度
$\hat{T}_0$	有大气层行星表面的平衡温度
T_1	大气层温度
$\hat{T}_1$	大气层平衡温度
t	时间
τ	e-折时间，u 的值减小 e 倍所需的时间；$\tau = 1/k$
u	表面温度偏离平衡值的偏移量
W	单位瓦特的符号

2. 温度、能量及功率

本文讨论的所有问题几乎都与能量和温度有关. 我们要处理的能量仅有两种形式，即辐射能量(第 3 节)和热能(见下文)，将它们与动能(kinetic energy)相比是非常有益的. 动能是一种与物体运动相关的能量. (关于不同能量的名称请参考 Feynman 等 [1963，第 4 章]).一个质量为 m，以速度 v 运动的物体所具有的动能为 K.E. $= mv^2/2$. 例如，试估算一个以 10 mile/h 骑车的人，连同他的车一起所具有的动能，设人与车重量之和为 200 lb[①]. 研究这个例子的目的之一是为了让读者容易了解国际单位制. 如果读者不了解国际单位制，则如无特殊说明，下述误差不超过 10% 的粗略估算将会非常有用(精确的换算在附录 II 中给出):1 m(米)大约为 1 码;1 km(千米)大约为半英里(误差不超过 25%);1 kg(千克)大约为 2 lb(磅);1 m/s(米/秒)大约为 2 mile/h(英里/小时).

利用前述估算，骑自行车的人骑行的速度大约为 5 m/s，人与车的总质量大约为 100 kg. 因此，人与车所具有的动能大约为

$$(100 \text{ kg}) \times (5 \text{ m/s})^2 / 2 = 1\ 250 \text{ kg} \cdot \text{m}^2/\text{s}^2$$

---

① 1 mile = 1.609 344 km，1 lb = 0.453 592 4 kg.——译者注.

焦耳(Joules,J)将被用作度量能量的单位:1 J=1 kg·m^2/s^2. 故自行车及骑车人所具有的总动能为 1 250 J. 一个 100 W 的灯泡每秒钟消耗 100 J 的电能,则该自行车及骑车人以上例中给出的骑行速度所具有的能量(忽略克服摩擦力和空气阻力的能量)可以使这个灯泡大约亮 12 s.

能量的另外一种形式称为热能(heat energy):所有构成物体的分子所具有的动能总和. 具有较高热能的物体也会有较高的温度,将这两个概念相互关联的物理量称为比热和热容.

物质的比热(specific heat)是将单位质量物质的温度提升 1 度所需的能量.

物体的热容(heat capacity)是将物体温度提升 1 度所需的能量.

此处,"度"为开尔文(Kelvin)单位,它与华氏度和摄氏度之间的关系分别为 $T_F = 32 + 9T_C/5$ 和 $T_C = T-273.15$,其中 T_F,T_C 和 T 分别为华氏度、摄氏度和开氏度. 特别地,温度上升 1 开氏度(1 °K)或简称"1 开"(1 K)也就意味着温度上升 1 摄氏度(1 ℃),或大约 2 °F.

现在,假设将 0.05 m^3 的热水倒入浴盆,洗浴时水温下降了 10 K(大约 20 °F),从而水失去热能(这些能量会加热浴盆的边缘及浴室中的空气). 为计算能量的变化,可以首先将浴盆中水的质量(体积乘以密度;水的密度大约为 1.00×10^3 kg/m^3)乘以水的比热. 这就是浴盆中水的热容. 然后,将热容再乘以温度的变化:

$$\Delta \text{Energy} = (0.05 \text{ m}^3) \times \left(1.00 \times 10^3 \frac{\text{kg}}{\text{m}^3}\right) \times \left(4\ 184 \frac{\text{J}}{\text{kg} \cdot \text{K}}\right) \times (-10 \text{ K}) = -2.1 \times 10^6 \text{ J}$$

若这些损失的能量可以被收集并点亮一个 100 W 的灯泡,这个灯泡可以亮大概 2×10^4 s,或差不多 6 h.

功率(power)为单位时间内能量产生或消耗的速度. 功率的单位将使用瓦特(Watt, W):1 W=1 J/s. 一个 100 W 的灯泡消耗电能的速率为每秒钟 100 J. 一个 60 W 的灯泡,如果持续点亮 1 h,它消耗的电能为(60 W)×(1 h)=(60 J/s)×(3 600 s)=2.16×10^5 J.

为预测地球的温度,需要知道地球从太阳接收辐射能量的速度. 这一结果将在下一节中求得.

习题

若要完成本文中的习题,读者需要参考附录Ⅱ.

1. 将下列温度(以华氏度给出)转化为摄氏度和开氏度:
32 ℉,64 ℉,90 ℉.

2. 求一个 40 lb 孩子的以千克为单位的质量.

3. 考虑一个边长为 10 m 的立方体房屋,房屋内没有墙壁、家具、人等,房屋中的空气有多少千克?(假设这一天的湿度很小.)

4. 地球大气层近似可以看作一个气体的球壳,它与地球的大小相比是非常薄的;即可以设想将大气层所占的空间看作两个球面之间的空间,一个与地球表面重合,另一个与前一个同心,但半径稍大.("如果保持原有比例的话,大气层的厚度大约略厚于粉刷一间普通办公室的涂料厚度"[Peixoto 和 Oort,1992,14]).接下来,设想外球面可以在包含地球表面与外球面之间空气层的前提下收缩.外球面收缩越多,其所包围的空气密度越大.若将外球面一直压缩使得空气的密度达到与水相同,大气层将有多厚?即内球面与外球面半径之差是多少?

5. 一个棒球的质量为 150 g[de Mestre,1990,137].求这个棒球在运动速度为 40 m/s 时所具有的动能.

6. 将一间屋子的温度从 64 ℉升高到 68 ℉需要多少能量?这一结果是依赖于房屋的,但可以作如下假设:

(1) 房屋是密闭的;

(2) 所有能量都被用来加热空气(不会引起对流循环,或加热楼面、墙壁、家具等);

(3) 房间的尺寸与习题 3 中的相同.

3. 辐射、通量及太阳常数

太阳通过电磁辐射不断释放出辐射能(radiant energy),这些能量有一个古怪的名字"光". 它在空间中以波的形式传播(其传播速度为 $3×10^8$ m/s),此外,正如水波一样,其波长(wavelength)为两个相邻波峰之间的距离.

一些光是可见的,而另外一些则不可见. 可见光中最短的波长为 $0.390×10^{-6}$ m(紫光),而最长的波长为 $0.760×10^{-6}$ m(红光). 不可见光包括波长比可见光短的紫外线、X 射线和伽马射线(后者由放射性物质发射),以及红外线、微波及无线电波等(它们的波长都比可见光的波长长). 如果眼睛能够对可见光及红外线都敏感的话,将可以看到一个更宽的彩虹,在红色弧线的上方会出现一个红外弧线[Greenler,1980,18—21].

太阳发出的辐射就像一个膨胀的球面一样向外传播. 一部分辐射到达地球/大气层系统,并被系统吸收. 它们为大气层、海洋和陆地保持温暖提供了能量,同时也带来了风和风暴.

首先,需对为地球提供能量的太阳能确定度量. 在本文的绝大多数工作中,使用单位面积上功率的多少是非常方便的,这个量称为通量(flux). 设想一个以太阳为中心的巨大的透明球面——一个肥皂泡,它恰与地球的大气层顶部接触在一起(图1).

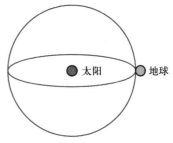

图1 以太阳为中心的"肥皂泡"与地球大气层顶端相切

穿过气泡的电磁辐射通量(即单位时间内通过肥皂泡单位表面积的能量)称为太阳常数(solar constant),记为 Ω. 关于 Ω 的取值,在不同的书上有不同的数值,本文取 $\Omega = 1\,372$ W/m^2[Harte,1988,69]. 阳光穿过每平方米气泡的能量差不多可以点亮 14 盏 100 瓦的灯泡.

Ω 的取值与行星有关:例如,通过以太阳为中心,与金星大气层顶端接触的气泡的通量比较大,因为辐射穿过了一个半径比较小的气泡,因此,该气泡每平方米接收到全部能量中更大的部分. 因此,金星的太阳常数 Ω_V 大于地球的太阳常数 $\Omega_E = \Omega$.

为计算 Ω_V ,首先注意到通过与地球相切的气泡的总太阳能功率为 1 372 W/m^2 乘以气泡的面积:

$$4\pi \times (149.6 \times 10^9 \text{ m})^2 \times (1\,372 \text{ W/m}^2) = 3.86 \times 10^{26} \text{ W}$$

因此,若假设在金星到地球之间没有能量损失,这一数值也就是通过金星气泡的总功率;因此,金星的太阳常数只需将这个数值除以气泡的面积即可:

$$\Omega_V = \frac{3.86 \times 10^{26} \text{ W}}{4\pi (108.20 \times 10^9 \text{ m})^2} = 2\,623 \text{ W/m}^2$$

在研究地球(或任何行星)的气候时,并不需要单位气泡面积上的功率,但需要与气泡相交的地球表面上单位面积上的功率. 在地球上的不同位置,接收到的辐射量是不同的,同时这一量又是随着一天中的不同时间和一年中的不同日期而变化的,但是,可以按照下面的方式计算平均通量. 设想在一个不可思议的宇宙实验中,外星人将一个巨大的屏幕放置在地球附近,放在地球背向太阳的一侧,并垂直于太阳和地球的连线(图2).

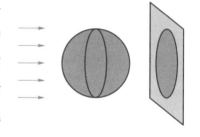

图2　从左侧入射的阳光将地球投影在大屏幕上

太阳在大屏幕上将地球投射成一个圆盘状的阴影;由于地日之间的距离比地球的几何尺寸大得多,圆盘的半径等于地球的半径,故阴影的面积为 πr^2 ,其中 r 为地球的半径. 若屏幕上未被地球遮住的部分每平方米的入射太阳能功率为 Ω ,则被地球遮住,没有到达屏幕部分的太阳能功率应为 $\pi r^2 \Omega$. 因此,地球及其大气层接收到单位地球表面面积上的平均太阳能功率为 $\pi r^2 \Omega / (4\pi r^2) = \Omega/4$.

但是,并不是所有接收到的太阳能都会被吸收. 行星的(全球平均)反照率(albedo,记为 α)为入射光中没有被行星吸收的比例(此处,"行星"指的是整个行星系统:包括行星及其大气层). 地球目前的反照率大约为 0.3,这意味着 30% 入射的太阳能将会被反射出去,因为,太阳能可以被空气、云、海洋、陆地、冰雪反射. 行星的伴随反照率(co-albedo,记为 a)为入射阳光中被行星及其大气层吸收的比例. 故 $a = 1 - \alpha$;对地球而言, $a = 0.7$. 因此,地球及其大气层一起吸收的平均太阳能通量为 $a\Omega/4$.

为应用本节给出的思想,地球表面上单位面积平均吸收的太阳能用一年内的太阳辐射表示,并将其与温度变化相关联.

所有被地球及其大气层吸收的太阳辐射中,大约有 1/3 被大气层吸收(部分能量来自于第一次被地表的反射).大约 2/3 的能量被地表吸收(部分能量来自于多次在地表和大气层之间的反射)[Harte,1988,165].因此,一般每平方米地表吸收太阳能的平均速度为

$$(2/3)\times(a\Omega/4)\times(1\ m^2)\approx 160\ J/s$$

故在一年内,该小片面积总共吸收的太阳能为

$$(160\ J/s)\times(31\ 536\ 000\ s)\approx 5\times 10^9\ J$$

这些能量是否能够提升地表的温度? 为此需估计地表的热容.地表的 2/3 被海水覆盖.阳光直射在海面上时,仅能穿透水面下数米的深度,但对流和由于风形成的湍流在水面将会被阳光加热的水与下层的水进行混合,这一混合层(mixed layer)的深度大约为 50~100 m.在一年的作用下,这一深度实际上就是能量能够到达的深度.(在较大的时间尺度上,也有其他缓慢的过程将混合层与深海的部分相互混合.在古气候学中,必须研究古代天气的变化,其时间尺度将在数千甚至数百万年,因此需要考虑整个海洋.)

那么,对陆地会如何呢? 粗略地说,陆地的密度与水的密度大致相当,但是其比热大约只有水的 1/4,且在一年时间内,直射地面的太阳能通过传导仅能传递数米深度[Peixoto 和 Oort,1992,221].因此,在粗略估计时,与水相比,完全可以忽略陆地的影响.若令地表陆地的热容为零,并令海水中的混合层深度为 75 m,则可以得到地表每平方米的热容

$$\frac{2}{3}\times海洋混合层的热容+\frac{1}{3}\times陆地热容$$

$$=\frac{2}{3}\times水的比热\times水的质量+\frac{1}{3}\times 0$$

$$=\frac{2}{3}\times 4\ 184\ J/(kg\cdot K)\times(75\ m^3)\times(1\ 000\ kg/m^3)$$

$$\approx 2\times 10^8\ J/K$$

因此,每年地表吸收的太阳能可以将温度提升

$$\frac{\text{吸收的太阳能}}{\text{将表面温度提升 1 K 时所需的能量}} = \frac{5 \times 10^9 \text{ J}}{2 \times 10^8 \text{ J/K}} = 25 \text{ K}$$

若地表温度真的每年升高 25 K,地球很快就会不再适宜居住. 事实上,观测的结果表明,每年全球平均地表温度近似是一个常数. 使得温度不会持续升高的原因就在于,地表不仅仅吸收辐射,同时也会释放辐射. 这一内容将在下一节中进行讨论.

习题

7. 计算火星的太阳常数.

8. 地表从太阳吸收的功率是多少? (全部地表,不仅仅是单位面积上的.)这一数据与全世界能量消耗的数据相比如何? 一个典型的核电或火力发电厂大约能发电 10^9 W[Harte,1988,68]. 地表从太阳吸收的功率相当于多少发电厂所发的电?

9. 求地表大气层每平方米的热容. (使用空气在常压情形下的比热.)求得的数据与地表海水混合层每平方米的热容相比有多大?

4. 黑体及等效温度

任何物体在非绝对零度(开氏温度)都会释放出不同波长的电磁辐射. 总发射率及其在不同波长上辐射的分布依赖于不同的物质及其温度.

由于太阳非常炙热,其释放出的大多数射线波长都非常短;最大的发射波长约为 0.5 μm[Peixoto 和 Oort,1992,92],属于可见光范围——这是容易理解的,因为眼睛可以看到阳光. 同样,地球也释放辐射(它也发光!),但大多数波长都非常长(多数为红外线,大多为 4~60 μm),因为地球比太阳冷得多;又因为眼睛对这种波长的射线不敏感,因此,无法看到它们(当俯视地面时,实际上看到的是地面反射的太阳光).如果将手靠

近电烤箱的电热丝(不要靠得太近),在看到电热丝发生任何变化之前,就会感到温度的升高:手能感受到比眼睛能感受的波长更长的辐射变化.受热的感觉随着电热丝变得越来越热而越来越强烈;这是因为一个物体温度越高,其释放的功率就会越大.当电热丝热到足够发射可见光范围内的射线时,它就会慢慢变成橙色.

太阳释放出的射线多数都是短波辐射(shortwave radiation),所谓短波辐射指的是波长小于 4×10^{-6} m 的射线;地球则主要释放出长波辐射(longwave radiation),其波长大于 4×10^{-6} m.

黑体(blackbody)[Wallace 和 Hobbs,1977,287—289]是一个假想的物体,在均匀温度下,它会吸收所有波长的辐射(因此它不会反射),并以最大可能的速度发射任意波长的辐射.该物体通过其表面向外发射的通量满足 Stefan-Boltzmann 定律,该定律说明,对一个温度为 T 的黑体,

$$出射通量 = \sigma T^4$$

其中 σ 为 Stefan-Boltzmann 常数,

$$\sigma = 5.67 \times 10^{-8} \ W/m^2 K^4 \tag{1}$$

Stefan-Boltzmann 定律给出了地球温度的非常粗糙的一次估计的基础.行星的等效温度(effective temperature)[Goody 和 Walker,1972,46—49]为满足如下条件的行星温度,记为 T_e:

(1)它是在温度均匀时的温度;

(2)它与太阳辐射之间保持辐射平衡(即行星发射的功率等于行星吸收的太阳功率);

(3)其释放功率的速度与同温度黑体发射功率的速度相同.

根据这些条件,可以导出等效温度满足的公式.辐射平衡的条件(2)可以写为入射通量 = 出射通量.已知入射通量 = $a\Omega/4$.利用条件(1)和(3),出射通量 = σT_e^4.因此,

$$a\Omega/4 = \sigma T_e^4 \tag{2}$$

故

$$T_e = \left(\frac{a\Omega}{4\sigma} \right)^{1/4} \tag{3}$$

对地球而言,根据最后一个公式可得

$$T_e = \left(\frac{0.7 \times 1\,372 \text{ W/m}^2}{4 \times 5.67 \times 10^{-8} \text{ W/}(\text{m}^2\text{K}^4)} \right)^{1/4} = 255 \text{ K} = -1 \text{ °F}$$

对没有大气层的行星,一种可能的假设是认为行星的等效温度等于(或至少接近)其表面温度. 虽然在第 2 节中已经讨论了行星上每平方米表面吸收的平均太阳能通量为 $a\Omega/4$,但由于吸收的太阳能随着地点、季节、时间的变化而变化,故释放到太空中的辐射量也不同. 但观察发现,如果将这个通量在行星表面上取平均值,并将考察的时间尺度放在几年内,则这个平均值大致相等,即相对于时间几乎没有变化. 因此,作为一次近似,太阳系中的行星处于辐射平衡. 接下来,由于行星的表面显然不是黑体(它会反射多数入射的短波辐射),但构成行星表面的材料的辐射特性更像是长波范围的黑体. 行星表面的辐射也主要是在那个范围(见图 3),因此,若设想行星表面均匀温度为 T,则可以假设行星表面释放出的通量为 σT^4.

因此,行星表面温度 T 满足 $a\Omega/4 = \sigma T^4$,这其实就是将公式(2)中的等效温度 T_e 用行星表面的温度 T 进行替换.

无大气层行星表面温度真的接近等效温度吗? 火星的大气层非常稀薄,其等效温度为 216.9 K(习题 10),平均表面温度为 218 K[Schneider, 1996, 582],吻合得非常好. 水星基本上没有大气层,其等效温度为 441.6 K(习题 10),平均表面温度则为 395 K[Schneider, 1996, 582],并不吻合. 造成这种差异的一个可能原因是观测到的表面温度并不稳定. 例如,还有一本书[Lang, 1992, 50]中给出的水星表面温度为 440 K,而[Houghton, 1986, 1]给出的

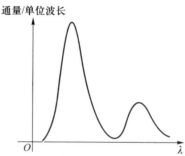

通量/单位波长

图 3 黑体辐射曲线

注:一个与太阳温度相同的黑体,单位波长释放的通量由左侧曲线给出;一个与地球温度相同的黑体,单位波长释放的通量由右侧曲线给出. 地球和太阳不是黑体,但是曲线大概给出了这两个物体主要释放能量的波长范围. 这两个图形相交的位置大约为 $\lambda = 4 \times 10^{-6}$ m;几乎所有太阳辐射释放的范围都在短波部分,几乎所有地球辐射都在长波的范围. 为清楚起见,图中调整了波长的比例,地球对应曲线的高度也被加大了.

火星表面温度则为 240 K. 另一个造成差异的可能原因在于对参数的过度简化. 模型中,假设行星表面的辐射来源于行星表面的所有部分,但对于像水星一样旋转缓慢的行星,或许假设辐射主要是在朝向太阳的半球更为合适[Henderson-Sellers, 1983, 31—32,

87—88]. 在第 5 节和第 7 节研究火星日温度变化时,将表面平衡温度设为等效温度就会是一个非常好的选择.

尽管上述研究是针对无大气层行星的,但基于同样的原因,可以使用等效温度来近似地表温度. 假定此时地表吸收的辐射与当前地表连同大气层一起吸收的辐射数量相等(即 $a\Omega/4$). 由于地球等效温度为 255 K,而其平均表面温度为 290 K(62 ℉)[Harte, 1988,164],故可以粗略地说,地球的温度比没有大气层时要高 35 K. 这个结果显然是过分简化了,因为如果没有大气层,系统将具有不同的反照率,也会以不同的速度吸收短波辐射. 但是,等效温度的作用在于,将大气层在加热地球表面过程中的角色简化为长波辐射的吸收体和发射体.

大气层所具功效的细节将在第 8 节构造更为精细模型的时候进一步讨论,那个模型将地表和大气层作为分离的对象进行讨论. 在这之前的第 5—7 节中,仍将以无大气层的行星为例来构造模型并进行分析.

习题

10. 验证正文中给出的火星和水星的等效温度值.

11. 考虑两个有相同温度的球形黑体,假设其中一个的半径是另一个半径的 3 倍. 求大球释放功率与小球释放功率之比.

12. 设行星 X 没有大气层,且其自转轴与轨道平面垂直. 若其一天与一年的长度相等,则它将仅有一个半球受到光照. 试导出该半球的温度公式. 请清晰地解释所做的任何假设.

13. 求与地表平均温度相同的黑体辐射通量,并将计算的结果与观测到的地表辐射 398 W/m^2[Grotjahn,1993,44]进行对比.

5. 无大气层行星的温度

受上一节模型的启发,我们考虑一个没有大气层,表面温度为常数 T,吸收阳光的

通量为 $a\Omega/4$，释放辐射的通量为 σT^4 的行星温度模型. 记 $\hat{T}$ 为行星表面的平衡温度，此时入射通量 = 出射通量. 由于 $a\Omega/4 = \sigma\hat{T}^4$，故 $\hat{T} = (a\Omega/(4\sigma))^{1/4}$. 换句话说，公式（3）表明，行星表面的平衡温度就是其等效温度：$\hat{T} = T_e$. 由于这两个温度是相等的，故可用 T_e 同时表示这两个温度.（第 8—9 节中的情形有所不同，因为模型中引入了大气层的作用，此时，表面的平衡温度不再等于等效温度）.

针对前述行星，考虑 3 个问题：

（1）行星表面平衡温度随着太阳常数的变化是如何变化的？

（2）若太阳常数突然跳变为一个新的数值，T_e 会在多长时间后达到其新的平衡值？

（3）温度日较差有多大？

本节将回答问题 1，并针对问题 2 和问题 3，推导时间相关的非平衡温度所满足的微分方程. 第 6 节对问题 2 和问题 3 的微分方程进行求解，之后，在第 7 节中再次讨论问题 2 和问题 3.

5.1　温度会升高多少？

由导数的定义及公式（3）有

$$\Delta T_e \approx \frac{\mathrm{d}T_e}{\mathrm{d}\Omega}\Delta\Omega = \left(\frac{a}{1\,024\sigma\Omega^3}\right)^{1/4}\Delta\Omega$$

利用这个公式及习题 7 中的结论可知，当火星的太阳常数增加 1% 时，

$$\Delta T_e \approx \left(\frac{0.85}{1\,024\times(5.67\times10^{-8}\ \mathrm{W}/(\mathrm{m^2K^4}))\times(591.0\ \mathrm{W/m^2})^3}\right)^{1/4}\times(0.01)\times(591.0\ \mathrm{W/m^2})$$

$$\approx 0.54\ \mathrm{K}$$

因此，模型中火星表面的平衡温度将会升高大约半开氏度.

5.2　行星表面温度达到平衡需要多长时间？

在太阳常数增加之前，行星表面温度为其原有的平衡温度 216.9 K.（这其实是火星表面的等效温度（习题 10），此处，假定它等于表面的平衡温度.）若太阳常数现在突然增加到一个新的常数，行星表面吸收的功率会多于其释放的功率，故行星表面温度将不再平衡. 行星的净能量将会增加，其表面温度 T 也会升高. 在 T 升高但没有达到新的平衡值之前，行星表面释放辐射能量的速度也会增加，这又减缓了温度升高的过程. 以后

可以看到,温度变化曲线很快就会变得平坦,且新的平衡值永不会达到. 因此,上面问题(2)的答案是"永远不会". 一个更有意义的问题是"当太阳常数发生变化时,经过多长时间行星表面温度能达到其新平衡温度的95%?"尽管使用本文介绍的模型并不能圆满回答这一问题,但现在的这种尝试给出了问题的物理机理,这一机理可对研究日温度周期提供有益的帮助.

首先推导 T 所满足的微分方程,该方程不只适用于入射通量 $= a\Omega/4$,出射通量 $= \sigma T^4$ 的情形. 回顾第 4 节,通量是单位表面积吸收或释放的功率. 在较短的时间区间 $[t, t+\Delta t]$ 内,行星表面吸收的能量可由下式近似

$$\text{入射功率} \cdot \Delta t \tag{4}$$

其中入射功率为在时刻 t,即区间起点处的功率. 由于功率在时间区间中可能变化,(4)仅仅是在这个时间区间中吸收能量的一个近似. 但当 Δt 很小时,功率变化的值很小,因此这个近似在 Δt 变小时会变得越来越好.

类似地,在此时间区间内,由于释放辐射造成的能量减少量为(出射功率) $\cdot \Delta t$. 因此能量的净变化量为(入射功率-出射功率) $\cdot \Delta t$.

另一方面,若假设行星表面所获得的所有能量都用来提升行星的温度(而不是进入,例如产生风或洋流等),则能量的净变化量也是 $C \cdot \Delta T$,其中 C 为行星表面的热容.因此 $C \cdot \Delta T \approx$(入射功率-出射功率) $\cdot \Delta t$. 将该式两端同除以 Δt,并令 Δt 趋于 0,可得

$$C \cdot \frac{\mathrm{d}T}{\mathrm{d}t} = \text{入射功率} - \text{出射功率} \tag{5}$$

这便是 T 满足的微分方程. 方程的左侧为贮热项(heat storage term),表示单位时间内增加到行星表面的能量.

特别地,当入射通量 $= a\Omega/4$,出射通量 $= \sigma T^4$ 时,

$$cS\frac{\mathrm{d}T}{\mathrm{d}t} = \frac{Sa\Omega}{4} - S\sigma T^4$$

其中 S 为行星表面面积,$c \equiv C/S$ 为行星表面每平方米的热容. 因此,由(2)得

$$c\frac{\mathrm{d}T}{\mathrm{d}t} = \sigma T_e^4 - \sigma T^4 \tag{6}$$

该方程为一个非线性方程,其解较为复杂(习题 17 为一种简单的特殊情况). 为得到一个比较好的解,可将方程中 T^4 的项用温度 T 的平衡值进行线性化:首先令

$$u = T - T_e$$

即令 u 为行星表面温度离开平衡值的偏移量(displacement),或 T 与 T_e 的距离. 当 $T < T_e$ 时,其符号为负. 然后,将(6)中的 T 用 $T_e + u$ 替换,并将 $(T_e + u)^4$ 展开,舍弃结果中含有 u 的次数超过一次的项,可以得到(习题 14)关于未知量 u 的一个新的微分方程:

$$c \frac{\mathrm{d}u}{\mathrm{d}t} = -4\sigma T_e^3 u \tag{7}$$

该微分方程为齐次线性微分方程,在偏移量不是很大的情形下,其解应与温度偏离平衡值 T_e 的实际值很接近. 这一方程将在第 6 节中求解,并在第 7 节中给出物理解释.

5.3 温度日较差有多大?

我们可将行星看作一片平坦的陆地(从科学的角度上看这样做比较好),白天和黑夜交替出现. 这其实并不像人们认为的那么不可思议:"行星"实际上可以简化为一大片陆地、一个半球或一个旋转的行星. 由于没有海洋及大气层,能量只能由传导通过构成行星表面的土壤和岩石从一个半球传递到另一个半球,这一过程实际上是极其缓慢的. 因此,行星本身就可以被有效地看作是两个彼此独立的半球. 记行星自转的周期为 P,为方便后面的计算,假设昼夜的时间相同,均为 $P/2$.

如前,仍设行星表面释放能量的通量为 σT^4. 其吸收能量的通量不再是 $a\Omega/4$,因为一天的时间内通量会随时间变化. 事实上,我们假设时间长度为 P 的一天内,吸收能量的平均(mean)通量为 $a\Omega/4$. 由定义可知,区间 $[a,b]$ 上分段连续函数 f 的平均值为 $(b-a)^{-1}\int_a^b f(x)\,\mathrm{d}x$,因此,可以定义

$$入射通量 = \sigma T_e^4 \left[1 + \psi\left(\frac{2t}{P}\right) \right] \tag{8}$$

其中 ψ 为一个分段连续函数,其周期为 2,满足

$$\int_0^2 \psi(s)\,\mathrm{d}s = 0 \tag{9}$$

因此,入射通量为一个周期为 P 的周期函数(习题 19). 由(9)和(2)可得,要求的入射

通量在区间 $[0, P]$ 内的均值为

$$P^{-1} \int_0^P \sigma T_e^4 \left[1 + \psi\left(\frac{2t}{P} \right) \right] \mathrm{d}t = 2^{-1} \sigma T_e^4 \int_0^2 \left[1 + \psi(s) \right] \mathrm{d}s = \frac{a\Omega}{4}$$

将求得的通量乘以 S 并代入 (5) 式可得

$$C \frac{\mathrm{d}T}{\mathrm{d}t} = \sigma T_e^4 \left[1 + \psi\left(\frac{2t}{P} \right) \right] - \sigma T^4 \tag{10}$$

采用与 (6) 式相同的处理方法对 (10) 进行线性化, 可得 (习题 15)

$$c \frac{\mathrm{d}u}{\mathrm{d}t} + 4\sigma T_e^3 u = \sigma T_e^4 \psi\left(\frac{2t}{P} \right) \tag{11}$$

这是一个非齐次线性微分方程, 在偏移量不太大时, 其解 $u = u(t)$ 应当和行星表面温度与 T_e 之间的偏移量相差不大.

函数 ψ 应当采用什么形式呢? 也许比较好的选择是将下面的函数进行周期为 2 的延拓:

$$\psi(s) = \begin{cases} \pi\sin(\pi s) - 1, & 0 \leqslant s \leqslant 1 \\ -1, & 1 \leqslant s \leqslant 2 \end{cases} \tag{12}$$

入射通量在夜间应当为零, 在白天应逐渐上升到其最大值, 然后逐渐下降为零 (参见图 4 中的上面的两个图). 不幸的是, 如果这样选择, 温度日较差没有解析的形式. 第 7 节的习题将引导读者用计算机分析这个问题.

一个较易处理的函数是

$$\psi(s) = H\sin(\pi s) \tag{13}$$

其中 H 为一个常数, $0 \leqslant H \leqslant 1$ (参见图 4 中间的一对图形). 利用这个 ψ, 太阳将永不落山 (因此, 这个函数适合对大英帝国建模[①]); 在第 9 节研究年温度周期的习题时将会用到这个函数.

但本文中多数的内容都使用方波, 即将下面的函数进行周期为 2 的延拓:

$$\psi(s) = \begin{cases} 1, & 0 \leqslant s \leqslant 1 \\ -1, & 1 \leqslant s \leqslant 2 \end{cases} \tag{14}$$

---

① 这实际上是一个玩笑. 因为大英帝国 (British Empire) 又被称为 "日不落国" ——译者注.

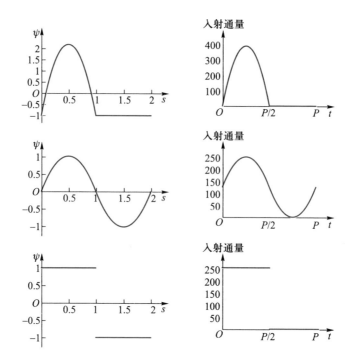

图 4　太阳通量

注:左列从上到下给出了公式(12)(13)(14)分别对应的函数 ψ. 右列则给出了相应的
入射通量函数(8)计算出的等效温度 $T_e = 216.9$ K(适合火星使用).

相比(13)中的函数,这个函数处理起来不是太难,此外,尽管它不允许白天的阳光强度变化,但确实给出了黑夜与白天(如图 4 中底部的两张图).同时,这个函数也可以得到一个入射通量在白天的合理均值,即 $a\Omega/2$.

习题

14. 导出线性化微分方程(7).

15. 导出线性化微分方程(11).

16. 假设图 2 中放置屏幕的外星人决定将火星到太阳的距离在现有的基础上增加 1%.若火星的反照率保持不变,则表面平衡温度会降低多少?

17. 一个无大气层的行星围绕着一颗恒星旋转,在时刻 $t = 0$,

恒星突然消失. 此时, 行星将只释放辐射而不吸收辐射, 因此其表面温度 T 满足的(非线性)微分方程为 $c\mathrm{d}T/\mathrm{d}t = -\sigma T^4$.

（a）证明微分方程的解（基于原始方程, 即不对问题进行线性化处理）为

$$T(t) = \left\{\frac{3\sigma t}{c} + \frac{1}{[T(0)]^3}\right\}^{-1/3}$$

（b）推导行星表面温度下降到其原来温度的一半时所需时间 τ 的公式.

（c）验证问题（b）中得到的关于时间 τ 的公式是一个关于 $T(0)$ 的减函数: 行星越热, 其冷却的速度就会越快. 试从物理学的角度对其解释.

18. 设入射功率>出射功率.（5）式意味着行星表面温度会升高、降低还是保持不变? 基于方程, 而不是物理知识, 对此问题进行简单回答. 该结论与物理常识是否吻合?

19. 验证（8）中 ψ 的周期为 P.

20. 验证公式（12）—（14）中的函数 ψ 都满足（9）.

21. 本节公式中的 ψ 是一种在"平均"意义下, 模型化太阳辐射的入射通量在一天内变化的尝试. 它并没有考虑季节的变化, 季节变化同样会影响日温度周期（在地球的陆地上, 夏天的温度日较差比冬天大[Cao 等, 1992, 923]）. 构造一个关于 ψ 的函数, 同时考虑季节和日温度的变化, 即这个行星在冬天时, 白天接收的辐射少于夏天时白天接收的辐射. 为检验给出的 ψ 是否是一个好的入射通量模型, 试计算其在 $1 \leqslant s \leqslant 2$ 上的平均值, 并绘制相应的入射通量图形.

6. 数学基础知识

方程（7）和（11）可以分别改写为

$$\frac{\mathrm{d}u}{\mathrm{d}t}+ku=0 \tag{15}$$

和

$$\frac{\mathrm{d}u}{\mathrm{d}t}+ku=A\psi\left(\frac{2t}{P}\right) \tag{16}$$

其中 ψ 为一个分段连续、周期为 2 并满足(9)的周期函数,而

$$k=\frac{4\sigma T_e^3}{c} \quad 且 \quad A=\frac{\sigma T_e^4}{c} \tag{17}$$

下面将对一般的情形求解(15)和(16),其中 k 和 A 都是正常数,不一定由(17)给出. 由于需要使用较为一般的结果来解决一些可能的情形,故此处不指定 ψ 的形式.

6.1 齐次方程的解

回顾微积分中的方法,(15)可用分离变量法求解,其通解为 $u=Ce^{-kt}$,其中 C 为任意常数. 在通解中,令 $t=0$,可得 $C=u(0)$,故

$$u=u(0)e^{-kt} \tag{18}$$

注意到当 $t\to\infty$ 时,函数 $u(t)$ 将趋于零(其平衡值),但永远无法达到. 由于(15)和(18)与在研究放射性物质衰变过程中提出的方程是相同的,因此衡量 u 到达其平衡值速度的快慢也可以使用类似半衰期(half-life)的想法. 使用 e-折时间(e-folding time)的概念是非常方便的:即函数 u 的值缩小到原值的 $\frac{1}{e}$ 所需的时间. 为导出 e-折时间 τ 所满足的公式,由(18)及 τ 的定义有 $e^{-1}=u(t+\tau)/u(t)=e^{-k\tau}$,[①]故

$$\tau=\frac{1}{k} \tag{19}$$

时间经过 3τ 后,u 将缩小到原值的 $\frac{1}{e^3}\approx\frac{1}{20}$,即 u 的值将在 3 倍 e-折时间后减少 95%.

6.2 非齐次方程的解

为求解(16),首先对自变量进行如下的变换,令

---

① 原文中最后一项为 e^{-kt} 应为印刷错误——译者注.

$$s = \frac{2t}{P} \tag{20}$$

根据链式法则可得

$$\frac{\mathrm{d}u}{\mathrm{d}t} = \frac{\mathrm{d}u}{\mathrm{d}s} \cdot \frac{\mathrm{d}s}{\mathrm{d}t} = \frac{\mathrm{d}u}{\mathrm{d}s} \cdot \frac{2}{P}$$

使用了新变量 s 后,(16)化为

$$\frac{\mathrm{d}u}{\mathrm{d}s} + \omega u = B\psi(s) \tag{21}$$

其中

$$\omega = \frac{kP}{2} = \frac{P}{2\tau}, \quad B = \frac{AP}{2} \tag{22}$$

通过这种变量变换,时间长度将以半个周期为单位度量,这样做可使后面的计算更为简便.

为求解(21),将其两端乘以积分因子 $\mathrm{e}^{\omega s}$,可得

$$\frac{\mathrm{d}}{\mathrm{d}s}\left[\mathrm{e}^{\omega s}u(s)\right] = \mathrm{e}^{\omega s}B\psi(s)$$

其中 ω 和 B 均为正常数,这些数值并不需要用(22)给出. 以 x 替换变量 s 后,将方程两端从 0 到 s 积分可得

$$\mathrm{e}^{\omega s}u(s) - u(0) = B\int_0^s \mathrm{e}^{\omega x}\psi(x)\,\mathrm{d}x$$

因此(21)的通解[①]为

$$u(s) = \mathrm{e}^{-\omega s}\left[u(0) + B\int_0^s \mathrm{e}^{\omega x}\psi(x)\,\mathrm{d}x\right] \tag{23}$$

由于(21)的右端是周期函数,可以猜测(21)也应有周期解 u(这个方程实际上源于方程(11),其中函数 ψ 依赖于入射太阳通量每日的周期变化,这一变化导致从平衡温度的偏移量 u 呈现以天为周期的变化). 下面将证明确实存在一个周期为 2,形如(23)式的周期函数. 为求得它,注意到这样的函数 u 必满足 $u(2) = u(0)$. 令(23)中的 $s = 2$ 可得

$$u(0) = \mathrm{e}^{-2\omega}\left[u(0) + B\int_0^2 \mathrm{e}^{\omega x}\psi(x)\,\mathrm{d}x\right]$$

---

① 更准确地说,(23)给出了在 u 的所有连续区间上,所有满足(21)的连续实值函数 ψ. 在这种意义下,本文都将使用"解"这个名词.

利用上式求解 $u(0)$，并将其代入（23）可得（习题 22）

$$u(s)=Be^{-\omega s}\left[\frac{1}{e^{2\omega}-1}\int_0^2 e^{\omega x}\psi(x)\,dx+\int_0^s e^{\omega x}\psi(x)\,dx\right] \tag{24}$$

对周期函数，条件 $u(2)=u(0)$ 是必要的；通过习题 25，可以证明它也是充分的，即 $u(s+2)=u(s)$ 对所有 s 成立，而不仅仅是对 $s=0$ 成立。因此，（24）给出的 u 是（21）的唯一周期解。进一步，由于 $\omega>0$，所有（21）的解在 $s\to\infty$ 时，都会收敛到这一周期解（习题 26）。

若 ψ 为（14）中的形式，当 $0\le s\le 2$ 时，（24）可以写成什么形式？由习题 23 有

$$\int_0^s e^{\omega x}\psi(x)\,dx=\begin{cases}(e^{\omega s}-1)/\omega, & 0\le s\le 1 \\ (2e^{\omega}-e^{\omega s}-1)/\omega, & 1\le s\le 2\end{cases} \tag{25}$$

因此

$$\frac{1}{e^{2\omega}-1}\int_0^2 e^{\omega x}\psi(x)\,dx=\frac{2e^{\omega}-2e^{2\omega}+e^{2\omega}-1}{\omega(e^{2\omega}-1)}=\frac{1}{\omega}\left[\frac{-2e^{\omega}(1-e^{\omega})}{(1-e^{\omega})(1+e^{\omega})}+1\right]$$

即

$$(e^{2\omega}-1)^{-1}\int_0^2 e^{\omega x}\psi(x)\,dx=\frac{1}{\omega}\left[1-\frac{2e^{\omega}}{1+e^{\omega}}\right] \tag{26}$$

将（25）和（26）代入（24）：当 $s\le 1$ 时，有

$$u(s)=\frac{B}{\omega}e^{-\omega s}\left[1-\frac{2e^{\omega}}{1+e^{\omega}}+e^{\omega s}-1\right]=\frac{B}{\omega}\left[1-\frac{2e^{\omega}e^{-\omega s}}{1+e^{\omega}}\right] \tag{27}$$

类似地（习题 24），当 $s\ge 1$ 时，

$$u(s)=\frac{B}{\omega}\left[-1+\frac{2e^{2\omega}e^{-\omega s}}{1+e^{\omega}}\right] \tag{28}$$

接下来，可以使用（20）中给出的用 t 表示的函数 s，将（27）和（28）中给出的结果用 t 表示，由此可得微分方程（16）的解，但这一过程并不是必要的。推导 u 的这种关系的目的，主要是为了研究无大气层行星的温度日较差，温度日较差可以使用（27）和（28）导出。试验证 u 在 $0\le s\le 1$ 时是增加的，在 $1\le s\le 2$ 时是减少的（尝试能否不用求导即可得到这一结论）。因此，由（27），温度日较差为

$$u_{\max} - u_{\min} = u(1) - u(0) = \frac{2B}{\omega}\left(1 - \frac{2}{1+e^{\omega}}\right) \tag{29}$$

下一节中,将探讨这个公式的物理意义.

习题

22. 推导(24)式中的 $u(s)$.

23. 当 ψ 由(14)给出时,推导(25)中的表达式 $\int_0^s e^{\omega x}\psi(x)\,\mathrm{d}x$.

24. 当 $s \geqslant 1$ 时,推导(28)中 $u(s)$ 的表达式.

25. 请按照下列步骤,证明(24)中给出的函数 u 为周期函数.

　　(a) 证明

$$u(s+2) = Be^{-\omega s}e^{-2\omega}\left[(e^{2\omega}-1)^{-1}\int_0^2 e^{\omega x}\psi(x)\,\mathrm{d}x + \right.$$

$$\left.\int_0^2 e^{\omega x}\psi(x)\,\mathrm{d}x + \int_2^{s+2} e^{\omega x}\psi(x)\,\mathrm{d}x\right]$$

　　(b) 令 $y = x - 2$,将其代入(a)中的第 3 个积分;然后利用函数 ψ 的周期性及一些代数运算证明 $u(s+2) = u(s)$.

26. 证明:当 $\omega > 0$ 时,(21)中的每一个解都会趋向于其唯一的周期解. 提示:(21)的通解 u 满足方程(23). (21)的唯一周期解 u 满足(24);对于本题来讲,可将这个解记为 u_P. 证明对公式(23)中的每一个 u,当 $s \to \infty$ 时,均有 $[u(s) - u_P(s)] \to 0$.

7. 无大气层行星的温度(续)

　　在第 5 节中,利用无大气层行星温度模型近似求得了在太阳常数突然增加 1% 时,火星表面的平衡温度将增加大约半开氏度,即从 216.9 K 到 217.4 K.

　　接下来,我们尝试回答第 5 节中的问题(2):行星表面温度趋近于其新平衡值需要多长时间.

为能回答问题(2),设想太阳常数在时刻 $t=0$ 发生变化;则 $T(0)=216.9$ K,且当 $t>0$ 时,行星表面的等效温度为 $T_e=217.4$ K. 当 $t>0$ 时,令 $u(t)=T(t)-T_e=T(t)-217.4$ K;即 $u(t)$ 为行星表面温度与新平衡值的偏移. 则 u 满足微分方程(7),即 $\mathrm{d}u/\mathrm{d}t+ku=0$,其中 $k=4\sigma T_e^3/c$. 故由(19),u 的 e-折时间为

$$\tau=\frac{c}{4\sigma T_e^3} \tag{30}$$

为求得 τ 的数值,需知道常数 c 的值. 此处,我们遇到了一个困难. 为克服这一困难,首先针对地球,给出关于常数 c 的粗略估计,并希望火星适用的常数与此相近. Wallace 和 Hobbs 给出了关于地球的如下事实:土壤、岩石、沙子及黏土等构成陆地主要材料的热传导速度是非常缓慢的. 因此可以认为,经过一天的时间,陆地表面吸收的太阳能穿透陆地表面的深度不超过 1 m.(火星和陆地上一天的长度几乎相同,火星的一天为 24.6 h[Beatty 和 Chaikin,1990,289],因此,有理由猜测,火星穿透层的深度和地球相差不多.)此外,这些材料的比热仅为水比热的 1/4[Wallace 和 Hobbs,1977,338—339]. 同时,可以估算,陆地和水有着几乎相同的密度[Peixoto 和 Oort,1992,221]. 注意到 c 为陆地表面每平方米的热容,故

$$c\approx\frac{(0.25\cdot\text{水的比热})\times(\text{陆地密度})\times(\text{深度为 1 m 的陆地体积})}{\text{陆地面积}} \tag{31}$$

$$=(1\,046\ \mathrm{J/(kg\cdot K)})\times(1\,000\ \mathrm{kg/m^3})\times(1\ \mathrm{m})\approx10^6\ \mathrm{J/(m^2\cdot K)}$$

因此,利用(30)和(31),其 e-折时间为

$$\tau=\frac{10^6\ \mathrm{J/(m^2\cdot K)}}{4(5.67\times10^{-8}\ \mathrm{W/(m^2\cdot K^4)})\times(217.4\ \mathrm{K})^3}=4.3\times10^5\ \mathrm{s}\approx5\ \text{天}$$

这说明,太阳输出值跳变到新数值的 15 天后,地球表面温度将达到其新平衡值的 95%. 事实上,在给出这个模型时,其原理是存在不足的(除计算显然是针对地球而不是火星这个原因外). 因为,假设在以一天为时间尺度时,穿透层的深度不超过 1 m. 但如果使用不同的时间尺度,将会得到不同的结果. 根据 Wallace 和 Hobbs 的研究,在以一年为时间尺度考虑地球陆地表面吸收太阳能的问题时,穿透层的深度可以达到数米. 此处,

"数米"意味着"5 m".因此,e-折时间变成了 25 天而不是 5 天.问题在于 c 的取值依赖于穿透深度,因此也依赖于时间尺度,而时间尺度又依赖于常数 c."行星表面"并不是一个单一的整体,它可以被划分成很多层.因此,更为精细的模型可以引入能量从高层到低层传递的速度.本文中的模型并不能说明温度接近于新的平衡值有多快.

7.1 温度日较差

接下来将考虑第 5 节中的问题(3),即确定温度日较差(diurnal temperature range, DTR).此处,时间的尺度是明确的;因此,不得不使用一个能适用于太阳在一天中加热行星表面情形时的 c 的值.

在火星赤道上,白天最高温度"大约为 300 K,与地球表层的温度没有太大差异",但在夜晚"温度下降到冰冷的 160 K,远远低于地球表面任何地方的温度"[Goody 和 Walker,1972,66].这使得 DTR 达到 140 K.利用(17)和(22)可得

$$\frac{B}{\omega} = \frac{T_e}{4} \tag{32}$$

因此,若 ψ 与(14)中相同,则(29)给出的温度日较差为

$$\text{DTR} = \frac{T_e}{2}\left[1 - \frac{2}{1+e^\omega}\right] \tag{33}$$

图 5 为(33)在 $T_e = 216.9$ K 时的图形.

利用(33)可以看到,对给定的 T_e,温度日较差为变量 ω 的单增函数,且 $\lim\limits_{\omega\to\infty}\text{DTR}(\omega) = T_e/2$.因此,模型给出的温度日较差不会超过等效温度的一半——对火星而言是 108 K.这一结果小于 Goody-Walker 给出的数值 140 K,但至少在量级

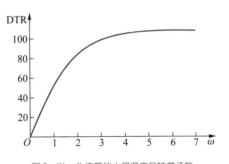

图 5 以 ω 为变量的火星温度日较差函数

上是相符的.(若允许太阳辐射强度在一天之内可以变化,就可给出一个真实的温度日较差;参见习题 29.)当 ω 很大时,DTR 会接近 108 K.回顾(22)有

$$\omega = \frac{P}{2\tau} \tag{34}$$

由(34)及(30)可得

$$\omega = \frac{2\sigma T_e^3 P}{c} \tag{35}$$

因此,较大的 ω 对应较小的 c,且事实上:"火星表面的热传导率可以认为是很小的,只有很薄的一层有日温度振荡. 由于很薄的干燥表面层只能贮存很少的热量,故其每天的加热和冷却循环会产生较大的温度变化.(这种情形也可以在地球上见到,例如,在远离海洋的干燥沙漠地区,陆地表面日温度变化比海洋或近海陆地及覆盖植被的陆地要大得多. 对火星的观测证实,其表面更像是沙漠中很轻的、干燥的沙子.)[Goody 和 Walker,1972,66]

从物理上容易理解温度日较差是一个关于 ω 单调增加的函数. 由(34),ω 正比于行星的自转周期 P 与 e-折时间 τ 之比.

•若 ω 较大,行星表面吸收和释放热量的速度比自转周期快,则行星表面在白天有足够的时间被加热,在夜晚也有足够的时间冷却. 因此,DTR 会较大.

•若 ω 较小,白天和夜晚无法提供引起较大温度变化所需的时间,故 DTR 应当较小.

从(33)可以得到,对固定的 ω,DTR 也是 T_e 的单调增加函数,这从物理上也容易理解. 一个较热的行星(即 T_e 较大)释放长波辐射的速度较快,因此在夜晚太阳落山后冷却的速度也较快. 这种行星在白天时温度上升得也较快,因为其吸收太阳能的速度较快;否则,其等效温度不可能较大(参见(2)). 反之,在一个自转周期内,较冷的行星表面温度变化的速度较小.

接下来,将给出以时间为变量的温度函数的图形,其中 ψ 为(14)中的形式. 利用(32),可将(27)和(28)改写为

$$u(s) = \begin{cases} \dfrac{T_e}{4}\left[1 - \dfrac{2e^{\omega}e^{-\omega s}}{1+e^{\omega}}\right], & 0 \leqslant s \leqslant 1 \\[4mm] \dfrac{T_e}{4}\left[-1 + \dfrac{2e^{2\omega}e^{-\omega s}}{1+e^{\omega}}\right], & 1 \leqslant s \leqslant 2 \end{cases} \tag{36}$$

注意到 $u(s)$ 为以时间为变量的温度偏离其平衡值的偏移函数,其中时间的单位为

半个自转周期. 图 6 为一天中 $u(s)$ 的图形,其中 $T_e = 216.9\text{K}, \omega = 4$.

偏移函数 u 在 $0 < s < 1$ 时是一个单调增加并下凹(即上凸)的函数. 从物理上看,由于行星表面在白天被加热,故 u 是增加的. u 是下凹函数的原因则是,在黎明时,行星比较寒冷,其向外辐射能量的速度较

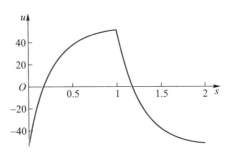

图 6 一个火星日中以时间为变量的温度函数

慢;这意味着,它从太阳吸收能量的速度较快. 因此行星表面净能量的增加速度较快,其温度变化曲线升高的速度也较快. 之后的时间里,行星表面吸收能量的速度和以前一样(因为本模型中入射通量是常数),但由于行星表面变热,其向外释放能量的速度将比以前更快. 因此,温度曲线虽然仍是上升的,但其上升的速度比以前慢.

类似的讨论(习题 27)可以解释为什么 u 在 $1 < s < 2$ 时是递减的上凹函数. 方波函数 ψ 的间断性表现为函数 u 在 $s = 1$ 处的不光滑性(不可微)(而且,若将 u 进行周期性延拓,在 $s = 2$①及 s 为所有整数时,函数 u 都不光滑).

在引言部分曾经提及,最近的几十年间,地球陆地表面的 DTR 减小的速度与平均温度升高的速度大致相同. 在没有大气层的行星上,若太阳常数增加,等效温度升高,DTR 会如何变化呢? DTR 必然是增加的,因为 DTR(33)为一个关于 T_e 及 ω 的单调增加函数,同时,由(35)知,ω 也是一个关于 T_e 单调增加的函数. 进一步(习题 28),有

$$\frac{\mathrm{d}}{\mathrm{d}T_e}\text{DTR} = \frac{1}{2}\left[1 - \frac{2}{1+e^{\omega}} + \frac{6\omega e^{\omega}}{(1+e^{\omega})^2}\right] \quad (37)$$

因此,DTR 变化的速度仅依赖于 ω. 图 7 为(37)右端项的图形,由图可见,对较大的 ω,T_e 每增加 1 度,火星的 DTR 将升高大约半度.

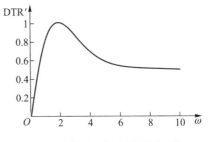

图 7 无大气层行星温度日较差对 T_e 的导函数,其中自变量为 ω

---

① 原文此处为 $u = 2$,应为排版错误——译者注.

习题

27. 从物理角度解释(36)中的 u 为什么在 $1<s<2$ 时是单调减少且上凹的.

28. (a) 证明 $T_e \cdot \mathrm{d}\omega/\mathrm{d}T_e = 3\omega$.

(b) 推导 $\dfrac{\mathrm{d}}{\mathrm{d}T_e}$DTR 满足的公式(37).

29. 接下来将考虑一个更实际的关于火星的模型,该模型中午的阳光强度比早晨及傍晚强. 本习题中,令 ψ 取(12)中的形式. 对这种 ψ,可以证明(21)的唯一周期解为

$$
u(s) = \begin{cases}
B\left\{ -\dfrac{1}{\omega} + \dfrac{\sin\left(\pi s - \tan^{-1}(\pi/\omega)\right)}{\left[1+(\omega/\pi)^2\right]^{1/2}} \right. \\
\left. \qquad + \dfrac{e^{-\omega s}}{\left[1+(\omega/\pi)^2\right](1-e^{-\omega})} \right\}, \quad 0 \leqslant s \leqslant 1 \quad (38) \\
B\left\{ \dfrac{-1}{\omega} + \dfrac{e^{\omega}e^{-\omega s}}{\left[1+(\omega/\pi)^2\right](1-e^{-\omega})} \right\}, \quad 1 \leqslant s \leqslant 2
\end{cases}
$$

其中 B 满足(22). 特别地,若微分方程(11)的周期解为 u,则对无大气层的行星,可以利用(32)得到 $B = T_e\omega/4$. 利用计算机完成下列操作:

(a) 绘制(38)中 $u(s)$ 的图形,其中 B 用本题中得到的表达式,$T_e = 216.9$ K. 用不同的 ω 重复此过程. DTR 是否为 ω 的减函数? 当 ω 增加时,使温度达到最大值的点 s 逐渐向左移动,并逐渐接近 0.5. 试从物理的角度解释这一现象.

(b) 求 ω 的值,使得模型的解能与真正的火星 DTR 相吻合. 针对这个值,在白天的什么时间火星温度达到其最大值?

(c) 利用(35)求(b)中得到的 ω 对应的热容 c;它和(31)中的 c 相比有什么变化? 请注意你使用的单位.(1)中 σ 的时间单位为秒,为什么呢?

(d) 假设太阳常数增加了. 利用(b)中求得的 ω,估计行星表面平衡温度每上升 1 度,DTR 的增加量.

(e) 对较大的 ω,(如(a)中的取值)绘制函数 $u(s)$. 该图在 $1 \leqslant s \leqslant 2$ 时几乎是一条水平线. 这在物理上是否有意义?

8. 有大气层行星的平衡温度

在第 4 节中,已经得到了地球表面的平均温度 290 K,它比其等效温度 255 K 高了 35 K. 这种差异就是由于大气层的存在造成的,因为大气层吸收了地表辐射出的长波辐射,起到了保温的作用;由于温度升高,大气层也会释放长波辐射,其中一部分来自被地表吸收的太阳能,也有一部分是大气层吸收的来自太阳的短波辐射. 因此,地表温度比没有大气层覆盖时要热一些.

为量化辐射的交换,仍如前假设地表上每一点的温度(与时间相关)都相同 $T_0 = T_0(t)$. 类似地,假设大气层中每一点也有相同的温度 $T_1 = T_1(t)$. 此处,3 种类型的功率需要被考虑:

- 短波功率;
- 长波功率;
- 非辐射功率.

8.1 短波功率

仍假设地球/大气层系统从太阳吸收能量的通量为 $a\Omega/4$,但该通量中的一部分被地表吸收,一部分被大气层吸收. 它们之间具体的分配比例则是一个非常复杂的问题.

对于到达大气层顶端的通量 $\Omega/4$,在被吸收之前,一部分被反射回太空,一部分被大气层吸收,另一部分则到达地面. 到达地面通量中的一部分又被反射回大气层,而反射到大气层中通量的一部分又被反射回地面. 再次反射回地面的通量中,又会有一部分被地面吸收. 因此,短波通量中被地表吸收的总量实际上是阳光在地表和大气层之间多次反射的结果,类似地,大气层吸收的全部短波通量也是这样得到的.

注意到,地表和大气层总共吸收的短波通量为 $a\Omega/4$. 记 q 为经过多次反射后的通量中,被地表吸收的比例;则地表吸收的总通量为 $qa\Omega/4$. $a\Omega/4$ 中剩余的部分均被大气层吸收(同样经过了多次反射),因此,被大气层吸收的短波通量为$(1-q)a\Omega/4$.

使用这样的记号可以避免处理复杂的多次反射问题,但是,使用的时候需要非常小心. 参数 q 是很多其他量的函数,包括第一次反射中,阳光被地表吸收的比例以及地表和大气层的反射率. 换言之,q 依赖于反照率,因此,若希望使用此处的模型来预测反照率变化的效果,则需要求出 q 的取值是如何受到影响的. 这可以通过使用几何级数漂亮地解决[Harte,1988,89—94].

根据(2),可以证明

$$被地表吸收的短波功率 = Sq\sigma T_e^4$$
$$被大气吸收的短波功率 = S(1-q)\sigma T_e^4 \tag{39}$$

其中 S 为地表面积.

8.2 长波功率

回顾黑体辐射问题,由定义,黑体吸收所有波长的入射辐射,并在每一波长以最大可能的速度从其边界向外辐射. 注意到第 4 节和第 5 节中,地表与黑体的行为类似,在长波范围内是较好的估计,因此,对典型地表(及大气层)温度,几乎所有的辐射都集中于长波波段. 本文的模型中,可以假设地表辐射通量 σT_0^4 均处于长波范围. 若将大气层也看作黑体,其辐射通量 σT_1^4 也几乎全在长波范围.

事实上,即便在长波范围内,大气层也并不像黑体一样;它并不是吸收全部入射的长波辐射,也不是以其最大的效率来释放辐射.

假设大气层吸收从地表释放的通量 σT_0^4 的比例为 $A,0 \leqslant A \leqslant 1$,且其释放能量的通量为 $\epsilon\sigma T_1^4$,其中 $0 \leqslant \epsilon \leqslant 1$. 于是 A 和 ϵ 分别为大气层的吸收率(absorptivity)和发射率(emissivity).

接下来,由 Kirchoff 定律(Kirchoff's law)[Wallace 和 Hobbs,1977,291—292]可知,一个物体吸收一个特定波长辐射的效率等于其在这个波长释放辐射的效率,这一定律对多数大气层都是适用的. 例如,假设一个物体吸收了所有入射红光通量中的 10%,所有入射蓝光通量中的 20%,则其释放辐射的通量中,红光的辐射速率是与其相同温度黑体辐射速率的 10%;其释放辐射的通量中,蓝光辐射的速率是与其相同温度黑体辐射速率的 20%.

受到 Kirchoff 定律的启发,可以假设

$$A = \epsilon$$

即大气层的发射率等于其吸收率,因此模型中大气层从地表吸收的能量大约为 $\epsilon\sigma T_0^4$. 这样做可将 Kirchoff 定律中的所有不同波长的长波辐射叠加在一起得到一个粗略的估计,但即便如此,也比将地表类比为在长波范围内的黑体精细了很多(对此问题完整的讨论请参见附录 I).

通量为大气层边界上每平方米释放的功率,在本模型中,包括两个球面:一个与地表相接,另一个与太空相接,每一个球面的表面积均为 S. 大气层从两个球面都会向外辐射,但仅从底层球面吸收,因为只有从行星表面释放的长波辐射才会被吸收. 类似地,地表吸收所有从底部球面发出的长波辐射. 因此,有

$$\begin{aligned}
\text{地表吸收的长波功率} &= S\epsilon\sigma T_1^4 \\
\text{地表释放的长波功率} &= S\sigma T_0^4 \\
\text{大气层吸收的长波功率} &= S\epsilon\sigma T_0^4 \\
\text{大气层释放的长波功率} &= 2S\epsilon\sigma T_1^4
\end{aligned} \tag{40}$$

8.3 非辐射功率

对真实的地球而言,有两种非辐射方法使得能量从地表传递到大气层.

第一种是,热从地球表面通过热传导传递到大气层底部,并通过湍流和对流从大气层底部传递到大气层的高处.

第二种是,部分地表的能量被水蒸气消耗. 当水蒸气通过蒸发过程到达大气层中一定高度后,它将在大气层中释放能量.

为避免过细地讨论这些物理过程,这些过程将被统称为"机械热传导",于是可以简化假设,能量传递的过程服从牛顿冷却定律,即地表和大气层之间的能量传递速率正比于它们的温度差:

$$\begin{aligned}
\text{通过机械热传导离开地表的功率} &= S\gamma(T_0 - T_1) \\
\text{通过机械热传导进入大气的功率} &= S\gamma(T_0 - T_1)
\end{aligned} \tag{41}$$

其中 γ 为一个正常数. 在多数情况下,本文都会忽略这一项,因为考虑这一项后对研究的模型影响不大.

图 8 中给出了所有在地表、大气层和太空之间的能量交换.

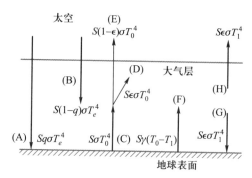

图 8　能量交换

注:地球/大气层系统吸收的太阳能为 $S\sigma T_e^4$,一部分(A)留在地表,其他的(B)进入大气层.同时,地表向外释放的功率(C),一部分(D)被大气层吸收,其他(E)进入太空.功率也会通过机械热传导从地表传递到大气层(F).最后,大气层也通过其下边界[(G),全部被地表吸收]及上边界[(H),释放到太空]释放能量.

下面主要讨论它们的平衡温度,分别记为 $\hat{T}_0$ 和 $\hat{T}_1$. 针对地表和大气层分别建立入射总功率和出射总功率并令它们相等;将结果除以地球的表面积 S,就得到了 $\hat{T}_0$ 和 $\hat{T}_1$ 满足的入射通量=出射通量的两个方程:

$$q\sigma T_e^4 + \epsilon\sigma\hat{T}_1^4 = \sigma\hat{T}_0^4 + \gamma(\hat{T}_0 - \hat{T}_1) \qquad (\text{地表平衡}) \qquad (42)$$

$$(1-q)\sigma T_e^4 + \epsilon\sigma\hat{T}_0^4 + \gamma(\hat{T}_0 - \hat{T}_1) = 2\epsilon\sigma\hat{T}_1^4 \qquad (\text{大气层平衡}) \qquad (43)$$

在没有大气层的行星温度模型中,地表的平衡温度等于等效温度.对有大气层存在的情形,这一关系将不再成立;事实上(习题 33),很快就会用到,对给定的数值 ϵ 和 q,有 $\hat{T}_0 > T_e$.

在引言部分就已经提到,大气层中的二氧化碳含量与 1850 年时的含量相比,将会在未来 50 到 150 年之间翻番.能量平衡方程(42)—(43)给出了气候变化模型一个典型问题的解答,即是什么影响了全球的平均表面温度? 首先,将(42)和(43)相加并整理可得

$$\sigma T_e^4 = (1-\epsilon)\sigma\hat{T}_0^4 + \epsilon\sigma\hat{T}_1^4 \qquad (44)$$

因此

$$\epsilon = \frac{\hat{T}_0^4 - T_e^4}{\hat{T}_0^4 - \hat{T}_1^4}$$

当前[①],对地球来说,

$$T_e = 255 \text{ K}, \quad \hat{T}_0 = 290 \text{ K}, \quad \hat{T}_1 = 250 \text{ K}$$

因此

$$\epsilon = 0.898\ 3 \tag{45}$$

接下来,求解(42)中的 q 和 γ 可得

$$q = \frac{\hat{T}_0^4 - \epsilon \hat{T}_1^4 + \gamma \sigma^{-1}(\hat{T}_0 - \hat{T}_1)}{T_e^4}, \quad \gamma = \frac{\sigma(qT_e^4 + \epsilon \hat{T}_1^4 - \hat{T}_0^4)}{\hat{T}_0 - \hat{T}_1} \tag{46}$$

假设 $\gamma = 0$,即忽略机械热传导过程,这一假设可将问题分析的过程大大简化,且对问题的结论几乎不会造成影响(参见习题32). 利用(42)和(43)消去 $\hat{T}_1$,并求解 $\hat{T}_0$ 可得(习题31)

$$\hat{T}_0 = T_e G(\epsilon, q), \text{其中} G(\epsilon, q) = \left(\frac{1+q}{2-\epsilon}\right)^{1/4}, \text{若} \gamma = 0 \tag{47}$$

上式表明,大气层使地表温度增加的因子为 $G(\epsilon, q)$(这个因子可以小于1;参见习题33). 这个函数称为温室函数(greenhouse function). 由(45)(46)的前半部分及假设 $\gamma = 0$,可以求得

$$q = 0.842\ 8 \tag{48}$$

回顾第3节中的结论,真实的地表吸收全部被地球/大气层系统吸收的太阳辐射中的2/3. 该模型高估了这个比例.

由于二氧化碳是一种温室气体,大气层中二氧化碳浓度翻番将使大气层吸收长波辐射的效率比释放长波辐射能量的效率更高. 吸收能力越强,ϵ 的取值越大. 下面估计这个新的 ϵ;为此,可用(47)确定未来地表的温度. 类似地,也将估计工业革命前的地表温度. 总的变暖效果就是未来与原来地表温度之差. 所有3个 ϵ 的值都与 γ 和 q 无关,因此也可以应用于习题32中 $\gamma > 0$,$q = 1$ 的情形.

---

① $\hat{T}_1$ 的数值通过对 Holton[1992, 487] 给出的与高度相关温度的密度加权平均得到.

工业革命前,大气层中的二氧化碳浓度约为 $280 \times 10^{-6}(\mathrm{v})$,其中"$10^{-6}(\mathrm{v})$"表示"百万分之一体积",即在每百万个大气层分子中,有 280 个二氧化碳分子. 浓度翻番将达到 $560 \times 10^{-6}(\mathrm{v})$. 1992 年,二氧化碳浓度为 $350 \times 10^{-6}(\mathrm{v})$[Peixoto 和 Oort,1992,434][①];因此,要求的 ϵ 值可以通过将当前的二氧化碳浓度下的值乘比例因子 $560/350 = 1.6$ 得到.

主要的温室气体为水蒸气和二氧化碳,此处将忽略其他温室气体. 假设这两种温室气体吸收长波辐射的能力可以分开考虑,即 $\epsilon = \epsilon_w + \epsilon_c$,其中 ϵ_w 和 ϵ_c 分别为地表发出的长波辐射被大气层中的水蒸气和二氧化碳吸收的比例. 还假设水蒸气吸收入射的长波辐射的效率与水蒸气的浓度成正比:$\epsilon_w = \beta \times$(水蒸气的浓度),其中 β 为一个常数. 对二氧化碳也可以类似地假设;但是,作为非常粗糙的一次近似,可以假设二氧化碳分子吸收长波辐射的效率仅仅为水蒸气分子的 $1/4$[Harte,1988,184,习题 4],即 $\epsilon_c = \beta \times$(二氧化碳浓度)$/4$. 此外,Harte[1988,179]的计算表明,在当前的大气层中,水蒸气分子的数量是二氧化碳分子的 14.6 倍,故当前水蒸气的浓度为 $14.6 \times 350 \times 10^{-6}(\mathrm{v}) = 5\ 110 \times 10^{-6}(\mathrm{v})$. 因此,假设水蒸气的浓度相对于时间保持不变,"未来的 ϵ"(二氧化碳含量翻番以后)与"当前的 ϵ"((45)中当前的值)的比例为

$$\frac{未来的\ \epsilon}{当前的\ \epsilon} = \frac{\beta[(当前水蒸气)+0.25 \times (未来 \mathrm{CO}_2)]}{\beta[(当前水蒸气)+0.25 \times (当前 \mathrm{CO}_2)]}$$

$$= \frac{5\ 110 \times 10^{-6}(\mathrm{v})+0.25 \times [560 \times 10^{-6}(\mathrm{v})]}{5\ 110 \times 10^{-6}(\mathrm{v})+0.25 \times [350 \times 10^{-6}(\mathrm{v})]} = 1.010\ 1$$

因此,利用(45),

$$未来的\ \epsilon = 1.010\ 1 \times (当前的\ \epsilon) = 1.010\ 1 \times (0.898\ 3) = 0.907\ 4$$

故,假设 q 的值保持不变,从(47)可求得未来地表平衡温度将为 290.6 K.

类似地,

$$\frac{过去的\ \epsilon}{当前的\ \epsilon} = \frac{\beta[(当前的水蒸气)+0.25 \times (过去的 \mathrm{CO}_2)]}{\beta[(当前的水蒸气)+0.25 \times (当前的 \mathrm{CO}_2)]}$$

---

① 自 1979 年以来,按月或更高频率的数据可以从美国国家海洋暨大气总署(National Oceanic and Atmospheric Administration,NOAA)的气候监测与诊断实验室获得. 该数据每年的 8 月会进行更新. 根据 1997 年的数据,二氧化碳的平均浓度约为 $360 \times 10^{-6}(\mathrm{v})$.

$$= \frac{5\,110\times10^{-6}(\text{v})+0.25\left[280\times10^{-6}(\text{v})\right]}{5\,110\times10^{-6}(\text{v})+0.25\left[350\times10^{-6}(\text{v})\right]}=0.996\,6$$

再利用过去的 $\epsilon=0.996\,6\times0.898\,3=0.895\,3$,可以得到过去的地表温度为 289.8 K,即

$$\text{预测的总温度升高为 } 0.8 \text{ K}$$

这一预测的结果小于使用全球气候模型预测的结果,全球气候模型的预测结果是平均值大约为 3 K[Peixoto 和 Oort,1992,477]. 全球气候模型中使用的物理原理比本模型中使用的原理更贴近现实,本文中的模型忽略了大量因素. 特别是,本文的模型忽略了反馈效应(feedback effects),这一过程说明了一个变量在初始时数值发生改变后是如何影响模型中其他变量的. 与大气层相关的一个这样的重要过程是水蒸气的反馈效应:初始时大气层中二氧化碳的增加使得地球表面温度升高,这反过来使得水的蒸发速度增加,因此大气层中的水蒸气含量会升高. 但是,由于水蒸气为温室气体,结果是地表温度进一步升高,因此就会造成更高的蒸发速度,以此类推——这一过程是收敛(希望这一过程是收敛的!)到一个比升高二氧化碳初始值得到的预测温度更高的温度.

习题

30. 由(2)知,(44)的左端项为进入地球/大气层系统的能量通量. 证明其右端项为释放的通量;证明过程中,请给出每一项所表示的物理含义.

31. 推导(47)中的 $\hat{T}_0$.

32. 采用下列步骤,重新计算二氧化碳翻番后升高到的温度,此时,忽略大气对短波辐射的吸收,但考虑机械热传导.

(a) 证明:当 $q=1$ 及 $\gamma>0$ 时,地表温度为下列函数的零点

$$f(x)=2\sigma T_e^4-(2-\epsilon)\sigma x^4-\gamma\left[x-\left(\frac{T_e^4-(1-\epsilon)x^4}{\epsilon}\right)^{1/4}\right]$$

提示:求解(44)中的 $\hat{T}_1$,并将其代入(43)(其中 $q=1$).

(b) 证明(a)中的函数 f 只有一个根. 提示:证明函数 f 为单调递减函数,即便不去计算 f',这一结果也不难证明.

(c) 利用(46)确定 γ 的值. 使用计算机或者图形计算器,针

对"未来"和"过去"的 ϵ 值,求函数 f 的根;地表温度的变化就是这两个值之间的差.

33.(a) 验证温室函数 $G(\epsilon,q)$ 满足下列关系,并说明其物理含义.

① 当且仅当 $\epsilon+q>1$ 时,有 $G(\epsilon,q)>1$;

② G 为 ϵ 的单增函数;

③ G 为 q 的单增函数.

(b) 利用(a)验证 $\hat{T}_0>T_e$,其中 $\gamma=0$,且 ϵ 和 q 满足(45)及(48).(当然,已知 $\hat{T}_0>T_e$;需要选择合适的 ϵ 和 q,以符合观测到的温度.)

34.(a) 以 T_e 为参数,推导本文中模型能给出的最大地表温度满足的公式(设 $\gamma=0$).

(b) 金星的表面温度为 730 K[Beatty 和 Chaikin,1990,93].利用(a)中的结论证明本文中的模型并不适用于金星.(可以将金星大气层模型化为若干同心球面,每一层球面具有相同的温度;像本文一样的单球面模型,无法提供足够大的温室效应.)

35. 在大约 1 亿年前的白垩纪中期,地表被认为比现在温暖——温暖到南极洲也许不存在永久冰,且短吻鳄生活在北极圈附近."地球化学模型表明,当时的大气层中二氧化碳的含量大约为现在的 5 到 10 倍"[Schneider,1987,76—77].利用本节中的模型(令 $\gamma=0$)估计当时的温度.(请注意,该模型似乎仍然低估了当时的真实温度.)

36. "太阳亮度百分之零点几的变化……就可能使地球温度变化 0.5 ℃"[Baliunas 和 Soon,1996,41].请利用本节中的模型对这一结论进行评估.(作者只是在强调需要彻底理解太阳常数的变化,以便在研究全球温度变化时评估二氧化碳的影响.他们通过研究类似太阳的恒星来了解太阳的变化.)

9. 有大气层行星的日温度周期

为建立有大气层行星的日温度周期模型,使用(2)~(10)中研究无大气层行星时相同的方法,将关于平衡温度的方程(42)(43)转化为一对与时间相关的温度微分方程. 此处及本节中将始终假设 $\gamma = 0$. 转化的结果为

$$c_0 \frac{\mathrm{d}T_0}{\mathrm{d}t} = q\sigma T_e^4 \left[1 + \psi\left(\frac{2t}{P}\right) \right] + \epsilon\sigma T_1^4 - \sigma T_0^4 \tag{49}$$

$$c_1 \frac{\mathrm{d}T_1}{\mathrm{d}t} = (1-q)\sigma T_e^4 \left[1 + \psi\left(\frac{2t}{P}\right) \right] + \epsilon\sigma T_0^4 - 2\epsilon\sigma T_1^4 \tag{50}$$

其中 ψ 为一个分段连续函数,其周期为 2,且 $\int_0^2 \psi(s)\,\mathrm{d}s = 0$, c_0 和 c_1 为行星表面和大气层单位面积的热容. 与无大气层的情形类似,此处也假设模型中研究的陆地质量与行星其他部分可以分开,因此可以被看作是其自身的"行星". 当研究的陆地质量足够大时,例如一个大陆,这种假设在地球上是合理的,因为地球上典型的风速约为 5 m/s,即大约 400 km/天. 因此,在地球其他区域上温度的变化在一天的时间内,没有足够的时间影响该大陆主要的内陆区域.

下面假设 T_1 为常数,即对一切 t 有 $T_1(t) = \hat{T}_1$. 这样做的原因是

- 可以使得数学推导大大简化(通常是很难讨论的);
- 大气层每日温度波动相比陆地小.

事实上,"在地球表面陆地上,温度日较差在多数地方大约都在 10 K 左右,但在一些高海拔沙漠地带,可以超过 20 K. "[Wallace 和 Hobbs,1977,27]. 反之,大气层的热容很大,这使得温度变化约为 0.68%[Goody 和 Walker,1972,89],用本文中的数据 $\hat{T}_1 = 250$ K 来计算,就是 1.7 K. 因此,此处假设 T_1 为常数也就意味着大气层的热容为无限大.

基于上述讨论,在(49)中以 $\hat{T}_1$ 替换 T_1. 而后,地表温度从其平衡值 $\hat{T}_0$ 的偏移量 u 可以定义为 $u = T_0 - \hat{T}_0$;然后,利用(42)将其线性化,并引入(20)中定义的新变量 $s = 2t/P$. 根据习题 37,得到的方程为

$$\frac{\mathrm{d}u}{\mathrm{d}s}+\omega u=B\psi(s)$$

其中

$$\omega=\frac{2P\sigma\hat{T}_0^3}{c_0},\quad B=\frac{Pq\sigma T_e^4}{2c_0} \tag{51}$$

此处的 ω 和 B 与第 6 节和第 7 节中的定义不同. 最后一个微分方程就是(21)，它的唯一周期解由(24)给出. 假设 ψ 为(14)中的形式. 则其周期解形如(27)(28)，且温度日较差为(29)：

$$\mathrm{DTR}=\frac{2B}{\omega}f(\omega),\quad \text{其中}f(\omega)=1-\frac{2}{1+\mathrm{e}^{\omega}} \tag{52}$$

从(52)可以得到一系列物理意义. 首先，可以看到大气层的存在对 DTR 的影响. 实际上，大气层对 DTR 的影响是多方面的，例如改变行星的反照率，但本文将这一角色分离到 ϵ 中研究. 因此，比较两个自转周期、等效温度和热容都相同的行星，但一个没有大气层，另一个有大气层时，哪一个的 DTR 较大？

对无大气层的行星：有 $\epsilon=0,q=1$. 记 ω_0 为(51)给出的行星的 ω，则 $\omega_0=2P\sigma T_e^3/c_0$.

对有大气层的行星：方程(51)和(47)给出

$$\omega=2P\sigma\hat{T}_0^3/c_0=[G(\epsilon,q)]^3\omega_0$$

因此，由(52)

$$\frac{\text{有大气层行星的 DTR}}{\text{无大气层行星的 DTR}}=[G(\epsilon,q)]^{-3}F(\omega_0) \tag{53}$$

其中 $F(x)=f([G(\epsilon,q)]^3 x)/f(x)$. 又设 $\epsilon+q>1$，则 F 有如下性质(习题 38)：

$$F(x)\to[G(\epsilon,q)]^3,\quad x\to0^+ \tag{54a}$$

$$F \text{ 为单调减函数} \tag{54b}$$

$$F(x)\to1,\quad x\to\infty \tag{54c}$$

由(53)及 $\epsilon+q>1$ 时的(54ab)可知，大气层的引入会使得 DTR 变小. 这是除了提高地表平均温度外的第二个途径，使得有大气层的行星在 $\epsilon+q>1$ 时，气候发生缓慢变化. 由(53)及(54bc)，温室函数的三次方给出了最大可能的压缩比例. 对地球而言

$$[G(\epsilon,q)]^3=[G(0.898\ 3,0.842\ 8)]^3=1.47$$

因此,由于当前地表的 DTR 大约为 10 K,则对一个和真实地球有着相同的自转周期、等效温度和比热,但没有大气层的虚构类地行星,其 DTR 最多为 15 K.

由于大气层缩小了 DTR,空气含量越多,其对 DTR 的压缩也就越大. 下面将对此结论进行验证. 若固定

- 反照率 α,
- 太阳常数 Ω(因此等效温度 T_e 固定),
- 地表热容 c_0,
- 地表吸收太阳辐射的比例 q,
- 自转周期 P,

增大 ϵ 是否会使得 DTR 减少? 是的. 因为(53)中,ω_0 保持不变,而 $\left[\,G(\epsilon,q)\,\right]^{-3}$ 减小.

现在,可以计算 DTR 相对于地表平衡温度的变化率. 再次固定 α,c_0,q 及 P. 下面将分析两种情形:

(I) Ω(因此 T_e)保持不变,而 ϵ 变化;

(II) ϵ 保持不变,而 Ω(因此 T_e)变化.

情形 I 由(52)(51)和(47),

$$\frac{\mathrm{d}}{\mathrm{d}\hat{T}_0}\mathrm{DTR}\bigg|_{\epsilon\text{变化},\Omega\text{不变}} = 2B\left[\frac{-f(\omega)}{\omega^2}+\frac{f'(\omega)}{\omega}\right]\frac{\mathrm{d}\omega}{\mathrm{d}\hat{T}_0}$$

$$= \frac{Pq\sigma T_e^4}{c_0}\left[\frac{-f(\omega)}{\omega^2}+\frac{f'(\omega)}{\omega}\right]\frac{3\omega}{\hat{T}_0}$$

$$= 1.5q\omega^2\left(\frac{T_e}{\hat{T}_0}\right)^4\left[\frac{-f(\omega)}{\omega^2}+\frac{f'(\omega)}{\omega}\right]$$

$$= \frac{q}{\left[\,G(\epsilon,q)\,\right]^4}\cdot 1.5\left[\,-f(\omega)+\omega f'(\omega)\,\right]^{①}$$

因此

---

① 原文此处推导有误——译者注.

$$\frac{d}{d\hat{T}_0}DTR\bigg|_{\epsilon变化,\Omega不变} = \frac{q}{[G(\epsilon,q)]^4} \cdot H_{空气增多}(\omega) \tag{55}$$

其中

$$H_{空气增多}(\omega) = 3\left[\frac{-1}{2} + \frac{1}{1+e^\omega} + \frac{\omega e^\omega}{(1+e^\omega)^2}\right]$$

情形 II 再次使用(52)(51)和(47)

$$DTR = \frac{q\hat{T}_0 f(\omega)}{2[G(\epsilon,q)]^4} \tag{56}$$

此时,由(51)可得 $d\omega/d\hat{T}_0 = 3\omega/\hat{T}_0$,因此,由(52)有

$$\frac{d}{d\hat{T}_0}DTR\bigg|_{\Omega变化,\epsilon不变} = \frac{q(f(\omega)+f'(\omega)\cdot 3\omega)}{2[G(\epsilon,q)]^4}$$

因此

$$\frac{d}{d\hat{T}_0}DTR\bigg|_{\Omega变化,\epsilon不变} = \frac{q}{[G(\epsilon,q)]^4} \cdot H_{太阳变热}(\omega) \tag{57}$$

其中

$$H_{太阳变热}(\omega) = \frac{1}{2} - \frac{1}{1+e^\omega} + \frac{3\omega e^\omega}{(1+e^\omega)^2}$$

图 9 给出了函数 $H_{空气增多}$ 和 $H_{太阳变热}$ 的图形. 这一模型给出了一个有趣的性质,即温室效应减少了 DTR,而日照增强则增加了 DTR.

使用第 8 节中针对地球计算的数值,有 $q[G(\epsilon,q)]^{-4} = 0.842\,8 \cdot [G(0.898\,3,$ $0.842\,8)]^{-4} = 0.5$,因此,模型在 ω 充分

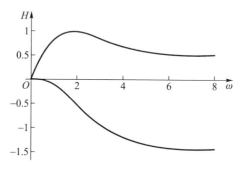

图 9 $H_{空气增多}$(下面的曲线)和 $H_{太阳变热}$(上面的曲线)

大时能显示出 DTR 明显的变化. 由 (56),对地球而言,可以粗略地估计 $0.2 \leqslant \omega \leqslant 0.7$(习题 **39**). 对此范围内的 ω,若允许发射率变化,则 $\frac{d}{d\hat{T}_0}DTR$ 的取值大约在 $-0.000\,5$ 到 -0.02 之间. 若允许 Ω 变化,$\frac{d}{d\hat{T}_0}DTR$ 的

取值大约在 0.1 到 0.3 之间. 在这一范围内, 本文关于 DTR 的模型对发射率的变化并不敏感, 但对太阳常数的变化相对较为敏感.

由于模型中 DTR 的下降并不显著, 是什么原因导致了真实地球温度的下降呢？也许有两种可能(对这两种可能或其他可能, 请参见 Beardsley[1992], Cao 等[1992], Easterling 等[1997]及 Karl 等[1993]):

• 硫酸盐气溶胶的增加(来源于化石燃料燃烧产生的微粒)可以增加白天将阳光反射回太空的量, 因此减缓了温室气体增加带来的加热效果. 这种减缓不会发生在夜晚.

• 水蒸气的反馈效应(第 8 节)可以造成大气层中水蒸气的增加. 由于水蒸气吸收了部分入射的短波辐射, 增强了大气层在白天吸收太阳能的能力, 因此导致地表吸收能量的减少. 同时, 由此诱发的温室效应仅在白天使得地表温度的升高减慢.

本文中的模型对大气层的发射率并不敏感, 这一结果与 Cao 等[1992, 926—927]分析的更为精细模型的结论是匹配的, 他们在一个一维辐射模型的基础上进行了计算机实验(与本文中的模型类似, 只考虑了辐射型能量的交换, 不考虑机械热传导, 但允许温度依赖于海拔, 且气体的吸收和发射特性依赖于波长). 他们的研究发现, 当大气层中二氧化碳含量翻番后, DTR 减少了 0.05 K. 这个减少量虽然很小, 但也大于本文模型给出的结果, 也许是因为他们的模型考虑了太阳辐射被二氧化碳吸收的情形. 当他们在模型中加入水蒸气的反馈效应后, DTR 减少了 0.4 K. 他们还做了一个全球气候模型的仿真, 并发现在某些地区 DTR 增加, 同时在另一些地区 DTR 则有所减少, 但由于水蒸气的反馈效应及相关的过程, 全球平均温度则有所减小[Cao 等, 1992, 929].

习题

37. 对所有 t, 当 $T_1(t) = \hat{T}_1$ 时, 验证(49)的线性化形式可以写为 $du/ds + \omega u = B\psi(s)$, 其中(51)是成立的.

38. (a) ① 设在 $x>0$ 时 $f(x)$ 为一个正的、单调增加且下凹的

---

① 此练习缺少一个条件 $\lim_{x\to 0^+} f(x) = 0$——译者注.

函数（不必如（52）中的函数），同时存在连续的二阶导数. 又设 $\lim_{x \to \infty} f(x)$ 存在，$\lim_{x \to 0^+} f'(x)$ 存在且为正的. 令 C 为一个大于 1 的常数，并定义 $F(x) = f(Cx)/f(x)$. 证明 F 满足（54b）（54c），且 $\lim_{x \to 0^+} F(x) = C$.

（b）证明：当 $\epsilon + q > 1$ 时（53）中的函数 F 满足（54）.

39.（a）利用（56）验证当 $7 \leqslant \text{DTR} \leqslant 25$ 时，近似地有 $0.2 < \omega < 0.7$.（这一结果与 Wallace 及 Hobbs 在他们的文章中所给出的 DTR 范围大致相同.）

（b）计算地表对应的热容 c_0，其结果与（31）相容么？

40. 公式（55）及（57）中，当 $q = 0$ 时，有 $\dfrac{\text{d}}{\text{d}\hat{T}_0}\text{DTR} = 0$. 给出这一结论的物理解释.

41. DTR 变化的相对值或许比其变化的绝对值更为重要；对火星上 140 K 的 DTR 来说，DRT 变化 1 度不会比地球上 10 K 的 DTR 有相同变化时更令人不安. 以 ω 为自变量，利用 $\text{DTR}^{-1} \cdot \dfrac{\text{d}}{\text{d}\hat{T}_0}\text{DTR}$ 的图形来探讨 DTR 的相对变化率.

42. 温度年较差（annual temperature range，ATR）：为夏天最高温度与冬天最低温度的平均差. 在这一时间尺度上，不能再将陆地认为是独立的整体，故只能将北半球或南半球作为"行星"来考虑. 此时，地表将由海洋主导. 将大气层假设为具有无限的热容将不再合适；事实上，海洋混合层（参见第 2 节）的热容可能是大气层热容的 20 倍（习题 9），且大气层每年的温度变化与地表的温度变化大概是可比的，大约为 $5 \sim 10$ K [Grotjahn, 1993, 63, 图 3.14].（由于海洋有很大的热容，故这一变化是相对较小的. 陆地区域则有较大的变化.）故此时可将大气层的热容设为 0.

（a）令 $\gamma = 0$，$c_1 = 0$，用（43）求解 $\epsilon \sigma T_1^4$. 将其代入（49），并将

最终得到的关于 T_0 的一阶微分方程关于 $\hat{T}_0$ 作线性化. 证明:这将导出形如(21)的公式,其中 $u = T_0 - \hat{T}_0$, $s = 2t/P$, $\omega = P(2-\epsilon)\sigma \cdot \hat{T}_0^3/c_0$, $B = P(1+q)\sigma T_e^4/4c_0$.

(b) 令 $\psi(s) = H\sin \pi s$,证明(21)的唯一周期解为 $u(s) = BH(\omega^2+\pi^2)^{-1/2}\sin \pi(s-\phi)$,其中 $\phi = \pi^{-1}\tan^{-1}(\pi/\omega)$. 推导温度年较差为

$$\text{ATR} = \frac{2BH}{\omega\left[1+\left(\dfrac{\pi}{\omega}\right)^2\right]^{1/2}}$$

(c) 证明 $\text{ATR} = \dfrac{1}{2}\hat{T}_0 H\left(1+(\pi/\omega)^2\right)^{-1/2}$.

(d) 证明

$$\left.\frac{\mathrm{d}}{\mathrm{d}\hat{T}_0}\text{ATR}\right|_{\Omega\text{变化},\epsilon\text{不变}} = \frac{1+4\left(\dfrac{\pi}{\omega}\right)^2}{2H\left[1+\left(\dfrac{\pi}{\omega}\right)^2\right]^{3/2}}$$

(e) 对地球而言,$H \approx 0.4$. 求对地球而言合理的 ω 取值范围,并利用这些值,计算

$$\left.\frac{\mathrm{d}}{\mathrm{d}\hat{T}_0}\text{ATR}\right|_{\Omega\text{变化},\epsilon\text{不变}}$$

(f) 模型中,太阳辐射入射通量达到最大值的时刻与地表温度达到最大值的时刻之间相差多少?(对真正的地球,这一滞后时间大约为 6 周[Wallace 和 Hobbs,1977,347].)

43. 回顾温度年较差的问题(习题 42). 设 c_0,c_1 均为正数,并令 $\psi(s) = H\sin \pi s$,求解(49)—(50)的线性化方程,可以证明温度年较差为

$$\text{ATR} = 2\sqrt{\frac{Q_1^2+Q_2^2}{L^2+M^2}}$$

其中

$$L = k_1 k_4 - k_2 k_3 - \pi^2, \quad M = \pi(k_1+k_4)$$

$$Q_1 = H(k_2 B_1 + k_4 B_0), \quad Q_2 = \pi H B_0$$

$$B_0 = \frac{Pq\sigma T_e^4}{2c_0}, \qquad\qquad B_1 = \frac{P(1-q)\sigma T_e^4}{2c_1}$$

$$k_1 = \frac{2P\sigma \hat{T}_0^3}{c_0}, \qquad\qquad k_2 = \frac{2P\epsilon\sigma \hat{T}_1^3}{c_0}$$

$$k_3 = \frac{2P\epsilon\sigma \hat{T}_0^3}{c_1}, \qquad\qquad k_4 = \frac{4P\epsilon\sigma \hat{T}_1^3}{c_1}$$

将对地球常用的 $\epsilon, q, T_e, \hat{T}_0$ 和 $\hat{T}_1$ 代入这些公式,并令 $H = 0.4$ 及 $P = 1$ Y $= 365 \times 24 \times 60 \times 60$ s $= 3.15 \times 10^7$ s,用计算机绘制以 c_0 和 c_1 为变量的 ATR 的图形. 求 ATR 在大约 5~10 K 的合理范围内时 c_0 和 c_1 的取值. 对这些值,在"ϵ 变化,Ω 不变"及"Ω 变化,ϵ 不变"的两种情形下作图来估计 ATR 的变化速率. 第一种情形时,估计变化速率的方法可以使用新的 ϵ 和相应新 $\hat{T}_0$ 和 $\hat{T}_1$ 重新计算 ATR. 使用新数据和旧数据计算得到的 ATR 之差除以新旧地表温度的差,就得到了 $\dfrac{\mathrm{d}}{\mathrm{d}\hat{T}_0}$ATR 的一个近似值. 也可以考虑使用 $P = 1$ 天来重复该习题,从而体会此处将大气层热容简化假设为无限大是否可行.

附录 I Kirchoff 定律

在第 8 节中已经说明,作为一个粗略的估计,大气层的吸收能力 A 与其发射率 ϵ 相等. 为说明这一近似是可行的,需要下面的 Planck 函数(Planck function),

$$B(\lambda, T) = \frac{c_1}{\lambda^5(\mathrm{e}^{c_2/\lambda T} - 1)}$$

其中 c_1 和 c_2 均为正常数[Wallace 和 Hobbs,1977,287]. 温度为 T 的黑体在波长范围 $\lambda_1 < \lambda < \lambda_2$ 内辐射通量可以将 Planck 函数从 λ_1 到 λ_2 的积分求得. 特别地,可以证明 $\displaystyle\int_0^\infty B(\lambda, T)\,\mathrm{d}\lambda =$

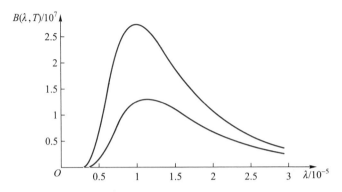

图 10 当 $T=290$ K（上面的曲线）和 $T=250$ K（下面的曲线）时的 Planck 函数

σT^4. 如图 10 所示，在地球及其大气层的温度时，多数释放辐射的范围是 $\lambda_L \leqslant \lambda \leqslant \lambda_U$，其中（这不是任意选择的）$\lambda_L = 7 \times 10^{-6}$，$\lambda_U = 17 \times 10^{-6}$，且对在此范围内的 λ，有 $B(\lambda, 290) \approx 2B(\lambda, 250)$.

令 $\epsilon(\lambda)$，$0 \leqslant \epsilon \leqslant 1$ 为模型中大气层发射波长为 λ 辐射的效率；即当 $\Delta\lambda$ 很小时，大气层释放波长范围为 $[\lambda, \lambda + \Delta\lambda]$ 的辐射的通量大约为 $\epsilon(\lambda)B(\lambda, T_1)\Delta\lambda$. 因此，大气层在所有波长上的总发射通量为

$$\int_0^\infty \epsilon(\lambda)B(\lambda, 250)\,\mathrm{d}\lambda \approx \int_{\lambda_L}^{\lambda_U} \epsilon(\lambda)B(\lambda, 250)\,\mathrm{d}\lambda$$

类似地，令 $A(\lambda)$ 为大气层吸收地表释放波长为 λ 的辐射通量的效率，$0 \leqslant A(\lambda) \leqslant 1$. 地表释放的辐射与满足条件 $\lambda_L \leqslant \lambda \leqslant \lambda_U$ 的黑体辐射相似，这个区间是地表释放辐射主要集中的范围. 因此，大气层从地表吸收的总辐射通量近似为 $\int_{\lambda_L}^{\lambda_U} \epsilon(\lambda)B(\lambda, 290)\,\mathrm{d}\lambda$.

大气层释放辐射的效率 ϵ（发射率）就是其真正释放的辐射通量与具有相同温度的黑体释放的辐射通量之比. 根据 Kirchoff 定律可得

$$\epsilon = \frac{\int_0^\infty \epsilon(\lambda)B(\lambda, 250)\,\mathrm{d}\lambda}{\sigma \cdot 250^4} \approx \frac{1}{2}\left(\frac{290}{250}\right)^4 \frac{\int_0^\infty \epsilon(\lambda)B(\lambda, 250)\,\mathrm{d}\lambda}{\sigma \cdot 290^4} \approx 0.9\,A$$

即 $A \approx \epsilon$，这就是假设所表述的内容！

这一近似很粗糙（其原理也很粗糙），但要比将大气层的所有部分都看作一个整体，并认为其温度相同，或假设地表是一个黑体要好.（对地表不同部分，近似发射率为 [Peixoto

和 Oort,1992,105]:陆地为 0.82,植物为 0.98,水为 0.96,没有一个与期望的 1 接近.)

附录 II   物理常数及换算

根据 Resnick 和 Halliday[1977]:

1 m = 1 meter ≈ 39.4 in(英寸) = 3.28 ft(英尺)

1 km = 1 000 m ≈ 0.621 4 mile(英里)

1 kg = 1 kilogram = 1 000 g ≈ 2.21 lb(磅)

20 ℃ 时干燥空气在压力 14.70 lb/in² 时的密度为(即地表附近的大致平均大气层条件):1.29 kg/m³.①

水的密度为:1.00×10³ kg/m³.

$T_F = 32 + 9T_C/5$ 及 $T_C = T - 273.15$,其中 T_F,T_C 和 T 为华氏温度、摄氏温度及开氏温度.

由 Harte[1988,229—263]:

水的比热:4 184 J/(kg·K)

常容条件下空气的比热:719.6 J/(kg·K)

常压条件下空气的比热:1 004.2 J/(kg·K)

1980 年世界能源消耗:10¹³ W

地球的大气层质量:5.14×10¹⁸ kg

地球的表面面积:5.10×10¹⁴ m²

由 Houghton[1986,2]:

地球的全球反照率:0.3

火星的全球反照率:0.15

金星的全球反照率:0.77

由 Goody 和 Walker[1972,47]:

---

① 20 ℃时,空气密度应约为 1.205 kg/m³——译者注.

水星的全球反照率:0.058

由 Beatty 及 Chaikin[1990,289]:

地球与太阳之间的平均距离:149.60×10^6 km

金星与太阳之间的平均距离:108.20×10^6 km

火星与太阳之间的平均距离:227.94×10^6 km

水星与太阳之间的平均距离:57.91×10^6 km

附录Ⅲ　术语

吸收率(absorptivity):入射能量通量被吸收的比例.

温度年较差(ATR,annual temperature range):夏天最高温度与冬天最低温度之差.

反照率(albedo):入射行星的阳光没有被吸收的比例.

黑体(blackbody):一个假设的物体在均匀温度下,吸收所有入射波长的射线(因此没有反射),并在每一个波长用最大可能的速度释放辐射. 该物体从其表面向外辐射能量的速度服从 Stefan-Boltzmann 定律.

伴随反照率(co-albedo):入射到行星表面的阳光被吸收的比例.

e-折时间(e-folding time):函数 u 减少到原值的 $\dfrac{1}{e}$ 所需的时间.

等效温度(effective temperature):一个物体在温度均匀、辐射平衡状态(即发射的功率与吸收的功率相等)、与相同温度黑体发射能量速度相同时的温度.

发射率(emissivity):在相同温度下,入射能量通量占黑体发射出的能量通量的比例.

平衡温度(equilibrium temperature):随着时间的增加,物体趋向于的温度.

反馈效应(feedback effect):初始时,某一变量的变化影响了其他变量,而这些变量的变化又诱发了该变量进一步变化的过程.

通量(flux):能量流的速度.

温室函数(greenhouse function):由于大气层的存在使得行星表面温度增加的因子.

温室气体(greenhouse gas):一种使得大气层吸收长波辐射的效率超过发射辐射的

效率的气体,这种气体会导致行星表面具有更高的温度. 按照总体效应,主要的温室气体为水蒸气和二氧化碳,因为它们大量存在.

半衰期(half-life):物理量缩减为原来数值的一半所用的时间.

热容(heat capacity):使得一个物体温度升高 1 开氏度所需要的能量.

动能(kinetic energy):与物体运动相关的能量.

Kirchoff 定律(Kirchoff's law):物体对给定波长辐射的吸收效率与其发射此种波长的发射效率是相等的.

长波辐射(longwave radiation):波长大于 $4×10^{-6}$ m 的电磁辐射.

功率(power):单位时间内产生或消耗能量的速度.

辐射能量(radiant energy):电磁波谱中所有波长的波所携带的能量.

短波辐射(shortwave radiation):波长小于 $4×10^{-6}$ m 的电磁辐射.

太阳常数(solar constant):对与太阳的距离为某定值的点,太阳能通过该点处单位面积的速度;离太阳越远,太阳常数越小.

比热(specific heat):单位质量的物质温度升高 1 开氏度所需要的能量.

Stefan-Boltzmann 定律(Stefan-Boltzmann law):温度为 T 的黑体发射辐射的速度为 σT^4,其中 σ 为 Stefan-Boltzmann 常数.

硫酸盐气溶胶(sulfate aerosols):大气层中的含硫微粒,通常是由化石燃料的燃烧产生的.

水蒸气反馈效应(water vapor feedback effect):一个能比仅考虑改变初始二氧化碳含量得出的温度升高值更高的过程. 初始时增加大气层中二氧化碳的含量,将会提高地表的温度,而这将增加蒸发率,因此大气层中将会含有更多的水蒸气. 但由于水蒸气是一种温室气体,其含量的增加将会导致地表温度的进一步升高,这又导致更高的蒸发率,以此类推.(这一效应在初始时若减少二氧化碳含量,也会起到相反的作用.)

习题解答

1. 0 ℃,17.8 ℃,32.2 ℃,273.2 K,290.9 K,305.4 K.

2. 18.1 kg.

3. 1 290 kg.

4. 记 H 为压缩壳层的厚度. 压缩壳层的密度应为(大气层质量)/(H · (地球的表面积));压缩壳层的密度也应当等于水的密度.联立这两个方程可得 10.1 m.

5. 120 J.

6. 将室内空气的质量(由习题 3 给出)乘以常容条件下空气的比热(房屋是气密的)即可得到这个房间的热容(即使房间温度升高 1 K 所需要的总能量).于是,将热容乘以温度变化可得

$$(1\ 290\ \text{kg}) \times \left(719.6\ \frac{\text{J}}{\text{kg} \cdot \text{K}}\right) \times \left(\frac{4}{1.8}\ \text{K}\right) = 2.1 \times 10^6\ \text{J}$$

7. 591.0 W/m^2.

8. 吸收的总功率为 8.16×10^{16} W.

9. 10^7 J/(m^2 · K);大气层的热容为混合层的 $\frac{1}{20}$.

11. 9.

12. 温度为 $(a\Omega/2\sigma)^{\frac{1}{4}}$,假设背向太阳的半球冷到无法发射辐射,朝向太阳的半球达到辐射平衡,且温度、吸收率和发射率在朝向太阳的一面是均匀的.

13. $\sigma T^4 = (5.67 \times 10^{-8}\ \text{W}/(\text{m}^2 \cdot \text{K}^4)) \times (290\ \text{K})^4 = 401\ \text{W/m}^2$.

16. 1.09 K.

29. (a) 是的,DTR 是一个关于 ω 的减函数.

(b) $\omega = 4$;大约下午 2:30.

(c) 25 000 J/(m^2 · K).

(d) 大约 1.25 K.

30. 参见图 8.

32. (c) 温度升高 0.8 K.

34. (a) $2^{\frac{1}{4}} T_e$.

35. CO_2 有 5-折增量时为 294 K;使用 10-折增量对模型并不合适.

39. (b) 是.

42. (f) 12 周.

参考文献

Baliunas Sallie, Willie Soon. 1996. The sun-climate connection. Sky and Telescope, 92(12):38—41.

Beardsley Tim. 1992. Night heat. Scientific American, 266(2):21—24.

Beatty J. Kelly, Andrew Chaikin. 1990. The New Solar System. 3rd ed. Cambridge, MA: Sky Publishing.

Cao H X, et al. 1992. Simulated diurnal range and variability of surface temperature in a global climate model for present and doubled climates. Journal of Climate, 5:920—943.

Easterling David R, et al. 1997. Maximum and minimum temperature trends for the globe. Science, 277:364—367.

Few Authur. 1996. System Behavior and System Modeling. Sausalito, CA: University Science Books.

Feynman Richard P, et al. 1963. The Feynman Lectures on Physics. Vol I. Reading, MA: Addison-Wesley.

Goody Richard M, James C G Walker. 1972. Atmospheres. Englewood Cliffs, NJ: Prentice-Hall.

Greenler Robert. 1980. Rainbows, Halos, and Glories. New York: Cambridge University Press.

Grotjahn Richard. 1993. Global Atmospheric Circulations: Observations and Theories. New York: Oxford University Press.

Harte John. 1988. Consider a Spherical Cow: A Course in Environmental Problem Solving. Sausalito, CA: University Science Books. 1994. Mill Valley, California: University Science Books.

Henderson-Sellers Ann. 1983. The Origin and Evolution of Planetary Atmospheres. Bristol, UK: Adam Hilger Ltd.

Holton James R. 1992. An Introduction to Dynamic Meteorology. 3rd ed. New York: Academic Press.

Houghton John T. 1986. The Physics of Atmospheres. 2nd ed. New York: Cambridge University Press.

Houghton John T, et al. 1996. Climate Change 1995: The Science of Climate Change. New York: Cambridge University Press.

Karl Thomas R, et al. 1993. Asymmetric trends of daily maximum and minimum temperature. Bulletin of the American Meteorological Society, 74:1007—1023.

Lang Kenneth R. 1992. Astrophysical Data: Planets and Stars. New York: Springer Verlag.

de Mestre Neville. 1990. The Mathematics of Projectiles in Sport. New York: Cambridge University Press.

North Gerald R, et al. 1981. Energy Balance Climate Models. Review of Geophysics and Space Physics, 19:91-121.

Peixoto José P, Abraham H Oort. 1992. Physics of Climate. New York: American Institute of Physics.

Resnick Robert, David Halliday. 1977. Physics. Part I. 3rd ed. New York: John Wiley & Sons.

Schneider Stephen. 1987. Climate modeling. Scientific American, 256(5):72—80.

Schneider Stephen. 1996. Encyclopedia of Weather and Climate. New York: Oxford University Press.

Wallace John M, Peter V Hobbs. 1977. Atmospheric Science: An Introductory Survey. New York: Academic Press.

8 气候问题的微分方程建模

Climates Modeling in Differential Equations

丁颂康　编译　韩中庚　审校

摘要:

本案例通过习题、考核样题和团队实践项目,建立了几个关于地球温度的简单的能量平衡模型.

原作者:

James Walsh

Department of Mathematics

Oberlin College,Oberlin OH 44074

jawalsh@ oberlin.edu

发表期刊:

The UMAP Journal,2015,36 (4):325—363.

数学分支:

微分方程、数学建模

应用领域:

气候学、环境科学

授课对象:

正在学习微分方程的学生

预备知识:

一阶自治常微分方程的线性化定理、相轨线、相平面、分叉、零值线.

目　录：

网上更多……　　本文英文版

1. 引言

本案例中部分习题和问题需要使用简单的 Mathematica 笔记本,它们可以在附录中看到,也作为补充材料出现在 UMAP 杂志的网页.

气候物理学背景及其补充材料可以在 Walsh 和 McGehee〔2013〕以及 College Mathematics Journal 杂志同一专辑的讨论行星地球数学的其他文章中找到.

2. 全球平均温度模型

假设地球接收来自太阳的日照(太阳能),但其中的一部分通过辐射传回太空,我们可以建立地球温度的基本模型.全球平均温度 T 可以用能量平衡方程(EBM)〔Kaper 和 Engler,2013,16〕建立模型:

$$R \frac{\mathrm{d}T}{\mathrm{d}t} = Q(1-\alpha) - \sigma T^4 \tag{1}$$

右边的第 1 项是被地球及其大气系统吸收的入射热量,第 2 项是指地球被看成一个黑体同时所有射出长波辐射(OLR)均返回到太空的辐射热量.

- T(K,开尔文):地球光球(高层大气层)中的平均温度,那里能满足该模型的能量平衡(1 K = 1 ℃);

- t(年):时间;

- R(W · year/(m² · K)):地球/大气系统的平均热容(热容是指物体或物质提升 1 K(= 1 ℃)温度)所需要的热量;

- Q(W/m²):地球表面每平方米全球年平均太阳辐射(或者日照率);

- α(无量纲):行星的反照率(反射率);

- σ(W/(m² · K⁴)):比例常数,称为 Stefan-Boltzmann 常数.

注意到(1)式是一个自治的常微分方程(ODE),这意味着导数的表达式不显含自变量 t.

各参数的值为

- $R = 2.912\ \text{W} \cdot \text{year}/(\text{m}^2 \cdot \text{K})$ [Ichii 等,2003,表 1];

- $Q = 342\ \text{W/m}^2$ [Kaper 和 Engler,2013,17];

- $\alpha = 0.30$ [Kaper 和 Engler,2013,17];

- $\sigma = 5.67 \times 10^{-8}\ \text{W}/(\text{m}^2 \cdot \text{K}^4)$.

习题

1. 证明(1)式两边的单位相同.

2. 模型还有哪些未说明的假设?

3. (如果不熟悉 Mathematica 的 Dsolve 命令,可以忽略)运用 Mathematica 的 Dsolve 命令试求出方程(1)满足初始条件 $T(0) = 0$ 的解析解,用参数 R, Q, α, σ 表示.

4. (如果不熟悉 Mathematica 的 NDsolve 命令,可以忽略)(a)对于给定的参数 R, Q, α, σ 的值,运用 Mathematica 命令 NDsolve,求方程(1)满足初始条件 $T(0) = 0$ 经过最初 10 亿年,即时间区间 $[0, 1000000000]$ 的数值解.你能观察到什么? (b)画出(a)的解.

5. 求方程(1)的解的平衡值 T^*.

6. 用 Ichii 等[2003]的表中给出的地球表面热容值 $4.69 \times 10^{23}\ \text{J/K}$ 和地球表面积 $5.101 \times 10^{14}\ \text{m}^2$ 推出 R 的值.(提醒:注意 $1\ \text{W} = 1\ \text{J/s}$,并注意单位.)

7. 地球的大气层可以通过 OLR 的发射率系数 ε 引入到简单的模型(1)中得到如下形式:

$$R \frac{\mathrm{d}T}{\mathrm{d}t} = Q(1 - \alpha) - \varepsilon \sigma T^4$$

当系数 $\varepsilon = 1$ 时便导致地球大气层对射出长波辐射是完全透明

的,如同方程(1)所示.

对于给定的其他参数值,ε 取什么值会导致全球平均温度的平衡值 $T^* = 288.4 (= 15.4\ ℃ \approx 59.7\ ℉)$——我们现在的全球年平均温度?(再提醒一下 273 K = 0 ℃ = 32 ℉.)

8. 假设用形如 $A + BT$ 的线性项模拟全球表面温度模型中的 OLR,其中 B 是正常数(参见 Graves 等 [1993]),将能量平衡方程表达成如下形式:

$$R\frac{\mathrm{d}T}{\mathrm{d}t} = Q(1-\alpha) - (A+BT) \tag{2}$$

在这个模型中,全球表面平均温度 T 用 ℃ 给出,参见 Graves 等 [1993, 20](参数 R, Q, α 的值不受 T 的尺度变化的影响).

(a)依据这个模型,解释 $B > 0$ 的必然性;

(b)求方程(2)的通解,讨论解对时间变化的反应.

(c)由卫星的测量,参数 A 和 B 目前的最优估计值为 $A = 202\ \mathrm{W/m^2}, B = 1.90\ \mathrm{W/(m^2 \cdot ℃)}$ [Graves 等, 1993];

(ⅰ)用(2)计算平衡点处的地球表面平均温度 T^*,你认为这个值为什么能够相当接近于当前地球全球表面的年平均温度 15.4 ℃?

(ⅱ)用 1979 年地球北半球的数据:$A = 203.3\ \mathrm{W/m^2}, B = 2.09\ \mathrm{W/(m^2 \cdot ℃)}$,重新计算(ⅰ)[Kaper 和 Engler, 2013, 20].

(ⅲ)T^* 的数值是如何随着参数 A 和 B 变化的?讨论模型中 OLR 项的这个数值.

(ⅳ)假定无冰表面的反照率为 $\alpha_w = 0.32$ [Budyko, 1969].在地球无冰的情况下,也就是将(2)式中的 α 用 α_w 取代,计算 T^*.依据(2)给出的温度,对于曾经无冰的地球表面会不会重新结冰?(假设当温度 $T < T_c = -10\ ℃$ 时会结冰.)

(ⅴ)假设冰的反照率为 $\alpha_s = 0.62$.在地球变成雪球,即整个行星被冰覆盖的情况下,也就是(2)式中的 α 被 α_s 取代时计算

T^*. 依据(2)给出的温度,对于曾经成为雪球的地球,冰会不会融化?

3. 分叉

在用常微分方程建模时,分叉的概念起着重要的作用.以下是一个更开放的问题,它需要用到 Mathematica 中的 QBifurcation.nb(此程序和以下所提到的相关程序都可以参见附录,也可参见 UMAP 杂志网页中的补充材料).

习题

9. 考察自治常微分方程

$$R \frac{dT}{dt} = Q(1-\alpha(T)) - \varepsilon\sigma T^4 = f(T) \tag{3}$$

其中大气发射率取为 $\varepsilon = 0.6$.

由于热容 R 对于解的定性行为起不到本质性的作用,令 $R = 1 \ \text{J}/(\text{m}^2 \cdot ℃)$.

行星反照率是日照反射回太空的程度的度量,较大的反照率值对应于较大的反射率(从而有较小的吸收率).例如,冰比水的反照率大.

假设地球的反照率函数由(4)式给出,与 Kaper 和 Engler 在 [2013,18]中用的稍有不同:

$$\alpha(T) = 0.5 + 0.2\tanh(0.1(265-T)) \tag{4}$$

于是,反照率显式地依赖于温度.

(a) 计算 $\lim\limits_{T \to \infty} \alpha(T)$,并就模型的极限做出解释.再对 $T \to -\infty$ 重新计算.

(b) 在地球的历史进程中,日照率 Q 发生了重大的变化.例如,35 亿年前,地球的日照率小于当前值的 80%.因此我们感兴趣的是方程(3)的平衡解随 Q 值而变化的方式(这是古气候研究中产生的一个问题).

要进一步了解这个问题,用 Mathematica 文件 QBifurcation.nb 对区间[270,450]中的不同 Q 值,绘制 $f(T)$.

试说明平衡解的数量在 Q 值从 270 递增到 450 时会出现什么情况.你可以在同一张图表上至少给出 5 个代表性的 $f(T)$ 的图形.

(c) 通过(b)的部分,我们看到模型(3)对于不同的 Q 值,平衡点处出现了分叉.分叉点可能在 $f(T)=0$ 和 $f'(T)=0$ 同时满足时出现.

(i) 证明 $f(T)=0$ 隐含着

$$Q = Q(T) = \frac{\varepsilon\sigma T^4}{1-\alpha(T)} \tag{5}$$

(ii) 计算 $f'(T)$,令其结果为 0,并用(5)式的 Q 值代入,得到

$$-\varepsilon\sigma T^3\left(\frac{T}{1-\alpha(T)}\alpha'(T)+4\right)=0 \tag{6}$$

(iii) 运用 QBifurcation.nb 中建立的 FindRoot 命令求方程(6)的解 T.求得两个正解 $T_1<T_2$.

(iv) 计算对应值 $Q_1=Q(T_1)$ 以及 $Q_2=Q(T_2)$.讨论中心位于 Q_1 与 Q_2 的 Q 的小区间时解的行为.解释该模型中 Q 值对于解的行为所起的作用.

(d) 借助 QBifurcation.nb 中的 ParametricPlot,对参数 Q 创建一个平衡解的分叉图.确保图中包括相轨线(例如在 Blanchard 等[2012,99]中给出的).

(e) 用(d)得到的分叉图,给出当 $Q=280$ W/m² 时解的长期行为.

当 $Q=280$ 时,平衡表面温度是 $T=223$ K $=-50$ ℃.于是,对这个 Q 值以及大气层的发射率 $\varepsilon=0.6$,地球表面将被冰覆盖.

这个结论与 35 亿年前的事实相矛盾,当时 Q 值还小于 280 W/m^2,但是众所周知,在地球表面上一直存在着液态水.这个矛盾称为弱年轻太阳悖论(faint young Sun paradox)(维基百科,2016),已被解释成定论:"早期地球的大气层包含更多的温室气体".Wolf 和 Toon[2013]提出地球三维模型可以解决这个悖论[Netburn,2013].

因此,令 $Q=280$ 但将 ε 降为 $\varepsilon=0.5$,确定模型解的行为.特别地,"失控的雪球地球"事件会发生吗?

4. 关于分叉问题的考核样题

考察自治的常微分方程:

$$\frac{\mathrm{d}T}{\mathrm{d}t}=E_{\mathrm{in}}(T)-E_{\mathrm{out}}(T) \tag{7}$$

其中 T 是行星的平均光球温度,$E_{\mathrm{out}}(T)=\varepsilon\sigma T^4$ 是离开地球/大气系统的能量.

上面曾用到的参数 ε 是发射率,允许我们将大气层对气候的影响结合起来考虑.例如,随着大气温室气体如二氧化碳浓度的增加,反射到太空的射出长波辐射将减少,对应的 ε 会下降.

类似地,随着二氧化碳浓度的减少,更多射出长波辐射反射到太空,对应的 ε 会增加.

因此,将参数 ε 视为温室气体的替代,尽管前者的增加对应于后者的减少(反之亦然).

注意到 $E_{\mathrm{in}}(T)$ 是地球/大气系统吸收到的入射太阳辐射.如果温度非常低,行星表面大部分将被冰覆盖.这将导致行星反照率会很大,吸收率会小很多.因此,对应小的 T 值,$E_{\mathrm{in}}(T)$ 会小.相反,温暖的行星几乎没有冰覆盖,导致较大的吸收日照率以及更大的 $E_{\mathrm{in}}(T)$.

因此,我们分别考虑图 1 中对应于 $E_{\mathrm{in}}(T)$ 和 $E_{\mathrm{out}}(T)$ 的定性示意图.假设 $E_{\mathrm{in}}(T)$ 的下半支对应于非常冷的温度,而 $E_{\mathrm{in}}(T)$ 的上半支则表示非常暖和的温度.

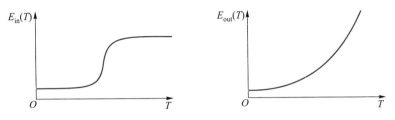

图 1 对应 $E_{in}(T)$ 和 $E_{out}(T)$ 的定性示意图

图 2 表示对应 5 个递减的 ε 值,即 $\varepsilon_{i+1} < \varepsilon_i, i = 1, 2, 3, 4$.

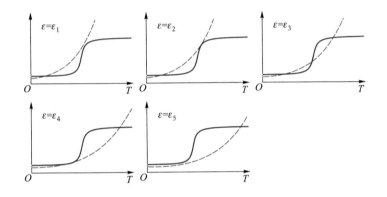

图 2 对于 5 个依次递减的参数 ε,相应图 1 的 $E_{in}(T)$ 和 $E_{out}(T)$ 的定性示意图
注:每个图中的虚线表示 $E_{out}(T)$,实线表示 $E_{in}(T)$.

(a) 按照常微分方程(7),图中实线和虚线的交点表示什么?

(b) 对照上述 ε 的每个值,画出对应于方程(7)的相轨线,这些相轨线随着 ε 从 ε_1 递减到 ε_5 从左向右移动.

(c) 用一小段文字讨论模型中 $\varepsilon = \varepsilon_2$ 处发生的分叉,特别地,依据温室气体(例如二氧化碳)的浓度变化情况.

5. 项目:表面温度-冰盖耦合模型

5.1 简介

重温一下习题 8 讨论的全局气候模型:

$$R\frac{\mathrm{d}T}{\mathrm{d}t} = Q(1-\alpha) - (A+BT) \tag{2}$$

其中 $T=T(t)$(℃)是全球表面平均温度;R 是地球表面的全球平均热容;Q 是入射太阳辐射(或日照率);α 是地球表面平均反照率(表面反射率的度量);A 和 B 是由经验决定的参数.

因子 $Q(1-\alpha)$ 表示从太阳光到达系统的能量,同时 $A+BT$ 描述了出射长波辐射,通过地球-大气系统反射到太空.

在习题 8(b)中已经看到,方程(2)的每个解都会收敛到唯一的平衡解:

$$T^* = \frac{1}{B}(Q(1-\alpha)-A)$$

在这个项目中,将研究下一个自然的(最简单的)能量平衡模型,即一个依赖于时间和纬度(而不依赖于经度)的模型.

5.2   依赖于纬度的模型

在两篇开创性的论文中,Budyko［1969］和 Sellers［1969］分别独立地介绍了表面温度依赖于纬度和时间的能量平衡模型.在每个模型中,假设给定纬度圈上的温度是常数.

对纬度 θ,使用变量 $y=\sin\theta$ 是方便的.例如,中心在原点、半径为 1 的球体表面积 4π 由下式给出:

$$\int_0^{2\pi}\int_{-\pi/2}^{\pi/2}\cos\theta\mathrm{d}\theta\mathrm{d}\omega$$

其中 ω 是标准极角.因此,对某个函数(如温度函数 T)在行星表面进行积分时,y 的微分 $\mathrm{d}y=\cos\theta\,\mathrm{d}\theta$ 将会起作用.

以下我们将以 y 表示"纬度",并且确信对于读者不致引起混淆.

在 Budyko-Sellers 模型中,记温度函数为 $T=T(t,y)$(单位:℃),表示纬度 y 处的年平均表面温度.

进一步假设 $T=T(t,y)$ 关于赤道是对称的.于是只需考虑 $y\in[0,1]$,其中 $y=0$ ($\theta=0°$)为赤道,$y=1$ ($\theta=90°$)为北极.

回顾一下,定义在区间 $[a,b]$ 上的函数平均值的概念;并通过前面的讨论可以看出,

全球的年平均温度可以简单地表示为

$$\overline{T} = \overline{T}(t) = \int_0^1 T(t,y)\,\mathrm{d}y \qquad (8)$$

5.2.1 冰川

冰川是通过调整反照率函数被引入到这个模型中的.

假设冰存在于纬度高于某个给定值 $y=\eta$ 的地方,低于 η 的地方不存在冰.参数 η 称为冰线(ice line),其反照率是依赖于 y 和冰线位置 η 的函数 $\alpha_\eta(y)=\alpha(y,\eta)$.

由于冰比水或陆地反射得更多,在冰线以上的纬度地区,反照率将会更大.满足以上特性的简单反照率函数为

$$\alpha(y,\eta)=\begin{cases}\alpha_1, & y<\eta \\ \alpha_2, & y>\eta \\ (\alpha_1+\alpha_2)/2, & y=\eta\end{cases} \qquad (9)$$

其中 $\alpha_1<\alpha_2$.

5.2.2 日照的分布

第二个调整涉及日照的分布.热带地区比极地每年可以吸收更多来自太阳的能量.

这种差异通过建模过程中在表面吸收的能量上添加以下项来实现:

$$Qs(y)(1-\alpha(y,\eta))$$

其中 $s(y)$ 是纬度上日照的分布,归一化使得

$$\int_0^1 s(y)\,\mathrm{d}y=1 \qquad (10)$$

虽然 $s(y)$ 可以根据天文学原理显式地计算出来,但用多项式 $1.241-0.723y^2$ 表示的均匀误差在 2% 以内.所以,以下设

$$s(y)=1.241-0.723y^2$$

注意到,$s(y)$ 在赤道上取最大值,然后单调递减到北极取最小值.

5.2.3 经向热传输

最后的调整涉及经向热传输,它包括一个物理过程,如由海洋循环携带的热通量、水蒸气热通量以及大气流带来的热传输.

我们聚焦于 Budyko 模型,经向传输项简单地表示为 $C(T-\overline{T})$,其中 $\overline{T}$ 的意义同公式 (8),$C(W/(m^2 \cdot \text{℃}))$ 是一个正的经验常数.于是,Budyko 模型为

$$R\frac{\partial T(t,y)}{\partial t} = Qs(y)(1-\alpha(y,\eta)) - (A+BT) - C(T-\overline{T}) \quad (11)$$

其中最后一项模拟了这一简单概念,较温暖纬度(相对于全球平均温度而言)将通过传输失去热能,同时较寒冷纬度将获得热能.假设各常数 A,B,C 和 Q 均严格取正.

方程(11)是一个偏微分方程,因为 $T=T(t,y)$ 是一个二元函数.现在方程(11)的平衡解为满足条件:

$$Qs(y)(1-\alpha(y,\eta)) - (A+BT^*(y)) - C(T^*(y)-\overline{T^*}(y)) = 0$$

的函数 $T^* = T^*(y)$ $\left(\text{注意到} \frac{\partial}{\partial t}T^*(y) = 0, \text{即 } T^* \text{仅是单变量 } y \text{ 的函数}\right)$.

给定反照率函数(9),容易看出任意平衡解 $T^*(y)$ 都是分段二次函数,其不连续点在 $y=\eta$ 处出现.图 3 显示的就是三个这样的(依赖于冰线 η 位置的)平衡解.

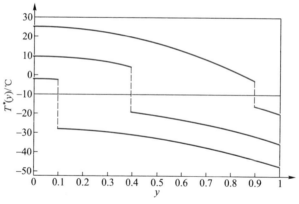

图3 方程(11)的平衡解 $T^*(y)$ 是分段二次函数
注:上面 $\eta=0.1$,中间 $\eta=0.4$,下面 $\eta=0.9$.

5.2.4 Legendre 多项式

回忆一下 Legendre 微分方程:

$$(1-y^2)\phi'' - 2y\phi' + \gamma(\gamma+1)\phi = 0, \quad \text{其中 } \phi = \phi(y) \quad (12)$$

给出一个自然数 n,Legendre 多项式 $p_n(y)$ 是常微分方程(12)(当 $\gamma=n$),并且满足 $p_n(1)=1$ 时的多项式解.前几个 Legendre 多项式为

$$p_0(y)=1, \quad p_1(y)=y, \quad p_2(y)=\frac{1}{2}(3y^2-1), \quad p_3(y)=\frac{1}{2}(5y^3-3y)$$

如同 Taylor 级数和 Fourier 级数那样,许多函数都可以展开成以 Legendre 多项式为通项的级数.例如,设 $g:[-1,1]\to\mathbf{R}$ 是分段连续的,那么 g 可以展开成

$$g(y)=\sum_{n=0}^{\infty}a_n p_n(y), \quad a_n\in\mathbf{R} \tag{13}$$

它在 g 的所有连续点处收敛[Lebedev,1965,Section 4.7].

5.3 综合所有因素

注意到 $T(t,y)$ 是 y 的偶函数,这是由于假设它关于赤道的对称性.这样,T 关于变量 y 的展开式(13)只有偶数次的 Legendre 多项式.如果仅保留展开式的有限多项,则 T 有用变量 y 表示的项的近似多项式.

前面已经看到:日照分布函数可以近似表示为

$$s(y)=1.241-0.723y^2$$

$$=1\cdot 1+(-0.482)\cdot\left(\frac{1}{2}(3y^2-1)\right)$$

$$=s_0 p_0(y)+s_2 p_2(y)$$

其中 $s(y)$ 表示前两个偶数次 Legendre 多项式 $s_0=1,s_2=-0.482$ 的线性组合.

类似地对 T 继续讨论:给定不连续点 $y=\eta$,由(11)式,把 $T(t,y)$ 分段表示成

$$T(t,y)=\begin{cases}U(t,y), & y<\eta \\ V(t,y), & y>\eta \\ (U(t,y)+V(t,y))/2, & y=\eta\end{cases} \tag{14}$$

其中

$$\left.\begin{array}{l}U(t,y)=u_0(t)p_0(y)+u_2(t)p_2(y) \\ V(t,y)=v_0(t)p_0(y)+v_2(t)p_2(y)\end{array}\right\} \tag{15}$$

注意,p_0 和 p_2 的系数不再是常数,而是 t 的函数,因为 U 和 V 是 t 和 y 的函数.

5.4 项目问题

1.(a)证明(11)可以分段写成

$$R\frac{\partial}{\partial t}T(t,y)=\begin{cases} Q\cdot s(y)(1-\alpha_1)-(A+BU)-C(U-\overline{T}), & 0\leqslant y<\eta \\ Q\cdot s(y)(1-\alpha_2)-(A+BV)-C(V-\overline{T}), & \eta<y\leqslant 1 \end{cases} \tag{16}$$

(b) 记 $P_2(\eta)=\int_0^\eta p_2(y)\mathrm{d}y=\frac{1}{2}(\eta^3-\eta)$，证明全球表面平均温度为

$$\overline{T}=\overline{T}(\eta)=\eta u_0+(1-\eta)v_0+P_2(\eta)(u_2-v_2) \tag{17}$$

这里，我们强制假定它与 t 无关.

(c) 假设冰线上的温度是(14)式表示的断面上的温度在 η 处的左、右极限的平均值,证明

$$T(\eta)=\frac{1}{2}(u_0+v_0)+\frac{1}{2}(u_2+v_2)p_2(\eta) \tag{18}$$

2. 假设 U 和 V 由(15)式给出.

(a) 将 U 和 V 的表达式代入方程组(16)中,确定系数 $p_0(y)$ 和 $p_2(y)$ 得到 4 维常微分方程组:

$$\left.\begin{aligned} Ru_0'&=Q(1-\alpha_1)-A-(B+C)u_0+C\overline{T}(\eta) \\ Rv_0'&=Q(1-\alpha_2)-A-(B+C)v_0+C\overline{T}(\eta) \\ Ru_2'&=Q\cdot s_2(1-\alpha_1)-(B+C)u_2 \\ Rv_2'&=Q\cdot s_2(1-\alpha_2)-(B+C)v_2 \end{aligned}\right\} \tag{19}$$

关于 $T(t,y)$,方程组(19)的解能告诉你什么?

(b) 利用变量代换 $w=\frac{1}{2}(u_0+v_0)$ 和 $z=u_0-v_0$ 证明方程组(19)变成

$$\left.\begin{aligned} Rw'&=Q(1-\alpha_0)-A-(B+C)w+C\overline{T}(\eta) \\ Rz'&=Q(\alpha_2-\alpha_1)-(B+C)z \\ Ru_2'&=Qs_2(1-\alpha_1)-(B+C)u_2 \\ Rv_2'&=Qs_2(1-\alpha_2)-(B+C)v_2 \end{aligned}\right\} \tag{20}$$

其中 $\alpha_0=\frac{1}{2}(\alpha_1+\alpha_2)$.

此外,证明方程(17)和(18)变成

$$\left.\begin{aligned}
\overline{T} = \overline{T}(\eta) &= w + \left(\eta - \frac{1}{2}\right)z + P_2(\eta)(u_2 - v_2) \\[2mm]
T(\eta) &= w + \frac{u_2 + v_2}{2}p_2(\eta)
\end{aligned}\right\} \tag{21}$$

3. (a) 注意到方程组(20)的最后 3 个方程不相关联,且各自都是线性的! 于是,每个变量 z, u_2 和 v_2 都可以求出解析解.然而你不需要求出这些解析解,试说明当 $t \to \infty$ 时, z, u_2 和 v_2 将发生什么,并给出理由.

(b) 我们看到,对于任意给定的初始条件 $(w(0), z(0), u_2(0), v_2(0))$,当 $t \to \infty$ 时,方程组(20)对应的解满足

$$\left.\begin{aligned}
z(t) &\to \frac{Q(\alpha_2 - \alpha_1)}{B + C} \equiv z_{eq} \\[2mm]
u_2 &\to \frac{Qs_2(1 - \alpha_1)}{B + C} \equiv u_{2eq} \\[2mm]
v_2 &\to \frac{Qs_2(1 - \alpha_2)}{B + C} \equiv v_{2eq}
\end{aligned}\right\} \tag{22}$$

因此,假设 $z = z_{eq}$, $u_2 = u_{2eq}$, $v_2 = v_{2eq}$ 时,4 维方程组(20)解的长期行为便减少为 w 的行为.将以上 3 个值代入 $\overline{T}(\eta)$(方程(21))中,可以得到

$$w' = \frac{1}{R}\left\{Q(1 - \alpha_0) - A - Bw + \frac{CQ(\alpha_2 - \alpha_1)}{B + C}\left[\eta - \frac{1}{2} + s_2 P_2(\eta)\right]\right\} \tag{23}$$

从而决定当 $t \to \infty$ 时 $w(t)$ 的行为.

结论是方程组(20)有一个(依赖于 η 的)平衡点,随着时间的推移,每个解都是收敛的.依据温度曲线(14)解释这一结果.

(c) 假设方程组(20)处于平衡点.设参数值如表 1 所示.

表 1 参数值

Q	A	B	C	α_1	α_2
343	202	1.9	3.04	0.32	0.62

使用 Mathematica 文件 FiniteModel.nb,对不同的 η 值绘制对应于该平衡点的温度曲线 $T(t, y)$.比较你画的图形和图 3 所示的曲线.

4. 温度-冰线耦合模型.

对于任意给定的 η, 在冰线 η 处方程组(20)存在一个平衡解, η 上的温度已由

$$T(\eta) = \frac{1}{2}\left(\lim_{y \to \eta^-}T(t,y) + \lim_{y \to \eta^+}T(t,y)\right)$$

定义. 现有的数据表明:

如果 $T(\eta) < T_c$, 在冰线上会形成冰(所以 η 会下降);

如果 $T(\eta) > T_c$, 在冰线上的冰会融化(所以 η 会上升),

其中临界温度 $T_c = -10$ ℃.

注意, 图 3 中最左边的那对分段曲线(即对应 $\eta = 0.1$ 的情况)满足 $T^*(\eta) < T_c$, 而中间的图形满足 $T^*(\eta) > T_c$. 在这两种情况下, 都可以期望冰线(分别朝赤道和两极方向)移动.

我们采用添加下述方程的方法将动态冰线引入模型:

$$\eta' = \varepsilon(T(\eta) - T_c) \tag{24}$$

其中 $\varepsilon > 0$ 是参数, $T(\eta)$ 由(21)式给出.

(a) 将 u_{2eq} 和 v_{2eq} 代入(21)式得到

$$T(\eta) = w + \frac{Qs_2(1-\alpha_0)}{B+C}p_2(\eta) \tag{25}$$

(重申一下 $p_2(\eta)$ 是一个简单的二次多项式).

(b) 解释为什么由方程(20)和(24)组成的耦合 5 维方程组的解的长期行为可以由下述 2 维方程组完全决定?

$$\eta' = \varepsilon(T(\eta) - T_c) \tag{26a}$$

$$w' = \frac{1}{R}\left\{Q(1-\alpha_0) - A - Bw + \frac{CQ(\alpha_2 - \alpha_1)}{B+C}\left[\eta - \frac{1}{2} + s_2P_2(\eta)\right]\right\} \tag{26b}$$

这里, $T(\eta)$ 由(25)式给出(注意到等式(26b)的右边恰好是 η 的三次方项).

(c) 使用 Mathematica 文件 Nullclines.nb 绘制方程组(26a)—(26b)的零值线. 将出现多少平衡点?

(d) 对(c)中求得的每个平衡点, 绘制对应的平衡温度 $T^*(\eta)$. 对以上各种情况, 有

关 $T^*(\eta)$ 你能说出点什么?

(e) 借助零值线,确定(c)中求得的各个平衡点的类型(汇、源、鞍点).采用适当的技巧,对任意鞍点绘制各种稳定和不稳定的图形.

(f) 总结! 由方程(20)和(24)组成的耦合5维方程组的全部解将会发生什么? 仔细解释,注意依照气候模型解释你的结论.

6. 习题解答

1. 等式两边都有单位 W/m^2.

2. 这个模型不考虑下面的因素:

• 地球大气层(更无须考虑全球变暖);

• 不同纬度的不同日照率;

• 地球轨道参数的改变带来日照率的变化:旋转轴的倾斜、旋转轴的进动、轨道的离心率.

3. ebm={T'[t]==(1/R)*(Q*(1-alpha) - sigma*(T[t])^4),T[0]==0};
Soln=DSolve[ebm,T,t]

Mathematica 将给出反函数形式的答案.

4. (a) soln2=NDSolve[{T'[t]==(1/R)*(Q*(1-alpha) - sigma*(T[t])^4),

T[0]==0},T,{t,0,1000000000}]

(b) Plot[T[t]/.soln2,{t,0,1000000000},PlotRange->{0,300},

AxesLabel ->{Years,K}]

参见图4.温度趋向于平衡.

5. 平衡点出现在 $T'=0$ 或者 $Q(1-\alpha)=\sigma T^4$ 时,因此

$$T^* = \left(\frac{(1-\alpha)Q}{\sigma} \right)^{1/4}$$

对于给定的参数值,$T^* = 255\ K = -18\ ℃ \approx -0.4\ ℉$(记住 $273\ K = 0\ ℃ = 32\ ℉$).

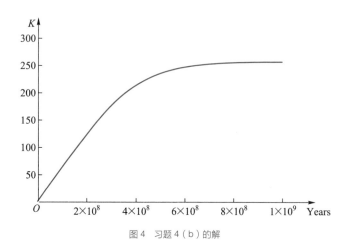

图 4　习题 4（b）的解

6.　$\dfrac{4.69\times10^{23}\ \text{J/K}}{5.101\times10^{14}\ \text{m}^2}=9.19\times10^8\ \text{J}\cdot\text{K}^{-1}\cdot\text{m}^{-2}=9.19\times10^8\ \text{W}\cdot\text{s}\cdot\text{K}^{-1}\cdot\text{m}^{-2}$

$$=\frac{9.19\times10^8\ \text{W}\cdot\text{s}\cdot\text{K}^{-1}\cdot\text{m}^{-2}}{3.15\times10^8\ \text{s}\cdot\text{year}^{-1}}=2.917\ \text{W}\cdot\text{year}/(\text{m}^2\cdot\text{K})$$

7. 在平衡点处时,有 $\varepsilon=Q(1-\alpha)/(\sigma T^{*4})$,代入给定值得

$$\varepsilon=\frac{342(1-0.3)}{(5.67\times10^{-8})\times288.4^4}\approx0.61$$

也就是 61% 的 OLR 将不得不从地球的大气反射回到太空.

8.（a）随着温度升高,遵循 Stefan-Boltzmann 法则的黑体辐射也会增加.因为是用 $A+BT$ 模拟从地球向太空发出的辐射,我们希望该项随着 T 的增长而增加(尽管这是由经验确定的项).于是要求 $B>0$.

（b）注意到该方程是线性的:

$$T'+\frac{B}{R}T=K,\quad \text{其中 } K=\frac{1}{R}(Q(1-\alpha)-A)$$

这里 $\rho(t)=\exp\left(\int\frac{B}{R}\text{d}t\right)=\exp\left(\frac{B}{R}t\right)$.用 $\rho(t)$ 相乘,得到

$$T'\text{e}^{\frac{B}{R}t}+\frac{B}{R}T\text{e}^{\frac{B}{R}t}=K\text{e}^{\frac{B}{R}t}$$

也就是 $\dfrac{\text{d}}{\text{d}t}(T\text{e}^{\frac{B}{R}t})=K\text{e}^{\frac{B}{R}t}$.积分得

$$Te^{\frac{B}{R}t} = K\frac{R}{B}e^{\frac{B}{R}t} + c$$

或者

$$T(t) = K\frac{R}{B} + ce^{-\frac{B}{R}t} = \frac{1}{B}(Q(1-\alpha)-A) + ce^{-\frac{B}{R}t}$$

因为 $B>0$ 且 $R>0$，于是对于任意的 $c \in \mathbf{R}$，有

$$\lim_{t\to\infty}T(t) = \frac{1}{B}(Q(1-\alpha)-A)$$

（c）（i）平衡解 T^* 由下式给出：

$$T^* = \frac{1}{B}(Q(1-\alpha)-A) = \frac{1}{1.9}(342(1-0.3)-202) \approx 19.7 \text{ ℃} \approx 67.5 \text{ ℉}$$

该温度相当接近实际的平均温度 15.4 ℃ ≈ 59.7 ℉（虽然稍暖和些）.这一点合乎情理，因为本模型正试图将"大气扮演着决定地球温度的角色"引入考虑范畴.

（ii）$T^* = \frac{1}{2.09}(342(1-0.3)-203.3) \approx 17.3 \text{ ℃} \approx 63.1 \text{ ℉}$，又稍暖和了一些.

（iii）（假设 $Q(1-\alpha)-A>0$.）如果 A 下降，则 T^* 增加了.这很有道理，因为射出长波辐射 $A+BT$ 的减少将导致星球更暖和.类似地，如果 A 增加，则 T^* 减少——射出长波辐射 $A+BT$ 的增加将导致星球变得更冷.

因此，A 能被当成大气温室气体浓度的代表，尽管前者增加时，后者减少，而前者减少时，后者会增加.

（iv）如果 $\alpha = \alpha_w = 0.32$，则

$$T^* = \frac{1}{1.9}(342(1-0.32)-202) \approx 16 \text{ ℃} \approx 60.8 \text{ ℉}$$

如果地球在 $t=0$ 时是无冰的，那么 $T(0)>-10$ ℃.由（b）知，当 $t\to\infty$ 时，初值问题（IVP）的解趋向于 $T^* \approx 16$ ℃，这将导致地球始终保持无冰状态.

（v）如果 $\alpha = \alpha_s = 0.62$，那么

$$T^* = \frac{1}{1.9}(342(1-0.62)-202) \approx -37.9 \text{ ℃} \approx -36 \text{ ℉}$$

如果地球在 $t=0$ 时被冰覆盖，那么 $T(0)<-10$ ℃，由（b）知，当 $t\to\infty$ 时，该 IVP 问题的解

趋向于 $T^* \approx -37.9$ ℃,这将导致地球始终保持为雪球.

9. (a)

$$\lim_{T \to \infty}\left[0.5+0.2\tanh(0.1(265-T))\right]=0.5+0.2(-1)=0.3$$

较暖和的温度导致星球表面上有较少的冰雪,以致有较小的反照率.

类似地,

$$\lim_{T \to -\infty}\left[0.5+0.2\tanh(0.1(265-T))\right]=0.5+0.2(1)=0.7$$

较冷的温度导致星球表面上更多的冰雪,于是便有较大的反照率.

(b) 如图 5 所示,从底部到顶部,分别是对应 Q 值的增长引起的 $f(T)$ 的图形;注意平衡点($f(T)=0$ 的解)数值的序列:1,2,3,2,1.因此,出现 2 次分叉,第 1 次从 1 个平衡点到 3 个平衡点,第 2 次从 3 个平衡点到 1 个平衡点.

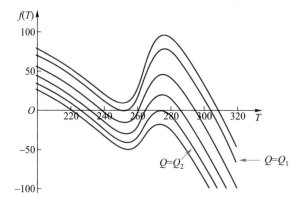

图5   习题9(b)的解

(c) ① 求解 $f(T)=0$,得到

$$Q=Q(T)=\frac{\varepsilon\sigma T^4}{1-\alpha(T)} \tag{27}$$

② 计算 $f'(T)=-Q\alpha'(T)-4\varepsilon\sigma T^3$,代入上述关于 Q 的表达式,并令结果等于 0,得到

$$-\frac{\varepsilon\sigma T^4}{1-\alpha(T)}\alpha'(T)-4\varepsilon\sigma T^3=-\varepsilon\sigma T^3\left(\frac{T}{1-\alpha(T)}\alpha'(T)+4\right)=0 \tag{28}$$

③ 执行 FindRoot 命令得到方程(28)的正解 $T_1=252.003$ K 和 $T_2=274.234$ K.

④ 由方程(27),求得

$$Q_1 = Q(T_1) = 418.7, \quad Q_2 = Q(T_2) = 298.1$$

对于稍大于 Q_1 的 Q 值(如图 5 顶部的曲线),有且仅有一个平衡温度 $T = T_3 > 305$ K,对应于一个极热的行星.这是一个有意义的模型,在这种情况下的 Q_1 值非常大.注意到 $f'(T_3) < 0$,根据一阶自治常微分方程的线性化定理,平衡点 $T = T_3$ 是一个汇[Blanchard 和 Hall,2012,86].

对于稍低于 Q_1 或者稍高于 Q_2 的 Q 值(如图 5 中间浅色曲线),存在 3 个平衡点 $T_1 < T_2 < T_3$.根据线性化定理,可以看出 $T = T_1$ 和 $T = T_3$ 都是汇(注意 $f'(T_1) < 0$,$f'(T_3) < 0$),而 $T = T_2$ 是源($f'(T_2) > 0$).因此,随着 Q 下降经过 Q_1,出现第 2 个稳定平衡点 T_1,大致介于 $T = 225$ K 和 $T = 250$ K 之间.因此,行星的温度可能或者趋于更热的 $T = T_3$ 的世界(如果 $T(0) > T_2$),或者趋于更冷的 $T = T_1$ 的世界(如果 $T(0) < T_2$).这种现象就是所谓的双稳性.

对于低于 Q_2 的 Q 值(如图 5 底部的曲线),有且仅有一个平衡温度 $T = T_1 < 225$ K,对应于雪球样的地球.注意,根据线性化定理,$T = T_1$ 是一个汇.因此,随着 Q 值的下降,行星的温度将不可逆转地趋于 $T = T_1$.这是有道理的(当前的大气条件由 $\varepsilon = 0.6$ 给出),因为 $Q_2 = 298.1$ 远低于今天的日照值 $Q = 342$ W/m^2.

(d)如图 6 所示.

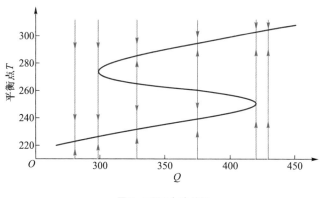

图 6 习题 9(d)的解

(e)由图 6 可以看到,当 $Q = 280$ 时,温度趋于单个平衡温度 $T = T_1 = 223$ K.因此,大气发射率设为 $\varepsilon = 0.6$,对应于这个 Q 值,地球将完全被冰覆盖.

假设提高大气中二氧化碳的浓度,从而 ε 下降到 $\varepsilon = 0.5$.对应 $f(T)$ 的图形见图 7.我

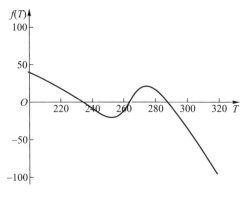

图7　习题9(e)的解

们看到 ε 的下降会使行星升温；特别地，只要当 $T(0) > T_2 \approx 265$ K 时，随着时间的推移，温度将趋于相当舒适的 $T_3 \approx 287$ K.

7. 考核样题解答

（a）当曲线 $E_{in}(T)$ 位于曲线 $E_{out}(T)$ 的上方时，$dT/dt > 0$，温度上升.而当曲线 $E_{in}(T)$ 位于曲线 $E_{out}(T)$ 的下方时，$dT/dt < 0$，温度下降.这两条曲线的交叉点 $T = T^*$ 满足 $E_{in}(T^*) = E_{out}(T^*)$，这就是说 $T = T^*$ 是一个平衡解.

（b）见图 8.

（c）当 $\varepsilon = \varepsilon_1$ 时，存在唯一的平衡解 $T = T_1$，表示星球非常冷，$T = T_1$ 是一个汇.

当 ε 下降到 ε_2 时（即温室气体如二氧化碳会增加），平衡解 $T = T_3$ 就会出现.

当 $\varepsilon = \varepsilon_2$ 时，$T = T_3$ 是一个结点，表示一个更暖和的世界.

当 $\varepsilon = \varepsilon_2$ 时，$T = T_1$ 保持汇的状态，满足 $T_1 < T(0) < T_3$ 的任意解随着时间推移将趋向于 $T = T_1$.

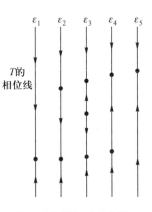

图8　考核样题1(b)的解

等到 ε 下降到 ε_3 时,二氧化碳的浓度继续增加,$T = T_3$ 也变成了汇,此时满足 $T_1 < T_2 < T_3$ 的第 3 个平衡解 $T = T_2$ 就出现了.注意 $T = T_2$ 是一个源.当 ε 下降经过 $\varepsilon = \varepsilon_2$ 时,结点分裂成为源/汇对.

因此,随着温室气体的增加,出现一个汇平衡解,表示一个非常热的世界的到来.随着时间推移,满足 $T(0) > T_2$ 的任意解越来越接近于 $T = T_3$.

8. 项目问题解答

1. 给定方程:

$$R\frac{\partial T}{\partial t} = Qs(y)(1-\alpha(y,\eta)) - (A+BT) - C(T-\bar{T}) \tag{11}$$

$$T(t,y) = \begin{cases} U(t,y), & y < \eta \\ V(t,y), & y > \eta \\ (U(t,y)+V(t,y))/2, & y = \eta \end{cases} \tag{14}$$

以及

$$\left.\begin{array}{l} U(t,y) = u_0(t)p_0(y) + u_2(t)p_2(y) \\ V(t,y) = v_0(t)p_0(y) + v_2(t)p_2(y) \end{array}\right\} \tag{15}$$

对所有的 y,有 $p_0(y) = 1$,$p_2(y) = \frac{1}{2}(3y^2-1)$,并且 $s(y) = s_0 p_0(y) + s_2 p_2(y)$,其中 $s_0 = 1$,$s_2 = -0.482$.还有反照率函数:

$$\alpha(y,\eta) = \begin{cases} \alpha_1, & y < \eta \\ \alpha_2, & y > \eta \\ \frac{1}{2}(\alpha_1+\alpha_2), & y = \eta \end{cases} \tag{9}$$

其中 $\alpha_1 < \alpha_2$.

(a) 注意,当 $y < \eta$ 时,有 $T(t,y) = U(t,y)$,而当 $y > \eta$ 时,有 $T(t,y) = V(t,y)$,代入 (11) 式得到

$$R \frac{\partial}{\partial t} U(t,y) = Qs(y)(1-\alpha_1) - (A+BU) - C(U-\overline{T}), 0 \leqslant y < \eta$$

$$R \frac{\partial}{\partial t} V(t,y) = Qs(y)(1-\alpha_2) - (A+BV) - C(V-\overline{T}), \eta < y \leqslant 1 \tag{29}$$

（b）给定 $P_2(\eta) = \int_0^\eta p_2(y)\,\mathrm{d}y = \frac{1}{2}(\eta^3 - \eta)$，有

$$\overline{T} = \int_0^1 T(t,y)\,\mathrm{d}y = \int_0^\eta U(t,y)\,\mathrm{d}y + \int_\eta^1 V(t,y)\,\mathrm{d}y$$

$$= \int_0^\eta (u_0 + u_2 p_2(y))\,\mathrm{d}y + \int_\eta^1 (v_0 + v_2 p_2(y))\,\mathrm{d}y \tag{30}$$

$$= (u_0\eta + u_2 P_2(\eta)) + (v_0(1-\eta) + v_2(P_2(1) - P_2(\eta)))$$

$$= \eta u_0 + (1-\eta)v_0 + P_2(\eta)(u_2 - v_2)$$

这正是我们所需要的.

（c）由（14）和（15）式，并且不考虑对 t 的依赖，得到

$$T(\eta) = \frac{1}{2}(U(\eta) + V(\eta)) = \frac{1}{2}(u_0 + v_0) + \frac{1}{2}(u_2 + v_2)p_2(\eta) \tag{31}$$

2.（a）代入（16）式后，有

$$R(u_0' p_0 + u_2' p_2) = Qs(y)(1-\alpha_1) - (A + B(u_0 p_0 + u_2 p_2)) - C((u_0 p_0 + u_2 p_2) - \overline{T})$$

$$R(v_0' p_0 + v_2' p_2) = Qs(y)(1-\alpha_2) - (A + B(v_0 p_0 + v_2 p_2)) - C((v_0 p_0 + v_2 p_2) - \overline{T}) \tag{32}$$

由于 $s(y) = 1 \cdot p_0 + s_2 p_2$，注意到 $A = A p_0$ 以及 $\overline{T} = \overline{T} p_0$. 比较（32）式的前一式中 p_0 的系数可得

$$Ru_0' = Q(1-\alpha_1) - (A + Bu_0) - C(u_0 - \overline{T}) \tag{33}$$

同样，比较（32）式的前一式中 p_2 的系数可得

$$Ru_2' = Qs_2(1-\alpha_1) - Bu_2 - Cu_2 \tag{34}$$

类似地，比较（32）式的后一式中 p_0 的系数可得

$$Rv_0' = Q(1-\alpha_2) - (A + Bv_0) - C(v_0 - \overline{T}) \tag{35}$$

比较（32）的后一式中 p_2 的系数可得

$$Rv_2' = Qs_2(1-\alpha_2) - Bv_2 - Cv_2 \tag{36}$$

注意，方程（33）—（36）可以改写成以下形式，

$$\left. \begin{array}{l} Ru_0' = Q(1-\alpha_1) - A - (B+C)u_0 + C\overline{T} \\[2mm] Rv_0' = Q(1-\alpha_2) - A - (B+C)v_0 + C\overline{T} \\[2mm] Ru_2' = Q \cdot s_2(1-\alpha_1) - (B+C)u_2 \\[2mm] Rv_2' = Q \cdot s_2(1-\alpha_2) - (B+C)v_2 \end{array} \right\} \qquad (19)$$

关于 $u_0(t), u_2(t), v_0(t)$ 和 $v_2(t)$ 求解方程组(19),可以得到 $U(t,y)$ 和 $V(t,y)$ 的表达式,于是有温度 $T(t,y)$ 的大致范围.

(b) 作变量代换 $w = \dfrac{1}{2}(u_0+v_0)$ 和 $z = u_0 - v_0$,有

$$\begin{aligned} Rw' &= \frac{1}{2}(Ru_0' + Rv_0') \\[2mm] &= \frac{1}{2}(Q(1-\alpha_1) - A - (B+C)u_0 + C\overline{T} + Q(1-\alpha_2) - A - (B+C)v_0 + C\overline{T}) \\[2mm] &= Q(1-\alpha_0) - A - (B+C)w + C\overline{T} \end{aligned} \qquad (37)$$

其中 $\alpha_0 = \dfrac{1}{2}(\alpha_1 + \alpha_2)$.

类似地,

$$\begin{aligned} Rz' &= Ru_0' - Rv_0' \\[2mm] &= (Q(1-\alpha_1) - A - (B+C)u_0 + C\overline{T}) - (Q(1-\alpha_2) - A - (B+C)v_0 + C\overline{T}) \\[2mm] &= Q(\alpha_2 - \alpha_1) - (B+C)z \end{aligned}$$

利用这组变量代换将方程组变换为

$$Rw' = Q(1-\alpha_0) - A - (B+C)w + C\overline{T} \qquad (37a)$$

$$Rz' = Q(\alpha_2 - \alpha_1) - (B+C)z \qquad (37b)$$

$$Ru_2' = Qs_2(1-\alpha_1) - (B+C)u_2 \qquad (37c)$$

$$Rv_2' = Qs_2(1-\alpha_2) - (B+C)v_2 \qquad (37d)$$

此外,$w = \dfrac{1}{2}(u_0+v_0)$ 和 $z = u_0 - v_0$ 蕴含着 $v_0 = w - \dfrac{1}{2}z$.

问题 1(b)关于 $\overline{T}$ 的方程变为

$$\overline{T} = \eta u_0 - \eta v_0 + v_0 + P_2(\eta)(u_2 - v_2)$$

$$= \eta z + \left(w - \frac{1}{2}z\right) + P_2(\eta)(u_2 - v_2)$$

$$= w + \left(\eta - \frac{1}{2}\right)z + P_2(\eta)(u_2 - v_2) \tag{38}$$

方程(31)变成

$$T(t, \eta) = w + \frac{u_2 + v_2}{2}p_2(\eta) \tag{39}$$

3. (a) 方程(37b)有唯一的平衡解 $z_{eq} = Q(\alpha_2 - \alpha_1)/(B+C)$. 进而, 重申 $B+C>0$, 根据一阶常微分方程组的线性化定理, z_{eq} 是一个汇. 给出的(37b)是线性的, 因此, 当 $t \to \infty$ 时, (37b)的所有解都趋于 z_{eq}. 类似地, 当 $t \to \infty$ 时, 方程(37c)的所有解都趋于

$$u_{2eq} = Qs_2(1 - \alpha_1)/(B+C)$$

而方程(37d)的所有解都趋于

$$v_{2eq} = Qs_2(1 - \alpha_2)/(B+C)$$

(b) 给定初始条件 $(w(0), z(0), u_2(0), v_2(0))$, 根据问题3(a), 对应的解接近直线:

$$\Gamma = \{(w, z, u_2, v_2) : z = z_{eq}, u_2 = u_{2eq}, v_2 = v_{2eq}\} \tag{40}$$

在 Γ 上, (38)式变为

$$\overline{T} = w + \left(\eta - \frac{1}{2}\right)\frac{Q(\alpha_2 - \alpha_1)}{B+C} + P_2(\eta)\left(\frac{Qs_2(1 - \alpha_1)}{B+C} - \frac{Qs_2(1 - \alpha_2)}{B+C}\right)$$

$$= w + \left(\eta - \frac{1}{2}\right)\frac{Q(\alpha_2 - \alpha_1)}{B+C} + P_2(\eta)\left(\frac{Qs_2(\alpha_2 - \alpha_1)}{B+C}\right) \tag{41}$$

$$= w + \frac{Q(\alpha_2 - \alpha_1)}{B+C}\left(\eta - \frac{1}{2} + s_2 P_2(\eta)\right)$$

将(41)式代入(37a)式, 得

$$w' = \frac{1}{R}\left\{Q(1 - \alpha_0) - A - Bw + \frac{CQ(\alpha_2 - \alpha_1)}{B+C}\left(\eta - \frac{1}{2} + s_2 P_2(\eta)\right)\right\} \tag{42}$$

$$= -\frac{B}{R}(w - F(\eta))$$

其中 $F(\eta)$ 是 3 次多项式:

$$F(\eta) = \frac{1}{B}\left[Q(1-\alpha_0) - A + \frac{CQ(\alpha_2-\alpha_1)}{B+C}\left(\eta - \frac{1}{2} + s_2 P_2(\eta) \right) \right] \tag{43}$$

(42)式中唯一的变量是 w,可以看出这是关于 w 的线性方程.注意到 $B>0$,由一阶常微分方程的线性化定理,可得到唯一的平衡解

$$w_{eq} = F(\eta)$$

$$= \frac{1}{B}\left[Q(1-\alpha_0) - A + \frac{CQ(\alpha_2-\alpha_1)}{B+C}\left(\eta - \frac{1}{2} + s_2 P_2(\eta) \right) \right] \tag{44}$$

是一个汇.

综上所述,随着时间的推移,方程组(37)的每个解都趋向于 Γ.而 Γ 上的所有解都随时间趋于平衡点 $H^* = (w_{eq}, z_{eq}, u_{2eq}, v_{2eq})$.因此,$H^*$ 是全局吸引子(globally attracting),也就是说,当 $t \to \infty$ 时,方程组(37)的每个解都收敛到 H^*.

注意到,由 $w = \frac{1}{2}(u_0 + v_0)$ 和 $z = u_0 - v_0$ 可得到 $u_0 = w + \frac{1}{2}z, v_0 = w - \frac{1}{2}z$.因此,当 $t \to \infty$ 时,

$u_0(t) \to w_{eq} + \frac{1}{2}z_{eq} \equiv u_{0eq}, v_0(t) \to w_{eq} - \frac{1}{2}z_{eq} \equiv v_{0eq}$,与初始条件无关.

按照这个模型,其结果蕴含着以下结论:对于任何初始时在 η 处不连续的分段二次函数 $T(t,y)$,当 $t \to \infty$ 时,有

$$T(t,y) \to T^*(y) = \begin{cases} u_{0eq} + u_{2eq} p_2(y), & y < \eta \\ v_{0eq} + v_{2eq} p_2(y), & y > \eta \end{cases} \tag{45}$$

也就是存在一个全局吸引的平衡温度函数 $T^*(y)$.

因此,对于给定的 η,气候方程组趋于一个依赖于纬度并且有冰线 η 的平衡温度分布.

(c)给定参数值,在平衡解处(即 $T^*(y)$)画出几个 $T(t,y)$ 的图形,如图 9 所示(注意:这些和图 3 中的图形完全一样).

4.现在,添加上方程(24)考虑冰线的动态方程:

$$\eta' = \varepsilon(T(t,\eta) - T_c) \tag{24}$$

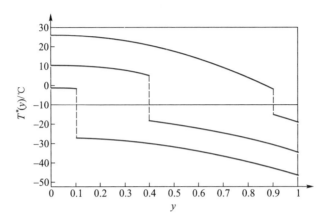

图9　方程（11）的平衡解 $T^*(y)$ 是分段二次函数
注：上面：$\eta=0.1$；中间：$\eta=0.4$；下面：$\eta=0.9$.

其中参数 $\varepsilon>0$，$T(t,\eta)$ 由（39）给出.将这个方程与方程组（37）联立.

（a）把 u_{2eq} 和 v_{2eq} 代入（39）式得到

$$
\begin{aligned}
T(t,\eta) &= w+\frac{1}{2}\left(\frac{Qs_2(1-\alpha_1)}{B+C}-\frac{Qs_2(1-\alpha_2)}{B+C}\right)p_2(\eta) \\
&= w+\frac{Qs_2(1-\alpha_0)}{B+C}p_2(\eta)
\end{aligned}
\tag{46}
$$

其中 $\alpha=\frac{1}{2}(\alpha_1+\alpha_2)$.注意,这就特别表明 η' 依赖于 w 和 η 两个变量,也就是

$$
\eta'=\varepsilon\left(w+\frac{Qs_2(1-\alpha_0)}{B+C}p_2(\eta)-T_c\right)=\varepsilon(w-G(\eta))
\tag{47}
$$

其中 $G(\eta)$ 是一个二次多项式:

$$
G(\eta)=-\frac{Q}{B+C}s_2(1-\alpha_0)p_2(\eta)+T_c
\tag{48}
$$

（b）考虑由（24）与方程组（37）联立给出的5维方程组.呈现在问题3(a)解中的讨论依然适用于这个方程组.于是,对于任意给定的初始条件:

$$
(\eta(0),w(0),z(0),u_2(0),v_2(0))
$$

对应的解趋近以下平面:

$$
\Lambda=\left\{(\eta,w,z,u_2,v_2):z=z_{eq},u_2=u_{2eq},v_2=v_{2eq}\right\}
\tag{49}
$$

在 Λ 上,解的行为由两个方程(47)式和(42)式控制.这就是要决定5维方程组解的长期行为,只要通过决定以下方程组解的行为就足够了:

$$\left.\begin{aligned} \eta' &= f(\eta,w) = \varepsilon(w-G(\eta)) \\ w' &= g(\eta,w) = -\frac{B}{R}(w-F(\eta)) \end{aligned}\right\} \tag{50}$$

对于 $(\eta,w) \in \Lambda$,其中 η 限制在 $[0,1]$ 区间.

(c) 图10显示了当 $\varepsilon=1$ 时,方程组(50)的零值线和向量场.

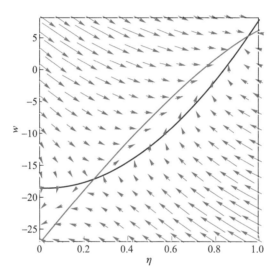

图10　由 Mathematica 绘制的方程组（50）的向量场和零值线

图10中 η 的零值线是上凹的曲线(深彩色),而 w 的零值线是下凹的曲线(浅彩色).存在两个平衡点 (η_1,w_1) 和 (η_2,w_2),$\eta_1<\eta_2$,分别对应零值线的两个交点.由 Mathematica 得到 $(\eta_1,w_1) \approx (0.246,-17.265)$ 和 $(\eta_2,w_2) \approx (0.949,5.080)$.

(d) 图11画出了 $\eta=\eta_1$ 和 $\eta=\eta_2$ 时的 $T^*(y)$.可以看出,对于 $i=1$ 或 2,都有 $T^*(\eta_i)=-10\ ℃$,与(24)式给出的方程组处于平衡状态的事实一致.因此,有且仅有两个冰线位置,满足平衡时冰线的温度等于临界温度.其中一个有很大的冰盖 $(\eta=\eta_1)$,而另一个则有较小的冰盖 $(\eta=\eta_2)$.

(e) 经过对上面图形 (η,w) 向量场的考察,可以看到 (η_1,w_1) 是一个鞍点,而 $(\eta_2,$

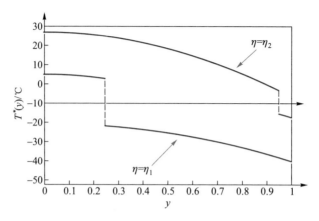

图 11　存在两个冰线位置, 平衡时冰线的温度等于临界温度

w_2)是一个汇. 或者, 可以运用免费下载的 Java 软件 pplane[Polking 等, n.d.]绘制零值线和与鞍点(η_1, w_1)有关的稳定与非稳定的流形(分界线)(参见图 12).

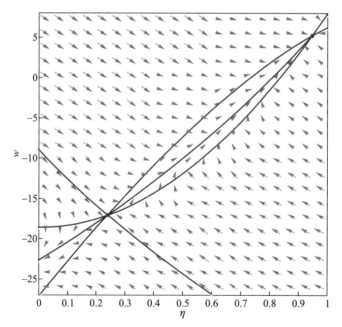

图 12　由 pplane 生成的方程组(50)的相平面

注:右侧上凹的曲线(深彩色):η-零值线;下凹的曲线(浅彩色):w-零值线;左侧上凹的曲线(深黑色):
与鞍点相关的稳定分界线;几乎是直线的曲线(浅黑色):与鞍点相关的不稳定分界线.

(f) 我们看到解的行为由鞍点 (η_1, w_1) 的稳定分界线 S(图 12 左侧上凹的深黑色曲线)决定.经过 S 上面任意点 (η, w) 的解随着时间推移都收敛到汇 (η_2, w_2).也就是冰线趋近于北极点附近的位置,类似于地球上目前的情况,同时温度趋近于图 12 中对应于 $\eta = \eta_2$ 的平衡解 $T^*(y)$.

经过 S 下面任意点 (η, w) 的解满足 $\eta(t) \to 0$,所以气候方程组趋近于雪球状的地球状态.

包括冰线的方程使得模型有很大的改进!

附录　Mathematica 程序

```
QBifurcation.nb
( * This inputs constants and defines the albedo
   function alpha. Be sure to select cells and
   hit "enter." * )
eps = 0.6;
sig = 5.67 * 10 ^( - 8);
k = eps * sig; ( * defining k just for convenience * )
alpha [T_] : = 0.5 + 0.2 * Tanh[.1 * (265 - T)]
( * This defines the right - hand side of the ODE
   as a function of T and Q * )
Clear [Q]
g[T_,Q_] : = Q * (1 - alpha[T]) - k * T ^4
( * This plots g for Q - values 200 and 480.
   You can add other plots by adding another g[T,Q]
   (with a specific Q - value) * )
Plot [{g[T,200],g[T,480]},{T,200,320},
  AxesOrigin→{200,0},PlotRange→{{200,320},{ - 100,120}},
```

```
        AspectRatio→3/4,PlotStyle→Thickness[0.005],
        AxesLabel→{T,"g(T)"}]
( * This command finds a solution to equation (4) on
    the HW handout via Newton's Method,
    with an initial guess of T = TINITIAL
    (which you should supply!).
    To find other solutions,appropriately change
    the initial guess TINITIAL * )
FindRoot[4 + (T/(1 - alpha[T])) *
    ( - 0.02 * Sech[0.1 * (265 - T)]^2) = 0,{T,TINITIAL}]
( * Bifurcation plot Teq vs.Q * )
q[T_] : = eps * sig * T ^4/(1 - alpha[T])( * eq(3) on HW handout * )
eps = .6;
ParametricPlot[{q[T],T},{T,220,310},
    AxesOrigin→{250,210},AxesLabel→{Q,"Equilibrium T"}]
Clear[eps]
    FiniteModel.nb
( * Input various parameters and expressions * )
Q = 343
A = 202;
B = 1.9;
C1 = 3.04;
alph1 = .32;
alph2 = .62;
alph0 = 0.5 * (alph2 + alph1);
Tc = - 10;
P2[eta_] : = 0.5 * (eta ^3 - eta);
```

```
s2 = - 0.482;
p2[y_] : = .5 * (3 * y ^2 - 1);
( * Input the expressions for the equilibrium values * )
zeq = Q * (alph2 - alph1)/(B + C1);
u2eq = Q * s2 * (1 - alph1)/(B + C1);
v2eq = Q * s2 * (1 - alph2)/(B + C1);
weq[eta_] : = (1/B) * (Q * (1 - a1ph0) - A + C1 * Q * (alph2 - alph1) *
(eta - .5 + s2 * 0.5 * (eta ^3 - eta))/(B + C1))
( * Compute u0(t) and v0(t) at equilibrium * )
u0eq[eta_] : = .5 * (2 * weq[eta] + zeq);
v0eq[eta_] : = .5 * (2 * weq[eta] - zeq);
( * Define the equilibrium solution T * in terms of U(t,y) ⊆ V(t,y) * )
Tstar[y_,eta_] : = If[y<eta,u0eq[eta] + u2eq * p2[y],
v0eq[eta] + v2eq * p2[y]]
( * Inpute eta and plot T * for that eta value * )
eta = .1;
Plot[{Tstar[y,eta], - 10},{y,0,1},PlotRange - >{{0,1},{ - 52,30}},
    AxesOrigin→{0,-52},Frame→True,Exclusions→{0.1,0.4,0.9},
    ExclusionsStyle→Dotted,FrameTicks→
    {{{ - 50, - 40, - 30, - 20, - 10,0,10,20,30},None},
    {{0,0.1,.2,.3,.4,.5,.6,.7,.8,.9,1},None}},PlotStyle→
    {{Black,Thickness[0.004]},{Black,Thickness[0.004]},
    {Black,Thickness[0.004]},{Black,Thickness[0.002]}}]
Clear[eta]

Nullclines.nb
( * Input various parameters and expressions * )
```

```
Q = 343;

A = 202;

B = 1.9;

Cl = 3.04;

alph1 = .32;

alph2 = .62;

alph0 = 0.5 * (alph2 + alph1);

Tc = - 10;

P2[eta_] : = 0.5 * (eta ^3 - eta);

s2 = - 0.482;

p2[y_] : = .5 * (3 * y ^2 - 1);

R = 4.0 * 10 ^8;

( * Input expressions for the equilibrium values * )

zeq = Q * (alph2 - alph1) / (B + Cl);

u2eq = Q * s2 * (1 - alph1) / (B + Cl);

v2eq = Q * s2 * (1 - alph2) / (B + Cl);

weq[eta_] : = (1 /B) * (Q * (1 - alph0) - A +

  Cl * Q * (alph2 - alph1) * (eta - .5 + s2 * 0.5 * (eta ^3 - eta)) / (B +

  Cl))

( * Compute u0(t) and v0(t) at equilibrium * )

u0eq[eta_] : = .5 * (2 * weq[eta] + zeq);

v0eq[eta_] : = .5 * (2 * weq[eta] - zeq);

( * Define the (eta,w) vector field * )

f[eta_,w_] : = eqs * (w + Q * s2 * (1 - alph0) * p2[eta] / (B + Cl) + 10)

g[eta_,w_] : = (1 /R) * (Q * (1 - alph0)) - A - B * w + Cl * Q * (alph2 -

  alph1) * (eta - .5 + s2 * p2[eta]) / (B + Cl))

( * This will plot the eta - nullcline and the w - nullcline * )
```

```
Plot[{ - Q * s2 * (1 - a1ph0 * p2[eta]/(B + C1) - 10,weq[eta]},{eta,0,
   1}]
( * This plots the (eta,w) vector field; I had difficulty
   getting the vectors to display nicely * )eps = 1; R = .10;
Show[VectorPlot[{f[eta,w],g[eta,w]},
   {eta,0,1},{w, - 27,8.1},VectorScale→{.1,.1},
   VectorStyle→Black,PlotRange→{{0,1},{ - 27,8.1}},AspectRatio→
   1],
   Plot[{ - Q * s2 * (1 - a1ph0) * p2[eta]/(B + C1) - 10,weq[eta]},
       {eta,0,1}]
]
Clear[eps,R]
```

教师的注记

2013 年秋季、2015 年春季和 2015 年秋季学期,作者在 Oberlin 学院讲授二年级微分方程课程中曾介绍过(1).

在引进相轨线概念和介绍一阶常微分方程在平衡点处的线性化方法时,曾多次讲到(1).我要求学生用两种方法验证平衡值 T^* 是汇.

涉及依赖于纬度的能量平衡方程与动态冰盖耦合的项目[McGehee 和 Widiasih,2014]是该学期的最终任务,这是为期两周的集体项目.我们的目标是给学生提供一个体验运用数学建模的机会——有时有点凌乱——计算强度大(很有启发性).基于完成该项目所需要的工作量,允许学生与至多另外两位同学合作,每个组递交一份项目报告.

评价

在学习中,我们感兴趣的是所提供的建立气候模型的材料,能否激发学生学习更多数学建模(以及数学和气候科学)的兴趣.为此,所有 3 个班的学生在学期末都填写了一个简短的综合评价量表,要求学生对于如下的提法给出打分.所使用的量表如表 2 所示.

表 2

1	2	3	4	5
不赞成	不太赞成	保持中立	基本赞成	完全赞成

对于"关于气候模型相关的建模材料对于这门课程有正面的影响"的平均评价分,2013 年秋季班为 3.95,2015 年春季班为 4.5,而 2015 年秋季班是 4.4.

对于"关于气候模型所含的材料有利于提高学习更多数学建模知识的渴求"的说法,三个班的平均评价分分别是 3.65,4.5 和 4.3.在 2015 年春季班和秋季班上,我做了更多努力去讨论气候——新闻事件、家庭作业、考试问题——我推测这正是这两个班评分能够提升的原因.

对于"我对讨论数学与气候课程需要数学 234(课程序号)作为先修课程观点有兴趣"的说法,三个班给出的评分为 3.15,3.33,3.65,相当接近"中立".遗憾的是,这种提法多少有点选择不当,我无法判断究竟是微分方程还是气候模型(或者兼而有之),使得学生对这个问题反应冷淡.不论哪种情况(似乎是正常的,每当有人试图在教室里引进新东西时),都表明仍有改进的空间!

参考文献

Blanchard P,R Devaney,G R Hall. 2012. Differential Equations. 4th ed. Belmont,CA:Thomson Brooks/Cole.

Budyko M I. 1969. The effect of solar radiation variations on the climate of the Earth.Tellus,21(5):611—619.

Graves W,W-H Lee,G North. 1993. New Parameterizations and sensitivities for simple climate models. Journal of Geophysical Research,198 (D3):5025—5036.

Ichii Kazuhito,Yohei Matsui,Kazutaka Murakami,et al. 2003. A simple global carbon and energy coupled cycle model for global warming simu lation:sensitivity to the light saturation effect. Tells B,55(2) 676—691.

Kaper H,Hans Engler. 2013. Mathematics and Climate. Philadelphia,PA:SIAM.

Lebedev N N. 1965. Special Functions and Their Applications. Englewood Cliffs, NJ: Prentice-Hall.

McGehee R,E Widiasih. 2014. A quadratic approximation to Budyko's ice-albedo feedback model with ice line dynamics. SIAM Journal on Applied Dynamical Systems,13:518—536.

Polking John C,David Arnold,Joel Castellanos. n.d. dfield and pplane:The Java versions.

Sellers W. 1969. A global climatic model based on the energy balance of the earth-atmosphere system. Journal of Applied Meteorology,8:392—400.

Netburn Deborah. 2013. Mystery of "faint young sun paradox" may be solved. Los Angeles Times,(10).

Tung K K. 2007.Topics in Mathematical Modeling. Princeton,NJ:Princeton University Press.

Walsh Jim,Richard McGehee. 2013. Modeling climate dynamically. College Mathematics Journal,44:350—363.

Wikipedia. 2016. Faint young Sun Paradox.

Wolf Eric,O B Toon. 2013. Hospitable Archean climates simulated by a general circulation model.Astrobiology,13 (7).

9 星团的螺旋形图案
Spirograph Patterns of Star Clusters

蔡志杰　编译　周义仓　审校

摘要:

建立并分析了一个模型用以描述新生恒星在其形成的地方,即内埋星团内的螺旋运动.首先介绍经典的两体问题的数学公式.然后在具有球对称扩展质量分布的恒星运动的情形下,推广了这种公式.最后,对所产生的螺旋轨道进行解析处理,并提供必要的工具,以数值方式研究这些美丽的螺旋轨道.

原作者:

Lisa Holden

Department of Mathematics

Northern Kentucky University

Highland Heights, KY 41099

holdenl@nku.edu

发表期刊:

The UMAP Journal, 2012, 33(2): 149—184.

数学分支:

微分方程

应用领域:

天文学

授课对象:

具有多变量微积分知识、学习微分方程的学生

预备知识:

多变量微积分和物理(入门级力学)课程.具体来说:向量点积和叉积、偏导数、体积分、向量值函数、线积分、面积分和散度定理的知识,以及 Newton 第二运动定律和 Newton 万有引力定律. Mathematica 用于研究模型方程的数值解.

目　录：

网上更多……　　本文英文版

1. 引言

天体力学,即对天体运动的研究,已经吸引了历史上一些最伟大的数学家的注意,包括 Leibniz,Laplace,Gauss,Euler,当然还有 Newton.大多数微积分的入门书籍都讨论了 Newton 定律在应用于行星绕太阳运动时,如何给出微分方程组,这个微分方程组的解给出了 Kepler 著名的椭圆轨道.当增加了第三个天体时,这些方程还可以产生混沌解,这也是数学界通常所熟知的.

然而,不太为人熟知的是,当应用于具有延伸质量分布的天体运动时,这些方程还可产生美丽的螺旋轨道.我们研究这类轨道的数学基础,主要关注在内埋星团中的恒星运动,内埋星团是包覆在星际气体和尘埃中的新生恒星群.

我们的星系中大多数恒星都形成于云状气体结构,该气体结构主要由氢分子(90%)和氦分子(10%)加上微量的重气体和尘埃组成,称为巨分子云(giant molecular clouds),这些结构的直径约为 40 pc(其中 pc 约为地球和太阳之间距离的 20 万倍,称为秒差距(parsecs)),通常包含总质量约为 10^5 个太阳的质量.虽然这些结构具有每立方厘米约 100 个气体分子的平均密度,但是它们是非常不均匀的,并且由几个不同的"团块"组成.反之,每个团块包含 30 至 2 000 个小(约 0.1 pc)"核",它是稠密的($10^4 \sim 10^5$ 个分子/cm^3).随着时间的推移,由于它们之间的吸引力,这些核会坍缩,并且在中心积聚的气体最终变成新生的恒星.因此,巨分子云中的每个团块将变成一种恒星苗圃(或更正式地称为内埋星团(embedded cluster)),其中的新生恒星绕其形成的剩余气体和尘埃旋转.

由于核初始时就处于旋转状态,从它们坍塌形成的恒星被一个气体和尘埃组成的厚圆盘围绕,最终形成行星.天文学家的一个中心问题是内埋星团环境对这些圆盘,以及对行星系统的形成有什么影响.例如,星团内单个巨星可以产生足够的紫外线以蒸发这些圆盘的大部分,从而降低了星团内行星的形成之势.这种效应部分地取决于恒星成员在星团环境中的轨道［Adams 等,2006;Fatuzzo 和 Adams,2008;Holden 等,2011］.

我们的目标是建立和分析一个描述新生恒星在其内埋星团形成地内运动的模型. 首先介绍经典的两体问题的数学公式.然后,在具有球对称扩展质量分布的恒星运动的情形下推广这种公式.最后,对所产生的螺旋轨道进行解析处理,并提供必要的工具,用 Mathematica 来研究这些美丽的螺旋轨道.

2. 标准的两体问题

我们考虑行星绕固定恒星的运动,恒星的质量为 M,行星的质量 m 与相应的恒星的质量相比可以忽略不计(即 $m \ll M$).然而,注意到采用质心坐标系,小质量可以近似地忽略,其中绕着总质量为 $M+m$ 的固定天体运行的约化质量为 $\mu = \dfrac{mM}{M+m}$［Carroll 和 Ostlie,2006］.

这种两体处理方法可以用于研究太阳系的动力学,因为太阳对每个行星的引力远大于行星成员之间的相互引力作用.因此,这种方法给出了行星如何绕太阳运行的最简单的模型.

当然,尽管相互作用很小,但确实还是有影响的——事实上,这种影响导致了海王星的发现.有趣的是,这种影响可以用第 3 节中建立的螺旋公式来建立模型.

2.1 标准公式

通过位置向量 r、速度向量 v 和加速度向量 a 来定义物体的运动,其中加速度是速度随时间的变化率,而速度是位置随时间的变化率,于是

$$a = \frac{\mathrm{d}v}{\mathrm{d}t} = \frac{\mathrm{d}^2 r}{\mathrm{d}t^2} \tag{1}$$

Newton 第二运动定律将物体的加速度 a 与作用在其上的合力 F 相关联,表示为熟知的 $F = ma$.对于两体系统,作用在行星上的唯一的力来自于它与恒星之间的相互作用的引力,由 Newton 万有引力定律给出:

$$F = \frac{-GMm r}{r^3} = \frac{-GMm}{r^2} \hat{r} \tag{2}$$

其中 G 为万有引力常数,其值依赖于系统的单位,r 是恒星与行星之间的位移向量,而 $\hat{r} = \dfrac{r}{r}$ 是单位位移向量,$r = |r|$.因此,行星的加速度为

$$a = \frac{F}{m} = \frac{-GM}{r^2}\hat{r} \tag{3}$$

(3)式告诉我们,加速度向量平行于位置向量,因此叉积 $r \times a = 0$.如我们在习题 1 中所讨论的,这个条件使我们可以证明

$$\frac{\mathrm{d}}{\mathrm{d}t}(r \times v) = 0 \tag{4}$$

并得到结论:向量 $j = r \times v$(比角动量(specific angular momentum))对所有时间必为常量.这个结果表示位置向量 r 必定总是与 j 保持正交,因此,行星的运动一定是平面运动.

为了尽可能易于分析,我们做出以下假设:

- 恒星具有与太阳相同的质量($1\ M_\odot$),并固定在坐标系的原点.

- 行星在 xy 平面中运动,其中 $r = \langle x, y \rangle$ 为位置向量,$v = \left\langle \dfrac{\mathrm{d}x}{\mathrm{d}t}, \dfrac{\mathrm{d}y}{\mathrm{d}t} \right\rangle$ 为速度向量,$a = \left\langle \dfrac{\mathrm{d}^2x}{\mathrm{d}t^2}, \dfrac{\mathrm{d}^2y}{\mathrm{d}t^2} \right\rangle$ 为加速度向量.注意 $r = \sqrt{x^2 + y^2}$ 为恒星与行星之间的距离,而 $j = j\hat{z}$.

- 距离以 AU 为单位(其中 1 AU 或 1 个天文单位表示地球与太阳之间的近似距离),时间以年为单位,质量以太阳质量($M_\odot$)为单位.在这个单位系统中,

$$G = 4\pi^2 \frac{\mathrm{AU}^3}{M_\odot\,\mathrm{year}^2}$$

- 行星的初始条件取以下形式:

$$x(0) = x_0, \quad x'(0) = 0, \quad y(0) = 0, \quad y'(0) = v_0 \tag{5}$$

表示行星从点 $(x_0, 0)$ 处,以初始速度 v_0 沿垂直方向($\hat{y}$)开始运动.这些初始条件对应于行星从所谓的近日点(perihelion,最接近于恒星的位置)或远日点(aphelion,离恒星最远的位置)开始运动.行星的轨道完全由初始条件决定,这个轨道由(3)式的解给出.

恒星–行星系统的基本要素如图 1 所示,其中固定的恒星由大的彩色圆盘表示,行星(显示其初始位置和随后的位置)由较小的黑色圆盘表示.近日点的位置(行星最靠近

恒星的点）和远日点（行星离恒星最远的点）由箭头指出．如下面进一步的讨论，这些位置是行星轨道上的转折点．

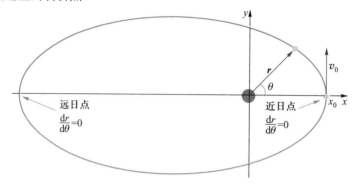

图 1   恒星-行星系统的椭圆（闭）轨道的基本要素

注：恒星（大的彩色圆盘）固定在坐标系的原点，它是行星运行的椭圆轨道的一个焦点（其初始位置 $r_0 = \langle x_0, 0 \rangle$ 和其后的位置 r 由较小的黑色圆盘表示）．假设行星的初始速度具有形式 $\boldsymbol{v}_0 = \langle 0, v_0 \rangle$，使得由 r 扫过角度为 θ 的轨道位于 xy 平面上．近日点（行星最靠近恒星的点）和远日点（行星距离恒星最远的点）的位置由箭头指出．这两个位置都是轨道的转折点，其导数 $\dfrac{\mathrm{d}r}{\mathrm{d}\theta} = 0$．

众所周知，对于与恒星有引力相互作用的天体可能存在三种轨迹——双曲线、抛物线和椭圆．前两种轨迹是开放的，因此它们表示天体能够脱离恒星引力的情形．显然，行星在椭圆（闭）轨道上运动．为了说明起见，在表 1 中给出了产生带内行星和 Halley 彗星（哈雷彗星）的轨道所需的初始条件 x_0 和 v_0，其中初始位置在近日点处．同时列出了在第 2.2 节中将要讨论的两个相关量 ε 和 j．

表 1   带内行星的初始条件

	x_0/AU	v_0/（AU · year^{-1}）	ε/（AU^2 · year^{-2}）	j/（AU^2 · year^{-1}）
水星	0.307	12.4	−51.0	3.82
金星	0.718	7.44	−27.3	5.34
地球	0.98	6.39	−19.7	6.28
火星	1.38	5.59	−13.0	7.72
Halley 彗星	0.586	11.5	−1.11	6.74

2.2   势函数：问题的解析处理

现在我们使用解析方法来研究椭圆轨道的结构，目的是了解该结构如何依赖于确定轨道的两个初始条件．当我们将注意力转向内埋星团中运行的恒星时，这种分析将特别有用.因此,我们花些时间来研究平面椭圆轨道这一熟悉的情形.为此,注意到(2)式中给出的重力可以用势函数 Ψ 的梯度来表示(见习题2),

$$\boldsymbol{F} = -m \nabla \Psi \tag{6}$$

其中

$$\Psi = -\frac{GM}{r} \tag{7}$$

因此,重力被视为保守力,并且可以证明单位质量的总能量(比能量)在整个运动中是守恒的(见习题3).比能量为

$$\varepsilon = \frac{1}{2}v^2 + \Psi \tag{8}$$

(8)式右边的两项分别为行星单位质量的动能(比动能(specific kinetic energy))和单位质量的重力势能(比势能(specific potential energy)).两个守恒量 ε(比能量(specific energy))和 j(比角动量(specific angular momentum))给出了完全确定行星轨道的另一对参数,因为它们的值与近日点或远日点处的初始条件 x_0 和 v_0 是一一对应的(见习题4):

$$\varepsilon = \frac{v_0^2}{2} - \frac{GM}{x_0}, \qquad\qquad j = x_0 v_0$$

$$x_0 = \frac{j^2}{GM + \sqrt{(GM)^2 + 2\varepsilon j^2}}, \qquad v_0 = \frac{GM}{j} + \sqrt{\left(\frac{GM}{j}\right)^2 + 2\varepsilon} \tag{9}$$

表1列出了带内行星和 Halley 彗星的这些量.

于是(8)式导出了另一个有趣的运动微分方程,用来描述如图1所示的由 θ(极角)和 r 表示的轨道[Binney 和 Tremaine,1987]:

$$\frac{\mathrm{d}\theta}{\mathrm{d}r} = \frac{1}{r}\left[\frac{2(\varepsilon - \Psi)r^2}{j^2} - 1\right]^{-\frac{1}{2}} \tag{10}$$

(见习题5中对(10)式的推导).可以通过简单分析这个新的方程来了解所得轨道的结构.例如,近日点和远日点都出现在轨道的转折点处,相应的量 $\dfrac{\mathrm{d}r}{\mathrm{d}\theta} = 0$,如图1所示.因此,这些点的半径可以通过求(10)式中方括号内函数的零点得到.因此,对于所考虑的

情形,转折点对应于二次方程

$$f(r) = 2\varepsilon r^2 + 2GMr - j^2 = 0 \tag{11}$$

的解,表示为

$$r = -\frac{GM \pm \sqrt{G^2M^2 + 2\varepsilon j^2}}{2\varepsilon} \tag{12}$$

由(12)式看出,若要得到 r 的两个正根, ε 必须小于零.因此,只有当总比能量 ε 为负时,闭(椭圆)轨道才可能存在.于是行星到恒星的最近距离(近日点)对应于用正号得到的 r 值,而最远距离(远日点)对应于取负号得到的 r 值.比角动量也受到 (12) 式中平方根中的自变量不为负的要求的限制,满足 $j \leqslant j_{max} = \sqrt{-\dfrac{G^2M^2}{2\varepsilon}}$.由于等式必定对应于圆形轨道,半径为 r 的圆形轨道的比能量和比角动量分别为 $\varepsilon = -\dfrac{GM}{2r}$ 和 $j = \sqrt{GMr}$.

　　在图 2 中,对 ε 和 j 的不同值绘制了二次函数 $f(r)$ 的图形,以说明这些参数是如何影响椭圆轨道的.若固定 ε 而增加 j 的值,我们看到转折点彼此靠得更近,这意味着轨道变得更圆.另一方面,若固定 j 而增加 ε ,我们看到对应于远日点的转折点向远离原点(恒星)的方向运动.事实上,当 ε 趋于零时,远日点将趋于无穷远,产生无界轨道.

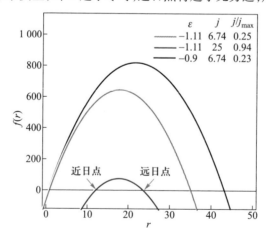

图 2　对参数 ε 和 j 的不同值绘制二次表达式 $f(r)$ 的图形
注:远日点和近日点对应于函数的零点.注意,当 ε 保持不变而 j 增加时,转折点彼此靠得更近,表示更圆的轨道.当参数 j 保持不变而 ε 增加时,外转折点变得更大.

这里,我们给出总结,(10) 式可以用于导出积分表达式

$$\Delta\theta_{1\to2} = \int_{r_1}^{r_2} \left[\frac{2(\varepsilon - \Psi)\, r^2}{j^2} - 1 \right]^{-\frac{1}{2}} \frac{\mathrm{d}r}{r} \tag{13}$$

其中 $\Delta\theta_{1\to2}$ 为行星绕轨道从最近距离 r_1(近日点)到最远距离 r_2(远日点)运动所包含的角度.对椭圆轨道,这个角度必等于 π,但对螺旋轨道则不等于 π.(13) 式在即将进行的内埋星团内的轨道分析中用到.

2.3 用 Mathematica 进行数值分析

在附录 A 中,我们给出了一个 Mathematica 程序,用来演示椭圆轨道如何依赖于初始条件.我们的程序对行星-恒星系统的控制方程进行数值求解,并绘制根据用户指定的 ε 和 j 产生的初始条件得到的轨道图.该程序仅对由指定的 t_{max} 值表示的短时间范围设计;对于更长的时间范围,累积舍入误差会产生非实际解.

在实践中,可以得到 (3) 式或 (10) 式的近似数值解.我们选择使用前一种方法,因为它更容易在整个轨道上积分.为了完整起见,注意到 (3) 式可以写成 Ψ 的形式

$$\boldsymbol{a} = -\nabla\Psi \tag{14}$$

得到耦合的常微分方程组

$$\frac{\mathrm{d}^2 x}{\mathrm{d}t^2} + \frac{\partial\Psi}{\partial x} = 0, \quad \frac{\mathrm{d}^2 y}{\mathrm{d}t^2} + \frac{\partial\Psi}{\partial y} = 0 \tag{15}$$

三个滑动条允许用户改变比能量(ε)、比角动量(j)和轨道周期(t_{max}).用于指定比角动量的滑动条以 $\frac{j}{j_{max}}$ 给出,其范围从 0 变到 1.对固定的 ε 值,$\frac{j}{j_{max}} = 1$ 对应于圆形轨道,而 $\frac{j}{j_{max}} = 0$ 导致纯径向运动.在图 2 中,恒星位于图的原点处,绕行天体的运动始于近日点,其轨迹是顶部(黑色)曲线.对 ε 和 $\frac{j}{j_{max}}$ 的特定值,用户可以研究完成一个轨道所需的时间(以年为单位)(见习题 6).用户还可以研究当 $\frac{j}{j_{max}}$ 保持固定时,轨道如何随 ε 的变化而改变(反之亦然).

习题

1. 证明 $\dfrac{\mathrm{d}}{\mathrm{d}t}(\boldsymbol{r} \times \boldsymbol{v}) = \boldsymbol{0}$.

2. 证明 $\boldsymbol{F} = -m\nabla\Psi = -\dfrac{GMm\boldsymbol{r}}{r^3}$.

3. 证明由(8)式给出的量 $\varepsilon = \dfrac{1}{2}v^2 + \Psi$ 在整个运动中是守恒的.

（a）从 $\boldsymbol{F} = m\boldsymbol{a} = -m\nabla\Psi$ 开始,证明 $\dfrac{\mathrm{d}\boldsymbol{v}}{\mathrm{d}t} = -\nabla\Psi$.

（b）对向量场沿向量 $\boldsymbol{r}$ 的顶端扫过的路径积分,得到

$$\int_C \frac{\mathrm{d}\boldsymbol{v}}{\mathrm{d}t} \cdot \mathrm{d}\boldsymbol{r} = -\int_C \nabla\Psi \cdot \mathrm{d}\boldsymbol{r}$$

或

$$\int_\alpha^\beta \frac{\mathrm{d}\boldsymbol{v}}{\mathrm{d}t} \cdot \frac{\mathrm{d}\boldsymbol{r}}{\mathrm{d}t}\mathrm{d}t = -\int_\alpha^\beta \nabla\Psi \cdot \frac{\mathrm{d}\boldsymbol{r}}{\mathrm{d}t}\mathrm{d}t$$

其中 α 和 β 为时间的任意值.

（c）使用线积分的基本定理计算

$$-\int_\alpha^\beta \nabla\Psi \cdot \frac{\mathrm{d}\boldsymbol{r}}{\mathrm{d}t}\mathrm{d}t$$

（d）证明

$$\frac{\mathrm{d}}{\mathrm{d}t}\left(\frac{\mathrm{d}\boldsymbol{r}}{\mathrm{d}t} \cdot \frac{\mathrm{d}\boldsymbol{r}}{\mathrm{d}t} \right) = 2\frac{\mathrm{d}^2\boldsymbol{r}}{\mathrm{d}t^2} \cdot \frac{\mathrm{d}\boldsymbol{r}}{\mathrm{d}t} = 2\frac{\mathrm{d}\boldsymbol{v}}{\mathrm{d}t} \cdot \frac{\mathrm{d}\boldsymbol{r}}{\mathrm{d}t}$$

（e）利用（d）的结果证明

$$\int_\alpha^\beta \frac{\mathrm{d}\boldsymbol{v}}{\mathrm{d}t} \cdot \frac{\mathrm{d}\boldsymbol{r}}{\mathrm{d}t}\mathrm{d}t = \frac{1}{2}\int_\alpha^\beta \frac{\mathrm{d}}{\mathrm{d}t}\left(\frac{\mathrm{d}\boldsymbol{r}}{\mathrm{d}t} \cdot \frac{\mathrm{d}\boldsymbol{r}}{\mathrm{d}t} \right)\mathrm{d}t$$

（f）证明

$$\frac{1}{2}\int_\alpha^\beta \frac{\mathrm{d}}{\mathrm{d}t}\left(\frac{\mathrm{d}\boldsymbol{r}}{\mathrm{d}t} \cdot \frac{\mathrm{d}\boldsymbol{r}}{\mathrm{d}t} \right)\mathrm{d}t = \frac{1}{2}\left[v^2(\beta) - v^2(\alpha) \right]$$

其中 v 为 $\boldsymbol{v}$ 的模长.

（g）利用(c)和(f)的结果证明,(b)中给出的方程可以表示

为 $\dfrac{1}{2}v^2(\beta)+\Psi(\beta)=\dfrac{1}{2}v^2(\alpha)+\Psi(\alpha)$ 或 $\varepsilon(\beta)=\varepsilon(\alpha)$.由于 β 和

α 是时间的任意值,我们看到比能量 ε 在整个时间内不变.

4.(a) 在 $t=0$ 时计算 ε 和 j,得到

$$\varepsilon=\frac{1}{2}v_0^2-\frac{GM}{x_0},\quad j=x_0v_0$$

(b) 利用 (a) 的结果,用 j 和 ε 求解 v_0 和 x_0.

5. 在本习题中,我们推导 (10) 式.参见图 3,我们从一些初

步观察开始.

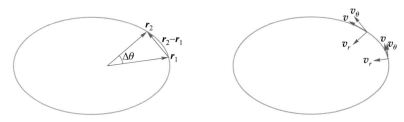

图 3 习题 5 中定义的轨道要素①

注:左图:位置向量 r_1 和 r_2 表示 t_1 和 t_2 时行星的位置.同时显示了行星运动对应包含的角度 $\Delta\theta$ 和
位移向量 r_2-r_1,以及沿径向和方位方向的位移向量的分量 Δr 和 Δs,表示为单位向量 $\hat{u}_r$ 和 $\hat{u}_\theta$.右
图:取极限 $\Delta t\to0$,得到位置 r 处的瞬时速度向量 v,以及径向和方位分量v_r 和 v_θ.

首先,记 $\hat{u}_r$ 为径向单位向量,$\hat{u}_\theta$ 为垂直于 $\hat{u}_r$ 的单位向量.令
$r(t_1)=r_1,r(t_2)=r_2$,令 Δt 表示 t_2-t_1,$\Delta\theta$ 表示极角的相应变化.
平均速度为

$$\frac{r_2-r_1}{t_2-t_1}$$

或写为分量形式

$$\frac{\Delta r\hat{u}_r+\Delta s\hat{u}_\theta}{\Delta t}$$

对小的 Δt(因此小的 $\Delta\theta$),有

$$|r_1|\approx|r_2|\approx r\quad 及\quad \Delta s\approx r\Delta\theta(弧长)$$

于是,速度向量为

---

① 原文图形不对,已更正(未按比例绘制)——译者注.

$$\boldsymbol{v} = \lim_{\Delta t \to 0} \left(\frac{\Delta r \hat{\boldsymbol{u}}_r}{\Delta t} + \frac{r \Delta \theta \hat{\boldsymbol{u}}_\theta}{\Delta t} \right) = \frac{\mathrm{d}r}{\mathrm{d}t} \hat{\boldsymbol{u}}_r + r \frac{\mathrm{d}\theta}{\mathrm{d}t} \hat{\boldsymbol{u}}_\theta$$

用 v_r 表示 $\dfrac{\mathrm{d}r}{\mathrm{d}t}$，$v_\theta$ 表示 $r\dfrac{\mathrm{d}\theta}{\mathrm{d}t}$，可以写出 $\boldsymbol{v} = v_r \hat{\boldsymbol{u}}_r + v_\theta \hat{\boldsymbol{u}}_\theta$，并注意 $v^2 = v_r^2 + v_\theta^2$.

（a）证明由 $|\boldsymbol{r} \times \boldsymbol{v}| = j$ 可以得到 $\dfrac{\mathrm{d}\theta}{\mathrm{d}t} = \dfrac{j}{r^2}$.

（b）证明 $\dfrac{\mathrm{d}r}{\mathrm{d}t} = \dfrac{j}{r^2} \dfrac{\mathrm{d}r}{\mathrm{d}\theta}$.

（c）由 $\varepsilon = \dfrac{1}{2} v^2 + \Psi$，证明

$$\frac{1}{2} \left[\left(\frac{\mathrm{d}r}{\mathrm{d}t} \right)^2 + \left(r \frac{\mathrm{d}\theta}{\mathrm{d}t} \right)^2 \right] = \varepsilon - \Psi$$

（d）利用（a），（b），（c）的结果证明

$$\frac{\mathrm{d}r}{\mathrm{d}\theta} = r \sqrt{\frac{2 r^2 (\varepsilon - \Psi)}{j^2} - 1}$$

（e）最后，利用（d），证明 $\dfrac{\mathrm{d}\theta}{\mathrm{d}r} = \dfrac{1}{r} \left[\dfrac{2(\varepsilon - \Psi) r^2}{j^2} - 1 \right]^{-\frac{1}{2}}$.

6. 使用附录 A 中的 Mathematica 程序和表 1 中的值，估计 Halley 彗星绕太阳一周需要多少年.

7. 使用附录 A 中的 Mathematica 程序绘制轨道图，相应的取值由图 2 中的 ε 和 $\dfrac{j}{j_{\max}}$ 给出.

（a）图①：$\varepsilon = -1.11$，$\dfrac{j}{j_{\max}} = 0.25$；

（b）图②：$\varepsilon = -1.11$，$\dfrac{j}{j_{\max}} = 0.94$；

（c）图③：$\varepsilon = -0.90$，$\dfrac{j}{j_{\max}} = 0.23$.

比较图①和图②，注意保持 ε（及 $j_{\max}$）不变，并增加 j，这导致轨道更圆，因为转折点靠得更近.

比较图①和图③，注意保持 j 不变，并增加 ε，这增加了外转折点的值.

3. 解析处理

在第 2 节中,我们通过势函数研究了行星绕固定恒星的运动,得到了所产生的椭圆轨道结构的信息.现在我们使用相同的公式来研究新生恒星在其形成的地方,即内埋星团中的运动.然而,此时我们会发现,所产生的轨道实际上是螺旋形而不是椭圆.我们的目标是了解所产生的螺旋轨道的结构,特别是,该结构如何依赖于定义轨道的两个初始条件的选择.

对太阳系内行星的路径,由(15)式给出的运动方程为我们当前的分析提供了出发点.然而,前面的势函数 $\Psi = -\dfrac{GM}{r}$ 显然不再有效,因为我们不能忽略来自于被内埋星团密集包围的气体和其他恒星的引力.于是,我们的首要任务是得出一个充分描述星团环境的新的引力势函数.

我们从讨论星团环境的特定密度分布入手.然后通过 Poisson 方程证明密度分布与其相应的势函数有关.最后,对新的势函数求解 Poisson 方程,使我们能够如同对太阳系中的行星运动那样进行相同的分析.

3.1　Hernquist 密度分布

在我们的星系中观察到的大多数内埋星团包含 N_*(100~1 000)个恒星,其中 $N_* = 300$ 通常被视为典型值.这些恒星被包含在半径 R_c 为 0.1 pc 至 2.0 pc 之间的空间内,在 R_c 和 N_* 之间观察到明显的相关性.这些恒星形成时的大部分气体未被恒星形成过程所利用.在内埋星团中,剩余气体占星团(气体和恒星)总质量的 70%~90%,并且延伸远超过 R_c,直到最终顺利地合并到背景气体中.

内埋星团的复杂性质对我们的公式构成了巨大的挑战.我们需要确定一个势函数 Ψ,来适当地表示恒星与其他星团成员和气体之间的相互引力作用,但它也必须是一个使问题易于处理的势函数.一种解决方法是假设新生星团的气体和恒星组分可以用球对称的光滑质量密度分布来近似,然后使用 Poisson 方程得到相应的势函数.

通过观察,已经提出了几种球对称密度函数,其中心值高,随半径单调递减.这里我们考虑其中的一个函数——Hernquist 密度分布(Hernquist density profile)——这是第一个被引入来描述椭圆星系的函数[Hernquist, 1990]. 该密度分布也被用于描述星系的暗物质、星系团和形成本文核心的内埋星团(参见[Adams 和 Bloch, 2005]), 其函数为

$$\rho(\xi) = \frac{\rho_0}{\xi(1+\xi)^3} \tag{16}$$

其中 $\xi = \dfrac{r}{r_s}$ 为无量纲半径, r_s 为有效长度尺度, ρ_0 为通过指定所考虑的环境的质量设置的缩放参数. 在我们的问题中, 常数 r_s 取为星团的半径(从而 $r_s = R_c$), 并通过包含在半径为 r 的范围内的星团(气体和恒星)的质量来确定常数 ρ_0 的值, 通过在半径为 r 的球体上对密度函数积分

$$M_r = \int \rho(\xi') \, \mathrm{d}V = \int_0^r 4\pi r'^2 \rho(\xi') \, \mathrm{d}r' = \frac{2\pi r_s \rho_0 r^2}{\left(1 + \dfrac{r}{r_s}\right)^2} \, ① \tag{17}$$

在星团的中心, ξ 很小, $\rho(\xi) \sim \dfrac{\rho_0}{\xi} \to \infty$, 而 $M_r \to 0$. 在星团的有效边 $r = r_s (\xi = 1)$ 上, 有 $\rho(\xi) = \dfrac{\rho_0}{8}$, $M_r = \dfrac{\pi \rho_0 r_s^3}{2}$. 超出这条有效边, 有 $\rho(\xi) \sim \dfrac{\rho_0}{\xi^4} \to 0$, $M_r \to 2\pi \rho_0 r_s^3$. 图 4 显示了由 (16)

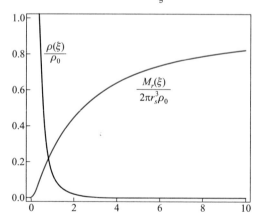

图 4   Hernquist 密度(下降的黑色曲线)的归一化径向分布及其相应的包含在半径为 r 的范围内的星团质量(上升的彩色曲线), 分别由(16)式和(17)式给出

———————

① 原文此式有误, 已更正——译者注.

式和（17）式给出的 Hernquist 密度和包含在半径为 r 的范围内的相应星团质量的归一化径向分布.

3.2 Hernquist 势函数

现在我们简要说明如何使用 Poisson 方程由 Hernquist 密度分布 ρ 得到势函数 Ψ.但我们将细节留到习题来解决.

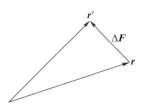

图 5 位于 r' 处的内埋星团的体积微元 ΔV 与位于 r 处的恒星之间的吸引力产生的力微元 ΔF 的示意图①

第一步计算作用在位于 r 处单位质量上的力 $F(r)$，它由扩展质量分布的吸引力产生.使用 Newton 引力定律，得到对星团内位于 r' 处体积微元 ΔV 的总作用力的微小贡献，如图 5 所示.

记这个微元的质量为 $\Delta M=\rho(r')\Delta V$，则由推广的（2）式可以求得力微元：

$$\Delta F(r)=\frac{G(r'-r)}{|r'-r|^{3}}\rho(r')\Delta V \tag{18}$$

在星团体内求和，单位质量上的合力为

$$F(r)=G\iiint_{V}\frac{r'-r}{|r'-r|^{3}}\rho(r')\,\mathrm{d}V \tag{19}$$

对（19）式（关于 r）取散度，有

$$\nabla\cdot F(r)=G\iiint_{V}\nabla_{r}\cdot\frac{r'-r}{|r'-r|^{3}}\rho(r')\,\mathrm{d}V \tag{20}$$

可以证明（见习题 9），若 $r'-r\neq0$，右边的被积函数为 0.因此，对积分的唯一贡献必来自于点 $r'=r$.于是，积分减小为在以 r 表示的点为中心、h 为半径的非常小的球内的体积分.总结一下，我们有

$$\nabla\cdot F(r)=G\iiint_{|r'-r|<h}\nabla_{r}\cdot\frac{r'-r}{|r'-r|^{3}}\rho(r')\,\mathrm{d}V \tag{21}$$

由于 h 很小，可以假设在整个小球内密度基本上不变，且等于 $\rho(r)$.由（21）式重新整理积分，得到

---

① 原文图形不对，已更正——译者注.

$$\nabla \cdot \boldsymbol{F}(\boldsymbol{r}) = G\rho(\boldsymbol{r}) \iiint_{|\boldsymbol{r}'-\boldsymbol{r}|<h} \nabla_r \cdot \frac{\boldsymbol{r}'-\boldsymbol{r}}{|\boldsymbol{r}'-\boldsymbol{r}|^3} \mathrm{d}V \tag{22}$$

注意到(见习题 10)

$$\nabla_r \cdot \frac{\boldsymbol{r}'-\boldsymbol{r}}{|\boldsymbol{r}'-\boldsymbol{r}|^3} = -\nabla_{r'} \cdot \frac{\boldsymbol{r}'-\boldsymbol{r}}{|\boldsymbol{r}'-\boldsymbol{r}|^3} \tag{23}$$

有

$$\nabla \cdot \boldsymbol{F}(\boldsymbol{r}) = -G\rho(\boldsymbol{r}) \iiint_{|\boldsymbol{r}'-\boldsymbol{r}|<h} \nabla_{r'} \cdot \frac{\boldsymbol{r}'-\boldsymbol{r}}{|\boldsymbol{r}'-\boldsymbol{r}|^3} \mathrm{d}V \tag{24}$$

由散度定理,将(24)式中的体积分表示为面积分,从而可以容易计算得到(见习题 11):

$$\nabla \cdot \boldsymbol{F}(\boldsymbol{r}) = -G\rho(\boldsymbol{r}) \iint_{|\boldsymbol{r}'-\boldsymbol{r}|=h} \frac{\boldsymbol{r}'-\boldsymbol{r}}{|\boldsymbol{r}'-\boldsymbol{r}|^3} \cdot \mathrm{d}\boldsymbol{S}' = -4\pi G\rho(\boldsymbol{r}) \tag{25}$$

如果定义

$$\Psi(\boldsymbol{r}) = -G \iiint_V \frac{\rho(\boldsymbol{r}')}{|\boldsymbol{r}'-\boldsymbol{r}|} \mathrm{d}V \tag{26}$$

并注意到(见习题 12)

$$\boldsymbol{F}(\boldsymbol{r}) = -\nabla\Psi(\boldsymbol{r}) \tag{27}$$

则 (25) 式可以改写为 Poisson 方程(Poisson's equation)

$$\nabla^2 \Psi(\boldsymbol{r}) = 4\pi G\rho(\boldsymbol{r}) \tag{28}$$

由于 ρ 是球对称的,在球面坐标中表示 $\boldsymbol{r}$,并注意到 $\boldsymbol{r}$ 仅依赖于 r(而与 θ 或 ϕ 无关),于是 (28) 式简化为以下二阶常微分方程:

$$\frac{\mathrm{d}^2\Psi}{\mathrm{d}r^2} + \frac{2}{r}\frac{\mathrm{d}\Psi}{\mathrm{d}r} = 4\pi G\rho \tag{29}$$

于是可以证明(见习题 13 和习题 14),对 Hernquist 密度分布

$$\rho = \frac{\rho_0}{\dfrac{r}{r_s}\left(1+\dfrac{r}{r_s}\right)^3} \tag{}$$

势函数为

$$\Psi = -\frac{\Psi_0}{1+\xi} \tag{30}$$

称为 Hernquist 势(Hernquist potential),它是 (29) 的解,其中 $\Psi_0 = 2\pi G r_s^2 \rho_0$.

3.3 无量纲的势函数

使用指定的势函数,类似于第 2.2 节中对行星轨道的分析.由于星团环境的密度分布是球对称的,因此由星团环境施加在恒星上的净引力必定径向向内.因此,所得到的加速度也必定径向向内,从而 $\hat{a} = -\hat{r}$.因此,如同第 2.1 节所示,恒星的运动必定是平面的.由 (15) 式和 (10) 式给出的控制方程以及第 3.2 节中得到的势函数描述了所产生的轨道.

在第 2 节讨论的行星-恒星系统中,自然地使用了 1 AU 作为长度尺度,1 year(年) 作为时间尺度,$1\,M_\odot$(太阳的质量)作为质量尺度.这样就确定了常量 G 的值,如第 2.1 节所述.相比之下,星团环境提供了自然长度尺度 r_s,密度 ρ_0,势 Ψ_0,通过它们使方程无量纲化.因此,定义以下无量纲参数:

- $\xi = \dfrac{r}{r_s}, \bar{x} = \dfrac{x}{r_s}, \bar{y} = \dfrac{y}{r_s}$;

- $\bar{t} = \dfrac{t}{\tau_0}$,其中 $\tau_0 = \dfrac{r_s}{\sqrt{2\,\Psi_0}}$, $\Psi_0 = \dfrac{2\pi G r_s^2}{\rho_0}$;

- $\epsilon = \dfrac{\varepsilon}{\Psi_0}$;

- $q = \dfrac{j^2}{2\,\Psi_0 r_s^2}$.

类似于行星-恒星系统的情形,两个无量纲参数 ϵ 和 q 是运动的常量,其值完全确定了星团内的轨道.因此,它们必定与初始条件是一一对应的,其在无量纲形式中表示为

$\bar{x}_0 = \dfrac{x_0}{r_s}, \bar{v}_0 = \dfrac{v_0}{\dfrac{r_s}{\tau_0}} = \dfrac{v_0}{\sqrt{2\,\Psi_0}}$.特别地,将 (30) 式代入 (8) 式,并将表达式 $j = x_0 v_0$ 代入上述 q 的定义中,容易证明

$$\epsilon = \bar{v}_0^2 - \frac{1}{1 + \bar{x}_0}, \quad q = \bar{x}_0^2 \bar{v}_0^2 \qquad (31)$$

如下面所述,用 ϵ 和 q 得到 $\bar{x}_0$ 和 $\bar{v}_0$ 的表达式需要求解一个三次方程.因为总可以得到解析解,我们将其留给读者来完成.

在无量纲系统中,(10) 式变为

$$\frac{\xi d\theta}{d\xi} = \left[\left(\epsilon + \frac{1}{1+\xi} \right) \frac{\xi^2}{q} - 1 \right]^{-\frac{1}{2}} \tag{32}$$

如第 2.2 节所讨论的,当恒星离星团中心最近或最远时,导数 $\frac{d\xi}{d\theta}$ 等于零.因此,内转折点和外转折点的径向距离 ξ_1 和 ξ_2 必定是 (32) 式中方括号内的表达式的根.然而,第 2 节得到的是一个二次方程,其根是到转折点的距离,而这里这些距离由三次函数的正根给出

$$f(\xi) = \epsilon \xi^3 + (1+\epsilon) \xi^2 - q\xi - q \tag{33}$$

闭轨道要求三个根中,两个是正实数,而第三个根在物理上的实际参数值的范围内必须是负的.

这些根的解析表达式总是可以得到,且它们的性质总可由判别式的符号来确定.然而,冗长复杂的结果表达式对研究问题不会提供任何有意义的帮助.此外,注意到 (33) 的数值解可能在 ϵ 接近零时非常不准确.我们建议有兴趣的读者参阅标准数值分析的文献及 Adams 和 Bloch 的分析[2005];我们对他们的结果予以总结.

具体来说,注意到闭轨道需要满足 $-1 \leqslant \epsilon \leqslant 0$,其中 $\epsilon \sim -1$ 对应于限制在星团中心附近的轨道,而限制在 $\xi = 1$ 内的轨道要求 ϵ 大约小于 -0.375. 此外,轨道只能在

$$q \leqslant q_{max} \equiv \frac{(1 + \sqrt{1-8\epsilon} + 4\epsilon)^3}{-8\epsilon (1 + \sqrt{1-8\epsilon})^2} \tag{34}$$

时存在,其中 $q = 0$ 对应于径向运动,而 $q = q_{max}$ 对应于圆形轨道.

为了进一步了解螺旋轨道如何依赖于参数 ϵ 和 q,我们在图 6 中对三组 (ϵ, q) 的取值绘制了 ξ 的函数 $f(\xi)$ 的图形.

若固定 ϵ,并增加 q 的值,我们看到转折点彼此靠近,且当 $q = q_{max}$ 时变为圆形.另一方面,若固定 q,并增加 ϵ,我们看到外转折点向远离星团中心的方向移动.事实上,当 ϵ 趋于零时,外转折点趋于无穷远,从而产生无界的轨道.

最后,注意到,轨道从最近距离 ξ_1 移动到最远距离 ξ_2 通过的角度 $\Delta\theta_{1 \to 2}$ 仍由 (13) 式给出,对 Hernquist 势函数,采用无量纲化[①],简化为

---

① 原文为量纲化——译者注.

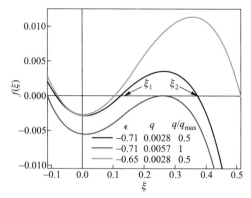

图6　对几组不同参数 ϵ 和 q 值的三次表达式 $f(\xi)$

注:轨道的转折点 ξ_1 和 ξ_2 对应于函数的零点,并对 $\epsilon=-0.71$,$q=0.5\,q_{max}$ 的情形作图(中间的黑色曲线).注意,当 ϵ 保持不变,而 q 增加时,转折点彼此靠近,且当 $q=q_{max}$ 时得到圆形轨道(底部彩色曲线).当参数 q 保持不变,而 ϵ 增加时,外转折点变大(顶部彩色曲线).

$$\Delta\theta_{1\to2}=\sqrt{q}\int_{\xi_1}^{\xi_2}\left[\epsilon\xi^2+\frac{\xi^2}{1+\xi}-q\right]^{-\frac{1}{2}}\frac{d\xi}{\xi} \tag{35}$$

对这里感兴趣的参数,$\Delta\theta_{1\to2}$ 的值小于 π［Adams 和 Bloch,2005］,产生螺旋轨道而不是椭圆轨道,如图 7 所示.

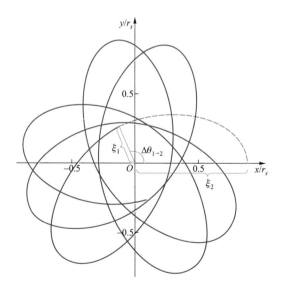

图7　无量纲参数 $\epsilon=-0.5$, $\dfrac{q}{q_{max}}=0.5$ 的螺旋轨道

注:虚线曲线描绘了转折点 $\xi_1=0.28$ 和 $\xi_2=0.89$ 的半轨道.轨道从最远距离 ξ_2 移动到最近距离 ξ_1 通过的角度 $\Delta\theta_{1\to2}$ 小于 π,产生螺旋轨道而不是椭圆轨道.

习题

8. 用积分

$$\int_0^r 4\pi r'^2 \rho(\xi') \, dr' = \int_0^r 4\pi r'^2 \frac{\rho_0}{\frac{r'}{r_s}\left(1+\frac{r'}{r_s}\right)^3} dr'$$

证明 $M_r = \dfrac{2\pi r_s \rho_0 r^2}{\left(1+\dfrac{r}{r_s}\right)^2}$.

9. 证明,若 $r' \neq r$, 则 $\nabla_r \cdot \dfrac{r'-r}{|r'-r|^3} = 0$, 因此(20)式被(21)式代替是合理的.

(a) 证明

$$\nabla_r \cdot \frac{r'-r}{|r'-r|^3} = \frac{1}{|r'-r|^3}\left[\nabla_r \cdot (r'-r)\right] + (r'-r) \cdot \nabla_r \left[\frac{1}{|r'-r|^3}\right]$$

(b) 证明

$$\nabla_r \left(\frac{1}{|r'-r|^3}\right) = \frac{3(r'-r)}{|r'-r|^5}$$

(c) 证明 $\nabla_r \cdot (r'-r) = -3$.

(d) 使用(b)和(c)证明,若 $r' \neq r$, 则(a)中的表达式等于 0.

10. 证明

$$\nabla_r \cdot \frac{r'-r}{|r'-r|^3} = -\nabla_{r'} \cdot \frac{r'-r}{|r'-r|^3}$$

11. 证明

$$-G\rho(r) \iint_{|r'-r|=h} \frac{r'-r}{|r'-r|^3} \cdot dS' = -4\pi G\rho(r)$$

12. 给定

$$\Psi(r) = -G \iiint_V \frac{\rho(r')}{|r'-r|} dV$$

证明由 $-\nabla\Psi(r)$ 得到如(19)式给出的 $F(r)$.

13. 证明,(29) 的解为 $\Psi = -\dfrac{\Psi_0}{1+\xi}$.

14. 在本习题中,我们求解由(29)式给出的非齐次 Euler 方程.首先将 (29) 式改写为

$$\frac{r^2 \mathrm{d}^2 \Psi}{\mathrm{d}r^2} + 2r \frac{\mathrm{d}\Psi}{\mathrm{d}r} = 4r^2 \pi G\rho \qquad (36)$$

(a) 假设解的形式为 $\Psi = r^n$,求解齐次 Euler 方程

$$\frac{r^2 \mathrm{d}^2 \Psi}{\mathrm{d}r^2} + 2r \frac{\mathrm{d}\Psi}{\mathrm{d}r} = 0$$

(b) 使用常数变易法求 (36) 的特解.

(c) 使用 (a) 和 (b) 写出 (36) 的通解.

(d) 通过施加以下条件:

$$\lim_{r\to\infty}\Psi = 0, \quad \lim_{r\to 0}\Psi = c$$

其中 c 表示非零常数值,求通解中的任意常数,得到解 $\Psi = -\dfrac{\Psi_0}{1+\xi}$,其中 $\Psi_0 = 2\pi Gr_s^2\rho_0$.

15. 将 (30) 式代入 (8) 式,并将表达式 $j = x_0 v_0$ 代入第 3.3 节 q 的定义中,证明

$$\epsilon = \bar{v}_0^2 - \frac{1}{1+\bar{x}_0}, \quad q = \bar{x}_0^2 \bar{v}_0^2$$

16. 证明,使用第 3 节中给出的变量代换,(10) 式可以改写为 (32) 式.

17. 证明,将 (32) 式中括号内的量设为零得到 (33) 式.

4. 数值模拟

在附录 B 中,我们给出了一个 Mathematica 程序,用来演示对不同的初始条件,内埋星团中恒星的螺旋轨道.

我们的程序对内埋星团系统的控制方程进行数值求解,并绘制根据用户指定的 ϵ 和 $\dfrac{q}{q_{max}}$ 产生的初始条件得到的轨道图.该程序仅针对由指定的 t_{max} 值所表示的短时间范围设计.对于更长的时间范围,累积舍入误差会产生非实际解.

与椭圆轨道一样,我们对(3)式作数值积分,在用 Ψ 和无量纲形式时得到

$$\frac{\mathrm{d}^2\bar{x}}{\mathrm{d}\bar{t}^2}-\frac{1}{2}\frac{\partial}{\partial\bar{x}}\left[\frac{1}{1+\xi}\right]=0, \quad \frac{\mathrm{d}^2\bar{y}}{\mathrm{d}\bar{t}^2}-\frac{1}{2}\frac{\partial}{\partial\bar{y}}\left[\frac{1}{1+\xi}\right]=0 \tag{37}$$

三个滑动条允许用户改变三个不同的(无量纲)参数:两个运动常数 ϵ 和 q,以及恒星的轨道周期 $\bar{t}_{max}$.用于 q 的滑动条以 $\dfrac{q}{q_{max}}$ 给出,其范围从 0 变到 1.对固定的 ϵ 值,$\dfrac{q}{q_{max}}=1$ 对应于圆形轨道,而 $\dfrac{q}{q_{max}}=0$ 导致纯径向运动.注意,星团的中心位于图的原点处,绕行天体的运动从外转折点 ξ_2 处开始,其轨迹用彩色绘制.一种特定情形如图 8 所示;还可参见 Landis 等[n.d.].

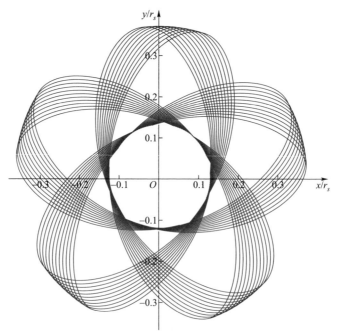

图 8　使用 Mathematica 运算器得到的螺旋轨道,其参数对应于图 6 中黑色曲线所示的情形 $\left(\epsilon=-0.71, \dfrac{q}{q_{max}}=0.5\right)$

习题

18. 使用第 3.3 节中给出的无量纲参数,证明(15)式可以改写为(37)式.

19. 使用第 4 节的 Mathematica 程序,绘制对应于图 6 中给出的 ϵ 和 $\dfrac{q}{q_{max}}$ 值的螺旋轨道.

(a)图①:$\epsilon=-0.71,\dfrac{q}{q_{max}}=0.5$;

(b)图②:$\epsilon=-0.71,\dfrac{q}{q_{max}}=1.0$;

(c)图③:$\epsilon=-0.65,\dfrac{q}{q_{max}}=0.5$.

比较图①和图②,注意保持 ϵ(和 q_{max})不变,并将 q 增加到 q_{max},这导致了圆形轨道,因为转折点已经重合了.

比较图①和图③,注意保持 q 不变,并增加 ϵ,这增加了外转折点的值.

5. 习题解答

1. $\dfrac{\mathrm{d}}{\mathrm{d}t}(\boldsymbol{r}\times\boldsymbol{v})=\boldsymbol{r}'(t)\times\boldsymbol{v}(t)+\boldsymbol{r}(t)\times\boldsymbol{v}'(t)=\boldsymbol{v}\times\boldsymbol{v}+\boldsymbol{r}\times\boldsymbol{a}=\boldsymbol{0}+\boldsymbol{0}=\boldsymbol{0}$.

2. 使用 $\Psi=-\dfrac{GM}{r}$,

$$-m\nabla\Psi=-m\left\langle\frac{\partial}{\partial x}\left(\frac{-GM}{\sqrt{x^2+y^2}}\right),\frac{\partial}{\partial y}\left(\frac{-GM}{\sqrt{x^2+y^2}}\right)\right\rangle$$

$$=GMm\left\langle\frac{\partial}{\partial x}\left(\frac{1}{\sqrt{x^2+y^2}}\right),\frac{\partial}{\partial y}\left(\frac{1}{\sqrt{x^2+y^2}}\right)\right\rangle$$

$$=-GMm\left\langle\frac{x}{(x^2+y^2)^{\frac{3}{2}}},\frac{y}{(x^2+y^2)^{\frac{3}{2}}}\right\rangle$$

$$= -\frac{GMm}{(x^2+y^2)^{\frac{3}{2}}}\langle x, y \rangle = -\frac{GMm}{r^3}\boldsymbol{r}$$

3. (a) 由 $\boldsymbol{a} = \dfrac{\mathrm{d}\boldsymbol{v}}{\mathrm{d}t}$, 有 $m\dfrac{\mathrm{d}\boldsymbol{v}}{\mathrm{d}t} = -m\nabla\Psi$. 由于 m 不为零, 可得 $\dfrac{\mathrm{d}\boldsymbol{v}}{\mathrm{d}t} = -\nabla\Psi$.

(b) 由 (a) 中的结果可以直接得到 (b) 中的结论.

(c) $-\displaystyle\int_{\alpha}^{\beta}\nabla\Psi\cdot\frac{\mathrm{d}\boldsymbol{r}}{\mathrm{d}t}\mathrm{d}t = -[\Psi(\beta)-\Psi(\alpha)]$.

(d) $\dfrac{\mathrm{d}}{\mathrm{d}t}\left(\dfrac{\mathrm{d}\boldsymbol{r}}{\mathrm{d}t}\cdot\dfrac{\mathrm{d}\boldsymbol{r}}{\mathrm{d}t}\right) = \dfrac{\mathrm{d}^2\boldsymbol{r}}{\mathrm{d}t^2}\cdot\dfrac{\mathrm{d}\boldsymbol{r}}{\mathrm{d}t}+\dfrac{\mathrm{d}\boldsymbol{r}}{\mathrm{d}t}\cdot\dfrac{\mathrm{d}^2\boldsymbol{r}}{\mathrm{d}t^2} = 2\dfrac{\mathrm{d}^2\boldsymbol{r}}{\mathrm{d}t^2}\cdot\dfrac{\mathrm{d}\boldsymbol{r}}{\mathrm{d}t} = 2\dfrac{\mathrm{d}\boldsymbol{v}}{\mathrm{d}t}\cdot\dfrac{\mathrm{d}\boldsymbol{r}}{\mathrm{d}t}$.

(e) 使用 $\dfrac{\mathrm{d}\boldsymbol{v}}{\mathrm{d}t}\cdot\dfrac{\mathrm{d}\boldsymbol{r}}{\mathrm{d}t} = \dfrac{\mathrm{d}^2\boldsymbol{r}}{\mathrm{d}t^2}\cdot\dfrac{\mathrm{d}\boldsymbol{r}}{\mathrm{d}t} = \dfrac{1}{2}\dfrac{\mathrm{d}}{\mathrm{d}t}\left(\dfrac{\mathrm{d}\boldsymbol{r}}{\mathrm{d}t}\cdot\dfrac{\mathrm{d}\boldsymbol{r}}{\mathrm{d}t}\right)$.

(f) $\dfrac{1}{2}\displaystyle\int_{\alpha}^{\beta}\dfrac{\mathrm{d}}{\mathrm{d}t}\left(\dfrac{\mathrm{d}\boldsymbol{r}}{\mathrm{d}t}\cdot\dfrac{\mathrm{d}\boldsymbol{r}}{\mathrm{d}t}\right)\mathrm{d}t = \dfrac{1}{2}\displaystyle\int_{\alpha}^{\beta}\dfrac{\mathrm{d}}{\mathrm{d}t}(v^2(t))\mathrm{d}t = \dfrac{1}{2}(v^2(\beta)-v^2(\alpha))$.

(g) 于是

$$\int_{\alpha}^{\beta}\frac{\mathrm{d}\boldsymbol{v}}{\mathrm{d}t}\cdot\frac{\mathrm{d}\boldsymbol{r}}{\mathrm{d}t}\mathrm{d}t = -\int_{\alpha}^{\beta}\nabla\Psi\cdot\frac{\mathrm{d}\boldsymbol{r}}{\mathrm{d}t}\mathrm{d}t$$

$$\frac{1}{2}(v^2(\beta)-v^2(\alpha)) = -[\Psi(\beta)-\Psi(\alpha)]$$

$$\frac{1}{2}v^2(\beta)+\Psi(\beta) = \frac{1}{2}v^2(\alpha)+\Psi(\alpha)$$

4. (a) 注意, 当 $t=0$ 时, $r=x_0$, $v=v_0$, $\boldsymbol{v}$ 与 $\boldsymbol{r}$ 之间的夹角为 $90°$(见图 1). 使用 $\Psi = -\dfrac{GM}{r}$ 和(8)式, 有 $\varepsilon = \dfrac{1}{2}v_0^2 - \dfrac{GM}{x_0}$. 使用 $j = |\boldsymbol{r}\times\boldsymbol{v}| = |\boldsymbol{r}||\boldsymbol{v}|\sin\theta$, 有 $j = x_0 v_0$.

(b) 用 $\dfrac{j}{v_0}$ 代替 x_0, 有

$$\varepsilon = \frac{1}{2}v_0^2 - \frac{v_0 GM}{j} \quad \text{或} \quad v_0^2 - \frac{2GM}{j}v_0 - 2\varepsilon = 0$$

求解二次方程, 得到 $v_0 = \dfrac{GM}{j} \pm \sqrt{\left(\dfrac{GM}{j}\right)^2 + 2\varepsilon}$.

由于行星的初始位置在近日点(最靠近恒星的点), 且 $x_0 = \dfrac{j}{v_0}$, 我们取正号根, 且

$$x_0 = \frac{j^2}{GM + \sqrt{(GM)^2 + 2\varepsilon j^2}}$$

5. (a) $|\boldsymbol{r} \times \boldsymbol{v}| = j$, $|\boldsymbol{r}| |\boldsymbol{v}| \sin\theta = j$, $rv\sin\theta = j$. 使用 $v_\theta = r\dfrac{\mathrm{d}\theta}{\mathrm{d}t}$, 有 $r^2\dfrac{\mathrm{d}\theta}{\mathrm{d}t} = j$, 重新组织可得

期望的结果 $\dfrac{\mathrm{d}\theta}{\mathrm{d}t} = \dfrac{j}{r^2}$.

(b) 使用链式法则, 有 $\dfrac{\mathrm{d}r}{\mathrm{d}t} = \dfrac{\mathrm{d}r}{\mathrm{d}\theta}\dfrac{\mathrm{d}\theta}{\mathrm{d}t}$. 使用 (a) 的结果, 我们可以用 $\dfrac{j}{r^2}$ 代替 $\dfrac{\mathrm{d}\theta}{\mathrm{d}t}$, 得到

$\dfrac{\mathrm{d}r}{\mathrm{d}t} = \dfrac{j}{r^2}\dfrac{\mathrm{d}r}{\mathrm{d}\theta}$.

(c) $\varepsilon = \dfrac{v^2}{2} + \varPsi$, $\dfrac{v^2}{2} = \varepsilon - \varPsi$, $\dfrac{1}{2}(v_r^2 + v_\theta^2) = \varepsilon - \varPsi$. 使用 $v_\theta = r\dfrac{\mathrm{d}\theta}{\mathrm{d}t}$, $v_r = \dfrac{\mathrm{d}r}{\mathrm{d}t}$, 得到

$\dfrac{1}{2}\left[\left(\dfrac{\mathrm{d}r}{\mathrm{d}t}\right)^2 + \left(r\dfrac{\mathrm{d}\theta}{\mathrm{d}t}\right)^2\right] = \varepsilon - \varPsi$.

(d) 从 (c) 的结果开始, 用 $\dfrac{j}{r^2}$ 代替 $\dfrac{\mathrm{d}\theta}{\mathrm{d}t}$, 用 $\dfrac{j}{r^2}\dfrac{\mathrm{d}r}{\mathrm{d}\theta}$ 代替 $\dfrac{\mathrm{d}r}{\mathrm{d}t}$, 得到 $\dfrac{1}{2}\left[\left(\dfrac{j}{r^2}\dfrac{\mathrm{d}r}{\mathrm{d}\theta}\right)^2 +\right.$

$\left.\left(r\dfrac{j}{r^2}\right)^2\right] = \varepsilon - \varPsi$. 现在求解 $\dfrac{\mathrm{d}r}{\mathrm{d}\theta}$, 得到所要的结果 $\dfrac{\mathrm{d}r}{\mathrm{d}\theta} = r\left[\dfrac{2(\varepsilon - \varPsi)r^2}{j^2} - 1\right]^{\frac{1}{2}}$.①

(e) 使用 (d) 的结果及 $\dfrac{\mathrm{d}\theta}{\mathrm{d}r} = \dfrac{1}{\dfrac{\mathrm{d}r}{\mathrm{d}\theta}}$.

6. 约 75 年.

7. 习题 7 的 Mathematica 程序和运行结果见附录 A.

8②. $\displaystyle\int_0^r 4\pi r'^2 \dfrac{\rho_0}{\dfrac{r'}{r_s}\left(1 + \dfrac{r'}{r_s}\right)^3}\mathrm{d}r' = 4\pi\rho_0 r_s^4 \int_0^r \dfrac{r'}{(r_s + r')^3}\mathrm{d}r'$.

令 $w = r_s + r'$, 积分可写为

---

① 习题 5(d) 要求 $\dfrac{\mathrm{d}r}{\mathrm{d}\theta}$, 5(e) 要求 $\dfrac{\mathrm{d}\theta}{\mathrm{d}r}$, 原文此处有误——译者注.

② 从本习题开始到结束, 原文将编号写错了, 已更正——译者注.

$$4\pi\rho_0 r_s^4 \int_{r_s}^{r_s+r} (w^{-2} - r_s w^{-3})\,\mathrm{d}w = 4\pi\rho_0 r_s^4 \left(-\frac{1}{w} + \frac{r_s}{2w^2} \right) \Bigg|_{r_s}^{r_s+r}$$

$$= 4\pi\rho_0 r_s^4 \left(\frac{-2w + r_s}{2w^2} \right) \Bigg|_{r_s}^{r_s+r}$$

$$= 4\pi\rho_0 r_s^4 \left[\frac{-2(r_s + r) + r_s}{2(r_s + r)^2} - \frac{-2r_s + r_s}{2r_s^2} \right]$$

$$= 2\pi\rho_0 r_s^3 \left[\frac{r^2}{(r_s + r)^2} \right]$$

$$= \frac{2\pi\rho_0 r_s r^2}{\left(1 + \dfrac{r}{r_s} \right)^2}$$

9. (a) 使用恒等式 $\nabla \cdot (f\boldsymbol{F}) = f\nabla \cdot \boldsymbol{F} + \boldsymbol{F} \cdot \nabla f$,其中 f 为标量.

(b) 令 $\boldsymbol{r} = \langle x, y, z \rangle$,$\boldsymbol{r}' = \langle x', y', z' \rangle$,有

$$\nabla_r \left(\frac{1}{|\boldsymbol{r}' - \boldsymbol{r}|^3} \right) = \nabla_r \left(\frac{1}{((x'-x)^2 + (y'-y)^2 + (z'-z)^2)^{3/2}} \right)$$

$$= \frac{3}{((x'-x)^2 + (y'-y)^2 + (z'-z)^2)^{5/2}} \langle x'-x, y'-y, z'-z \rangle$$

$$= \frac{3(\boldsymbol{r}' - \boldsymbol{r})}{|\boldsymbol{r}' - \boldsymbol{r}|^5}$$

(c) $\nabla_r \cdot (\boldsymbol{r}' - \boldsymbol{r}) = \nabla_r \cdot \langle x'-x, y'-y, z'-z \rangle = -1 - 1 - 1 = -3.$

(d) $\nabla_r \cdot \dfrac{\boldsymbol{r}' - \boldsymbol{r}}{|\boldsymbol{r}' - \boldsymbol{r}|^3} = \dfrac{1}{|\boldsymbol{r}' - \boldsymbol{r}|^3} [\nabla_r \cdot (\boldsymbol{r}' - \boldsymbol{r})] + (\boldsymbol{r}' - \boldsymbol{r}) \cdot \nabla_r \left[\dfrac{1}{|\boldsymbol{r}' - \boldsymbol{r}|^3} \right]$

$$= \frac{1}{|\boldsymbol{r}' - \boldsymbol{r}|^3} (-3) + (\boldsymbol{r}' - \boldsymbol{r}) \cdot \frac{3(\boldsymbol{r}' - \boldsymbol{r})}{|\boldsymbol{r}' - \boldsymbol{r}|^5}$$

$$= \frac{-3}{|\boldsymbol{r}' - \boldsymbol{r}|^3} + \frac{3|\boldsymbol{r}' - \boldsymbol{r}|^2}{|\boldsymbol{r}' - \boldsymbol{r}|^5} = 0$$

10. $\nabla_r \cdot \dfrac{\boldsymbol{r}' - \boldsymbol{r}}{|\boldsymbol{r}' - \boldsymbol{r}|^3} = \bigg\langle \dfrac{\partial}{\partial x} \left(\dfrac{x'-x}{((x'-x)^2 + (y'-y)^2 + (z'-z)^2)^{3/2}} \right),$

$$\frac{\partial}{\partial y} \left(\frac{y'-y}{((x'-x)^2 + (y'-y)^2 + (z'-z)^2)^{3/2}} \right),$$

$$
\frac{\partial}{\partial z}\left(\frac{z'-z}{\left(\left(x'-x\right)^2+\left(y'-y\right)^2+\left(z'-z\right)^2\right)^{3/2}}\right)\Bigg\rangle
$$

$$
= -\Bigg\langle \frac{\partial}{\partial x'}\left(\frac{x'-x}{\left(\left(x'-x\right)^2+\left(y'-y\right)^2+\left(z'-z\right)^2\right)^{3/2}}\right),
$$

$$
\frac{\partial}{\partial y'}\left(\frac{y'-y}{\left(\left(x'-x\right)^2+\left(y'-y\right)^2+\left(z'-z\right)^2\right)^{3/2}}\right),
$$

$$
\frac{\partial}{\partial z'}\left(\frac{z'-z}{\left(\left(x'-x\right)^2+\left(y'-y\right)^2+\left(z'-z\right)^2\right)^{3/2}}\right)\Bigg\rangle
$$

$$
= \nabla_{r'}\frac{\boldsymbol{r}'-\boldsymbol{r}}{|\boldsymbol{r}'-\boldsymbol{r}|^3}
$$

11. 将半径为 h 的小球的中心放在原点处,并用 $\boldsymbol{r}$ 代替 $\boldsymbol{r}'-\boldsymbol{r}$,不失一般性,我们可以将

$$
\iint_{|\boldsymbol{r}'-\boldsymbol{r}|=h}\frac{\boldsymbol{r}'-\boldsymbol{r}}{|\boldsymbol{r}'-\boldsymbol{r}|^3}\cdot \mathrm{d}\boldsymbol{S}'
$$

改写为

$$
\iint_{|\boldsymbol{r}|=h}\frac{\boldsymbol{r}}{|\boldsymbol{r}|^3}\cdot \mathrm{d}\boldsymbol{S}^{①}
$$

使用参数化

$$
\boldsymbol{r}=\langle h\sin\phi\cos\theta,h\sin\phi\sin\theta,h\cos\phi\rangle,\quad 0\leqslant\phi\leqslant\pi,\quad 0\leqslant\theta\leqslant 2\pi
$$

及法向量 $\boldsymbol{n}=h^2\sin\phi\langle\sin\phi\cos\theta,\sin\phi\sin\theta,\cos\phi\rangle$,有

$$
\iint_{|\boldsymbol{r}|=h}\frac{\boldsymbol{r}}{|\boldsymbol{r}|^3}\cdot \mathrm{d}\boldsymbol{S}=\int_0^\pi\int_0^{2\pi}\frac{1}{h^3}\langle h\sin\phi\cos\theta,h\sin\phi\sin\theta,h\cos\phi\rangle
$$

$$
\cdot h^2\sin\phi\langle\sin\phi\cos\theta,\sin\phi\sin\theta,\cos\phi\rangle\mathrm{d}\theta\mathrm{d}\phi
$$

$$
=\int_0^\pi\int_0^{2\pi}\sin\phi\mathrm{d}\theta\mathrm{d}\phi=2\pi\int_0^\pi\sin\phi\mathrm{d}\phi=4\pi
$$

因此,

$$
-G\rho(\boldsymbol{r})\iint_{|\boldsymbol{r}'-\boldsymbol{r}|=h}\frac{\boldsymbol{r}'-\boldsymbol{r}}{|\boldsymbol{r}'-\boldsymbol{r}|^3}\cdot \mathrm{d}\boldsymbol{S}'=-G\rho(\boldsymbol{r})\,(4\pi)^{②}
$$

---

① 原文此式有误,已更正 —— 译者注.

② 原文此式有误,已更正 —— 译者注.

12. $-\nabla\Psi(\boldsymbol{r}) = G\iiint_V \rho(\boldsymbol{r}') \, \nabla_r\left(\frac{1}{|\boldsymbol{r}'-\boldsymbol{r}|}\right) dV$

$\qquad = G\iiint_V \rho(\boldsymbol{r}') \, \nabla_r\left(\left((x'-x)^2 + (y'-y)^2 + (z'-z)^2\right)^{-1/2}\right) dV$

$\qquad = G\iiint_V \rho(\boldsymbol{r}') \left\langle \frac{\partial}{\partial x}\left(\frac{1}{\left((x'-x)^2 + (y'-y)^2 + (z'-z)^2\right)^{1/2}}\right), \right.$

$\qquad\qquad \frac{\partial}{\partial y}\left(\frac{1}{\left((x'-x)^2 + (y'-y)^2 + (z'-z)^2\right)^{1/2}}\right),$

$\qquad\qquad \left. \frac{\partial}{\partial z}\left(\frac{1}{\left((x'-x)^2 + (y'-y)^2 + (z'-z)^2\right)^{1/2}}\right) \right\rangle dV$

$\qquad = G\iiint_V \rho(\boldsymbol{r}') \frac{\langle x'-x, y'-y, z'-z \rangle}{\left((x'-x)^2 + (y'-y)^2 + (z'-z)^2\right)^{3/2}} dV$

$\qquad = G\iiint_V \rho(\boldsymbol{r}') \frac{1}{|\boldsymbol{r}'-\boldsymbol{r}|^3}(\boldsymbol{r}'-\boldsymbol{r}) dV$

13. 注意到

$$\frac{d\Psi}{dr} = \frac{\Psi_0 r_s}{(r_s+r)^2}, \quad \frac{d^2\Psi}{dr^2} = \frac{-2\Psi_0 r_s}{(r_s+r)^3}, \quad \rho = \frac{\rho_0 r_s^4}{r(r_s+r)^3}$$

将这些量代入(29)式中,得到

$$\frac{-2\Psi_0 r_s}{(r_s+r)^3} + \frac{2}{r}\frac{\Psi_0 r_s}{(r_s+r)^2} = 4\pi G \frac{\rho_0 r_s^4}{r(r_s+r)^3}$$

或

$$4\pi G \frac{\rho_0 r_s^4}{r(r_s+r)^3} = 4\pi G \frac{\rho_0 r_s^4}{r(r_s+r)^3}$$

其中我们使用了 $\Psi_0 = 2\pi G r_s^2 \rho_0$.

14. (a) 代入 $\Psi = r^n$,有 $n(n-1)r^n + 2nr^n = 0$ 或 $n = 0, -1$.因此,齐次方程的通解为 $\Psi = c_1 + c_2 r^{-1}$.

(b) 假设特解具有形式

$$\Psi_p = u_1(r) + u_2(r)r^{-1}$$

则得到一个关于未知函数 u_1' 和 u_2' 的线性方程组:

$$-\frac{1}{r^2}u_2' = \frac{4\pi G \rho_0 r_s^4}{r(r_s+r)^3}, \quad u_1'+\frac{1}{r}u_2'=0$$

求解得到

$$u_1' = \frac{4\pi G \rho_0 r_s^4}{(r_s+r)^3}, \quad u_2' = \frac{-4\pi G \rho_0 r r_s^4}{(r_s+r)^3}$$

积分求得

$$u_1 = \frac{-2\pi G \rho_0 r_s^4}{(r+r_s)^2}, \quad u_2 = \frac{2\pi G \rho_0 r_s^4 (2r+r_s)}{(r+r_s)^2}$$

于是

$$\Psi_p = \frac{2\pi G \rho_0 r_s^4}{r(r+r_s)}$$

（c）
$$\Psi = c_1 + c_2\frac{1}{r} + \frac{2\pi G \rho_0 r_s^4}{r(r+r_s)} ①$$

（d）由 $\lim\limits_{r\to\infty}\Psi=0$，有 $c_1=0$.由 $\lim\limits_{r\to 0}\Psi=c$，其中 c 表示非零常数，有 $c_2=-2\pi G \rho_0 r_s^3$，从而

$$\Psi = \frac{-2\pi G \rho_0 r_s^3}{r+r_s} ② 或 \quad \Psi = -\frac{\Psi_0}{1+\xi}，其中 \ \Psi_0 = 2\pi G \rho_0 r_s^2.$$

15. 由 $\bar{x}=\dfrac{x}{r_s}$，有 $\bar{x}_0=\dfrac{x_0}{r_s}$. 使用

$$\frac{\mathrm{d}}{\mathrm{d}t} = \frac{\mathrm{d}}{\mathrm{d}\bar{t}}\frac{\mathrm{d}\bar{t}}{\mathrm{d}t} = \frac{1}{\tau_0}\frac{\mathrm{d}}{\mathrm{d}\bar{t}}$$

有

---

① 习题14（a）—（c）可以用更为简洁的方法得到.事实上，注意到（36）式的左边 $=\dfrac{\mathrm{d}}{\mathrm{d}r}\left(r^2\dfrac{\mathrm{d}\Psi}{\mathrm{d}r}\right)$，对（36）

式两边积分可得

$$\frac{\mathrm{d}\Psi}{\mathrm{d}r} = -2\pi G \rho_0 r_s^4 \frac{2r+r_s}{r^2(r+r_s)^2} - \frac{c_2}{r^2}$$

再次积分即得

$$\Psi = \frac{2\pi G \rho_0 r_s^4}{r(r+r_s)} + c_2\frac{1}{r} + c_1$$

如果去掉两个任意常数 c_1 和 c_2，即可得到（b）题所求的特解——译者注.

② 原文此式有误，已更正——译者注.

$$\boldsymbol{v}=\left\langle\frac{\mathrm{d}x}{\mathrm{d}t},\frac{\mathrm{d}y}{\mathrm{d}t}\right\rangle=\left\langle\frac{r_s}{\tau_0}\frac{\mathrm{d}\bar{x}}{\mathrm{d}\bar{t}},\frac{r_s}{\tau_0}\frac{\mathrm{d}\bar{y}}{\mathrm{d}\bar{t}}\right\rangle=\frac{r_s}{\tau_0}\bar{\boldsymbol{v}}$$

于是 $v_0=\dfrac{\mathrm{d}y(0)}{\mathrm{d}\bar{t}}=\dfrac{r_s}{\tau_0}\bar{v}_0$. 又，注意到

$$\varPsi_0=\frac{r_s^2}{2\tau_0^2}$$

将（30）式代入（8）式，有

$$\epsilon=\frac{\frac{1}{2}v_0^2-\frac{\varPsi_0}{1+\bar{x}_0}}{\varPsi_0}=\left(\frac{v_0\tau_0}{r_s}\right)^2-\frac{1}{1+\bar{x}_0}=\bar{v}_0^2-\frac{1}{1+\bar{x}_0}$$

代入 q 的表达式，有

$$q=\frac{j^2}{2\varPsi_0 r_s^2}=\frac{(x_0v_0)^2}{2\varPsi_0 r_s^2}=\left(\frac{x_0}{r_s}\right)^2\frac{v_0^2}{2\varPsi_0}=\bar{x}_0^2\frac{v_0^2}{2\varPsi_0}=\bar{x}_0^2\left(\frac{v_0\tau_0}{r_s}\right)^2=\bar{x}_0^2\bar{v}_0^2$$

16. 使用 $\dfrac{\mathrm{d}}{\mathrm{d}r}=\dfrac{\mathrm{d}}{\mathrm{d}\xi}\dfrac{\mathrm{d}\xi}{\mathrm{d}r}=\dfrac{\mathrm{d}}{\mathrm{d}\xi}\dfrac{1}{r_s}$，有 $\dfrac{\mathrm{d}\theta}{\mathrm{d}r}=\dfrac{1}{r_s}\dfrac{\mathrm{d}\theta}{\mathrm{d}\xi}$. 则方程（10）变为

$$\frac{1}{r_s}\frac{\mathrm{d}\theta}{\mathrm{d}\xi}=\frac{1}{r}\left[\frac{2(\varepsilon-\varPsi)r^2}{j^2}-1\right]^{-\frac{1}{2}}$$

$$\frac{r}{r_s}\frac{\mathrm{d}\theta}{\mathrm{d}\xi}=\left[\frac{2(\varepsilon-\varPsi)r^2}{j^2}-1\right]^{-\frac{1}{2}}$$

$$\xi\frac{\mathrm{d}\theta}{\mathrm{d}\xi}=\left[\frac{2(\varepsilon-\varPsi)r^2}{j^2}-1\right]^{-\frac{1}{2}}$$

$$=\left[\frac{2\left(\varPsi_0\epsilon+\frac{\varPsi_0}{1+\xi}\right)r^2}{2q\varPsi_0 r_s^2}-1\right]^{-\frac{1}{2}}$$

$$=\left[\frac{\left(\epsilon+\frac{1}{1+\xi}\right)r^2}{qr_s^2}-1\right]^{-\frac{1}{2}}$$

$$=\left[\left(\epsilon+\frac{1}{1+\xi}\right)\frac{\xi^2}{q}-1\right]^{-\frac{1}{2}}$$

17.
$$\left(\epsilon+\frac{1}{1+\xi}\right)\frac{\xi^2}{q}-1=0$$

$$\frac{\epsilon\xi^2}{q}+\frac{\xi^2}{(1+\xi)q}-1=0^{①}$$

$$(1+\xi)\epsilon\xi^2+\xi^2-(1+\xi)q=0$$

$$\epsilon\xi^3+\xi^2(1+\epsilon)-q\xi-q=0$$

因此

$$f(\xi)=\epsilon\xi^3+\xi^2(1+\epsilon)-q\xi-q$$

18. 使用

$$\frac{\mathrm{d}^2x}{\mathrm{d}t^2}=\frac{r_s}{\tau_0^2}\frac{\mathrm{d}^2\bar{x}}{\mathrm{d}\bar{t}^2},\quad\frac{\mathrm{d}^2y}{\mathrm{d}t^2}=\frac{r_s}{\tau_0^2}\frac{\mathrm{d}^2\bar{y}}{\mathrm{d}\bar{t}^2}$$

方程（15）变为

$$\frac{r_s}{\tau_0^2}\frac{\mathrm{d}^2\bar{x}}{\mathrm{d}\bar{t}^2}+\frac{\partial\Psi}{\partial x}=0,\quad\frac{r_s}{\tau_0^2}\frac{\mathrm{d}^2\bar{y}}{\mathrm{d}\bar{t}^2}+\frac{\partial\Psi}{\partial y}=0$$

使用

$$\frac{\partial}{\partial x}=\frac{\partial}{\partial\bar{x}}\frac{\partial\bar{x}}{\partial x}=\frac{1}{r_s}\frac{\partial}{\partial\bar{x}},\quad\frac{\partial}{\partial y}=\frac{\partial}{\partial\bar{y}}\frac{\partial\bar{y}}{\partial y}=\frac{1}{r_s}\frac{\partial}{\partial\bar{y}}$$

这些方程可以改写为

$$\frac{r_s}{\tau_0^2}\frac{\mathrm{d}^2\bar{x}}{\mathrm{d}\bar{t}^2}+\frac{1}{r_s}\frac{\partial\Psi}{\partial\bar{x}}=0,\quad\frac{r_s}{\tau_0^2}\frac{\mathrm{d}^2\bar{y}}{\mathrm{d}\bar{t}^2}+\frac{1}{r_s}\frac{\partial\Psi}{\partial\bar{y}}=0$$

代入 Ψ，有

$$\frac{r_s}{\tau_0^2}\frac{\mathrm{d}^2\bar{x}}{\mathrm{d}\bar{t}^2}-\frac{1}{r_s}\frac{\partial}{\partial\bar{x}}\left(\frac{\Psi_0}{1+\xi}\right)=0,\quad\frac{r_s}{\tau_0^2}\frac{\mathrm{d}^2\bar{y}}{\mathrm{d}\bar{t}^2}-\frac{1}{r_s}\frac{\partial}{\partial\bar{y}}\left(\frac{\Psi_0}{1+\xi}\right)=0$$

最后，注意到 $\Psi_0=\dfrac{r_s^2}{2\tau_0^2}$，有

$$\frac{\mathrm{d}^2\bar{x}}{\mathrm{d}\bar{t}^2}-\frac{1}{2}\frac{\partial}{\partial\bar{x}}\left(\frac{1}{1+\xi}\right)=0,\quad\frac{\mathrm{d}^2\bar{y}}{\mathrm{d}\bar{t}^2}-\frac{1}{2}\frac{\partial}{\partial\bar{y}}\left(\frac{1}{1+\xi}\right)=0$$

---

① 原文有误,已更正——译者注.

19. 习题 19 的 Mathematica 程序和运行结果见附录 B.

附录 A　椭圆轨道①

```
Clear[x,y,v0,x0];
func[eps_, jR_, tmax_]:=Module[{ \[Epsilon] = eps, jRatio = jR, T =
tmax},jMax=Sqrt[-8 * Pi^4/\[Epsilon] ];
 j=jMax * jRatio;
 x0=j^2/( 4 Pi^2 +Sqrt[16 Pi^4 +2 \[Epsilon] j^2]);
 v0=4 Pi^2/j + Sqrt[16 Pi^4 /(j^2)+2 \[Epsilon] ];
 solution=NDSolve[{x"[t]==-4 Pi^2 x[t]/(Sqrt[x[t]^2+y[t]^2])^3,
  y"[t]==-4 Pi^2 y[t]/(Sqrt[x[t]^2+y[t]^2])^3, x[0]==x0,x'[0]
==0,y[0]==0,y'[0]==v0},
  {x[t],y[t]},{t,0,T}];
 ParametricPlot [ Evaluate [{x [ t ], y [ t ]}/.solution ],{ t, 0, T },
PlotRange->{{-50,30},{-30,30}},
  PlotStyle - > Red, AxesLabel - > { Style [ " x/Subscript [ r, s ]",
Italic], Style["y/Subscript[r, s]",Italic]},
  ImageSize->{520,520},ImagePadding->30]
 ]
 Manipulate[
  Quiet@ func[a, b, c],
  {{a, -1.11, " \[Epsilon]"}, -2, -0.8,.1,Appearance->"Labeled",
ImageSize->Tiny},
  {{b, .25, " j/Subscript [ j, max ]"}, 0.05, .99,.01, Appearance - >
```

---

① 原文刊登的程序有误,已根据下述副刊中的程序进行了修改——译者注.

```
"Labeled",ImageSize->Tiny},

    {{c, 60, "Subscript[t, max]"}, 1, 140,1,Appearance->"Labeled",

ImageSize->Tiny},

ControlPlacement - > Left, SaveDefinitions - > True, Synchronous -

Updating->False]
```

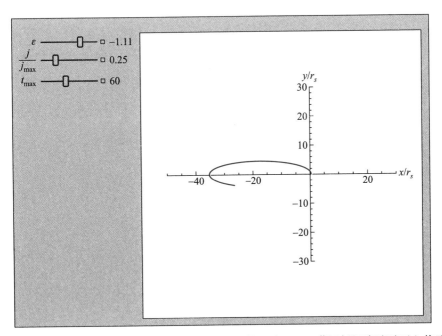

附录 A 和附录 B 的 Mathematica 程序文件可在 UMAP 期刊的副刊页面上找到

附录 B　螺旋轨道①

```
func[eps_, qR_, T_] :=Module[{ep = eps, qRatio = qR, t = T},

  qMax = (1 + Sqrt[1 - 8 * ep] + 4 * ep)^3/(-8 * ep * (1+ Sqrt[1 - 8 *

ep])^2);

  q = qMax * qRatio;
```

_____

① 原文刊登的程序有误,已根据上述副刊中的程序进行了修改——译者注.

```
  \[Delta] = 0.00001;

  \[Xi]2 = xxbar0 /.NSolve[ep == -(1/(1 +xxbar0) -q/xxbar0^2),
xxbar0][[1]];

  \[Xi]1 = xxbar0 /.NSolve[ep == -(1/(1 +xxbar0) -q/xxbar0^2),
xxbar0][[2]];

  \[CapitalDelta] \[Theta] = Round[Sqrt[q] * NIntegrate[1/(\[Xi] *
Sqrt[ep * \[Xi]^2+\[Xi]^2/(1+\[Xi])-q]),{\[Xi], \[Xi]1+\[Delta], \
[Xi]2-\[Delta]}] * 180/Pi];

  xBar0 = \[Xi]2 ;

  vBar0 = Sqrt[q]/xBar0;

  solution =

    NDSolve[{xbar"[tbar] == -(1/2) * D[-1/(1 + Sqrt[xbar[tbar]^2 +
ybar[tbar]^2]), xbar[tbar]],

    ybar"[tbar] == -(1/2) * D[-1/(1 + Sqrt[xbar[tbar]^2 + ybar
[tbar]^2]), ybar[tbar]],

    xbar[0] == xBar0,

    xbar"[0] == 0,

    ybar[0] == 0,

    ybar"[0] == vBar0},

    {xbar[tbar], ybar[tbar]},

    {tbar, 0, t}

];

  ParametricPlot[Evaluate[{xbar[tbar], ybar[tbar]}/.solution],
{tbar, 0, t}, PlotRange -> All,

  AxesLabel -> {Style[ "x/Subscript[ r, s]", Italic], Style[ "y/
Subscript[r, s]",Italic]},ImageSize->{520,520},ImagePadding->30]

  ]
```

```
Manipulate[
  Quiet@ func[a, b, c],
  {{a, -.9, " \[Epsilon]"}, -.96, -.1,.01, Appearance->"Labeled",
ImageSize->Tiny},
  {{b, .4, "q/Subscript[q, max]"}, 0.1, 1,.01,Appearance->"Labeled",
ImageSize->Tiny},
  {{c, 90, "Overscript[t, _]"}, 1, 100,1,Appearance->"Labeled",
ImageSize->Tiny},
  {\[CapitalDelta]\[Theta]},
  ControlPlacement -> Left, SaveDefinitions -> True,Synchronous-
Updating->False]
```

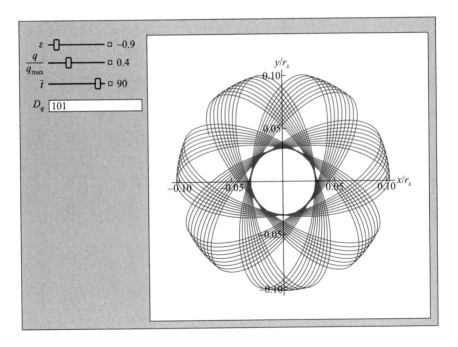

参考文献

Adams Fred C, Bloch Anthony M. 2005. Orbits in extended mass distributions: General results and the spirographic approximation. The Astrophysical Journal, 629: 204—218.

Adams Fred C, Proszkow Eva M, Fatuzzo Marco, et al. 2006. Early evolution of stellar groups and clusters: Environmental effects on forming planetary systems. The Astrophysical Journal, 641: 504—525.

Binney J, Tremaine Scott. 1987. Galactic Dynamics. Princeton, NJ: Princeton University Press.

Carroll Bradley, Ostlie Dale. 2006. An Introduction to Modern Astrophysics. 2nd ed. New York: Benjamin Cummings.

Fatuzzo Marco, Adams Fred C. 2008. UV radiation fields produced by young embedded star clusters. The Astrophysical Journal, 675 (2): 1361—1374.

Hernquist Lars. 1990. An analytical model for spherical galaxies and bulges. The Astrophysical Journal, 356: 359—364.

Holden Lisa, Spitzig Jeremy, Adams Fred C. 2011. An investigation of the loss of planet-forming potential in intermediate sized young embedded star clusters. Publication of the Astronomical Society of the Pacific, 123 (899): 14—25.

Landis Ted, Spitzig Jeremy, Holden Lisa. n.d. Spirographic orbit of a star in extended mass distribution. Wolfram Demonstrations Project.

10 观察人造地球卫星的预测

Predicting Opportunities for Viewing the
International Space Station

姜启源 编译 蔡志杰 审校

摘要:
本文对于在什么时间、什么方位能够观察到人造地球卫星以及在计算机上实现的方法给以完整的描述,并且利用 Excel 来完成计算.

原作者:

Donald A. Teets

Department of Mathematics and

Computer Science

South Dakota School of Mines

and Technology

Rapid City, SD 57701

donald.teets@ sdsmt.edu

发表期刊:

The UMAP Journal, 2003, 24 (1):

3-26.

数学分支:

向量微积分

应用领域:

天体物理学

授课对象:

学过基本向量微积分课程的学生

预备知识:

二次曲线图形、极坐标

目　录：

网上更多……　　本文英文版

1. 引言

天黑以后,我们站在庭院里,一起仰头注视夜空中的同一块地方,大家等候着.突然,我指着扫过天空的一个小光点说,"果真如此,很准时",这正是大家期待的.我们已经多次看到人造地球卫星①,但是这次有点特别.过去都是从 NASA(美国宇航局)网站上得知,在什么时间、什么方位能够看到卫星,而这回完全靠我们自己的计算,并且一箭中的!

虽然预测如何观察到卫星的问题有些复杂,但是也能够利用大学一二年级学习的数学方法加以解决.对这个方法的充分理解,包括许多轨道力学基本公式的推导,需要利用许多向量微积分的知识,而这个方法的实现却可以少用甚至不用微积分来完成.这在很大程度上依赖于三角、向量代数及一些简单的矩阵运算,还需要运用计算工具,如 Excel 电子表格(spreadsheet)或者计算机编程语言.

本文的目的是给读者关于什么时间、什么方位能够观察到卫星以及在计算机上实现的方法以完整的描述.希望你和你的学生们会像我一样地发现,这是一个将基本的数学知识用于解决有趣的实际问题的极好的案例.

2. Kepler 定律、坐标系、轨道要素

虽然 Kepler(开普勒)定律是用来描述行星如何围绕太阳运行的,但它也同样适用于人造地球卫星环绕地球的运动.

Kepler 第一定律:卫星的轨道是椭圆,地球的中心(也是坐标系的原点)位于椭圆的一个焦点上;

---

① 原文为 International Space Station,简称 ISS,直译为国际空间站,是由 6 个国际太空机构联合推进的合作计划,也指该计划所属运行于距离地面大于 400 km 的地球轨道上的航天器.人造地球卫星属于航天器的重要一类,就涉及本文的内容而言二者没有什么差别,所以为简明起见本文一律称为人造地球卫星或简称卫星——译者注.

Kepler 第二定律:从原点到卫星的向径在单位时间内扫过的面积是常数;

Kepler 第三定律:卫星运行周期的平方与轨道长半轴的三次方之比值,对所有地球卫星而言是常数.

下面需要时再对这些定律给以精细的公式表述.

Kepler 定律的导出是向量微积分的一个极好的应用,强烈鼓励读者去完成推导的详细过程.在下一节我们将推导第一定律,而不再给出第二定律和第三定律的推导,它们可在任何的轨道力学教科书中查到,诸如 Prussing 和 Conway [1993],Roy [1988]或 Bate 等 [1971].

本节的主要工作是建立空间坐标系,并说明卫星轨道在坐标系中如何描述.图 1 是常用的地心赤道坐标系(geocentric equatorial coordinate system),它以地球中心为原点,xy 平面包含赤道,z 轴正向通过北极,x 轴正向在春季的第一天指向太阳,而由于 x 轴的这种指向存在很慢的漂移,所以必须仔细地指定坐标系建立的时间.如不特别指明我们使用 J2K(2000 年)坐标系(NASA 使用 J2K 以及 1950 年建立的 M50 坐标).

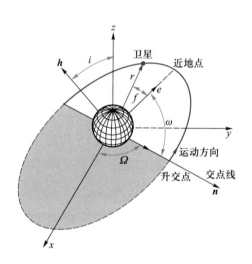

图1   卫星在地心赤道坐标系中的轨道

- 轨道倾角(inclination)i:z 轴正向与轨道平面法线向量 h 的夹角;

- 交点线(line of nodes):轨道平面与 xy 平面的交线;

- 升交点(ascending node):在轨道上卫星通过 xy 平面升起的那个点;

- 升交点赤经(longitude of the ascending node)Ω:x 轴正向与指向升交点的向量 n 的夹角;

- 近地点辐角(argument of perigee)ω:交点线与椭圆轨道长轴的夹角,近地点(perigee)是轨道上最接近原点(即地球中心)的那个点,位于椭圆正长轴上;

- 椭圆轨道长半轴 a 和离心率(eccentricity)e;

●过近地点时刻 τ（time of perigee passage），用于指定卫星特定时刻在轨道上的位置．

上面的 6 个参数 a,e,i,Ω,ω,τ 称为轨道要素（orbital elements）．理论上可以用这些参数来确定任意时刻卫星的位置．实际上由于大气阻力、月球引力以及地球的非球体等因素的影响，这些参数不可能长时间保持不变，但是在几天时间内我们可以将它们视为常数，除非附录中指出的例外．

3. 由位置向量和速度向量确定轨道要素

我们要完成的轨道力学的一个基本问题是：

已知卫星在某个时刻 t_0 的位置向量 $\boldsymbol{r}$ 和速度向量 $\boldsymbol{v}$，确定它的 6 个轨道要素 a,e,i,Ω,ω,τ．

本节的公式和推导来自 Prussing 和 Conway［1993］，这里从略，可以在任何的轨道力学教科书中查到．为了记号的方便，向量 $\boldsymbol{r},\boldsymbol{v}$ 的模分别用 r,v 表示，其他向量都做类似规定．

在上面定义的地心赤道坐标系中，我们从如下的基本关系出发：

$$\ddot{\boldsymbol{r}} +\frac{\mu}{r^3}\boldsymbol{r} = \boldsymbol{0} \tag{1}$$

即在任何时刻，加速度向量 $\ddot{\boldsymbol{r}}$ 与单位向径 $\boldsymbol{r}/r$ 的方向相反（指向引力中心），模是 μ/r^2，对地球卫星来说，常数 $\mu = 3.986\ 006\ 4 \times 10^5 \mathrm{km}^3/\mathrm{s}^2$．

对于（1）式用 $\boldsymbol{r}$ 作向量积计算

$$\boldsymbol{r}\times\ddot{\boldsymbol{r}} +\boldsymbol{r}\times\frac{\mu}{r^3}\boldsymbol{r} = \boldsymbol{0}$$

显然左边第 2 项为 $\boldsymbol{0}$，于是 $\boldsymbol{r}\times\ddot{\boldsymbol{r}} = \boldsymbol{0}$．注意到 $\boldsymbol{r}\times\ddot{\boldsymbol{r}} = \dfrac{\mathrm{d}}{\mathrm{d}t}(\boldsymbol{r}\times\dot{\boldsymbol{r}}) = \boldsymbol{0}$，可知

$$\boldsymbol{h} =\boldsymbol{r}\times\dot{\boldsymbol{r}} =\boldsymbol{r}\times\boldsymbol{v} \tag{2}$$

必定是常向量．

类似地,对于(1)式用 $\boldsymbol{h}$ 作向量积计算

$$\ddot{\boldsymbol{r}} \times \boldsymbol{h} = -\frac{\mu}{r^3} \boldsymbol{r} \times \boldsymbol{h} = -\frac{\mu}{r^3} \boldsymbol{r} \times (\boldsymbol{r} \times \dot{\boldsymbol{r}})$$

利用向量积的运算公式 $\boldsymbol{a} \times (\boldsymbol{b} \times \boldsymbol{c}) = (\boldsymbol{a} \cdot \boldsymbol{c}) \boldsymbol{b} - (\boldsymbol{a} \cdot \boldsymbol{b}) \boldsymbol{c}$,上式可简化为

$$\ddot{\boldsymbol{r}} \times \boldsymbol{h} = \mu \frac{\mathrm{d}}{\mathrm{d}t} \left(\frac{\boldsymbol{r}}{r} \right)$$

两边做积分,得

$$\dot{\boldsymbol{r}} \times \boldsymbol{h} = \mu \left(\frac{\boldsymbol{r}}{r} + \boldsymbol{e} \right) \tag{3}$$

其中 $\boldsymbol{e}$ 是(无量纲的)积分常向量.

对于(3)式用 $\boldsymbol{r}$ 作点积计算

$$\boldsymbol{r} \cdot (\dot{\boldsymbol{r}} \times \boldsymbol{h}) = \boldsymbol{r} \cdot \mu \left(\frac{\boldsymbol{r}}{r} + \boldsymbol{e} \right)$$

利用混合积的性质上式可写为

$$(\boldsymbol{r} \times \dot{\boldsymbol{r}}) \cdot \boldsymbol{h} = \mu(r + \boldsymbol{r} \cdot \boldsymbol{e})$$

再由(2)式可得

$$h^2 = \mu(r + re\cos f)$$

其中 f 是 $\boldsymbol{r}, \boldsymbol{e}$ 之间的夹角(见图 1),称为真近点角(true anomaly).从式中将 r 解出,得

$$r = \frac{h^2/\mu}{1 + e\cos f} \tag{4}$$

由于下面几个原因(4)式是我们得到的基本方程.

● 在极坐标下椭圆的标准方程

$$r = \frac{a(1 - e^2)}{1 + e\cos f} \tag{5}$$

相比较,令

$$\frac{h^2}{\mu} = a(1 - e^2) \tag{6}$$

这就验证了 Kepler 第一定律.

• 在（5）式中当真近点角 $f=0$ 时 r 最小，这时 $\boldsymbol{r}$ 与 $\boldsymbol{e}$ 同向，于是 $\boldsymbol{e}$ 指向轨道近地点，并位于椭圆的长轴上，因此真近点角 f 是卫星从近地点算起的角位移.

• （4）和（5）式是计算卫星在轨道上任意时刻位置的重要公式.

下面给出已知卫星在时刻 t_0 的 $\boldsymbol{r}$ 和 $\boldsymbol{v}$，计算轨道参数的步骤.

（1）由（2）式计算 $\boldsymbol{h}$ 和 $i=\cos^{-1}(h_z/h)$，其中 h_z 是 $\boldsymbol{h}$ 的 z 坐标（见图 1）.

（2）计算 $\boldsymbol{n}=\boldsymbol{k}\times\boldsymbol{h}/h$，其中 $\boldsymbol{k}$ 是 z-轴的单位向量；计算 $\Omega_0=\cos^{-1}(n_x/n)$，其中 n_x 是 $\boldsymbol{n}$ 的 x 坐标（见图 1）；进行象限调整（如果需要的话）：

$$\Omega=\begin{cases}\Omega_0, & n_y\geqslant 0 \\ 360°-\Omega_0, & n_y<0\end{cases}$$

由 i 和 Ω 可确定轨道平面.

（3）由（3）式计算 $\boldsymbol{e}$，它的模是 e.

（4）由（6）式计算 a.由 a 和 e 确定椭圆轨道的尺寸及形状.

（5）计算 $\omega_0=\cos^{-1}(\boldsymbol{e}\cdot\boldsymbol{n}/(en))$（见图 1）；进行象限调整：

$$\omega=\begin{cases}\omega_0, & e_z\geqslant 0 \\ 360°-\omega_0, & e_z<0\end{cases}$$

由 ω 确定轨道平面内椭圆轨道的方向.

按照以上 5 个步骤我们由 $\boldsymbol{r}$ 和 $\boldsymbol{v}$ 得到了轨道的几何形状.

下面要计算卫星在轨道上任意时刻的位置.图 2 给出长半轴为 a 的椭圆轨道和半径为 a 的外切圆，它们的中心重合.图中 f 是真近点角，而 E 称为偏近点角（eccentric anomaly），二者满足如下的正切方程

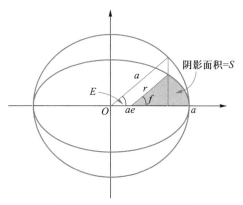

图 2 真近点角 f 与偏近点角 E

$$\tan\frac{E}{2}=\left(\frac{1-e}{1+e}\right)^{1/2}\tan\frac{f}{2} \tag{7}$$

为了得到这个方程，从半角公式

$$\tan^2 \frac{E}{2} = \frac{1-\cos E}{1+\cos E}$$

开始,并由图 2 可得

$$a\cos E = ae+r\cos f = ae+\frac{a(1-e^2)}{1+e\cos f}\cos f$$

将 $\cos E$ 代入 E 的半角公式得

$$\tan^2 \frac{E}{2} = \frac{1-e}{1+e} \cdot \frac{1-\cos f}{1+\cos f}$$

再利用 f 的半角公式就能够得到(7)式.应该指出,将(7)式用于 E 和 f 的相互转换时,不需要作象限调整.

另一个重要关系可由图 2 得到,图中阴影部分的面积 S 可以用定积分算出:

$$S = \frac{a^2\sqrt{1-e^2}}{2}(E-e\sin E)$$

而整个椭圆的面积是 $\pi a^2\sqrt{1-e^2}$.按照 Kepler 第二定律,有

$$\frac{S}{t-\tau} = \frac{\pi a^2\sqrt{1-e^2}}{T}$$

其中 $t-\tau$ 是通过近地点后向径 r 扫过 S 所用的时间,T 是卫星运行周期.将上面两个式子的 S 消掉,得到 Kepler 方程

$$E-e\sin E = \frac{2\pi(t-\tau)}{T} \tag{8}$$

注意(8)式中 E 以弧度计.

卫星运行周期 T 由 Kepler 第三定律确定:

$$\frac{T^2}{a^3} = \frac{4\pi^2}{\mu} \tag{9}$$

其中 T 和 a 的单位分别是 s 和 km.

已知卫星在时刻 t_0 的 r 和 v 计算轨道要素的最后一步是:

(6) 计算 $f_0 = \cos^{-1}(r \cdot e/(re))$(见图 1);作象限调整(如果需要的话):

$$f = \begin{cases} f_0, & r \cdot v \geq 0 \\ 360° - f_0, & r \cdot v < 0 \end{cases}$$

($\boldsymbol{r} \cdot \boldsymbol{v} \geqslant 0$ 是卫星离开近地点的前半个椭圆轨道,$\boldsymbol{r} \cdot \boldsymbol{v} < 0$ 是卫星朝向近地点的后半个椭圆轨道);由 f, e(第(3)步)和正切方程(7)计算 E;由 a(第(4)步)和 Kepler 第三定律(9)计算 T;最后由 E, T, e,观察时刻 $t = t_0$ 及 Kepler 方程(8)计算 τ.

至此,6 个轨道要素 $a, e, i, \Omega, \omega, \tau$ 全部得到.

习题

做习题前先阅读附录中的距离和角度、时间两小节.习题 5 及其前面的讨论对本文是非常重要的.附录中 SAN 是 1900 年后的秒数(seconds after 1900)的缩写.Excel 是做全部习题推荐使用的工具.

1. 已知 $a = 6\,773$ km, $e = 0.000\,26$, $\tau = 3\,234\,185\,836$ SAN, 计算通过给定的近地点后(第 1 次)到达真近点角为 2.00 弧度那个位置的时间,用 SAN 表示结果.

2. 将 2002 年 7 月 17 日 13:32:27 GMT(Greenwich mean time,格林尼治标准时间)转换成 SAN.

3. 将 3 237 248 192 SAN 转换成日期和时间格式.

4. 为了确定卫星在轨道上的位置,NASA 用(参考日期的)真近点角 TA 代替卫星过近地点时刻 τ 作为第 6 个轨道要素,参数 TA 是真近点角 f 在 t_0 的值(t_0 是给定 $\boldsymbol{r}$ 和 $\boldsymbol{v}$ 的时刻).假定其他 5 个轨道要素已知,如何进行 τ 与 TA 的相互转换?

对于习题 5、习题 6 及以后的一些习题,需要熟悉 NASA 网站.

花时间浏览这个网站,注意网页左下方的 3 个链接:

● "Where is the space station?"(卫星在哪里?)是卫星当前位置的实时显示.

● "Can I see the space station from my back yard?"(在我的庭院里能看到卫星吗?)是 NASA 对这个项目主要目标的展示.选择该链接后,页面给出两个新的链接:"Quick and easy sightings by city"(按城市快速方便的观察)和"Start Java applet"(启动 Java 程

序),应该熟悉这两个链接,特别是前一个,它是整个项目的基本模型,和用来验证能够正确实现最终目标的无限的资源.

● 回到主页,"Can I track the station?"(我能够追踪卫星吗?)对我们也是很重要的.选择这个链接,点击"green link"(绿色链接)查询卫星最新的轨道要素,看到一些有编号的"Coasting Arcs"(岸状弧线),每个附带一组数据.特别看到的是以 GMT 表示的 t_0,如 2002 年的第 196 天表示 2002 年 7 月 15 日,可以建立一个格式相互转换的表格.

习题

5. 从 NASA 网站上找到卫星最新的轨道要素,再找到 Coasting Arc #1 下的数据.注意单位,特别是这里不用 ft,并且把 m 换算成 km.

(a) 利用 r 和 v 在 M50 坐标中的值(分别表为 x, y, z 和 $\dot{x}, \dot{y}, \dot{z}$,)计算本节(1)–(6)步列出的要素.注意 NASA 用 RA(right ascension 赤经)代替我们用的 Ω,用 W_p 代替我们用的 ω. 此外,需要利用习题 4 的结果从 τ 得到 TA.你的结果与 NASA 的结果实质上应该没有差别.

(b) 用 r 和 v 在 J2K 坐标中的值重复(a),与(a)的结果比较,应该有细微的差别,反映两个坐标系之间的区别.

6. 对于其他卫星的 coasting arcs 重复习题 5(a),注意 Ω(RA)一天天的变化.如果轨道上有一架航天飞机,从给定的 r 和 v 计算轨道要素.

人造地球卫星与太阳系中行星的轨道要素的计算,几乎没有差别.日心黄道坐标系的原点在太阳的中心,xy 平面(黄道面)包含地球绕太阳的轨道,x 轴正向与地心赤道坐标系完全相同,μ 的数值改为 1.327×10^{11} km^3/s^2,因为引力中心是太阳而非地球.

习题

7. 利用下列数据计算火星的轨道要素:

$$\boldsymbol{r} = (-220\ 599\ 900,\ 115\ 296\ 400,\ 7\ 828\ 400)$$

$$\boldsymbol{v} = (-10.288\ 106, -19.424\ 505, -0.157\ 809)$$

其中, t_0 = 2000 年 10 月 26 日 20:00 GMT. 单位:km, s.

4. 由轨道要素确定卫星在任意时刻的位置

上一节我们从卫星在给定时刻 t_0 的已知位置 $\boldsymbol{r}$ 和速度 $\boldsymbol{v}$ 计算轨道要素,这一节要将这个过程反转过来:

已知一组轨道要素 $a, e, i, \Omega, \omega, \tau$,确定卫星在任意给定时刻 t 的位置 $\boldsymbol{r}(t) = (x(t), y(t), z(t))$.虽然也可以得到相应的速度向量,但这里是不必要的.

这个过程的求解可以直接进行:由 a 用 (9) 式计算 T,由 e, T, τ 用(8)式和(7)式分别计算任意时刻 t 的偏近点角 E 和真近点角 f,由 a, e, f 用(5)式计算 r,卫星位置由极坐标到直角坐标的变换求出: $\boldsymbol{r}(t) = (r\cos f,\ r\sin f,\ 0)$.

这里有两个难点:

- 由 Kepler 方程(8)求 E 需要数值解法;
- 表示向量 $(r\cos f,\ r\sin f,\ 0)$ 的坐标系并不是我们一直用的地心赤道坐标系.

第一个困难容易解决.Newton 方法可以用来求解 Kepler 方程,因为

$$f(E) = E - e\sin E - \frac{2\pi(t-\tau)}{T}$$

是单调的且只有一个零点,再者,卫星轨道接近圆形, e 几乎为 0,于是用 Newton 方法一个很好的初值是 $2\pi(t-\tau)/T$,5 次迭代就能得到 E 的精确近似值.

为了克服第二个困难,考虑 3 个不同的坐标系(图 1).

$x''y''z''$ 坐标系: x'' 轴正向在 e 方向, y'' 轴正向位于轨道平面内 f = 90° 处, z'' 轴正向在 $\boldsymbol{h}$ 方向,在此坐标系内卫星位置是 $(x'', y'', z'') = (r\cos f, r\sin f,\ 0)$,其中 r, f 满足(5)式.

$x'y'z'$ 坐标系:以 h 为轴将 $x''y''z''$ 坐标系顺时针旋转 ω 角,于是 x' 轴正向在 n 方向,z' 轴正向仍在 h 方向,这种旋转由矩阵乘法完成,卫星位置向量变为

$$\begin{pmatrix} x' \\ y' \\ z' \end{pmatrix} = \begin{pmatrix} \cos \omega & -\sin \omega & 0 \\ \sin \omega & \cos \omega & 0 \\ 0 & 0 & 1 \end{pmatrix} \begin{pmatrix} r\cos f \\ r\sin f \\ 0 \end{pmatrix} \qquad (10)$$

xyz 坐标系(地心赤道坐标系):先以 x' 为轴将 $x'y'z'$ 坐标系旋转 i 角,再以 z 为轴旋转 Ω 角,这两次旋转由下式得到:

$$\begin{pmatrix} x \\ y \\ z \end{pmatrix} = \begin{pmatrix} \cos \Omega & -\sin \Omega & 0 \\ \sin \Omega & \cos \Omega & 0 \\ 0 & 0 & 1 \end{pmatrix} \begin{pmatrix} 1 & 0 & 0 \\ 0 & \cos i & -\sin i \\ 0 & \sin i & \cos i \end{pmatrix} \begin{pmatrix} x' \\ y' \\ z' \end{pmatrix} \qquad (11)$$

至此,我们完成了本节的任务,即确定了卫星在任意时刻 t 的位置 $r(t) = (x(t), y(t), z(t))$.

习题

附录中 Excel-Visual Basic 用户定义的函数 tanom, rftox, rftoy, rftoz, 在下面的习题中要用到,你现在应该写出这些函数的程序.

8. 给定轨道要素 $a = 6\,773.139\,3$ km,$e = 0.000\,260\,3$,$\tau = 2002$ 年 6 月 25 日 16:57:16 GMT, 计算时刻 $t = 2002$ 年 6 月 25 日 17:48:45 GMT 的 f.

9. 假定卫星轨道由以下参数给定:$a = 6\,773.139\,3$ km,$e = 0.000\,260\,3$,$i = 51.643°$,$\Omega = 10.238\,9°$,$\omega = 273.910\,7°$. 计算真近点角 $f = 60.317\,7°$ 时的位置 $r = (x, y, z)$.

10. 已知轨道要素 $a = 6\,763.112\,374$, $e = 0.000\,799\,9$, $i = 51.602\,906°$,$\Omega = 260.589\,578°$,$\omega = 29.385\,278°$,$\tau = 2002$ 年 7 月 17 日 12:37:31GMT, 计算以下时刻的位置 r:

(a) 2002 年 7 月 18 日 23:36:00 GMT;

(b) 2002 年 7 月 18 日 7:13:00 GMT.

5. 经度、纬度和高度

知道了卫星在任意时刻 t 的位置,我们的问题似乎是解决了,但是在宣告成功之前还有另外的问题要讨论:还不知道作为观察者的我们自己在哪儿!为了回答这个问题,必须充分了解地球日复一日的运动,即它绕 z 轴的旋转.

图 3 表示的是绕太阳运行的地球以及地球上指示一位观察者位置的标志.

在时刻 t_1 太阳处于观察者头顶的正上方,时刻 t_2 地球在它的轨道上运行,并且相对于固定坐标系转了 360°(与相对于遥远的固定星体等同).与 t_2 不同的是,由于地球在轨道上的运动,在时刻 t_3 观察者才再一次在头顶正上方看到太阳. t_3-t_1 称为太阳日(solar day),而 t_2-t_1 称为

图 3　恒星日和太阳日

恒星日(sidereal day),平均而言,前者是后者的 1.002 737 909 3 倍.因此平均说来,1 个太阳日地球相对于地心赤道坐标系的 x 轴转动了 1.002 737 909 3×360°(约 361°).这一点加上卫星在特定时刻的转动位置,就可以计算在任意时刻的转动位置.

这样,在图 4 中 x 轴正向与 Greenwich(格林尼治)子午线(零度经线)的夹角 θ 为(以度为单位)

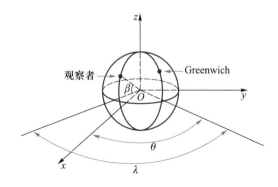

图 4　观察者和 Greenwich 的位置

$$\theta(t) = (1.002\ 737\ 909\ 3 \times 360)t + 98.212\ 761\ 65 \tag{12}$$

其中 t 以太阳日度量(可以有小数), $t=1$ 相当于 1900 年 1 月 1 日 0:00:00 GMT(作这种选择的原因是 Excel 中的日历以这样的方式计天数). 当然, θ 应以 360°取模.

接下来,直接用三角计算就可确定时刻 t 观察者的地心赤道坐标. 设观察者位于经度 λ、纬度 β,如图 4. 为方便起见,设 $-180° \leqslant \lambda < 180°$,Greenwich 以东为正(即东经),以西为负(即西经). 类似地,北纬为正,南纬为负. 不必考虑观察者所处的高度,因为与地球半径 6 378 km 相比这个高度很小,于是位于经度 λ、纬度 β 的观察者的位置坐标为

$$x = 6\ 378\cos\beta\cos(\theta+\lambda), \quad y = 6\ 378\cos\beta\sin(\theta+\lambda), \quad z = 6\ 378\sin\beta \tag{13}$$

这正是标准的球面坐标到直角坐标的变换,只不过这里的纬度是从赤道向上,而不是如微积分教科书中球坐标定义那样从北极向下度量.

从直角坐标到球面坐标的变换也是有用的,我们可以把得到的卫星位置用它在地球上的纬度、经度和高度表示. 设卫星的直角坐标是 (x,y,z),卫星与原点的距离是 r,则容易确定它的纬度是 $\beta = \arcsin\dfrac{z}{r}$,高度是 $r-6\ 378$. 为确定经度,定义

$$RA = \begin{cases} \arctan\dfrac{y}{x}, & x>0, y\geqslant 0 \\[2mm] \arctan\dfrac{y}{x}+180°, & x<0 \\[2mm] \arctan\dfrac{y}{x}+360°, & x>0, y<0 \\[2mm] 90°, & x=0, y\geqslant 0 \\[2mm] 270°, & x=0, y<0 \end{cases} \tag{14}$$

以适当的时刻 t 代入(12)式得到 θ,则以 Greenwich 子午线为基准的经度为 $\lambda_0 = RA - \theta$. 因为 RA 和 θ 都在 0°到 360°之间取值,所以 $-360° \leqslant \lambda_0 \leqslant 360°$. 为使经度符合上面的规定,令

$$\lambda = \begin{cases} \lambda_0 + 360°, & \lambda_0 < -180° \\ \lambda_0, & -180° \leqslant \lambda_0 \leqslant 180° \\ \lambda_0 - 360°, & \lambda_0 > 180° \end{cases} \tag{15}$$

这就完成了从卫星坐标 (x,y,z) 到纬度、经度和高度的转换.

习题

附录中 Excel-Visual Basic 用户定义的函数 longitude 在下面的习题中要用到,你现在应该写出这个函数的程序.

11. 在时刻 2002 年 7 月 18 日 13:13:00 GMT,确定 Greenwich 的 θ,把结果归入区间 $0 \leqslant \theta < 360°$.

12. 在习题 11 给出的时刻一位观察者位于北纬 44.08°、西经 103.2°,确定他的坐标 (x, y, z).

13. 在时刻 2002 年 7 月 18 日 16:11:00 GMT,一位观察者位于北纬 33.5°、西经 84.2°,确定他的坐标 (x, y, z).

14. 在时刻 2002 年 7 月 18 日 13:13:00 GMT,卫星的位置 $r = (907.6, -6\,244.6, 2\,418.2)$,确定它的纬度、经度和高度.

15. 在时刻 2002 年 7 月 18 日 16:11:00 GMT,已知 $r = (-978.7, -6\,685.1, 160.9)$,重复习题 14.

6. 距离、高度角和方位角

我们的任务已经基本完成.已知卫星在某时刻 t_0 的位置 r 和速度 v,可以得到 t_0 以后任意时刻的位置,它可以用坐标 (x, y, z) 或纬度、经度和高度的形式给出,也可以将观察者所在的纬度、经度转化为任意时刻的 (x, y, z).这些信息就能告诉观察者大概在哪儿可以看到卫星.比如我们位于北纬 44°、西经 103°,而卫星位于北纬 46°、西经 100°,那么我们可以期望在东北方的天空发现它.下面进行更精确的讨论.

设在地心赤道坐标系中观察者的坐标是 (x_0, y_0, z_0),卫星的坐标是 (x, y, z),则二者的距离为

$$d = \sqrt{(x-x_0)^2 + (y-y_0)^2 + (z-z_0)^2} \tag{16}$$

实际上,距离是能否观察到卫星的重要因素,只有观察者与卫星(在某时刻)的距离小于某个预先规定的可视距离的阈值(一般定为 1 500 km),才能够看到卫星.

为了确定卫星在天空中的位置,我们常用高度角(altitude,天文学的名称是高度角,指地平面以上的角度)和方位角(azimuth,即指南针方向,如正北为 0°,正东为 90°等).注意:将前面提到的高度(指到地面的距离)与高度角相区别(英文中是同一个词 altitude).

地球上纬度 1°大约相当 $2\pi \cdot 6\ 378/360 = 111.317(\text{km})$,在纬度 β 处地球水平截面(与赤道平行)的半径为 $6\ 378\cos\beta$,所以经度 1°大约相当 $2\pi \cdot 6\ 378\cos\beta/360 = 111.317\cos\beta(\text{km})$.假定有一块局部平坦的地球表面和以观察者为原点的局部坐标系,其 x 轴正向指向东,y 轴正向指向北,z 轴向上,则卫星的局部坐标(单位:km)为

$$x_s = 111.317(\lambda_s - \lambda_0)\cos\beta_0, \quad y_s = 111.317(\beta_s - \beta_0), \quad z_s = r - 6\ 378 \tag{17}$$

其中下标 s 指卫星,下标 0 指观察者,以度为计量单位.

显然,卫星的高度角 alt(地平面上的角度)是

$$\text{alt} = \arctan\frac{z_s}{\sqrt{x_s^2 + y_s^2}} \tag{18}$$

而由于方位角 az 是以 y 轴正向 0°(正北)按顺时针方向旋转,所以它的计算要作象限调整,即

$$\text{az} = \begin{cases} 90° - \arctan\dfrac{y_s}{x_s}, & x_s > 0 \\[2mm] 270° - \arctan\dfrac{y_s}{x_s}, & x_s < 0 \\[2mm] 0°, & x_s = 0, y_s \geq 0 \\[2mm] 180°, & x_s = 0, y_s < 0 \end{cases} \tag{19}$$

现在就完成了这项任务最终的数学推导.如果已知卫星在某时刻 t_0 的位置向量 $\boldsymbol{r}$ 和速度向量 $\boldsymbol{v}$,我们就能够在当地天空中确定什么时间、什么方位看到这颗卫星!

习题

附录中 Excel-Visual Basic 用户定义的函数 alt,az 在下面的习题中要用到,你现在应该写出这些函数的程序.

16. 假定一位观察者位于北纬 44.08°,西经 103.2°,卫星位

于北纬 39.7°,西经 105.8°,$r = 6\,758.22$. 试从观察者的位置确定卫星的高度角 alt 和方位角 az.

17. 重复习题 16,观察者位置不变,而卫星位于北纬 41.7°,西经 86.6°,$r = 6\,763.35$.

7. 附录:Excel 实现

7.1 距离和角度

距离总是用 km(千米)度量.在所有的三角计算中角度都用弧度度量,因为 Excel 默认弧度(大多数计算机语言也如此).但是 NASA 和大多数参考书列出的轨道参数的角度用度而非弧度来度量,纬度、经度也总是用度表示.于是在方法的实施过程中弧度与度需要来回转换,而不可能总是明确地指出.我们约定,计算时用弧度,而结果报告用度.特别注意:遇到 Kepler 方程时只用弧度.参见 Excel 的内置函数 radians,degrees.

7.2 时间

涉及时间的计算总是用 s(秒),唯一的例外是 (12) 式中时间用天表示.通常用 GMT (格林尼治标准时间),在用到当地时间时要仔细设定.

Excel 的日历和时间的表示在这里特别有用,我们做下述实验来说明.在一个单元格里键入日期和时间 02/7/4 14:53:27.412,按 Enter 键,选这个单元格,选择 Format Cells, 然后点击选项 Number,接着是类别 Date,选择日期格式使日期与时间尽量靠近你刚才键入的那个,点击 OK,把结果拷贝到邻近的单元格,最后,在后面这个单元格里选择 Format Cells, 点击选项 Number, 类别 General, 点击 OK.你就会看到数字 37 441.620 456 157 4, 或者某个舍入值.这是从 1900 年开始的、上面你键入的那个日期和时间的天数.将这个数字乘以 86 400 (= 24×60×60) 可转换成秒数,由此计算如 Kepler 方程中的 $t - \tau$ 就不过是整数运算.当然,如果想要简约这些很大的整数时间,只需把上述过程反过来:除以 86 400,复制到另一个单元格,重新设置新单元格的格式为日期.可以很方便地将每个日期和时间记录 3 次:日期和时间的 GMT 格式;以很大整数表示的 GMT(1900 年以来的秒数,SAN);日期和时间格式的当地时间.注意:Macintosh 用户需查询 Excel 的 Help 中关于日期和时间的说明,因为使用时有细微的区别.

7.3　Ω 的减少

在完美的牛顿二体问题中轨道要素始终是常数,而在我们的模型里存在很多不完美之处,其中最明显的是,地球并非精确的球体.对于轨道要素而言,由此导致的最严重后果是 Ω 每天减少几度(具体数值取决于轨道倾角).利用下式来改变 Ω 可以使结果大为改善:

$$\frac{\mathrm{d}\Omega}{\mathrm{d}t} = -1.638\ 75 \times 10^{-6} \cos i \tag{20}$$

其中 Ω 用弧度、t 用秒度量.这种扰动的详细叙述见 Prussing 和 Conway [1993], Roy [1988], 或 Bate 等 [1971].与本文遇到的其他问题相比,这个话题相当深奥.

7.4　用户定义的函数

Excel 允许用户用 Visual Basic 语言写自己的函数,并且像任何内置函数一样在电子表格中使用.选择 Tools Macro,Visual-Basic-Editor,Insert Module 开始写这样的函数,下面是在你的电子表格中 7 个很有用的函数的建议.

1. 函数 tanom

输入: $e, (t - \tau), T$

输出: 时刻 t 的真近点角 f

说明:由初值 $2\pi(t-\tau)/T$ 开始,用牛顿方法按照(8)式作求解 E 的 5 次迭代,然后利用 (7) 式计算 f. (注意:Excel 中反正切是 atan,平方根是 sqrt;而 Visual Basic 中分别是 atn 和 sqr).

2. 函数 rftox

输入: r, f, i, Ω, ω

输出: 位置向量 $\boldsymbol{r}$ 的 x-坐标

说明:这个函数给出由(10) 和 (11)式矩阵乘法所得向量的第 1 个坐标.用纸和笔作矩阵符号(非数值)运算,所得结果的第 1 个坐标以一行代码来实现.

3. 函数 rftoy

输入: r, f, i, Ω, ω

输出:位置向量 $\boldsymbol{r}$ 的 y-坐标

说明:除了给出所得向量的第 2 个坐标,其他与函数 rftox 相同.

4. 函数 rftoz

输入:r, f, i, Ω, ω

输出:位置向量 $\boldsymbol{r}$ 的 z-坐标

说明:除了给出所得向量的第 3 个坐标,其他与函数 rftox 相同.

5. 函数 longitude

输入:x, y, θ

输出:卫星的经度(以 Greenwich 子午线为基准)

说明:按照(14) 和 (15)式计算卫星的经度.

6. 函数 alt

输入:$\beta_s, \lambda_s, \mathrm{alt}_s, \beta_0, \lambda_0$

输出:相对于观察者而言卫星的高度角

说明:按照(17) 和 (18)式计算,$\mathrm{alt}_s = r - 6\ 378$ 是卫星高度(km),即(17)式中的 z_s.

7. 函数 az

输入:$\beta_s, \lambda_s, \beta_0, \lambda_0$

输出:相对于观察者而言卫星的方位角

说明:按照(17) 和 (19)式计算.

7.5　电子表格的说明和算法

1. 输入

从 NASA 网站得到的 $\boldsymbol{r}\ (x, y, z)$,$\boldsymbol{v}\ (\dot{x}, \dot{y}, \dot{z})$ 和 t_0(GMT,日期和时间) 在 J2K 坐标的当前值,观察者的纬度 β_0、经度 λ_0 以及 GMT-当地时间的偏移量(即时差,美国东部标准时间比 GMT 晚 5 小时).所建表格中的输出:表格开始时间(当地时间),表格时间增量(建议 60 s),可视距离阈值(建议 1 500 km).以上总共 13 个输入值(采用 J2K 坐标).

2. 常数

$\mu = 3.986\ 006\ 4 \times 10^5$.

3. 一次性计算

如第 3 节的步骤(1)—(6)那样确定轨道要素,按照 (20)式计算 $d\Omega/dt$.

4. 输出表

(a) 时间 3 列:GMT 1900 年后的秒数,GMT 日期和时间, 当地日期和时间.

(b) 当地天空中卫星的位置 3 列:距离(km) , 高度角(度) , 方位角(度).

(c) 卫星位置和轨道参数 9 列:Ω, r, f, x, y, z, β, λ,高度(km).

(d) 观察者位置 3 列:x, y, z.

(e) Greenwich 位置 1 列:θ.

4a. 输出表的第 1 行(初始化)

(a) 复制输入中的表格开始时间(当地时间),转换为 GMT 日期和时间以及 GMT 1900 年后的秒数.

(b) 初始化 Ω:从计算得到的 Ω 开始, 加上 $d\Omega/dt$ 乘以参数计算时间与表格开始时间之间的秒数.利用(12)式计算 θ.

(c) 对卫星计算 f (函数 tanom), r ((5)式), x (函数 rftox), y (函数 rftoy),z(函数 rftoz),β($=\sin^{-1}(z/r)$),λ(函数 longitude), 高度 ($=r-6\,378$).

(d) 对观察者位置利用(13)式计算 x, y, z.

(e) 利用 (16)式计算距离,如果距离小于可视距离阈值,计算高度角(函数 alt)和方位角 (函数 az),否则,高度角和方位角留空.

4b. 输出表的每一后续行

(a) 按照表格时间增量增加 GMT 1900 年后的秒数,计算相应的 GMT 日期和时间、当地日期和时间.用 $d\Omega/dt$ 乘以表格时间增量增加 Ω.

(b) 所有其余项目完全按照 4a 给出的计算,一旦整个第 2 行算完,可以拖动填入任意多的行(按时间步长).

7.6　结果解释

查看输出表,高度角和方位角 2 列除了少数几次距离小于可视距离阈值外,大部分是空的,非空处表示可以真正看到卫星的机会,也只能是在天黑之后或黎明以前.有必要通过这几次实验将你的与 NASA 的工作相比较,以便当一次真正的观察机会出现时,在确定与卫星亲密接触的正确时间(相对于日出、日落)方面得到锻炼.然后,你要做的就是结束这个课题,到庭院去,仰头上望!

习题

18. 按照上面的说明和算法建立电子表格,利用 NASA 网站上 r, v 的当前值,预报在你所处位置看到卫星的机会.对照第 3 节习题中 NASA 的预报检查你的结果.即使不能完全吻合,你的工作的另一个有用的检验是,将你的卫星纬度、经度和高度的计算值与 NASA 显示的卫星当前位置的实时图像相比较.你的答案不会与 NASA 的结果完全一致,但是二者将很接近.

8. 习题解答

1. 3234187601 SAN.

2. 3236074347 SAN.

3. 2002 年 7 月 31 日 3:36:32GMT(Excel 在日期和时间格式中不显示秒数,所以需要一点额外计算,这对接下来的计算并不重要).

4. 只需利用(7)和(8)式.

7. $a = 227\,799\,993$, $e = 0.093\,4$, $i = 1.85°$, $\Omega = 49.25°$, $\omega = 286.07°$, $\tau = 1999$ 年 11 月 25 日 8:05 GMT.将这些结果与轨道力学教科书或历书中的数值比较.

8. -2.785 弧度.

9. $r = (6\,326.3, -714.1, -2\,308.9)$.

10. (a) $r = (-4\,173.2, -2\,557.9, -4\,667.2)$; (b) $r = (3\,157.3, -3\,698.9, 4\,693.4)$.

11. $134.427°$.

12. $(3\,918.0, 2\,375.3, 4\,436.9)$.

13. $(-449.6, 5\,299.5, 3\,520.3)$.

14. $\beta = 21.0°$，$\lambda = 143.8°$，高度 = 379.7 km.

15. $\beta = 1.4°$，$\lambda = 82.6°$，高度 = 380.3 km.

16. alt $= 35.65°$，az $= 203.09°$.

17. alt $= 15.9°$，az $= 101.3°$.

参考文献

Bate Roger R，Donald D Mueller，Jerry E White. 1971. Fundamentals of Astrodynamics. New York：Dover.

Boshart Brent. 2002. Satellite Tracker.

卫星跟踪器(Satellite Tracker)是利用 NORAD SGP4/SDP4 轨道模型计算卫星位置的 Windows 程序,与各种望远镜的接口可实现自动跟踪与观察.

Kelso T S. 2003. NORAD Two-Line Element Sets Current Data.

以 NORAD 和 NASA 所用的标准双线轨道要素集格式(Two-Line Orbital Element Set Format) 提供庞大卫星阵列的轨道要素.

NASA.2003. Human Spaceflight.

给出最新的国际空间站以及(执行任务期间)航天飞机的轨道要素.

Prussing John E，Bruce A Conway. 1993. Orbital Mechanics. New York：Oxford University Press.

Roy A E 1988. Orbital Motion. Bristol，UK：Institute of Physics Publishing.

Sigmon Neil P. 2003. Determination of satellite orbits with vector calculus. The UMAP Journal,24(1):27—52.

利用 Maple 进行轨道计算.

11 药代动力学的房室模型
Compartmental Pharmacokinetic Models

周义仓 编译　蔡志杰 审校

摘要:
药代动力学描述的是药物在体内的代谢过程,本案例给出几个经典的药代动力学房室模型,包括方程的推导和确定模型参数的计算过程,还通过习题提供了确定药代动力学模型参数的实际用药案例.

原作者:
Elisabeth Berg
Department of Mathematics
Oregon State University
Corvallis,OR 97331
berge@ math.oregonstate.edu
Wai Lau
Deptartment of Mathematics
Seattle Pacific University
Seattle, WA 98119
lauw@ spu.edu
Elizabeth Nguyen
Center for Structural Biology
Vanderbilt University
Nashville,TN 37235
elizabeth.n.dong@ vanderbilt.edu

发表期刊:
The UMAP Journal,2014,35(1):61—88.

数学分支:
微分方程
应用领域:
药理学
授课对象:
学习微分方程和数学模型课程的学生
预备知识:
Laplace 变换
相关材料:
Unit 676:Compartment Models in Biology, by Ron Barnes. The UMAP Journal, 1987,8(2): 133–160. 重印于 UMAP Modules:Tools for Teaching 1987, edited by Paul J. Campbell, Arlington, MA:COMAP,1988:207–234.

目 录：

网上更多……　　本文英文版

1. 引言

随着药物开发的不断进步,对药物安全性的研究和精确评估一种药物在体内的作用越来越重要.由于对人体进行大量试验的危险性和临床试验数据不足的限制,根据生物学过程建立数学模型进行预测就是一个安全有效的途径.药代动力学模型的目标就是提供药物在体内作用过程的真实描述.这些模型的目标是精确地预测药物活性和对人体的影响所必需的信息.

2. 药代动力学的不同方法

药代动力学研究有 4 种主要的方法,它们在方法学、复杂度和适应性方面有所不同.

2.1 生理学模型

第一种方法是根据解剖学的相似性将肌体分为一些房室的生理学模型.

尽管这一方法可以关注到细节和进行精确的计算,但由于要考虑许多房室和子房室,这使得其在数学方面比较复杂[Boroujerdi,2002].例如,研究药物在体内代谢时需要考虑心脏、大脑、肌肉、肾脏、脾脏、骨髓、胃肠道等.这一复杂性使得生理学模型在计算和应用方面受到限制.

2.2 经典的房室模型

药代动力学的第二种方法是根据生理学的相似性将肌体分为一些房室的经典房室模型.例如,由于血液和肝脏、心脏及肾脏中的血浆组织对药物的作用相似,房室模型中就将这些都看成一个房室,这就极大地简化了模型,只用比较少的一些房室来代表整个肌体系统.在房室模型中的关键参数是药物在这些房室内流动的速率和药物排出肌体的速率,包括药物的吸收率、输送率、代谢率、排出率等[Boroujerdi,2002].这些参数值可以通过已获得的试验数据得到.这样的简化就使得房室模型更适合应用,这当然也导致了其预测精度比生理学模型差一些.

2.3　非模型依赖的方法和群体药代动力学

两个不太常用的药代动力学方法是非模型依赖的药代动力学和群体药代动力学,尽管在一些情况下这两种方法有所应用,但它们每个都有些明显的不足.非模型依赖的药代动力学从试验获得的数据直接确定参数值,而不进行与任何模型匹配的数据拟合.这导致该方法无法调整以适应特定的临床情况,使得其应用受到限制.群体药代动力学根据大量实验数据来确定参数值,而忽略了个体的差异.群体药代动力学具有更高的精度,但在很多情况下不容易获得足够的数据,而且这些数据的统计分析也是比较复杂的.

本案例将着重讨论经典的药代动力学房室模型,包括模型方程的推导和参数确定过程中的计算.也通过一些具体的药品案例作为习题来确定模型的参数值.

3. 药物生理反应的基本模型

在建立药代动力学模型之前必须对药物在体内生理反应的一般过程有所了解.四个基本过程是吸收、输送、代谢和排出.药物需要通过吸收后的血液流动而发挥作用,药物随着血液流动被输送到身体的各个部位.药物可以在一些被称为酶的特定蛋白质的作用下代谢掉,或者通过尿而排出体外.这些过程的每一步都可以用数学来定量地描述,这为完整理解药代动力学模型提供了基础.

3.1　吸收

药物的吸收一般分为两类:药物直接进入血液循环系统(如静脉注射);药物在进入血液循环系统之前必须突破一些障碍,例如,口服药物或外用药物[Welling,1991].

弄清药物的吸收方式是十分重要的,因为口服药物或外用药物比静脉注射药物进入血液循环系统要慢得多.静脉注射使得药物直接进入血液循环系统,吸收是瞬时发生的.而口服或外用药物的吸收速率往往依赖于一些生理因素[Thomson,2004].口服药物在胃肠道中代谢而释放有效成分到血液循环系统的速率决定了该药物的吸收速率.皮肤吸收外用药物进入血液循环系统的速率决定了其吸收速率.当一种药物需要穿越障碍进入血液循环系统时,必须确定吸收速率以便更精确地描述药物的途径.

3.2 输送

药物输送到全身的过程主要依赖于血流循环速度和药物的理化性质.药代动力学的目标就是通过血液和组织中的药物浓度及毛细血管的物理特性来确定毛细血管中药物浓度的变化速率[Boroujerdi,2002].在药代动力学房室模型中,假设药物在各个房室中的输送是瞬时发生的,这种细节不予考虑.但可以通过考虑药物在毛细血管中的分布过程而获得更高的精度.

3.3 代谢

在代谢过程中,药物在酶的作用下分解为小的成分,酶是将药物转化为简单化合物以供身体不同组织利用的特定蛋白质.更详细的描述体内代谢速率的内容已经超出了本案例的范围,在后面的药物动力学房室模型中不再考虑.

3.4 排出

从血液循环中排出药物包括代谢和排出体外.尽管药物可以通过汗液、唾液、呼吸、乳液和粪便排出,但这些排出的量都很少.大部分药代动力学模型着重讨论通过肾脏的排出作用,即通过肾脏过滤后的尿液排出[Bourne,2010].应该记住体内药物的排出速率考虑了药物的代谢和肾脏排泄.

4. 单房室模型

药代动力学通过对药物在体内的吸收、输送、代谢、排出过程的建模来确定药物在体内的作用.根据生理学的相似性把肌体分为几个离散的房室用数学模型来有效地描述药物的效果.经典的房室模型可以确定下列参数之间的关系[Boroujerdi,2002]:

(1) A(mg):t 时刻血液中药物的总量;

(2) C_t(mg/mL):t 时刻血液中药物的浓度;

(3) f_t(一般用百分比的形式给出):t 时刻药物在血液中留存的比例;

(4) $t_{1/2}$(h):药物的半衰期,即药物被肌体排出一半所用的时间;

(5) t_{onset}(h):药物达到稳定状态浓度所需要的时间;

(6) t_{max}(h):药物达到最大浓度的时间;

(7) Cl_t(mg/h):身体的总排出率,即单位浓度的药物在体内排出的速率;

(8) AUC(mg·h/L):浓度曲线下方的面积,即在血液中的有效药物量.

先探讨如何利用单房室模型确定这些参数之间的关系,其假设药物在血液中是充分混合的、在整个肌体中是均匀分布的,故整个肌体被看作一个房室.我们将考虑药代动力学方程的推导过程与吸收方法的相关性.

4.1 一次性静脉注射

让一种药物在体内循环最有效的方法是通过静脉注射使其直接进入血液[Welling, 1991].静脉注射可以使药物瞬时被吸收而进入血液循环系统.这个模型称为具有瞬时输入和一阶输出的单房室模型[Boroujerdi, 2002].

由于吸收瞬时完成,药物在房室中变化的速率仅依赖于注射到血液循环系统中的药物数量 A 和排出率常数 K(即药物在单位时间内被清除的比例).

$$\frac{dA}{dt} = -KA \tag{1}$$

方程中的负号表示清除使得房室中药物含量不断减少.房室中药物变化速率与房室中药物量之间的关系使得药代动力学的参数非常简单,且从这个方程可以解出在任意时刻房室中的药物量 A.如果 A_0 是初始时刻的药物量,则 A 的表达式如下(见习题 1)

$$A = A_0 e^{-Kt} \tag{2}$$

知道血液循环系统中任何时刻的药物浓度常常比知道药物量更有用一些,同样的用药量对一个小孩和一个成人患者会产生完全不同的效果,所以在实际工作中知道血液中药物量的作用不如知道药物浓度的作用大.任意时刻药物浓度 C_t 依赖于血液中药物的总量 A 和药物分布的体积 V_d.药物分布体积 V_d 是依赖于使用这种药物的患者体重和身高的理论值:

$$C_t = \frac{A}{V_d} = \frac{A_0 e^{-Kt}}{V_d} = C_0 e^{-Kt} \tag{3}$$

其中,$C_0 = \dfrac{A_0}{V_d}$ 是房室中初始的药物浓度.

t 时刻药物留存在血液中的比例 f_t 可以容易地通过 t 时刻药物浓度和初始注射进房室中的药物浓度之比得到

$$f_t = \frac{C_t}{C_0} = e^{-Kt} \tag{4}$$

由此看出,药物在血液中的留存比例仅依赖于时间和排出率.为了得到药物的半衰期,令 $f_t = \frac{1}{2}$,解关于 t 的方程.

$$f_t = e^{-Kt} = \frac{1}{2}, \quad t_{\frac{1}{2}} = \frac{\ln 2}{K} \tag{5}$$

在具有瞬时输入和一阶输出的单房室模型中,由于只有一次药物瞬时的吸收,房室内药物含量的变化仅依赖于排出率.在确定整个肌体的排出率 Cl_t 时,只需要用 t 时刻的 KA 除以血液中的药物浓度即可,这就是单位浓度的排出率

$$Cl_t = \frac{KA}{C_t} = \frac{KA}{A/V_d} = KV_d \tag{6}$$

浓度曲线下方的面积 AUC 就是体内药物关于时间曲线下方的面积.这个量确定了药物在血液中的有效性[Boroujerdi,2002].AUC 由下面的公式给出(见习题2)

$$AUC = \frac{C_0}{K} \tag{7}$$

对分子和分母同乘 V_d 得到 AUC 和初始用量 A_0 之间的关系

$$AUC = \frac{C_0}{K} \frac{V_d}{V_d} = \frac{A_0}{Cl_t} \tag{8}$$

习题

1. 验证 $A = A_0 e^{-Kt}$,其中 A_0 是初始的药物剂量.

2. 验证(7)式.

3. 依泊汀是一种人工合成促红细胞生成素,其作用是促进体内血红细胞的产生.肾功能衰竭的患者因为无法产生血红细胞生成素而导致贫血症,艾滋病、镰刀状细胞遗传突变、风湿性关

节炎和早产也会导致血红细胞低下的贫血症［MacDougall 等,
1991］.促进血红细胞产生的依泊汀可以与激素替代治疗法一起
使用来治疗上述这些贫血症.MacDougall 等人对 8 个患者进行了
一次性静脉注射 120 单位/kg 依泊汀的研究［MacDougall 等,
1991］.这些患者的平均体重为 65 kg,药物分布的体积为 1.9 L.
已知依泊汀的半衰期为 6.5 h.利用瞬时输入和一阶输出的单房
室模型给出下列参数:

　　(a) 初始时刻房室中依泊汀的浓度 C_0;

　　(b) 依泊汀的排出率 K;

　　(c) 24 h 时体内依泊汀的含量 A;

　　(d) 24 h 时体内依泊汀的浓度 C_{24};

　　(e) 24 h 时体内依泊汀留存的比例 f_{24};

　　(f) 进入血液循环系统的依泊汀的总量(药物浓度曲线下
方的面积或者 AUC).

4.2　连续静脉输液

　　在许多情况下,药物是连续地注入患者体内,而不是一次性注射.如镇痛治疗时是
将镇痛药物吗啡持续稳定地注射到患者体内以保证长时间的镇痛效果.在连续静脉输
液过程中,体内血液中药物的浓度仅在达到稳定状态之前有所变化.当药物的输入与药
物的清除相等时就达到了稳定状态,房室
中药物的浓度就维持为常量.药物注射输
入的速率记为 k_0,这种情况称为零阶输入
和一阶输出模型［Boroujerdi,2002］,如图 1 所示.

图 1　具有零阶输入和一阶输出的单房室模型

　　房室内药物含量的变化依赖于输入的速率和排出的速率:

$$\frac{\mathrm{d}A}{\mathrm{d}t} = k_0 - KA \qquad (9)$$

变化过程持续到药物浓度达到稳定状态时,此时,药物量的变化率为 0.

　　利用 Laplace 变换可以得到任意时刻药物的含量,当初始值为 $A(0) = 0$ 时,结果在

下面的公式中给出(见习题4)

$$A = \frac{k_0}{K}(1 - e^{-Kt}) \tag{10}$$

用药物量除以药物分布的体积 V_d 就可以得到任意时刻房室内药物的浓度 C_t:

$$C_t = \frac{A}{V_d} = \frac{k_0}{KV_d}(1 - e^{-Kt})$$

在连续静脉输液时血液中药物的浓度最终将趋于常数值,这可以从上面的方程中看出.随着 t 的增加,e^{-Kt} 趋于零,于是得到

$$C_t = \frac{k_0}{KV_d} \tag{11}$$

将这个药物浓度定义为稳定状态下的药物浓度 C_{ss},即当 $t \to \infty$ 时,

$$C_{ss} = \frac{k_0}{KV_d} \tag{12}$$

对连续静脉输液而言,由于常数速率的药物输入导致了药物浓度最终趋于常数值,求留存在血液中药物量的比例没有任何实际价值,实际中比较有用的一个量是任意时刻血液中药物浓度和稳定状态下浓度的比值 f_{ss} [Boroujerdi, 2002]. f_{ss} 可以通过 t 时刻药物的浓度 C_t 与稳定状态下药物浓度 C_{ss} 的比值得到:

$$f_{ss} = \frac{C_t}{C_{ss}} = \frac{(1 - e^{-Kt})k_0/KV_d}{k_0/KV_d} = 1 - e^{-Kt} \tag{13}$$

体内药物的总排出率也可以用排出率除以 t 时刻的药物浓度得到,即

$$Cl_t = \frac{KA}{A/V_d} = KV_d \tag{14}$$

利用稳定状态时药物浓度的表达式(12)可以得到体内药物排出率的另一种表达式,这是连续的静脉输液所特有的:

$$Cl_t = \frac{k_0}{C_{ss}} \tag{15}$$

对于连续输液,由于药物浓度趋于一个稳定状态,就没有必要去讨论血液中药物的有效含量,即不需要计算 AUC.

4.3　口服药物

对口服药物,我们需要考虑消化系统对药物的影响[Thomson,2004].药物吸收的速率依赖于被吸收的药物量 A_D、t 时刻血液中的实际药物量 A、药物从消化系统到血液中被吸收的输送率常数 k_a 以及排出率常数 K.仅口服一次一定剂量药物的情况称为一阶输入和一阶输出模型[Boroujerdi,2002],如图 2 所示.

图 2　具有一阶输入和一阶输出的单房室模型

被吸收的药物量 A_D 的变化率满足

$$\frac{\mathrm{d}A_D}{\mathrm{d}t} = -k_a A_D \tag{16}$$

被排出的药物量 A_E 的变化率满足

$$\frac{\mathrm{d}A_E}{\mathrm{d}t} = KA \tag{17}$$

房室中药物量的变化率依赖于吸收和排出的变化率

$$\frac{\mathrm{d}A}{\mathrm{d}t} = k_a A_D - KA \tag{18}$$

对(16)和(18)进行 Laplace 变换,求出 A 的 Laplace 变换 $\overline{A}$ 为(见习题 5)

$$\overline{A} = \frac{A_D^0 k_a}{(s+k_a)(s+K)} \tag{19}$$

其中 A_D^0 表示 $t=0$ 时未被吸收的药物量.

从 Laplace 变换表可以得到 $\overline{A}$ 的逆变换,下面的表达式就是 t 时刻药物的含量

$$A = \frac{A_D^0 k_a}{K-k_a}(\mathrm{e}^{-k_a t} - \mathrm{e}^{-Kt}) \tag{20}$$

用房室中药物的含量除以药物分布的体积 V_d 就可以得到任意时刻 t 房室中药物的浓度 C_t,

$$C_t = \frac{A}{V_d} = \frac{A_D^0 k_a}{V_d(K-k_a)}(\mathrm{e}^{-k_a t} - \mathrm{e}^{-Kt}) \tag{21}$$

用 t 时刻血液中的药物量 A 除以初始的药物剂量 A_D^0 就可以求得血液中药物留存的比例 f_t：

$$f_t = \frac{A}{A_D^0} = \frac{C_t V_d}{A_D^0} = \frac{k_a}{K-k_a}(e^{-k_a t} - e^{-Kt}) \qquad (22)$$

与前面的例子类似，体内总排出率等于排出率除以 t 时刻药物的浓度

$$Cl_t = \frac{KA}{A/V_d} = KV_d \qquad (23)$$

如果我们画出药物浓度随时间变化的曲线，就可以直观地看到口服吸收如何影响血液中药物浓度的变化(见图 3). 药物浓度达到最大值需要时间，从达到最大值的时刻起，代谢和排出的速率超过吸收的速率，药物浓度开始单调减少. 计算药物浓度达到峰值的时间 t_{max} 是一个微积分的练习(见习题 6)

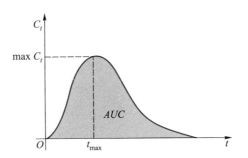

图 3 一次性口服药物时药物浓度随时间变化的曲线，t_{max} 是药物浓度达到峰值的时间，AUC 是曲线下的面积

$$t_{max} = \frac{1}{K-k_a} \cdot \ln \frac{K}{k_a} \qquad (24)$$

我们发现 t_{max} 与用药剂量无关，而仅依赖于药物吸收和排出的速率，这是一个十分有趣的结果.

为了计算血液吸收的药物总量，我们考虑 AUC(见习题 7)，得到

$$AUC = \frac{A_D^0 k_a}{V_d(K-k_a)}\left(\frac{1}{k_a} - \frac{1}{K}\right) \qquad (25)$$

当用药的剂量增加时，AUC 也随着按比例增加. 在给定时刻血液中药物的有效性对药物的剂量是很敏感的.

习题

4. 验证(10)式.

5. (a) 对(16)进行 Laplace 变换来证明 $\overline{A}_D = \dfrac{A_D^0}{s+k_a}$, 其中 A_D^0 是药物的初始剂量, $\overline{A}_D$ 是 A_D 的 Laplace 变换.

(b) 对(18)进行 Laplace 变换来证明 $\overline{A} = \dfrac{k_a \overline{A}_D}{s+K}$, 其中 $\overline{A}$ 是 A 的 Laplace 变换, $t=0$ 时房室中的药物量为 0.

(c) 用(a)和(b)中的结果证明 $\overline{A}$ 的表达式由(19)给出.

6. 通过一阶导数求出 t_{max}, 并给出 $C_t = \dfrac{A_D^0 k_a}{V_d (K-k_a)} (\mathrm{e}^{-k_a t} - \mathrm{e}^{-Kt})$ 的最大值.

7. 验证(25)式.

8. 泼尼松可以治疗皮质类固醇水平低下的患者, 这些患者的症状经常是严重的过敏性反应、多发性硬化症和红斑狼疮 [Medline Plus, 2010]. 泼尼松可以口服, 这就不需要去医院进行静脉输液. 在 Disanto 和 Desante [1975] 所做研究的基础上, 我们假设药物分布体积为 2.1 L 的患者一次性口服了 50 mg 的泼尼松药片. 在试验的基础上我们还假设药物的吸收率和排出率分别是 1.19 mg/L 和 0.546 8 mg/L. 利用这一节推导出的方程完成下面的任务:

(a) 10 h 时体内泼尼松的含量 A;

(b) 10 h 时体内泼尼松的浓度 C_{10};

(c) 10 h 时体内泼尼松留存的比例 f_{10};

(d) 药物浓度达到最大值的时间(h);

(e) 进入血液循环系统的泼尼松总量(药物浓度曲线下方的面积, 或 AUC).

5. 多房室模型

两房室模型在描述药物在体内变化过程时更合理.称为中心房室的第一个房室包括血液、细胞外液和像肝脏、肾脏、肺等血管较多的组织;称为外围房室的第二个房室包括皮肤、肌肉、脂肪等体内血管较少的组织.药物在中心房室中被吸收,它们分布在中心房室和被输送到外围房室,并在中心房室被排出[Welling,1991].

我们将讨论静脉注射的情况,药物被瞬时吸收,所以不需要吸收率,而中心房室与外围房室药物交换的速率是通过药物的输送率来考虑的.在多房室模型中,药物的变化率是在每个房室中分别计算的[Boroujerdi,2002].我们有

$$\frac{dA_1}{dt} = k_{21}A_2 - k_{12}A_1 - k_{10}A_1 \tag{26}$$

$$\frac{dA_2}{dt} = k_{12}A_1 - k_{21}A_2 \tag{27}$$

其中 A_1 是中心房室的药物含量,A_2 是外围房室的药物含量,k_{12} 和 k_{21} 分别是药物从中心房室输送到外围房室和从外围房室输送到中心房室的速率,k_{10} 是肌体排出药物的速率,如图 4 所示.

图 4　一次性静脉注射的两房室药代动力学模型

$t=0$ 时中心房室的药物量等于用药的剂量,记为 D,外围房室在 $t=0$ 时吸收的药物量为 0.有了这些信息,可以求得 A_1 和 A_2 的 Laplace 变换(记作 $\overline{A}_1$ 和 $\overline{A}_2$).令 $-\alpha$ 和 $-\beta$ 是下面二次方程的根,

$$s^2 + (k_{21} + k_{12} + k_{10})s + k_{10}k_{21} = 0$$

由此得到(习题 9)

$$\overline{A}_1 = \frac{D(s+k_{21})}{(s+\alpha)(s+\beta)} \tag{28}$$

$$\overline{A}_2 = \frac{Dk_{12}}{(s+\alpha)(s+\beta)} \tag{29}$$

从 Laplace 变换表可以得到 A_1 和 A_2 的表达式

$$A_1 = \frac{D(\alpha-k_{21})}{\alpha-\beta}e^{-\alpha t} + \frac{D(k_{21}-\beta)}{\alpha-\beta}e^{-\beta t} \tag{30}$$

$$A_2 = \frac{Dk_{12}}{\alpha-\beta}(e^{-\beta t} - e^{-\alpha t}) \tag{31}$$

中心房室的药物浓度 C_t 是药代动力学的重要参数,我们用 A_1 除以中心房室药物分布的体积 V_1 就可以得到 C_t 的值:

$$C_t = \frac{A_1}{V_1} = \frac{D(\alpha-k_{21})}{V_1(\alpha-\beta)}e^{-\alpha t} + \frac{D(k_{21}-\beta)}{V_1(\alpha-\beta)}e^{-\beta t}$$

我们引入系数 a 和 b 来简化 C_t 的表达式[Boroujerdi,2002]

$$C_t = ae^{-\alpha t} + be^{-\beta t} \tag{32}$$

其中

$$a = \frac{D(\alpha-k_{21})}{V_1(\alpha-\beta)}, \quad b = \frac{D(k_{21}-\beta)}{V_1(\alpha-\beta)}$$

习题

9. 设 $A_1, A_2, D, k_{10}, k_{12}$ 和 k_{21} 是这一节中使用的记号.

（a）对下面的方程进行 Laplace 变换

$$\frac{dA_1}{dt} = k_{21}A_2 - k_{12}A_1 - k_{10}A_1, \quad \frac{dA_2}{dt} = k_{12}A_1 - k_{21}A_2$$

（b）从(a)的结果中解出 $\overline{A}_1$ 和 $\overline{A}_2$.

（c）证明 $\overline{A}_1 = \dfrac{D(s+k_{21})}{(s+\alpha)(s+\beta)}, \quad \overline{A}_2 = \dfrac{Dk_{12}}{(s+\alpha)(s+\beta)}$

其中 $-\alpha$ 和 $-\beta$ 是二次方程 $s^2 + (k_{21}+k_{12}+k_{10})s + k_{10}k_{21} = 0$ 的根.

6. 结论

药代动力学模型最常见的应用是在毒素相关的问题中,如预测某一物质的毒性.然而,药代动力学应用领域的迅速扩展可以直接影响对患者的医疗过程.药代动力学模型的持续发展使得药代动力学生理模型成为更可行的目标,这个目标就是在数学和计算机仿真基础上建立模型,使得在描述药物在人体内的作用过程时更加规范、更容易预测和更加精确.随着技术的发展和计算机能力的增强,数学预测方法在药代动力学中的应用将很快实现这一目标.

7. 习题解答

1. $\dfrac{\mathrm{d}A}{\mathrm{d}t}=-KA,\ \displaystyle\int\dfrac{1}{A}\mathrm{d}A=\int-K\mathrm{d}t,\ \ln(A)=-Kt+C,A=\mathrm{e}^{C}\mathrm{e}^{-Kt}$, 当 $t=0$ 时 $A=A_0$,所以

$A_0=\mathrm{e}^{C},A=A_0\mathrm{e}^{-Kt}$.

2. $AUC=\displaystyle\int_0^{\infty}C_t\mathrm{d}t=\int_0^{\infty}C_0\mathrm{e}^{-Kt}\mathrm{d}t=\lim_{b\to\infty}\int_0^{b}C_0\mathrm{e}^{-Kt}\mathrm{d}t$

$\qquad=\displaystyle\lim_{b\to\infty}\dfrac{-C_0\mathrm{e}^{-Kt}}{K}\Bigg|_0^{b}=\lim_{b\to\infty}\dfrac{-C_0}{K}(\mathrm{e}^{-Kb}-1)=\dfrac{C_0}{K}$.

3. (a) $A_0=120\times65=7\ 800\ \mathrm{mg},C_0=\dfrac{A_0}{V_d}=\dfrac{7\ 800}{1.9}\approx4\ 100\ \mathrm{mg/L}$.

(b) $K=\dfrac{\ln 2}{t_{1/2}}=\dfrac{\ln 2}{6.5}=0.107$.

(c) $A=A_0\mathrm{e}^{-24K}=7\ 800\mathrm{e}^{-24\ln 2/6.5}\approx603.4\ \mathrm{mg}$.

(d) $C_{24}=C_0\mathrm{e}^{-24K}=\dfrac{A_0}{V_d}\mathrm{e}^{-24K}=\dfrac{7\ 800}{1.9}\mathrm{e}^{-24\ln 2/6.5}\approx317.6\ \mathrm{mg/L}$.

(e) $f_{24}=\mathrm{e}^{-24K}=\mathrm{e}^{-24\ln 2/6.5}\approx0.077$.

(f) $AUC=\dfrac{C_0}{K}=\dfrac{7\ 800}{1.9}\cdot\dfrac{6.5}{\ln 2}\approx38\ 497\ \mathrm{mg\cdot h/L}$.

4. $\dfrac{\mathrm{d}A}{\mathrm{d}t}=k_0-KA$, $\quad \mathscr{L}\left[\dfrac{\mathrm{d}A}{\mathrm{d}t}\right]=\mathscr{L}\left[k_0-KA\right]$, $\quad s\overline{A}-0=\dfrac{k_0}{s}-K\overline{A}$,

$$\overline{A}=\dfrac{k_0}{s(s+K)}=\dfrac{k_0}{Ks}-\dfrac{k_0}{K(s+K)}=\dfrac{k_0}{K}\left(\dfrac{1}{s}-\dfrac{1}{s+K}\right),$$

$$\mathscr{L}^{-1}\left[\overline{A}\right]=\mathscr{L}^{-1}\left[\dfrac{k_0}{K}\left(\dfrac{1}{s}-\dfrac{1}{s+K}\right)\right], \quad A=\dfrac{k_0}{K}\left(1-\mathrm{e}^{-Kt}\right).$$

5. (a) $\dfrac{\mathrm{d}A_D}{\mathrm{d}t}=-k_aA_D$, $\quad \mathscr{L}\left[\dfrac{\mathrm{d}A_D}{\mathrm{d}t}\right]=\mathscr{L}\left[-k_aA_D\right]$, $\quad s\overline{A}_D-A_D^0=-k_a\overline{A}_D$, $\quad \overline{A}_D=\dfrac{A_D^0}{s+k_a}$.

(b) $\dfrac{\mathrm{d}A}{\mathrm{d}t}=k_aA_D-KA$, $\quad \mathscr{L}\left[\dfrac{\mathrm{d}A}{\mathrm{d}t}\right]=\mathscr{L}\left[k_aA_D-KA\right]$, $\quad s\overline{A}-0=k_a\overline{A}_D-K\overline{A}$, $\quad \overline{A}=\dfrac{k_a\overline{A}_D}{s+K}$.

(c) $\overline{A}=\dfrac{k_a}{s+K}\cdot\dfrac{A_D^0}{s+k_a}=\dfrac{k_aA_D^0}{(s+K)(s+k_a)}$.

6. $C_t=\dfrac{A_D^0 k_a}{V_d(K-k_a)}\left(\mathrm{e}^{-k_at}-\mathrm{e}^{-Kt}\right)$, $\quad \dfrac{\mathrm{d}}{\mathrm{d}t}C_t=\dfrac{\mathrm{d}}{\mathrm{d}t}\left[\dfrac{A_D^0 k_a}{V_d(K-k_a)}\left(\mathrm{e}^{-k_at}-\mathrm{e}^{-Kt}\right)\right]$,

$$\dfrac{\mathrm{d}C_t}{\mathrm{d}t}=\dfrac{A_D^0 k_a}{V_d(K-k_a)}\left(-k_a\mathrm{e}^{-k_at}+K\mathrm{e}^{-Kt}\right).$$

令导数为零,$\dfrac{A_D^0 k_a}{V_d(K-k_a)}\left(-k_a\mathrm{e}^{-k_at}+K\mathrm{e}^{-Kt}\right)=0$, $\quad -k_a\mathrm{e}^{-k_at}+K\mathrm{e}^{-Kt}=0$.

关于 t 解方程得到,$k_a\mathrm{e}^{-k_at}=K\mathrm{e}^{-Kt}$,$\dfrac{\mathrm{e}^{-k_at}}{\mathrm{e}^{-Kt}}=\dfrac{K}{k_a}$,$\mathrm{e}^{-k_at+Kt}=\dfrac{K}{k_a}$,$\ln\mathrm{e}^{-k_at+Kt}=\ln\dfrac{K}{k_a}$,$-k_at+Kt=$

$\ln\dfrac{K}{k_a}$,$t=\dfrac{1}{K-k_a}\ln\dfrac{K}{k_a}$.

容易验证,曲线上仅有一个最大值,所以,C_t 在 $t_{\max}=t$ 取得最大值.

7. $AUC=\displaystyle\int_0^\infty C_t\mathrm{d}t=\int_0^\infty \dfrac{A_D^0 k_a}{V_d(K-k_a)}\left(\mathrm{e}^{-k_at}-\mathrm{e}^{-Kt}\right)\mathrm{d}t$

$$=\lim_{b\to\infty}\int_0^b \dfrac{A_D^0 k_a}{V_d(K-k_a)}\left(\mathrm{e}^{-k_at}-\mathrm{e}^{-Kt}\right)\mathrm{d}t=\lim_{b\to\infty}\dfrac{A_D^0 k_a}{V_d(K-k_a)}\left(-\dfrac{\mathrm{e}^{-k_at}}{k_a}+\dfrac{\mathrm{e}^{-Kt}}{K}\right)\Bigg|_0^b$$

$$=\dfrac{A_D^0 k_a}{V_d(K-k_a)}\left(\dfrac{1}{k_a}-\dfrac{1}{K}\right).$$

8. (a) $A = \dfrac{A_D^0 k_a}{K - k_a}(\mathrm{e}^{-k_a t} - \mathrm{e}^{-Kt}) = \dfrac{50 \times 1.19}{0.546\,8 - 1.19}(\mathrm{e}^{-11.9} - \mathrm{e}^{-5.468}) \approx 0.39\ \mathrm{mg}.$

(b) $C_{10} = \dfrac{A_D^0 k_a}{V_d(K - k_a)}(\mathrm{e}^{-10k_a} - \mathrm{e}^{-10K}) = \dfrac{50 \times 1.19}{2.1(0.546\,8 - 1.19)}(\mathrm{e}^{-11.9} - \mathrm{e}^{-5.468}) \approx 0.19\ \mathrm{mg/L}.$

(c) $f_{10} = \dfrac{k_a}{K - k_a}(\mathrm{e}^{-10k_a} - \mathrm{e}^{-10K}) = \dfrac{1.19}{0.546\,8 - 1.19}(\mathrm{e}^{-11.9} - \mathrm{e}^{-5.468}) \approx 0.007\,8.$

(d) $t_{\max} = \dfrac{1}{K - k_a}\ln\dfrac{K}{k_a} = \dfrac{1}{0.546\,8 - 1.19}\ln\dfrac{0.546\,8}{1.19} \approx 1.2\ \mathrm{h}.$

(e) $AUC = \dfrac{A_D^0 k_a}{V_d(K - k_a)}\left(\dfrac{1}{k_a} - \dfrac{1}{K}\right) = \dfrac{50 \times 1.19}{2.1(0.546\,8 - 1.19)}\left(\dfrac{1}{1.19} - \dfrac{1}{0.546\,8}\right) \approx 43.54\ \mathrm{mg \cdot h/L}.$

9. (a) A_1 的初始值为 D，A_2 的初始值为 0，所以

$$\mathscr{L}\left[\frac{\mathrm{d}A_1}{\mathrm{d}t}\right] = \mathscr{L}\left[k_{21}A_2 - k_{12}A_1 - k_{10}A_1\right]$$

$$s\overline{A}_1 - D = k_{21}\overline{A}_2 - k_{12}\overline{A}_1 - k_{10}\overline{A}_1$$

$$D = (s + k_{12} + k_{10})\overline{A}_1 - k_{21}\overline{A}_2$$

$$\mathscr{L}\left[\frac{\mathrm{d}A_2}{\mathrm{d}t}\right] = \mathscr{L}\left[k_{12}A_1 - k_{21}A_2\right]$$

$$s\overline{A}_2 - 0 = k_{12}\overline{A}_1 - k_{21}\overline{A}_2$$

$$0 = (s + k_{21})\overline{A}_2 - k_{12}\overline{A}_1$$

(b) 利用 Cramer 法则直接计算或者利用代入消元法得到

$$\overline{A}_1 = \frac{D(s + k_{21})}{s^2 + (k_{21} + k_{12} + k_{10})s + k_{21}k_{10}}$$

$$\overline{A}_2 = \frac{Dk_{12}}{s^2 + (k_{21} + k_{12} + k_{10})s + k_{21}k_{10}}$$

(c) 二次方程 $s^2 + (k_{21} + k_{12} + k_{10})s + k_{21}k_{10} = 0$ 的根可以通过求根公式得到

$$-\alpha = \frac{1}{2}\left[-(k_{21} + k_{12} + k_{10}) + \sqrt{(k_{21} + k_{12} + k_{10})^2 - 4k_{21}k_{10}}\right]$$

$$-\beta = \frac{1}{2}\left[-(k_{21} + k_{12} + k_{10}) - \sqrt{(k_{21} + k_{12} + k_{10})^2 - 4k_{21}k_{10}}\right]$$

注意到 $\alpha+\beta=k_{21}+k_{12}+k_{10}$，$\alpha\beta=k_{21}k_{10}$，可以得到

$$\bar{A}_1=\frac{D(s+k_{21})}{s^2+(\alpha+\beta)s+\alpha\beta}=\frac{D(s+k_{21})}{(s+\alpha)(s+\beta)}$$

$$\bar{A}_2=\frac{Dk_{12}}{s^2+(\alpha+\beta)s+\alpha\beta}=\frac{Dk_{12}}{(s+\alpha)(s+\beta)}$$

参考文献

Boroujerdi Mehdi. 2002. *Pharmacokinetics*：Principles and Applications. San Francisco, CA：McGraw-Hill/Appleton & Lange.

Bourne David. 2010. A First Course in Pharmacokinetics and Biopharmaceutics. Boomer.

Disanto A R, K A Desante. 1975. Bioavailability and pharmacokinetics of prednisone in humans. Journal of Pharmaceutical Sciences,64（1）:109—112.

MacDougall Iain C, David E Roberts, Gerald A Coles, et al. 1991. Clinical pharmacokinetics of epoetin（recombinant human erythropoietin）. Clinical Pharmacokinetics,20(2)：99—113.

Medline Plus Drug Information：Prednisone. 2010. National Institutes of Health. Accessed 7 July 2013.

Thomson Alison. 2004. Back to basics：Pharmacokinetics.The Pharmaceutical Journal, 272（7304）：769—771.

Tsai Tung-Hu, Jyh-Fei Liao, Andrew Yao-Chik Shum, et al. 1992. Pharmacokinetics of glycyrrhizin after intravenous administration to rats. Journal of Pharmaceutical Sciences,81（9）：961—963.

Welling Peter G. 1991. Pharmacokinetics：Processes, Mathematics and Applications. 2nd ed. Washington, DC：American Chemical Society.

12 免疫学和流行病学的艾滋病模型

Immunological and Epidemiological HIV/AIDS Modeling

姜启源　编译　吴孟达　审校

摘要:
本文将常微分方程用于免疫学和流行病学两个层面的艾滋病模型,对每一层面引入一个基本模型来描述在无干预措施下艾滋病的发展,然后解释如何改进这个基本模型,来预测干预措施对防止艾滋病传播的效果.

原作者:
Paul A. Isihara
Department of Mathematics
Wheaton College
Wheaton, IL 60187
Paul.A.Isihara@ wheaton.edu
发表期刊:
The UMAP Journal,2005,26(1):
49—90
数学分支:
微分方程
应用领域:
公共卫生、免疫学、流行病学
授课对象:
学过两学期微积分或微分方程课程的学生
预备知识:
对于未学过微分方程的学生,第3节包含常微分方程组平衡解的初步知识.

目 录:

网上更多······　　本文英文版

1. 引言

艾滋病①可以说是当今第一大流行病,联合国艾滋病规划署[UNAIDS,2004]报告了2004年一些令人震惊的估计:

- 3 940万人罹患艾滋病;
- 230万15岁以下儿童罹患艾滋病;
- 新增490万艾滋病例;
- 新增64万15岁以下儿童艾滋病毒感染病例(绝大多数来自母亲);
- 超过300万人死于艾滋病(平均每天超过8 000人).

非洲撒哈拉沙漠以南地区目前有超过3 000万人罹患艾滋病,是当前艾滋病流行的温床.官方警告,在东欧、中国、印度可能发生重大流行病.乌干达一度曾是艾滋病流行的中心,通过全国性的运动成为成功干预该疾病的典型,将艾滋病人数从在一些城市中心超过30%,降到占总人口的10%以下.我们注意到乌干达艾滋病委员会[Uganda AIDS Commission,2001]中的这些话:"号召每一个人都在其能力和职权范围内单独或共同抗击这一流行病".

数学模型已经被免疫学家和流行病学家用来帮助了解和抗击艾滋病:

免疫学模型(immunological models)描述艾滋病毒如何攻击人体的免疫系统.

流行病学模型(epidemiological models)描述艾滋病在人群中的传播.

自从Leon Cooper[1986]的第一个免疫模型提出以来,众多确定性和随机性模型为从免疫学或流行病学的角度对艾滋病的认识做出了贡献,但是在任何一个方面都未能

---

① 艾滋病的医学中文全名为"获得性免疫缺损综合征",英文全名为"acquired immune deficiency syndrome",简称 AIDS,它是由艾滋病毒(中文全名为"人体免疫缺损病毒",英文全名为"human immunodeficiency virus",简称 HIV)引起的.本文一般统称艾滋病,只在强调病毒感染时称艾滋病毒——译者注.

获得病毒的全部特征.

只要潜在的机理尚不明确,模型假设必定仍是猜测性的.例如,虽然已提出了艾滋病毒感染者身上关键的 T-细胞减少的各个阶段的几种不同机制,但仍没有明确的试验证据支持其中的任何一种[Covert, Kirschner, 2000].即便如此,在这些假设正确的条件下,艾滋病模型在预测诸如化学疗法(chemotherapy treatment,以下简称化疗)或疫苗接种等各种干预策略的有效性上还是有用的.

本文在人体免疫系统的描述(第 2 节)和常微分方程必要知识的综述(第 3 节)之后,给出用于研究艾滋病的两个常微分方程组:

Perelson 免疫学模型(第 4 节)描述艾滋病毒攻击人体免疫系统中 T-细胞的动力学,可用于研究这个动态过程如何受化疗的影响(第 4.4 节).

Blower 流行病学模型(第 5 节)描述艾滋病在人群中的传播,可以推广用于研究疫苗接种的长期效果(第 5.4 节).

鉴于艾滋病问题在全球范围的重要性以及数学在预测化疗和疫苗接种有效性中的作用,应该让数学专业的每一个大学生熟悉本文所叙述的基本背景知识及建模过程.对于那些尚未参与的读者,本文可以成为更多参与到与艾滋病做斗争的起点.

2. 人体免疫系统

免疫系统是一群细胞、分子和器官,它们共同作用以保护我们的身体免受外来入侵者的伤害.免疫系统主要采用如下两种策略:

- 先天的(innate),即一般地防备所有入侵者;
- 获得性的(acquired),即针对特定的入侵者.

免疫系统还采用如下两条基本防线:

- 第一防线力求阻止入侵者进入身体或血液;
- 第二防线帮助身体对抗已通过第一防线的入侵者.

先天免疫系统包含两条防线,而获得性免疫系统仅靠第二防线起作用.先天免疫系统的第一防线包括诸如人体的皮肤、胃酸、黏液以及咳嗽等,不需要对入侵者提前暴露有效的防备.先天免疫系统的第二防线由一支称为噬菌细胞(phagocyte)的部队构成,力求歼灭入侵的细菌.噬菌细胞有两种主要类型:

- 小吞噬细胞(microphage),寿命短,不断地通过血液循环;

- 巨噬细胞(macrophage),寿命长,战略性地驻扎于如皮肤表层、肺脏、胃部等处.

与噬菌细胞在先天免疫系统的作用形成互补的是,获得性免疫系统利用淋巴细胞(lymphocyte)歼灭外来入侵者.淋巴细胞靠识别抗原(antigen,即细胞、病毒、霉菌、细菌表面上的大分子)确定靶向.抗原通常是唯一能识别入侵者的蛋白质.抗体(antibody)能够依附在特定的抗原上,使其成为噬菌细胞更容易发现的靶标.

淋巴细胞分为 B-细胞和 T-细胞.B-细胞由骨髓产生,可以是"抗体制造厂",生产尽可能多的抗体,也可以是"B-细胞制造厂",克隆它们自己.T-细胞由骨髓产生,在胸腺内成熟.T-细胞又分两种主要类型:

- CD4$^+$T-细胞是"助手型"T-细胞,每立方毫米血液中平均约有 1 000 个,作为免疫系统的指挥中心,指导 B-细胞的活动.

- CD8$^+$T-细胞是"杀手/抑制型"T-细胞,消灭被感染的细胞,然后抑制免疫系统的活动水平.

CD4$^+$T-细胞还能指挥有"天然杀手"之称的 NK 细胞的活动,这种细胞在消灭肿瘤细胞时与 CD8$^+$T-细胞的方式类似.

关于免疫系统更多的知识见 Linnemeyer [1993].作为艾滋病流行病学模型,下面我们特别关注健康的和受艾滋病毒感染的 T-细胞的动力学过程.

3. 微分方程背景知识

未知函数中只含一个自变量(本文以时间 t 表示)的微分方程称为常微分方程(ordinary differential equation),若有两个及以上函数时称常微分方程组.熟悉常微分方程组(包括非线性方程组稳定性分析)的读者可以跳过本节[①].

---

① 以下将酌情删减常微分方程的一般叙述,保留稳定性分析的绝大部分内容——译者注.

3.1   指数增长和 logistic 增长

1. 指数增长

对群体数量 $x(t)$ 的动态变化建模时,可以合理地假定其增长率与本身数量成正比,即 $x' = kx$,k 为正常数,这个微分方程的解是 $x(t) = x_0 e^{kt}$,其中 $x_0 = x(0)$,称为指数增长模型.对于任意的正数 k 和 x_0,这个模型预测的群体数量 $x(t)$ 将无限增长.

2. logistic 增长

更现实的假定是群体所处环境的容量 M 有限,即 $x(t)$ 的增长不能超过 M.在这个假定下的 logistic 增长模型为

$$x' = kx - \frac{k}{M}x^2 \tag{1}$$

若 kx^2 与 M 相比很小,忽略(1)式右端第 2 项,则本质上与指数增长模型相同.而当 $x(t)$ 变大,使右端的负 2 次项 $-kx^2/M$ 更重要时,x 的增长将变慢.

3. 平衡点

平衡点(equilibrium)或稳态(steady-state)解是 $x(t)$ 等于常数的解.为了求出方程(1)的平衡点,令(1)式右端等于零,得到两个平衡点 $x_{s1} = 0$ 和 $x_{s2} = M$.

4. 平衡点的稳定性

一个平衡点 $x = x_s$ 称为稳定的(stable)是指,初始值靠近 x_s 的所有解随着时间的增加都趋于 x_s,即存在一个包含 x_s 的开区间 I,使得初始值 $x_0 \in I$ 的所有解 $x(t)$ 满足 $\lim\limits_{t \to \infty} x(t) = x_s$.

如果平衡点 x_s 不是稳定的,称为不稳定的(unstable),给定任一个包含 x_s 的开区间 I,至少存在一个初始值 $x_0 \in I$ 的解,当 $t \to \infty$ 时并不趋于 x_s.

对于 logistic 增长方程(1),可以定性地分析每个平衡点的稳定性:

• 对平衡点 $x_{s1} = 0$,设初始值 $x_0 = \varepsilon$(任意小的正数),因为(1)式右端第 2 项可忽略,初始时导数 $\mathrm{d}x/\mathrm{d}t$ 为正,$x(t)$ 增大.只要 $x(t) < M$,$\mathrm{d}x/\mathrm{d}t$ 仍然为正,因此当 $t \to \infty$ 时 $x(t)$ 不会趋于零,于是平衡点 $x_{s1} = 0$ 是不稳定的.

• 平衡点 $x_{s2} = M$ 是稳定的,因为若 $x(t) < M$,导数 $\mathrm{d}x/\mathrm{d}t$ 为正,$x(t)$ 将增加并趋于平衡点 M;若 $x(t) > M$,$\mathrm{d}x/\mathrm{d}t$ 为负,$x(t)$ 将减少并趋于平衡点 M.

以上的定性分析可以通过求出精确解来验证(见习题1).

3.2 线性方程和 Bernoulli 方程

1. Bernoulli 方程

logistic 增长方程(1)是 Bernoulli 方程

$$x' + h(t)x = q(t)x^n \tag{2}$$

的特殊形式.在(1)式中 $h(t)$ 和 $q(t)$ 都是常数: $h(t) \equiv -k$, $q(t) \equiv -k/M$.

为了求解 Bernoulli 方程,利用变量代换 $y = x^{1-n}$ 将这个方程化为基本的线性微分方程,即

$$y' + p(t)y = q(t) \tag{3}$$

对 Bernoulli 方程(2), $p(t) = (1-n)\,h(t)$(将 Bernoulli 方程化为线性方程的例子见习题 1a).

2. 一般线性方程的求解

一般线性方程(3)利用积分因子 $\mu(t) = e^{\int p(t)dt}$ 求解(为简单起见令积分常数为零),在方程(3)的两端乘以 $\mu(t)$ 得

$$\mu(t)y' + p(t)\mu(t)y = q(t)\mu(t) \tag{4}$$

积分因子 $\mu(t)$ 的定义使得方程(4)的左端恰是 $\mu(t)y$ 的导数,于是方程(4)两端积分可得 $\mu(t)y = \int q(t)\mu(t)\,\mathrm{d}t + C$,因此

$$y = \frac{1}{\mu(t)}\left(\int q(t)\mu(t)\,\mathrm{d}t + C \right)$$

最后,Bernoulli 方程(2)的解为

$$x(t) = y(t)^{\frac{1}{n-1}}$$

习题

1. (a) 利用 Bernoulli 方程的变量代换 $y = x^{1-n}$,将 logistic 增长方程(1)化为线性微分方程(3).

(b) 对于(a)中得到的线性方程找出积分因子,求出满足

$y(0) = y_0$ 的解.

(c) 利用(b)的解答求出 $x(t)$ 的显式解.

(d) 利用(c)的解答证明平衡点 $x_{s1} = 0$ 是不稳定的,而平衡点 $x_{s2} = M$ 是稳定的.

2. 考察改进的 logistic 方程

$$y' = s + ry\left(1 - \frac{y}{y_{\max}}\right) - \mu y \qquad (5)$$

其中 s 是非负实常数,$r, \mu, y_{\max}$ 是正常数(第 4 节在建立艾滋病毒传播的免疫学模型时用到这个形式的方程).

(a) 当 $s = 0$ 时求解方程(5).

(b) 当 $s > 0$ 时利用变量代换 $u = y - y_s$ 求解方程(5),其中 y_s 是(5)的正的平衡点.

(c) 作图展示 y_s 随 s 变化的情形.

3.3 线性方程组

1. 自治线性方程组

第 5 节将看到,人群中艾滋病的传播模型中,健康人数、被艾滋病毒感染人数、已患艾滋病人数由 3 个时间 t 的微分方程表示,是一个微分方程组.

下面考虑两个函数 $x(t), y(t)$ 的简单方程组:

$$\begin{cases} x' = x & (6) \\ y' = x + 2y & (7) \end{cases}$$

初始条件为 $x(0) = x_0, y(0) = y_0$.因为两个方程右端都不显含自变量 t,这个方程组称为自治的(autonomous).

方程组的解是形如 $\boldsymbol{f}(t) = (f_1(t), f_2(t))$ 的向量值函数,意味着当(6)(7)式中的 x, y 分别用 $f_1(t), f_2(t)$ 代入时,满足这两个方程.如果 f_1, f_2 都是常数,那么这个解是平衡点或稳态解.

2. 平衡点

令自治线性方程组的右端等于零,求解所得的联立代数方程组,就得到微分方程组的平衡点.对于(6)(7)式,其代数方程组是

$$\begin{cases} x = 0 \\ x + 2y = 0 \end{cases}$$

它的解为 $x = 0$, $y = 0$,于是向量值函数 $\boldsymbol{f}(t) = (0,0)$ 是平衡点.2 维方程组的每个解 $\boldsymbol{f}(t) = (f_1(t), f_2(t))$ 都可以在 $x\,y$ 平面上画出参数曲线的图形(以时间 t 为参数),平衡点的图形是一个点.

n 维常微分方程组形如

$$\begin{cases} x_1' = F_1(x_1, x_2, \cdots, x_n; t) \\ x_2' = F_2(x_1, x_2, \cdots, x_n; t) \\ \cdots\cdots\cdots\cdots \\ x_n' = F_n(x_1, x_2, \cdots, x_n; t) \end{cases}$$

其中 $x_1, x_2, \cdots, x_n$ 是时间 t 的函数.如果每个 F_i 只是 $x_1, x_2, \cdots, x_n$ 的函数,即方程组右端不显含 t,则方程组是自治的.微分方程组的解是向量值函数 $\boldsymbol{f}(t) = (f_1(t), f_2(t), \cdots, f_n(t))$.如果每个 f_i 都是常数,则它的解是平衡点或稳态解,可以通过求解关于 $x_1, x_2, \cdots, x_n$ 的 n 元代数方程组 $F_i = 0 (i = 1, 2, \cdots, n)$ 得到.

3. 稳定性

粗略地说,如果初始值充分靠近平衡点的所有解当 $t \to \infty$ 时都趋于这个平衡点,那么该平衡点是稳定的;否则,是不稳定的.

对于方程组(6)(7),初始值为 (x_0, y_0) 的解是(见习题 3)

$$x(t) = x_0 \mathrm{e}^t \tag{8}$$

$$y(t) = -x_0 \mathrm{e}^t + (x_0 + y_0) \mathrm{e}^{2t} \tag{9}$$

由 $x(t)$ 的表达式可知,对于任意的 $x_0 \neq 0$,解 $(x(t), y(t))$ 都不趋于平衡点 $(0,0)$,因此这个平衡点是不稳定的.

4. 特征值法

在微分方程理论中采用特征值和特征向量的方法确定平衡点的稳定性.我们用前面的例子说明这个方法的有效性,而不去作一般的证明.

用矩阵形式将方程组(6)(7)记作

$$\begin{bmatrix} x' \\ y' \end{bmatrix} = \begin{bmatrix} 1 & 0 \\ 1 & 2 \end{bmatrix} \begin{bmatrix} x \\ y \end{bmatrix}$$

这里矩阵 $A = \begin{bmatrix} 1 & 0 \\ 1 & 2 \end{bmatrix}$ 称为方程组的系数矩阵.

给定一个方阵 A,其特征向量(eigenvector)是非零向量,记作 $\boldsymbol{v}$,满足 $A\boldsymbol{v} = \lambda\boldsymbol{v}$,其中 λ 是一个标量.注意到

$$A\boldsymbol{v} = \lambda\boldsymbol{v} \quad \Rightarrow \quad A\boldsymbol{v} - \lambda\boldsymbol{v} = 0 \quad \Rightarrow \quad (A - \lambda I)\boldsymbol{v} = 0 \tag{10}$$

$\boldsymbol{v} = 0$ 是一个平凡解.要使非零解存在,λ 应满足特征方程(characteristic equation)

$$\det(A - \lambda I) = 0$$

特征方程的解称为特征值(eigenvalues).

在上例中系数矩阵 A 的特征值由方程

$$\det \begin{bmatrix} 1-\lambda & 0 \\ 1 & 2-\lambda \end{bmatrix} = (1-\lambda)(2-\lambda) = 0$$

得到,2 个正特征值是 $\lambda_1 = 1, \lambda_2 = 2$.

将特征值 λ_1, λ_2 代回(10)式,可以确定出对应于 λ_1, λ_2 的特征向量 $\boldsymbol{v}_{\lambda_1}, \boldsymbol{v}_{\lambda_2}$.将 $\lambda_1 = 1$ 代入得

$$\begin{bmatrix} 0 & 0 \\ 1 & 1 \end{bmatrix} \begin{bmatrix} v_1 \\ v_2 \end{bmatrix} = \begin{bmatrix} 0 \\ 0 \end{bmatrix}$$

于是有 $v_1 = -v_2$,可取特征向量 $\boldsymbol{v}_{\lambda_1} = \begin{bmatrix} 1 \\ -1 \end{bmatrix}$.将 $\lambda_2 = 2$ 代入得

$$\begin{bmatrix} -1 & 0 \\ 1 & 0 \end{bmatrix} \begin{bmatrix} v_1 \\ v_2 \end{bmatrix} = \begin{bmatrix} 0 \\ 0 \end{bmatrix}$$

于是有 $v_1 = 0$,取特征向量 $\boldsymbol{v}_{\lambda_2} = \begin{bmatrix} 0 \\ 1 \end{bmatrix}$.

在这些特征向量、特征值与由(8)(9)式给出的方程组的解$(x(t), y(t))$之间存在着重要关系.设 $c_1 = x_0$, $c_2 = x_0 + y_0$,将解$(x(t), y(t))$写成矩阵形式

$$\begin{bmatrix} x(t) \\ y(t) \end{bmatrix} = \begin{bmatrix} c_1 e^t \\ -c_1 e^t + c_2 e^{2t} \end{bmatrix} = c_1 e^t \begin{bmatrix} 1 \\ -1 \end{bmatrix} + c_2 e^{2t} \begin{bmatrix} 0 \\ 1 \end{bmatrix}$$

由此可得

$$\begin{bmatrix} x(t) \\ y(t) \end{bmatrix} = c_1 e^{\lambda_1 t} \boldsymbol{v}_{\lambda_1} + c_2 e^{\lambda_2 t} \boldsymbol{v}_{\lambda_2}$$

这个例子表明,平衡点$(0,0)$的稳定性与系数矩阵的特征值的符号有关.

- 如果所有特征值都是负的,则平衡点是稳定的.
- 如果任意一个特征值是正的,则平衡点是不稳定的.

习题

3. 对于方程组

$$\begin{cases} x' = x & (11) \\ y' = x + 2y & (12) \end{cases}$$

先求解(11)得到 $x(t)$,再代入(12)求解 $y(t)$.

4. 对于方程组

$$\begin{cases} x' = -x \\ y' = -x - 2y \end{cases}$$

利用特征值确定平衡点$(0,0)$的稳定性.

3.4 非线性方程组

1. 非线性方程组的平衡点

n 维常微分方程组如果右端的 $F_1, F_2, \cdots, F_n$ 至少有一个函数是非线性的,那么这个方程组就是非线性的.例如方程组

$$\begin{cases} x'=-x-x^2 & (13) \\ y'=-x-2y & (14) \end{cases}$$

是非线性的,因为 $F_1=-x-x^2$ 非线性.

　　为了得到非线性方程组的平衡点,像线性方程组一样,令

$$\begin{cases} 0=-x-x^2 \\ 0=-x-2y \end{cases}$$

求解这个联立代数方程组,就得到 2 个平衡点 $(0,0)$ 和 $\left(-1,\dfrac{1}{2}\right)$.

　　2. 稳定性

　　非线性方程组平衡点的稳定性可以根据与其密切相关的线性方程组对应平衡点的稳定性来确定,这个线性方程组称为线性化(linearized)方程组.

　　例如,非线性方程组(13)(14)平衡点 $(0,0)$ 的稳定性,与如下线性化方程组平衡点 $(0,0)$ 的稳定性有关:

$$\begin{cases} x'=-x & (15) \\ y'=-x-2y & (16) \end{cases}$$

直观上,考察靠近非线性方程组(13)(14)平衡点 $(0,0)$ 的解的特性时,因为 x 很小,非线性项 x^2 可以忽略.根据习题 4 的结果可知,对线性化方程组(15)(16),平衡点 $(0,0)$ 是稳定的,因此,对非线性方程组(13)(14)的平衡点 $(0,0)$ 也是稳定的.

　　为确定方程组(13)(14)平衡点 $(-1,1/2)$ 的稳定性,首先作简单的坐标变换:

$$\begin{cases} u=x-(-1) \\ v=y-1/2 \end{cases}$$

若 (x,y) 靠近平衡点 $(-1,1/2)$,则 (u,v) 将接近 $(0,0)$.(u,v) 满足微分方程组

$$\begin{cases} u'=-(u-1)-(u-1)^2=u-u^2 & (17) \\ v'=-(u-1)-2\left(v+\dfrac{1}{2}\right)=-u-2v & (18) \end{cases}$$

当 u 很小时 u^2 可以忽略,得到线性化方程组

$$\begin{cases} u'=u & (19) \\ v'=-u-2v & (20) \end{cases}$$

其系数矩阵为 $\begin{bmatrix} 1 & 0 \\ -1 & -2 \end{bmatrix}$, 特征值 $\lambda_1 = 1, \lambda_2 = -2$. 这表明对于线性化方程组 (19)(20) 和非线性方程组 (17)(18), 平衡点 (0,0) 都是不稳定的. 因此, 方程组 (13)(14) 的平衡点 $(x,y) = (-1, 1/2)$ 也是不稳定的.

对于方程组

$$\begin{cases} x' = F_1(x,y) \\ y' = F_2(x,y) \end{cases}$$

其中 F_1, F_2 是 x, y 的多项式, 可以利用如下的雅可比矩阵 (Jacobian matrix) 确定平衡点的稳定性:

$$\boldsymbol{J}(x,y) = \begin{bmatrix} \dfrac{\partial F_1(x,y)}{\partial x} & \dfrac{\partial F_1(x,y)}{\partial y} \\[3mm] \dfrac{\partial F_2(x,y)}{\partial x} & \dfrac{\partial F_2(x,y)}{\partial y} \end{bmatrix}$$

如果矩阵 $\boldsymbol{J}(x_s, y_s)$ 的 2 个特征值都是负的, 则平衡点 (x_s, y_s) 是稳定的; 而若至少一个特征值是正的, 则平衡点 (x_s, y_s) 是不稳定的.

习题

5. 计算以下方程组的雅可比矩阵

$$\begin{cases} x' = -x - x^2 \\ y' = -x - 2y \end{cases}$$

并利用 $\boldsymbol{J}(0,0)$ 和 $\boldsymbol{J}(-1, 1/2)$ 确定这 2 个平衡点的稳定性.

4. T-细胞和 HIV 病毒动力学

第 2 节叙述了 T-细胞在获得性免疫系统中的重要性, Perelson 免疫学模型用以描述健康的 $CD4^+$ T-细胞被艾滋病毒感染的动态过程. 临床上, 艾滋病毒初期感染后, 在 2

至 18 年的潜伏期内 T-细胞被感染,但健康 T-细胞计数仍保持足够高的水平,使得免疫系统没有严重受损.艾滋病发作的症状是健康 T-细胞浓度减少到危险的低水平,并且自由艾滋病毒浓度迅速增加,从而严重损害获得性免疫系统.

图 1 定性地显示临床上观察到的 3 个阶段:感染初期、潜伏期、艾滋病发作后出现的免疫系统损害期.感染初期的随机模型已经建立(见 Murray[2002]),本文不予考虑. Perelson 模型只描述潜伏期和艾滋病发作后的免疫系统损害期.这 3 个阶段之间转变的微生物学机制还没有完全弄清楚.

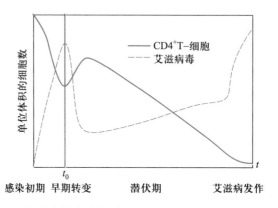

图 1   基于临床数据的健康 T-细胞和艾滋病毒浓度的定性动态过程,
Perelson 免疫学模型从 $t=t_0$ 开始模拟

4.1 基本模型的建立和假设

Perelson 免疫学模型是由 4 个常微分方程组成的非线性方程组,其中 $T_1(t)$,$T_2(t)$,$T_3(t)$,$V(t)$ 分别表示健康 T-细胞、潜伏期被感染 T-细胞、活动期被感染 T-细胞和自由病毒细胞的数量:

$$\frac{\mathrm{d}T_1}{\mathrm{d}t} = s + rT_1\left(1 - \frac{T_1 + T_2 + T_3}{T_m}\right) - \mu_1 T_1 - k_1 T_1 V \tag{21}$$

$$\frac{\mathrm{d}T_2}{\mathrm{d}t} = k_1 T_1 V - \mu_2 T_2 - k_2 T_2 \tag{22}$$

$$\frac{\mathrm{d}T_3}{\mathrm{d}t} = k_2 T_2 - \mu_3 T_3 \tag{23}$$

$$\frac{\mathrm{d}V}{\mathrm{d}t} = N\mu_3 T_3 - k_1 T_1 V - \mu_V V \tag{24}$$

按照免疫学说,区分潜伏期被感染 T-细胞与活动期被感染 T-细胞是重要的,因为只有后者才能被病毒用来复制成新的自由病毒细胞.

临床上,流式细胞计量术是测定 T-细胞计数以及区分健康的、潜伏期被感染和活动期被感染 T-细胞的最常用的方法.细胞悬挂在通过激光器前面的流式细胞计数器的溶液中,激光在每个细胞上产生折射,仪器测量各个折射角,折射角取决于覆盖在细胞上的酶,而对健康的、潜伏期被感染和活动期被感染 T-细胞来说,这种酶是有细微差别的.

下面概述在建立 Perelson 模型的 4 个微分方程时所用到的假设(参看图 2 和表 1):

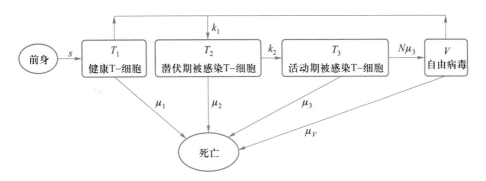

图 2　Perelson 免疫学模型(21)–(24)中浓度的增减速率

表 1　Perelson 免疫学模型（21）–（24）中的变量和参数

符号	说明	初始值或缺省值
自变量		
t	时间	天
因变量		
T_1	健康的 CD4$^+$ T-细胞浓度	500 mm^{-3}
T_2	潜伏期被感染 CD4$^+$ T-细胞浓度	0 mm^{-3}
T_3	活动期被感染 CD4$^+$ T-细胞浓度	0 mm^{-3}
V	自由艾滋病毒浓度	10^{-3} mm^{-3}
参数和常数		
s	新的健康 CD4$^+$ T-细胞供给率	10 mm^{-3}天$^{-1}$
r	CD4$^+$ T-细胞的增长率常数	0.03 天$^{-1}$
T_m	CD4$^+$ T-细胞浓度最大值	1 500 mm^{-3}
μ_1,μ_2	健康的、潜伏期被感染 CD4$^+$ T-细胞的死亡率	0.02 天$^{-1}$

符号	说明	初始值或缺省值
μ_3	活动期被感染 CD4$^+$ T-细胞的死亡率	0.24 天$^{-1}$
μV	自由艾滋病毒的死亡率	2.4 天$^{-1}$
k_1	健康 T-细胞变成潜伏期被感染 T-细胞的转变率常数	2.4×10^{-5} mm^{-3}天$^{-1}$
k_2	潜伏期被感染变成活动期被感染 T-细胞的转变率常数	3×10^{-3}天$^{-1}$
N	一个 CD4$^+$ T-细胞裂解成的自由病毒数量	不定
导出量		
T_s	健康人体内 CD4$^+$ T-细胞稳态浓度	1 000 mm^{-3}
N_c	病毒感染临界值	774

方程(21)给出健康 T-细胞浓度 $T_1(t)$ 的变化率 $\dfrac{\mathrm{d}T_1}{\mathrm{d}t}$:

$$\frac{\mathrm{d}T_1}{\mathrm{d}t} = s + rT_1\left(1 - \frac{T_1 + T_2 + T_3}{T_m}\right) - \mu_1 T_1 - k_1 T_1 V$$

• 新的健康 T-细胞以常数速率 s 进入血液系统(这过分简化了,因为在病毒感染过程中这个速率会减小,见 Kirschner,Webb [1996]).

• 当没有自由病毒时方程右端变为

$$s + rT_1\left(1 - \frac{T_1}{T_m}\right) - \mu_1 T_1$$

表明健康 T-细胞的变化可以用习题 2 中改进的 logistic 方程描述.

• 减少项 $-k_1 T_1 V$ 项是假定 T-细胞被自由病毒感染的速率与 T-细胞浓度和自由病毒浓度的乘积成正比.

方程(22)给出潜伏期被感染 T-细胞浓度 $T_2(t)$ 的变化率 $\dfrac{\mathrm{d}T_2}{\mathrm{d}t}$:

$$\frac{\mathrm{d}T_2}{\mathrm{d}t} = k_1 T_1 V - \mu_2 T_2 - k_2 T_2$$

• 增长项 $k_1 T_1 V$ 是由于健康 T-细胞被自由病毒感染(病毒附着在 T-细胞上).

• 减少项 $-\mu_2 T_2$ 来自死亡(健康的、潜伏期被感染和活动期被感染 T-细胞的死亡率可以不同), $-k_2 T_2$ 来自潜伏期被感染向活动期被感染 T-细胞的转变.

方程(23)给出活动期被感染 T-细胞浓度 $T_3(t)$ 的变化率 $\dfrac{\mathrm{d}T_3}{\mathrm{d}t}$:

$$\frac{\mathrm{d}T_3}{\mathrm{d}t}=k_2 T_2-\mu_3 T_3$$

- 增长项 $k_2 T_2$ 是由于潜伏期被感染 T-细胞变成活动期被感染 T-细胞.
- 减少项 $-\mu_3 T_3$ 来自死亡.

方程(24)给出自由病毒浓度 $V(t)$ 的变化率 $\dfrac{\mathrm{d}V}{\mathrm{d}t}$:

$$\frac{\mathrm{d}V}{\mathrm{d}t}=N\mu_3 T_3-k_1 T_1 V-\mu_V V$$

- 增长项 $N\mu_3 T_3$ 当活动期被感染 T-细胞裂解时(即发作时)出现,假定一个 T-细胞裂解复制成 N 个自由病毒细胞.
- 减少项 $-k_1 T_1 V$ 是由于自由病毒变成被附着的健康 T-细胞, $-\mu_V V$ 来自死亡.

4.2　数值分析

Perelson 模型的复杂性使得对其的扩展分析超出了本文的范围,我们不去探寻精确解,而是参照 Perelson 等[1993],利用 Mathematica 求这个方程组的近似数值解.

表 1 给出数值模拟中用到的(基于实验数据的)初始值和常数值,我们专注于数值 N(一个 $CD4^+$ T-细胞裂解成的自由病毒数量)的大小如何影响 T-细胞浓度的长期变化.

图 3 中 $N=500$,约 150 天后健康 $CD4^+$ T-细胞浓度趋于稳态值 $T_{s1}=1\,000\ \mathrm{mm}^{-3}$.

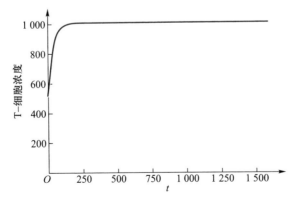

图 3　$N=500$ 时 $T_1(t)$ 收敛于稳定平衡点 $T_{s1}=1\,000$

改变参数 N 的大小研究系统的敏感性,我们发现,N 的少量增加并不影响稳态浓度,但是当 N 增加到 1 400 时稳态浓度急剧下降至约 550 mm^{-3}(图 4).

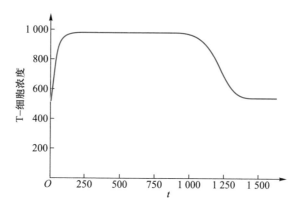

图 4　当 $N=1$ 400 时,平衡点 $T_{s1}=1$ 000 不稳定,而另一个平衡点 550 稳定

如果 N 继续增加,稳态浓度也将继续减少,表明 N 存在一个临界值,超过这个值稳态浓度就会有重大改变.下面我们利用平衡点稳定性分析研究上述数值结果.

4.3　平衡点分析

分析方法有助于阐明 T-细胞的稳态浓度与 N 的关系,下面研究 2 个不同稳态值的共存.

- T_{s1} 对应于 $V=0$,$T_{s1}=1$ 000 mm^{-3}(常数),与 N 无关.

- T_{s2} 对应于 $V \neq 0$,N 增加时 T_{s2} 减小.

进而,存在一个临界值 N_c,称分支点(bifurcation point),当 $N<N_c$ 时 T_{s1} 是稳定的,当 $N>N_c$ 时 T_{s2} 是稳定的.

稳态值 T_{s1},T_{s2} 可由 Perelson 模型用如下方法得到:

$$\frac{\mathrm{d}T_1}{\mathrm{d}t}=0 \quad \Rightarrow \quad s+rT_1\left(1-\frac{T_1+T_2+T_3}{T_m}\right)-\mu_1 T_1-k_1 T_1 V=0 \tag{25}$$

$$\frac{\mathrm{d}T_2}{\mathrm{d}t}=0 \quad \Rightarrow \quad T_2=\frac{k_1}{\mu_2+k_2}T_1 V \tag{26}$$

$$\frac{\mathrm{d}T_3}{\mathrm{d}t}=0 \quad \Rightarrow \quad T_3=\frac{k_2}{\mu_3}T_2=\frac{k_1 k_2}{\mu_3(\mu_2+k_2)}T_1 V \tag{27}$$

$$\frac{\mathrm{d}V}{\mathrm{d}t}=0 \quad \Rightarrow \quad N\mu_3 T_3-k_1 T_1 V-\mu_V V=0 \tag{28}$$

$$\Rightarrow \quad \left[\left(\left(\frac{N k_1 k_2}{\mu_2+k_2}-k_1\right) T_1-\mu_V\right]V=0 \tag{29}$$

在这些式子中令 $V=0$ 可得 $T_2=T_3=0$，且 T_1 的稳态值 T_{s1} 满足

$$s+(r-\mu_1) T_1-\frac{r}{T_m}T_1^2=0$$

解这个 2 次方程得到

$$T_{s1}=\frac{T_m}{2r}\left\{r-\mu_1+\left[(r-\mu_1)^2+\frac{4sr}{T_m}\right]^{\frac{1}{2}}\right\}$$

利用表 1 中的参数值可得 $T_{s1}=1\,000$.

在(29)式中令 $V\neq0$ 可得

$$T_{s2}=\frac{\mu_V}{\dfrac{Nk_1k_2}{\mu_2+k_2}-k_1}$$

由此可见，T_{s2} 是 N 的减函数.

为了确定 T_{s1}，T_{s2} 的稳定性，需要对第 3.4 节最后引入的 2 维非线性方程组作一点推广.注意到 Perelson 模型是一个 4 维方程组

$$\begin{cases}\dfrac{\mathrm{d}T_1}{\mathrm{d}t}=f_1(T_1,T_2,T_3,V)\\[2mm]\dfrac{\mathrm{d}T_2}{\mathrm{d}t}=f_2(T_1,T_2,T_3,V)\\[2mm]\dfrac{\mathrm{d}T_3}{\mathrm{d}t}=f_3(T_1,T_2,T_3,V)\\[2mm]\dfrac{\mathrm{d}V}{\mathrm{d}t}=f_4(T_1,T_2,T_3,V)\end{cases}$$

设 $R_s=(R_{s1},R_{s2},R_{s3},R_{s4})$ 是满足 $f_1(R_s)=f_2(R_s)=f_3(R_s)=f_4(R_s)=0$ 的平衡点，如果所有邻近解(即初始值 $(T_1(0),T_2(0),T_3(0),V(0)$ 充分靠近 R_s 的解)当 $t\to\infty$ 时都趋于 R_s，则平衡点 R_s 是稳定的.为确定 R_s 是否稳定，我们计算在点 R_s 的雅可比矩阵

$$\begin{bmatrix} \dfrac{\partial f_1}{\partial T_1} & \dfrac{\partial f_1}{\partial T_2} & \dfrac{\partial f_1}{\partial T_3} & \dfrac{\partial f_1}{\partial V} \\[2ex] \dfrac{\partial f_2}{\partial T_1} & \dfrac{\partial f_2}{\partial T_2} & \dfrac{\partial f_2}{\partial T_3} & \dfrac{\partial f_2}{\partial V} \\[2ex] \dfrac{\partial f_3}{\partial T_1} & \dfrac{\partial f_3}{\partial T_2} & \dfrac{\partial f_3}{\partial T_3} & \dfrac{\partial f_3}{\partial V} \\[2ex] \dfrac{\partial f_4}{\partial T_1} & \dfrac{\partial f_4}{\partial T_2} & \dfrac{\partial f_4}{\partial T_3} & \dfrac{\partial f_4}{\partial V} \end{bmatrix}$$

如果矩阵的所有特征值都有负实部,则平衡点 R_s 是稳定的;如果任何一个特征值有正实部,则平衡点 R_s 是不稳定的.在习题6,7中要求用这个方法验证稳态值 T_{s1} 的稳定性随着图 3、图 4 中 N 的大小而改变.(对图 4,有 2 个特征值为负,1 个为正,这可以解释 $T_1(t)$ 先上升,在急剧下降之前保持在稳态值 1 000 附近).

Perelson 等〔1993〕证明,2 个共存的稳态值在 N 跨越分支点 $N_c \approx 774$ 时,其稳定性发生交换.Perelson 模型提供了一个有趣的平衡点交换稳定性的例子,称为跨临界分支(transcritical bifurcation),见图 5.

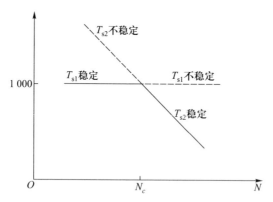

图 5　Perelson 免疫学模型出现跨临界分支,当 N 跨越临界值 $N_c \approx 774$ 时 2 个平衡点交换稳定性

习题

6. 计算 Perelson 模型(21)—(24)给定的函数 f_1, f_2, f_3, f_4 的

雅可比矩阵.

7. 证明 $R_{s1} = (1\,000, 0\,0\,0)$ 当 $N = 500$ 时是稳定的,当 $N = 1\,400$ 时是不稳定的.

4.4 化学疗法

敏感性分析是数学建模的重要组成部分,它研究模型参数或初始条件的改变如何影响系统的特性.我们已经看到这类分析的一个例子,即对参数 N 的跨临界分支.

对抗逆转录病毒药物有效性的建模可以看作敏感性分析的扩展,我们将研究参数如何改变能有效地延迟甚至完全排除艾滋病的发作.

药物目标 对艾滋病的发作产生最大影响的关键参数是什么? 能设计出有效改变那些参数的药物吗?

药物效力 为了使病程有重大差别,关键参数需要改变多少? 药物能使参数有这么大的改变吗?

治疗时间 为了使病程有重大差别,关键参数需要改变多长时间?

两个关键参数是化疗的目标:

- k_1——健康 T-细胞变成潜伏被感染 T-细胞的转变率常数.

- N —— 一个 $CD4^+$ T-细胞裂解的自由病毒数量.

有 4 类抗逆转录病毒药物在应用,它们影响 N 或者 k_1.

- NRTI,NNRTI,PI 都减少 N. NRTI,NNRTI 防止被感染 T-细胞内部再产生病毒(NRTI 为核苷类逆转录酶抑制剂,AZT 是其中的一种),PI 允许被感染 T-细胞裂解时产生新的病毒,但是它与病毒酶结合,使新的病毒无效,不能再感染新的细胞.

- 融合抑制剂(fusion inhibitors)减少 k_1,它与病毒细胞结合,使这些细胞不能再与健康 T-细胞配偶.

这些药物单独或者组合使用,可以显著地延迟艾滋病的发作.当前的研究谋求完善这些药物,提高对关键参数的作用.

下面说明 Perelson 模型如何预测参数 k_1 的改变产生的效果,对参数 N 的类似研究见习题 8(我们鼓励读者对组合药物可能的效果设计自己的实验).

设有一个阶梯函数

$$z_p(t;t_1,t_2) = \begin{cases} p, & t_1 \leqslant t \leqslant t_2 \\ 1, & \text{其他} \end{cases}$$

其中 p 是正的常数，$0 \leqslant p \leqslant 1$，$[t_1,t_2]$ 是药物起直接作用的时间区间.假定用融合抑制剂进行化疗时,健康 T-细胞变成潜伏被感染 T-细胞的转变速率在 $[t_1,t_2]$ 区间内乘以因子 p.显然,p 越小,治疗越有效.这种效果可以通过修正 Perelson 模型(21)(22)(24)来实现:

$$\frac{\mathrm{d}T_1}{\mathrm{d}t} = s + rT_1\left(1 - \frac{T_1+T_2+T_3}{T_m}\right) - \mu_1 T_1 - z_p(t;t_1,t_2)k_1 T_1 V \tag{21'}$$

$$\frac{\mathrm{d}T_2}{\mathrm{d}t} = z_p(t;t_1,t_2)k_1 T_1 V - \mu_2 T_2 - k_2 T_2 \tag{22'}$$

$$\frac{\mathrm{d}V}{\mathrm{d}t} = N\mu_3 T_3 - z_p(t;t_1,t_2)k_1 T_1 V - \mu_V V \tag{24'}$$

下面将如此修正的模型称为 Perelson 模型($21', 22', 24'$)

为了从数量上研究化疗的效果,必须定义什么是艾滋病发作.下面固定 $N=1\,400$,利用表 1 中的初始值和常数值.回到图 4 我们看到,T-细胞浓度最终从平衡点 $1\,000\ \text{mm}^{-3}$ 突然急剧下降,因此可以定义 T-细胞浓度降到 999 的时候是艾滋病的发作时刻 t_r(图 6).

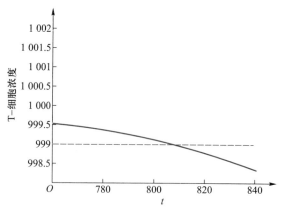

图 6　定义艾滋病的发作时刻 t_r 为 T_1 降到 999 的时候, 此时 $t_r \approx 808$

不用化疗(即 $p=1$),艾滋病发作时刻 $t_r \approx 808$ 天.取 $p=0.4$ 采用 6 个月($t_1=500, t_2=680$)的化疗,Perelson 模型(21′,22′,24′)预测艾滋病发作将延迟约 8 个月(图 7).

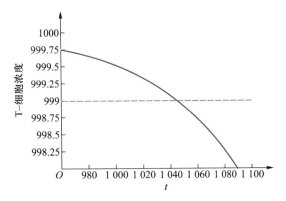

图 7 按照 Perelson 模型(21′,22′,24′)用化疗($p=0.4, t_1=500, t_2=680$)
艾滋病发作将延迟约 8 个月($t_r \approx 1\,053$)

习题

8. 考察修正 Perelson 模型研究化疗效果的第 2 种方法.如果化疗是在 $[t_1, t_2]$ 区间内利用 AZT 一类药物以因子 p 来减小参数 N,那么 Perelson 模型的(24)式应修正为

$$\frac{\mathrm{d}V}{\mathrm{d}t} = z_p(t; t_1, t_2) N \mu_3 T_3 - k_1 T_1 V - \mu_V V \tag{30}$$

得到的方程为 Perelson(30).利用与 Perelson(21′,22′,24′)同样的数值($p=0.4, t_1=500, t_2=680$),Perelson(30)预测的艾滋病发作时刻 t_r 是多少?

4.5 讨论

艾滋病的免疫学特性多变且复杂,不可能用一个简单的确定性模型给以完整的描述.临床上已经确认艾滋病有 3 个主要阶段——感染初期、潜伏期及艾滋病发作期,但是这些阶段之间转变的生物学机制并不十分清楚.Perelson 模型只是谋求弄清从潜伏期到艾滋病发作期的转变.伴随着艾滋病的发作,CD4$^+$ T-细胞浓度的急剧下降在数学上用跨临界分支来解释,健康 T-细胞浓度的平衡点失去稳定性,细胞浓度明显地趋于更低的被感染 T-细胞浓度的平衡点.

Perelson 模型无法解释所有 3 个阶段动态变化的一个原因是没有考虑病毒的变异. 如果以非同质的方式在未采用化疗时考虑到对抗 T-细胞的病毒变异,再加上抗拒化疗的病毒变异,所有 3 个阶段(感染初期、潜伏期、艾滋病发作期)就都能解释,例如 Kirschner 和 Webb [1996] 以及 Hershberg 等[2002]所讨论的模型.

由于潜伏期长度(2 至 18 年)的变化太大,从 Perelson 模型用数值方法得到的 $CD4^+$ T-细胞浓度图形,与临床数据在定性上是一致的(如图 1).Perelson 模型以其概念简单而巧妙,又以其包含众多参数而灵活.模型的长处在于它能预测由于参数变化产生的影响,正如我们在讨论抗逆转录病毒药物对延迟艾滋病发作的影响时所证实的那样.

5. 艾滋病的传播

我们已经利用 Perelson 免疫学模型(21)—(24)阐明了在无药物干预下艾滋病毒对免疫系统的影响,又改进这个模型研究化疗的效果.本节引入另一个常微分方程组,建立流行病学模型,首先在不进行公共卫生干预下,分析艾滋病毒在人群中的传播规律,然后将敏感性分析用于性节制措施的研究(5.3 节),最后增加变量和方程来推广基本模型,研究疫苗接种干预项目的效果(5.4 节).

用于流行病学模型与免疫学模型的常微分方程组是类似的,我们将大部分类似的分析留作习题,以使学习更为主动(提供大部分解答).

5.1 基本模型的建立和假设

为了对艾滋病在性活跃人群中的传播建模,按照 Blower 等[2001]的做法,将人群分为 3 类:$x(t)$ 为时刻 t(以年计)的易感染人数,$y(t)$ 为被野性艾滋病毒(相对于在疫苗接种中使用的弱化病毒)感染的人数,$z(t)$ 为已患艾滋病的人数.这些人数的变化用下面这个称为 Blower 流行病学模型的三维线性微分方程组描述:

$$\frac{\mathrm{d}x}{\mathrm{d}t} = s - (c\lambda + \mu_1)x \tag{31}$$

$$\frac{\mathrm{d}y}{\mathrm{d}t} = c\lambda x - (v + \mu_2)y \tag{32}$$

$$\frac{\mathrm{d}z}{\mathrm{d}t} = vy - (\mu_3 + \delta)z \tag{33}$$

其中常数的定义及取值见表2,说明转移率的框图见图8(实际的初始值和常数值可由统计方法得到,不同国家有变化,本文采用假定值).

表2 Blower 流行病学模型(31)—(33)中的变量和常数

符号	说明	初始值或缺省值
自变量		
t	时间	年
因变量		
x	易感染人数	15×10^6 人
y	被野性艾滋病毒感染的人数	3×10^6 人
z	已患艾滋病的人数	0.05×10^6 人
常数		
s	新进入易感染人群的速率	1×10^6 人 · 年$^{-1}$
λ	性伴侣被野性艾滋病毒感染的概率	0.2
c	获得新的性伴侣的平均速率	2 年$^{-1}$
v	野性艾滋病毒感染者变成患艾滋病的比例	0.1 年$^{-1}$
μ_1	易感染人群转移为非性活跃者的比例	0.025 年$^{-1}$
μ_2	艾滋病毒感染人群转移为非性活跃者的比例	0.025 年$^{-1}$
μ_3	患艾滋病人群转移为非性活跃者的比例	0.025 年$^{-1}$
δ	患艾滋病人群的死亡率	0.95 年$^{-1}$

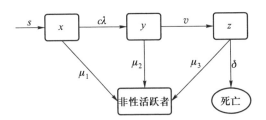

图8 Blower 流行病学模型(31)—(33)中的转移率

在习题9(a)中要求你用类似于 Perelson 免疫学模型(21)—(24)中给出的解释那样,说明在建立 Blower 流行病学模型(31)—(33)中采用的假设.

5.2 分析

图 9 显示被野性艾滋病毒感染的性活跃人数 $y(t)$，从假定的初始值 300 万，5 年后增加到约 1 200 万，然后减少到约 755 万的平衡点(见习题 9(b)).随着被病毒感染人数 $y(t)$ 的升高，易感染人数 $x(t)$ 从初始值 1 500 万下降到约 235 万的平衡点，而患艾滋病的人数 $z(t)$ 则由开始的 5 万上升到约 77.5 万的平衡点.

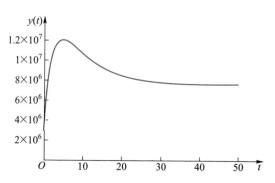

图 9　按照 Blower 流行病学模型(31)—(33) 预测艾滋病毒感染的
人数 $y(t)$ 的平衡点约 755 万 (利用表 2 的初始值和常数)

利用这个模型的简单而又重要的敏感性分析，可以确定每个参数的增加对平衡点有怎样的影响(见表 3).

表 3　Blower 流行病学模型的参数变化对平衡点数值的影响

参数增加	x	y	z
s	↑	↑	↑
λ	↓	↑	↑
c	↓	↑	↑
v	−	↓	↑
μ_1	↓	↓	↓
μ_2	−	↓	↓
μ_3	−	−	↓
δ	−	−	↓

注：↑表示升高，↓表示下降，−表示不变.

Blower 流行病学模型(31)—(33)平衡点的特性如下：

• 平衡点是全局稳定的，因为 3 个特征值($-(\mu_3+\delta)$, $-(v+\mu_2)$, $-(c\lambda+\mu_1)$)都是负的，所有的解都趋于这个平衡点(与初始条件无关)；

● 平衡点明显地不依赖于初始条件.

如果一个国家与艾滋病相关人群的平衡点具有上述特性,那么将参数值向正确方向改变(使得艾滋病毒感染和艾滋病发作人数的平衡点值减少)的任何干预措施从长期来说都是有效的,不管当前的问题(即初始条件)有多大.在这种情况下可以说,采取干预措施对这个国家就是大有希望的.

习题

9. (a) 借助于图 8 和表 2 解释 Blower 流行病学模型(31)—(33)中的假设.

(b) 求出 Blower 流行病学模型的平衡点,证明平衡点是稳定的(需要计算 3×3 雅可比矩阵的特征值).

(c) 利用(b)的结果求出性活跃人群(即 x, y, z 之和)感染艾滋病毒人数百分比的平衡点(习题 10 将研究引入疫苗接种对这个百分比的影响).

5.3　干预策略

在减缓艾滋病流行的严重后果方面,广泛的干预措施有着显著的差别.对抗艾滋病传播实际采用的方法包括:

● 捍卫性道德的最高标准,包括婚外的性节制措施;

● 识别艾滋病毒阳性,对公众提供更好的训练;

● 广泛采用化疗和疫苗接种;

● 为性服务女子改变工作岗位提供培训;

● 限制吸毒者(在某些国家这是艾滋病感染者的最大群体)共用针头;

● 在医院和诊所妥善丢弃用过的注射器;

● 用抗逆转录病毒药物减少艾滋病毒在孕期的母婴传播;

● 对艾滋病毒阳性的母亲用配方奶代替母乳喂养.

一类重要的敏感性分析与作为一项干预策略的性节制有关(这曾是乌干达成功干

预艾滋病的一个主要因素).直观上,性节制措施会使 μ_1,μ_2,μ_3(易感染、已感染及患艾滋病人群转移为非性活跃者的比例)增加,使 c(获得新的性伴侣的平均速率)减少.设 $\mu_1=\mu_2=\mu_3=\mu$,给 μ 以适度的增加(从 $\mu=0.025$ 到 $\mu=0.03$),给 c 以适度的减少(从 $c=2$ 到 $c=1.75$),结果将使被艾滋病毒感染人数 $y(t)$ 的平衡点几乎减少 45 万(从755 万到 710 万),见图 10.

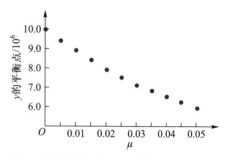

图 10　艾滋病毒感染人数 $y(t)$ 的平衡点随 μ 值的变化

5.4　疫苗接种模型

与疫苗接种控制天花、小儿麻痹、麻疹类似,采用弱化的艾滋病毒疫苗株,帮助人体建立对抗野性艾滋病毒的疫苗接种办法已经开发出来.但是疫苗接种的个体还可能被野性艾滋病毒感染,更坏地,甚至可能引发艾滋病.

与性节制干预不同,疫苗接种需要在模型中作更实质性的改变.我们推广 Blower 流行病学模型,增加 2 个要考察的函数:$y_1(t)$ 为易感染人群中已接受疫苗接种的人数,$y_2(t)$ 为虽已接受疫苗接种但仍被野性艾滋病毒感染的人数,于是得到一个推广的Blower 流行病学模型的 5 维微分方程组:

$$\frac{dx}{dt}=(1-p)s-(c\lambda+c\lambda_1+\mu_1)x \tag{34}$$

$$\frac{dy_1}{dt}=ps+c\lambda_1x-(1-\varphi)c\lambda y_1-(v_1+\mu_4)y_1 \tag{35}$$

$$\frac{dy}{dt}=c\lambda x-(v+\mu_2)y \tag{36}$$

$$\frac{dy_2}{dt}=(1-\varphi)c\lambda y_1-(v_2+\mu_5)y_2 \tag{37}$$

$$\frac{dz}{dt}=vy+v_1y_1+v_2y_2-(\mu_3+\delta)z \tag{38}$$

表 4 给出新增加的因变量和常数值,借助表 2 和表 4,习题 10 要求对于方程(34)—(38)构造类似图 2 和图 8 那样的转移率的框图,并且解释建立这个模型所需的假定.

表 4　用于研究疫苗接种措施的附加变量和参数

符号	说明	初始值或缺省值
因变量		
y_1	易感染人群中已接受疫苗接种的人数	1 000 人
y_2	已接受疫苗接种仍被野性艾滋病毒感染的人数	0 人
参数和常数		
p	易感染人群中已接受疫苗接种的性活跃者比例	0.4
λ_1	性伴侣接种疫苗的概率	0.5
φ	接种疫苗后起到预防作用的程度	0.93
v_1	接种疫苗者艾滋病发作的比例	0.005 年$^{-1}$
v_2	接种疫苗者又被病毒感染艾滋病发作的比例	0.95 年$^{-1}$
μ_4	接种疫苗者变成非性活跃者的比例	0.025 年$^{-1}$
μ_5	接种疫苗者又被病毒感染变成非性活跃者的比例	0.025 年$^{-1}$

许多艾滋病毒疫苗接种试验受 HVTN(监督与统一各种艾滋病毒疫苗接种方法的研究和医疗机构网络)控制,当前的研究包含不采用弱化病毒的艾滋病毒疫苗,而是一些产生艾滋病毒蛋白的细菌、艾滋病毒蛋白的化学综合复制酶,或者直接注射能产生艾滋病毒蛋白代码的 DNA.疫苗接种在削减病毒载荷上取得了成功,从而显著地降低了受感染人群传播到健康人群的概率.

虽然接种疫苗还不能预防艾滋病毒的初期感染,但是可以作简单的模拟实验来预测疫苗接种取得进展后的效果.假定易感染人群中有 40% 接受疫苗接种(即 $p = 0.4$),且接种疫苗后起到预防作用的程度为 93%(即 $\varphi = 0.93$),则被野性艾滋病毒感染人数 $y(t)$ 的增长被抑制,致使平衡点值在 200 万以下,如图 11.这是一个引人注目的改善,因为在没有接种疫苗时,被艾滋病毒感染人数的平衡点值高达 755 万(图 9).

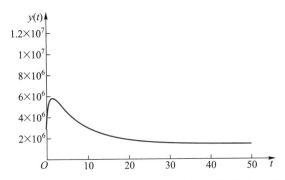

图 11　利用表 2、表 4 的初始值和常数值,对推广的 Blower 流行病学模型(34)—(38) 预测,疫苗接种将抑制病毒感染人数 $y(t)$ 的增长,使平衡点在 200 万以下 (与图 9 没有干预措施下的增长比较)

习题

10.(a) 对于推广到疫苗接种的 Blower 流行病学模型 (34)—(38)构造因变量转移的框图.借助于图 8 和表 2 解释 (31)—(33)中的假设.

(b) 解释(a)中模型各方程的作用和组成.

(c) 利用表 2、表 4 给出的常数值,求出(a)中模型的平衡点,确定平衡点的稳定性.

(d) 疫苗接种在减小性活跃人群中(即 x, y, y_1, y_2, z 之和) 感染艾滋病毒人数百分比的平衡点有何影响(与习题 9c 的结果比较).

11.(a) 作为接受疫苗接种的结果,模型(34)—(38)承认疫苗接种的个体可能感染引发艾滋病吗?

(b) 由模型(34)—(38)得到的结果,是如 5.2 节末尾所说的"大有希望"吗?

5.5 讨论

Blower 流行病学模型基于简单的、概念性的框架,模型包含大量的参数使得对于目标人群作出特定假设时有着相当大的灵活性.其主要困难出现在对于特定国家要确定适当的参数,虽然在像乌干达这样的国家实行了全面的统计研究,但是还不能有效地确定用于 Blower 模型的相关参数.

用流式细胞计量术测定 T-细胞计数是非常昂贵的,因此,为了区分出那些已经发展成艾滋病的患者,采用基于特征症状的临床诊断.换句话说,得到 $y(t)$ 和 $z(t)$ 的准确值是困难的.

模型的参数和初始值一旦确定,在各种假设的干预措施下,用数值方法可以得到预测结果,为有效的政策提供指导.

6. 不断的挑战

我们向学习微积分的学生介绍了关于艾滋病免疫学和流行病学方面的微分方程模型,还对如何改进基本模型的假设,以得到病情进展更完整的描述给出建议.

那些远离艾滋病灾难中心的人非常容易忽视当前全球性危机的严重性,在 2003 年 9 月举行的第 13 届艾滋病与性传播感染(AIDS and STI)国际会议上,东道国肯尼亚总统 Kibaki 以不断的挑战为题致辞:"对这种世界性流行病必须随时随刻与之斗争" [Piot, 2003].

7. 习题解答

1. (a) 因为 $n=2$,设 $y=x^{1-n}=\dfrac{1}{x}$,即 $x=\dfrac{1}{y}$,于是 $\dfrac{\mathrm{d}x}{\mathrm{d}t}=-\dfrac{1}{y^2}\dfrac{\mathrm{d}y}{\mathrm{d}t}$,将 x 和 $\dfrac{\mathrm{d}x}{\mathrm{d}t}$ 代入 logistic 增长方程得 $-\dfrac{1}{y^2}\dfrac{\mathrm{d}y}{\mathrm{d}t}=\dfrac{k}{y}-\dfrac{k}{My^2}$,即

$$\frac{\mathrm{d}y}{\mathrm{d}t}+ky=\frac{k}{M} \tag{39}$$

这是 y 的线性微分方程.

(b) 在(39)式中,积分因子是 $\mu(t)=\mathrm{e}^{\int k\mathrm{d}t}=\mathrm{e}^{kt}$,将 $\mu(t)$ 乘以(39)式两端并对 t 积分可得 $y\mathrm{e}^{kt}=\dfrac{\mathrm{e}^{kt}}{M}+C$,即 $y=\dfrac{1}{M}+\dfrac{C}{\mathrm{e}^{kt}}$,由 $y(0)=y_0$ 得 $C=y_0-\dfrac{1}{M}$,于是

$$y=\frac{\mathrm{e}^{kt}+My_0-1}{M\mathrm{e}^{kt}} \tag{40}$$

是方程(39)的解.

(c) 将 $y=\dfrac{1}{x}$ 代入(40)式得

$$x=\frac{M\mathrm{e}^{kt}}{\mathrm{e}^{kt}+My_0-1} \tag{41}$$

再将 $y_0 = \dfrac{1}{x_0}$ 代入可得 $x = \dfrac{Me^{kt}}{e^{kt} + M/x_0 - 1}$，就是 logistic 增长方程 $x(t)$ 的显式解.

（d）（c）的显式解可写作

$$x = \frac{M}{1 + \left(\dfrac{M}{x_0} - 1\right) e^{-kt}}$$

对于任意 $x_0 > 0$ 有 $\lim\limits_{t \to \infty} x(t) = M$，这就证明了平衡点 M 的稳定性.这也证明平衡点 0 是不稳定的,因为对于任意接近 0 的正的初始值,$x(t)$ 都趋于 M 而不是 0.

2.（a）需要解方程 $y' = ay - dy^2$，其中 $a = r - \mu$, $d = r/y_{\max}$.令 $v = \dfrac{1}{y}$，得 $v' + av = d$，求解得

$v(t) = Ce^{-at} + \dfrac{d}{a}$，代入初始条件 $v(0) = v_0$ 得 $v(t) = \left(v_0 - \dfrac{d}{a}\right) e^{-at} + \dfrac{d}{a}$，于是

$$y(t) = \frac{ae^{at}}{\dfrac{a}{y_0} - d + de^{at}}$$

（b）需要解方程 $y' = s + ay - dy^2$，其中 a, d 同上.利用变量代换 $u = y - y_s$，其中 $y_s = \dfrac{a + \sqrt{a^2 + 4ds}}{2d}$，得到 $u' = -du^2 - u\sqrt{a^2 + 4ds}$，或 $u' + qu = -du^2$，其中 $q = \sqrt{a^2 + 4ds}$，这是关于 u 的 Bernoulli 方程.令 $v = \dfrac{1}{u}$，可解出 $v = -\dfrac{d}{q} + Ce^{qt}$，由此可得 $y = \dfrac{q}{-d + qCe^{qt}} + y_s$.当 $y_0 \neq y_s$ 时,

$qC = \dfrac{q}{y_0 - y_s} + d$，方程（5）非平衡解为

$$y = \frac{qe^{-qt}}{\dfrac{q}{y_0 - y_s} + d - de^{-qt}} + y_s$$

3. 由 $x' = x$ 得解 $x(t) = x_0 e^t$，代入 $y' = x + 2y$ 得 $y' - 2y = x_0 e^t$.在初始条件 $y(0) = y_0$ 下的解为 $y = -x_0 e^t + (x_0 + y_0) e^{2t}$.

4. 原方程组可以表示为

$$\begin{pmatrix} x' \\ y' \end{pmatrix} = \begin{pmatrix} -1 & 0 \\ -1 & -2 \end{pmatrix} \begin{pmatrix} x \\ y \end{pmatrix}$$

特征值由

$$\det\begin{pmatrix} -1-\lambda & 0 \\ -1 & -2-\lambda \end{pmatrix} = (-1-\lambda)(-2-\lambda) = 0$$

得到:$\lambda_1 = -1$,$\lambda_2 = -2$.因为特征值为负,平衡点是稳定的.

5. 雅可比矩阵是

$$\boldsymbol{J}(x,y) = \begin{pmatrix} -1-2x & 0 \\ -1 & -2 \end{pmatrix}, \quad \boldsymbol{J}(0,0) = \begin{pmatrix} -1 & 0 \\ -1 & -2 \end{pmatrix}$$

特征值 $\lambda_1 = -1$,$\lambda_2 = -2$,平衡点$(0,0)$是稳定的.又

$$\boldsymbol{J}(-1,1/2) = \begin{pmatrix} 1 & 0 \\ -1 & -2 \end{pmatrix}$$

特征值 $\lambda_1 = 1$,$\lambda_2 = -2$,平衡点$(-1,1/2)$是不稳定的.

6. 雅可比矩阵是

$$\begin{bmatrix} r - \dfrac{2rT_1 + rT_2 + rT_3}{T_m} - \mu_1 - k_1V & -rT_1/T_m & -rT_1/T_m & -k_1T_1 \\ k_1V & -\mu_2 - k_2 & 0 & k_1T_1 \\ 0 & k_2 & -\mu_3 & 0 \\ -k_1V & 0 & N\mu_3 & -k_1T_1 - \mu_V \end{bmatrix}$$

7. 代入表1的参数值和$T = T_{s1} = 1\,000$,得到矩阵

$$\begin{bmatrix} -0.03 & -0.02 & -0.02 & -0.024 \\ 0 & -0.023 & 0 & 0.024 \\ 0 & 0.003 & -0.24 & 0 \\ 0 & 0 & 0.24N & -2.424 \end{bmatrix}$$

利用如 Maple 中的符号运算可得,当 $N = 500$ 时,特征值($\approx -0.03, -0.257, -0.007,$ -2.398)全为负实数,当 $N = 1\,400$ 时 3 个特征值($-0.03, -0.284, -2.395$)为负,1 个(0.016)为正.

8. 利用 Mathematica 进行模拟得到,Perelson 模型(30)与 Perelson 模型($21', 22',$

24′)预测艾滋病发作的延迟类似.这种相似性能够从分析上研究吗?

9.(a)方程(31)给出易感染人数 $x(t)$ 的变化率 $\dfrac{\mathrm{d}x}{\mathrm{d}t}$,增长是由于新的易感染者以常数速率 s 进入,减少是由于被野性艾滋病毒感染($-c\lambda x$)和转移为非性活跃者($-\mu_1 x$).

方程(32)给出被野性艾滋病毒感染的性活跃人数 $y(t)$ 的变化率 $\dfrac{\mathrm{d}y}{\mathrm{d}t}$,增长是由于易感染者被感染($c\lambda x$),减少是由于转移为艾滋病人($-vy$)和转移为非性活跃者($-\mu_2 y$).

方程(33)给出已患艾滋病的性活跃人数 $z(t)$ 的变化率 $\dfrac{\mathrm{d}z}{\mathrm{d}t}$,增长是由于被艾滋病毒感染者进展成艾滋病人($vy$),减少是由于转移为非性活跃者($-\mu_3 z$)和死亡($-\delta z$).

(b)令 Blower 流行病学模型每个方程的右端等于零,得到以下平衡点:

$$x = \frac{s}{c\lambda + \mu_1} \approx 2\ 353\ 000$$

$$y = \frac{sc\lambda}{(c\lambda + \mu_1)(v + \mu_2)} \approx 7\ 530\ 000$$

$$z = \frac{sc\lambda v}{(c\lambda + \mu_1)(v + \mu_2)(\mu_3 + \delta)} \approx 772\ 000$$

这个平衡点的稳定性由以下矩阵的特征值确定

$$\begin{bmatrix} -(c\lambda + \mu_1) & 0 & 0 \\ c\lambda & -(v + \mu_2) & 0 \\ 0 & v & -(\mu_3 + \delta) \end{bmatrix}$$

对于表 2 给定的参数值,特征值均为负($-0.425, -0.125, -0.975$),平衡点稳定.

(c)在平衡点全部性活跃人群中大约 71% 被艾滋病毒感染.

10.(a)见图 12.

11.是的,模型(35)和(38)中的 $v_1 y_1$ 以及图 12 中 y_1 指向 z 的箭头就是如此.

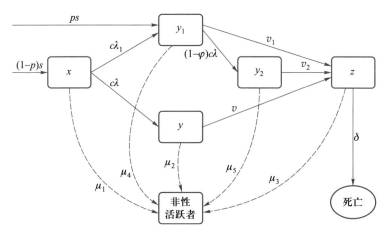

图 12　推广到疫苗接种的 Blower 流行病学模型（34）—（38）的转移率

参考文献

Blower S M, K Koelle, D E Kirschner, et al. 2001. Live attenuated HIV vaccines: Predicting the tradeoff between efficacy and safety. Proceedings of the National Academy of Sciences, 98(6): 3618—3623.

Cooper Leon N. 1986. Theory of an immune system retrovirus. Proceedings of the National Academy of Sciences, 83: 9159—9163.

Covert Douglas J, Denise Kirschner. 2000. Revisiting early models of the host-pathogen interactions in HIV infection. Comments Theoretical Biology, 5(6): 383—411.

Epstein Helen. 2004. Why is AIDS worse in Africa? Discover, 25(2): 68—75, 87.

Hershberg Uri, Yoram Louzon, Henri Atlan, et al. 2002. HIV time hierarchy: Winning the war while losing all the battles. Physica A: Statistical Mechanics and its Applications, 289(1—2): 178—190 .

Janke Steven. 1993. Modeling the AIDS epidemic. In Straffin, [1993]: 210—221.

Kirschner Denise E. 1996. A diffusion model for AIDS in a closed heterosexual population: Examining rates of infection. SIAM Journal of Applied Mathematics, 56(1): 143—166.

Kirschner Denise. 1996. Using mathematics to understand HIV immune dynamics. Notices of the American Mathematical Society, 43(2): 191—202.

Kirschner Denise, G F Webb. 1996. Resistance, remission, and qualitative differences in HIV chemotherapy.

Linnemeyer Paul A. 1993. The immune system—An overview.

Murray J D. 2002. Mathematical Biology I. An Introduction. 3rd ed. New York: Springer-Verlag.

Perelson Alan S, D E Kirschner, R DeBoer. 1993. Dynamics of HIV infection of CD4 + cells. Mathematical Biosciences, 114: 81—125.

Piot Peter. 2003. Defeating HIV/AIDS: Africa is changing gear.

Straffin Phillip. 1993. Resources for Calculus. Vol 3: Applications of Calculus. Washington: Mathematical Association of America.

Uganda AIDS Commission. 2001. Twenty years of HIV/AIDS in the world: Evolution of the epidemic and response in Uganda.

UNAIDS.2004. Global Summary of the AIDS Epidemic: December 2004.

13 使用原始文献讲授 logistic 方程

Using Original Sources to Teach the Logistic Equation

刘来福 编译 姜启源 审校

摘要:

本案例使用从 3 个原始文献得到的数据、图表和文字论述,展示了处于有限资源下自然系统增长的 logistic 模型. logistic 微分方程和熟知的 S 形 logistic 曲线在解决生态学、生物学、化学和经济学等诸多领域有着广泛的应用.本案例以具体的例子叙述了数学是如何发展的,并对推动模型构建过程的假设提出了见解.

作者:

Bonnie Shulman

Department. of Mathematics

Bates College

Lewiston, ME 04240

bshulman@ abacus.bates.edu

发表期刊:

The UMAP Journal, 1997, 18(4): 375—400.

数学分支:

微分方程、微积分

应用领域:

数学建模、生物学

授课对象:

学习微分方程或者上第二学期微积分课的学生

预备知识:

假定读者熟悉几何级数和算术级数,以及初等函数的微分和积分.希望读者具有微分方程的基础知识,而本文也可以作为这方面的入门读物.

目　录:

网上更多……　　本文英文版

1. 引言

人们的一个普遍的认识是:数学是由逝去的天才们所创造的最终成果.为了消除这个观念,并将由人类创造的数学作为一个现存的、有活力的、不断增长着的知识体,我们求助于原始文献.随着时间的推移,本文将 3 篇原始论文融入微分方程、建模甚至微积分入门课程中去.

• 第 1 篇是经常被引用的由 Pearl 和 Reed[1920]撰写的经典论文.它通常被认为是首先将 logistic 方程应用于描述美国人口增长的论文.

• 第 2 篇是由英国皇家统计学会主席 G. Udny Yule[1925]给出的论文,它包含了 logistic 模型历史的评论以及对 Pearl 和 Reed 以及 Verhulst 工作的综述.

• 从 Yule 的论文,我们知道了比利时社会学家和数学家 Pierre-François Verhulst,他实际上第一个提出和发表了限于特定区域人口增长规律的公式[Verhulst,1845].

Yule 指出:"也许是由于 Verhulst 太领先于他所处的时代了,那时存在的数据不足以对他的看法构成有效的验证.他的回忆录被遗忘了"[Yule,1925,4].大约 80 年后,Pearl 和 Reed 分别独立地得到了相同的结果.Verhulst 的工作最终受到了人们的注意.事实上,Yule 承认[Yule,1925,5],这有赖于 Pearl 的书[Pearl,1922]中关于 Verhulst 的参考文献.Verhulst 的文章是用法语写的;他是依靠字典和高中学过的法语基础知识来完成的,文章非常容易理解.

本文使用了 3 篇原始文献的数据、图表和文本.方程和图表的编号遵从原始来源,因此在文中通篇是不一致的.同时要注意符号的变化(人口分别表示为 p 或 y,时间分别表示为 t 或 x).有些符号如果没有仔细阅读同样很容易被混淆,例如 p' 和 y' 分别表示 p 和 y 的特定值,而不是导数.假设读者能够理解和处理几何级数、算术级数,并具有微分方程的基础知识. 来源于英文原始文献的中文翻译将用楷体印刷并且以缩行的方式表示.

　　习题用于激发读者的思维和培养读者阅读数学时动手演算,以随时验证和检查所有的结论和求解方程.

　　本文试图论述数学知识是怎样断断续续地发展的,而不像在教科书中提到的那样是"直线式"的发展.通过阅读原始的文献,人们会注意到很多想法被重新发现,以及后面的研究者如何借用或重新解读早期数学家的工作.于是,在本文中,相同的方程有时会以稍微不同的方式出现,就像它们被不同的作者重新整理过的那样. 建议读者使用本文中初看起来是多余的这些例子,它给了你比较和对比不同观点的机会,这将引导你进一步理解数学及其历史沿革.

2. logistic 方程

　　logistic 方程用于模拟在有限资源内增长的自然系统.这个简单的函数与它所满足的微分方程、S-形曲线一起,对数学家、自然科学家和社会科学家来说,是非常熟悉、随处可见的.我们可以追踪这个模型的早期历史,并深入了解它所依据的假设.

2.1　Yule 关于 Malthus 论点的综述

我们从 Yule 试图模拟人口的历史的综述开始.

　　Malthus,一位被所有曾经读过他的文章《论人口原理》(*Essay on the Principle of Population*)的人所铭记的学者,使用反证法的论点得到了他的结论.简言之,如果在一个地区的人口以几何级数无限地增长,很快就会有几百万人因缺乏食物而无法生活.

[Yule,1925,2]

习题

　　1. 找到 Malthus 的文章[1798],此文章经常再版.将这篇文章的要点写成一篇简短的摘要.

　　2. 请解释"反证法的论点"的含义.

　　Malthus 似乎欣赏这个恐怖的描述……,他假设人口数每过 25 年翻一番,而农产品在第一个 25 年翻倍,但随后就以算术级数连续增长[Malthus,1798]."在第一个 100 年后人口数就增加到 1.12 亿.但是生活保障条件仅仅能够维持 3 500 万人的生活,这时将有 7 700 万人完全没有生活来源."这是一个非常令人震惊的局面,使得我们非常焦虑于如何改变所面临的困境,也就是"在 225 年后能够维持生存条件的人数只有总人数的 10/512".

[Yule,1925,3]

习题

　　3. 如果人口每 25 年翻一番,100 年末人口数是 1.12 亿,初始人口数是多少?

　　4. 给定初始人口数如上,人口倍增的时间同样是 25 年,经过 225 年的人口数是多少?

　　5. 利用上面所说的"社会只能够为 $\dfrac{10}{512}$ 的人口提供生存的条件",请计算经过 225 年后社会能够维持多少人生活?

　　6. 如果社会提供的生存条件呈算术级数增长,那么每 25 年所提供的生存条件可以容许增加多少人?(提示:使用你知道的人口 100 年后有 3 500 万具备生存的条件和 225 年后能支撑多少人的结论,并且注意到人口在第一个 25 年翻倍的事实).

　　7. 假设有 2 个细菌被放在一个具有固定容积的培养皿内.经过 1 min,细菌就翻了 1 倍(即现在培养皿内有 4 个细菌).如果这个培养皿恰能容纳 1 024 个细菌,多长时间其空间就满了,如果:

　　(a) 细菌的数量呈几何级数增长(称之为指数增长);

　　(b) 细菌的数量呈算术级数增长(称之为线性增长)?

　　但是上面的论证过程中还有一个较大的、很少提到的缺陷,就是在特定地区内的人口不是以几何级数的形式增长.关于增长规律的真实形式,前面的讨论并没有给我们任何信息.

[Yule,1925,3]

2.2   Verhulst 的论点

Verhulst(比利时人),用法文发表了他的论文.下面是他的部分论文的原始文稿的粗略的翻译①,Yule 参考了他的这篇论文.

维持人口增长保持不变的理由是:生育率、国家财富、死亡率和国家民法、宗教法律.造成人口增长改变的非偶然性的原因是,我们必须考虑当人口数量太大并且所有宜居土地都被人类占用时,寻找资源的困难.

如果我们只考虑持续增长的原因,人口一定按几何级数增长.换句话说,如果1 000 个人 25 年变为 2 000 个人,那么,在下一 25 年毫无疑问 2 000 人就会变为 4 000 人.

[Verhulst,1845,4]

习题

8. Verhulst 的论点对你是否有意义? 他是第一个尝试定量模拟人口增长的人.他试图捕捉当生育率和死亡率是常数时,我们对于人口如何增长的共同的见解.考虑兔子群体的增长.如果从 10 只兔子开始,每 25 天群体就翻一倍,如果从 20 只开始,过 25 天就会有 40 只兔子,这似乎是合理的,对吗? 在什么情况下这不是一个合理的假设?

美国在 18 世纪后到 19 世纪初人口的快速增长就提供了这样的一个例子,就好像它有无限的资源一样.官方人口普查数据如下:

---

① 原文是法英对照,这里只按英文编译,略去法文——译者注.

1790···3 929 827

1800···5 305 925

1810···7 239 814

1820···9 638 151

1830·· 12 866 020

1840·· 17 062 566

[Verhulst,1845,4]

表 1 中,我们选取了几十年官方人口普查数据,在普查期内使用算术平均值得到近似的人口数.第 3 列给出了每年人口数与前 25 年人口数的比值 r,数值按四舍五入处理.

[Verhulst,1845,5]

表 1 描述了对于相等的时间间隔(这里是 25 年的间隔)指数增长的特定特征,相邻的人口之比是常数(这里大约是 2.1).

表 1

年份	人口	r 值
1790	3 930 000	
1795	4 618 000	
1800	5 306 000	
1805	6 273 000	
1810	7 240 000	
1815	8 439 000	2.147
1820	9 638 000	2.087
1825	11 252 000	2.121
1830	12 866 000	2.051
1835	14 964 000	2.067
1840	17 063 000	2.022

[Verhulst,1845,5]

（与 Malthus 不同）我们很容易接受下面的假设：呈几何级数增长的人口仅在特定环境下才有效，就像上面的例子中所述的，对于那些居住在富饶广阔的国土上的、技术十分先进的人群，就像在美国的早期的殖民者那样．

[Verhulst, 1845, 6]

2.3　Pearl 和 Reed 的数据和方法

下面是 Pearl 和 Reed 的文章的引言．

很显然，在任何大小合理的国家或社区，使用传统的曲线拟合方法确定一个经验公式，以描述常规的人口增长率是可能的．这种确定除了关于特定环境下人口增长的最基本的自然法则外，无须给出任何的假设．可以简单地给出过去出现过的关于"变化"的特征的较为准确的实证说明．但是没有这样的过程能够经验性地将原始数据拟合到一条曲线，并且它本身还表明了导致所发生的变化的基本规律．尽管这样关于人口增长的数学表达式是纯经验的，但它们也有特殊的、大量的应用．按照相对稀疏的时间间隔（通常是 10 年，应用中几乎不会超过 5 年）的人口普查数据计算人口数时，会用到这种表达式．出于许多统计目的，必须对普查期（表 2）内的人口数给出尽可能精确的估计．这个应用不仅仅可以用于最后一次人口普查的后续年份，同样也可以用于先前的人口普查之间的普查期．为了实际统计的目的，得到尽可能准确的普查期内人口数的估计是非常重要的，特别是对于生命统计学家，必须用这些数据来计算人口的年死亡率、生育率及其他参数．

[Pearl 和 Reed, 1920, 275]

表 2　从 1790 年至 1910 年人口普查的日期和记录的人口数据

人口普查的日期		人口数据（从统计摘要修正后的数据，1918）
年份	月　日	
1790	8 月第一个周一	3 929 214
1800	8 月第一个周一	5 308 483
1810	8 月第一个周一	7 239 881
1820	8 月第一个周一	9 638 453
1830	6 月 1 日	12 866 020

续表

人口普查的日期		人口数据（从统计摘要修正后的数据，1918）
年份	月　日	
1840	6 月 1 日	17 069 453
1850	6 月 1 日	23 101 876
1860	6 月 1 日	31 443 321
1870	6 月 1 日	38 558 371
1880	6 月 1 日	50 155 783
1890	6 月 1 日	62 947 714
1900	6 月 1 日	75 994 575
1910	4 月 15 日	91 972 266

注：来源于 Pearl 和 Reed［1920，277］．

习题

9. 考虑 Pearl 和 Reed 的表 2 中的数据，舍入到千位后，估计普查期内的人口数．假设人口从 1790 年到 1910 年按以下形式递增：

（a）几何级数；

（b）算术级数．

你认为哪一个估计更好？为什么？你将如何改进估计？

人口普查办公室通常使用算术级数和几何级数这两种方法之一来确定普查期内的人口数．这些方法假设对于任何短的时间周期人口是呈算术级数或者几何级数递增的，这些假设甚至对于短的时间区间都不是绝对准确的．至少对于美国，在任何值得考虑的时间周期内，两者都是完全不准确的．事实上，以下任何人口普查的估计值是由每年人口数使用这些方法之一直到下一次人口普查，仅仅基于最后这两次人口普查所给定的数据得到的．在进行下一次人口普查时，根据这一普查期得到的实际数据，修正和调整先前得到的普查期内的估计值．

［Pearl 和 Reed，1920，275—276］

习题

10. 给定表 1 的数据,如何确定适合这些数据的经验公式?实际上并不要找到这样的公式,只是解释你是如何做的.

11. 求出"最佳拟合"给定的一组数据的公式,与确定"导致发生变化的基本规律"的区别是什么?①

继续摘录 Pearl 和 Reed 的论文:

因此,尝试准确地预测上千年的人口数是极端冒昧的.但是任何真实的人口增长规律,必须能给出美国当时生活在目前区域内的人口数量一般的、近似的指标,如果在同一个时间段所生活的环境没有发生灾难性的变化.

发现这样的规律似乎是有价值的,首先构造严格符合逻辑要求的假设,然后考虑这个假设与已知的事实是否吻合.我们这里将要考虑的生物学假设表现为如下本质的特征:在有限环境下人口增长率在任何时刻正比于(a)在该时刻瞬间现存的人口数量(已经增加到达的总量)和(b)这个有限的环境所能支持的人口但未被利用的潜在量.

[Pearl 和 Reed,1920,281]

习题

12. 令 y 表示时间 x 的人口数,在上面关于模型的假设下写出人口增长率 $\dfrac{\mathrm{d}y}{\mathrm{d}x}$ 与人口数之间的关系的方程.

---

① 教师可能希望在这里讨论 Brahe,Kepler 和 Newton 的工作,或者要求学生去研究这些.Brahe 是位观测者,他收集了大量关于行星运动的当时的准确数据.Kepler 善于发掘数据中的规律,推导方程去描述行星运行的(椭圆)轨道以及行星公转的周期与它距太阳的距离的关系.Newton 使用万有引力定律解释了观测的结果,这个定律隐含了 Kepler 方程及更多的东西.Kepler 使用简单的归纳法显示了大自然的规律性,而 Newton 可以说是发现了这个最基本的因果关系.可以参看 Kuhn[1970,209—219] 及 Abers 和 Kennel[1977,105—132].

任何一个能充分描述在固定的有限环境下人口增长的方程应该满足下面的条件:

1. 当 $x=+\infty$ 时 y 趋近于直线 $y=k$.

2. 当 $x=-\infty$ 时 y 趋近于直线 $y=0$.

3. 点 $x=\alpha$, $y=\beta$ 是曲线的拐点.

4. 在点 $x=\alpha$ 左边曲线是上凹的,在点 $x=\alpha$ 的右边曲线是下凹的.

5. 除了点 $x=\pm\infty$,曲线没有水平的斜率.

6. 当 x 从 $-\infty$ 变到 $+\infty$ 时,y 从 0 连续变化到 k.

在这些表达式中,y 表示人口数,x 表示时间.

[Pearl 和 Reed, 1920, 281]

习题

13. 给出理由说明为什么"任何一个能充分描述在固定的有限环境下人口增长的方程"必须满足上面所列的 6 个条件.

(a) 画图分别说明每一个条件.

(b) 绘制一个同时满足所有条件的图形.

满足这 6 个条件的一个方程是

$$y=\frac{be^{ax}}{1+ce^{ax}} \qquad (\text{ix})$$

这里的 a,b 和 c 都是正数.

[Pearl 和 Reed, 1920, 281]

习题

14. 验证 Pearl 和 Reed 所提出的方程 (ix) 满足条件 (1)—(6).

在这个方程中,如下的关系是成立的:

$$x = +\infty \quad y = \frac{b}{c} \qquad (\text{x})$$

$$x = -\infty \quad y = 0 \qquad (\text{xi})$$

关系式(x)和(xi)定义了渐近线.拐点由等式 $1-ce^{ax}=0$ 或

$$x = -\frac{\ln c}{a} \quad y = \frac{b}{2c} \qquad (\text{xii})$$

给出.拐点的斜率为 $\frac{ab}{4c}$.

[Pearl 和 Reed,1920,281—282]

习题

15. 验证(x)(xi)和(xii)中的关系.

用 y 表示(ix)的一阶导数,有

$$\frac{dy}{dx} = \frac{ay(b-cy)}{b} \qquad (\text{xiii})$$

[Pearl 和 Reed,1920,282]

习题

16. 将这个方程和前面习题 12 中按照 Pearl 和 Reed 的假设建模的方程作比较.证明如果令 $L = \frac{b}{c}$,则上面的方程可以写为仅仅包含两个常数 a 和 L.(ix)中的第 3 个常数被合并到与初始条件有关的积分常数里面去了.

曲线(ix)的一般的形式如图 1 所示.使用这种方式表示这个方程立刻可以看出,它与描述自催化的化学反应方程是一致的.后面还会回到这点.

[Pearl 和 Reed,1920,282]

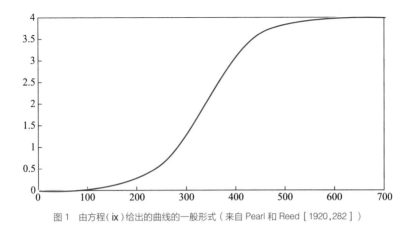

图 1　由方程（ix）给出的曲线的一般形式（来自 Pearl 和 Reed［1920,282］）

习题

17. 查阅"自催化"的定义.说明这个过程在哪些方面与在有限资源环境下的人口增长是相似的?

关于人口增长的假设的依据基本上类似于自催化现象.对于一个新的人口稀少的国家,生活在当地的人口面对的是无限的生机,可以自由地繁育他们的下一代,并且鼓励朋友从老一点的国家转过来,以他们美好的生活为例,实际或潜在地吸引陌生人移民.当人口变得更加稠密,进入到另一个阶段后,未被利用的生存潜力明显地变少,以至比已经被利用的资源要少,所有驱使人口增长的因素将减少.

［Pearl 和 Reed,1920,287］

2.4　Yule 考虑的继续

现在我们回到 Yule 的历史记录.

Verhulst,皇家军事学院数学教授,声明（来自 1838 年的回忆录）很早以前他就尝试确定人口增长规律的可能的形式,但是由于缺乏足够的数据,他放弃了这项研究工作.在他看来,当得到足够的数据时,他是可以得到真实的规律的.他答应了 M.

Quetelet 的邀请发表这些结果. 令 p 表示人口数, t 表示时间; 如果人口呈几何级数增加, 则

$$\frac{\mathrm{d}p}{\mathrm{d}t} = mp$$

[Yule, 1925, 43]

习题

18. 这个微分方程的解是什么? 这是否澄清了"指数增长"与"几何级数增长"之间的联系? 给出解释.

但是因为随着居民数的增加, 人口增长率是逐渐降低的, 必须从 mp 中减去一个 p 的未知函数. 于是微分方程就变成

$$\frac{\mathrm{d}p}{\mathrm{d}t} = mp - \varphi(p)$$

最简单的假设可以取 $\varphi = np^2$, 这时方程有解

$$p = \frac{mp' \mathrm{e}^{mt}}{np' \mathrm{e}^{mt} + m - np'} \qquad (*)$$

其中 p' 是时间 $t = 0$ 的人口数, 当 t 趋于无穷时人口的极限值是 $\dfrac{m}{n}$.

[Yule, 1925, 43]

习题

19. 验证上面 $(*)$ 中给出的 p 的函数满足微分方程 $\dfrac{\mathrm{d}p}{\mathrm{d}t} = mp - np^2$. 证明当 $t \to \infty$ 时 $p \to \dfrac{m}{n}$.

20. 请解释为什么 $\varphi(p) = np^2$ 是关于函数 $\varphi(p)$ 所做的最简单的假设.

几年以后 Verhulst 又回到了在回忆录中提到的话题(就是本文提到的回忆录).论点向稍有不同的、更简单的方向发展.确认对于自由扩张的人口,一定呈几何级数增长,用美国 1790—1840 年的人口数据说明了这一点.但是假设人口的增加直到"人们开始感觉到难以找到宜居的地点"为止,这个时刻我们取为零时刻,取这个时刻的人口数为 b,Verhulst 称之为"正常人口".这时"阻滞函数"开始发挥作用,微分方程写为

$$\frac{1}{p}\cdot\frac{\mathrm{d}p}{\mathrm{d}t}=l-f(p-b)$$

$\left(\text{这里将阻滞函数取为对数微分代替}\dfrac{\mathrm{d}p}{\mathrm{d}t},\text{这样做更加自然}\right).$

[Yule,1925,43—44]

习题

21. 什么是对数微分?

22. 用自己的话解释,人口增长模型中"阻滞函数"的作用.

在这个新的形式中阻滞函数只有两个条件是必需的:随着人口增长而无限增加,当 $p=b$ 时为零.

[Yule,1925,44]

习题

23. 验证和解释为什么这两个条件对于"阻滞"函数是必需的.

假设的最简单的函数形式是 $n(p-b)$,则有

$$\frac{1}{p}\cdot\frac{\mathrm{d}p}{\mathrm{d}t}=l-n(p-b)$$

或者,为简捷起见,记 $m=l+nb$,

$$\frac{1}{p}\frac{\mathrm{d}p}{\mathrm{d}t}=m-np$$

Verhulst 命名这条曲线为"Logistic"曲线.他发现了这条曲线的主要性质,指出这条曲线关于拐点是对称的,并且拐点的纵坐标是极限纵坐标的一半.

[Yule,1925,44]

2.5 回到 Verhulst 原来的考虑

这里是 Verhulst 的相关段落.

令 p 表示人口数,t 表示时间,k 和 l 是待定常数.如果当时间按算术级数增加时,人口按几何级数增长,则这两个量将有如下关系

$$p=k\cdot 10^{lt}$$

[Verhulst,1845,5]

习题

24. 将这个结果与前面习题 18 中得到的结果进行比较.

如果 p' 是时刻 t' 的人口数,则有

$$p=p'\cdot 10^{l(t-t')}$$

如果令 π 是开始记录时刻的人口数,则前一个方程就变为

$$p=\pi\cdot 10^{lt} \tag{1}$$

25 年的"Malthus 倍增期"假设当 t 变为 $t+25$(时间以年为单位)时 p 变为 $2p$,则有

$$l=\frac{1}{25}\log 2=0.012\ 041\ 200$$

[Verhulst,1845,5—6]

习题

25. 验证上面的每一个方程.(注:这里的 $\log 2$ 表示以 10 为底的对数.我们将使用 $\ln 2$ 表示自然对数).

对(1)微分给出

$$\frac{M}{p}\frac{dp}{dt}=l$$

其中 $M=\log e$.

[Verhulst,1845,6]

习题

26. 证明对于任何实数 x,如果 $M \ln x = \log x$,则 $M=\log e$.

因此,人口的变化率与人口数之比是一个常数,可以把这个常数当作在没有有限资源的限制下人口趋于增长的能量的度量.事实上,对于 p 和 t 的微小变化(Δp 和 Δt)有

$$M\Delta p = lp\Delta t$$

如果取 Δt 为 1 年,得到

$$\frac{\Delta p}{p}=\frac{l}{M}$$

这就是说,在人口呈几何级数增长的情形下,年生育数超过年死亡数的余量除以人口数是一个定常的比值.但是在整个欧洲观测到的是,这个比值 $\frac{l}{M}$ 事实上是递降的.这个观测结果证实了 Malthus 的名言,在食物的生产大致是算术级数时,人口是趋于几何级数增长的.

[Verhulst,1845,7]

当你阅读了下面由 Verhulst 给出的关于对数微分方程的原始推导后,将它与前面(习题 23 后的) Yule 的处理进行比较.

可以给出各种各样关于系数 $\frac{l}{M}$ 递减规律的假设.最简单的想法是系数 $\frac{l}{M}$ 递减

的现象从人们开始感觉到难以找到宜居地点的时间点就正比于人口的增长. 我们将从这个时间开始计算, 并且称这个时间的人口为"正常人口", 记为 b. 令 n 表示待定常数, 我们将微分方程

$$\frac{M}{p}\frac{\mathrm{d}p}{\mathrm{d}t}=l$$

替换为

$$\frac{M}{p}\frac{\mathrm{d}p}{\mathrm{d}t}=l-n(p-b)$$

作代换 $m=l+nb$, 可得

$$\frac{M}{p}\frac{\mathrm{d}p}{\mathrm{d}t}=m-np$$

和

$$\mathrm{d}t=\frac{M\mathrm{d}p}{mp-np^2}$$

对这个方程积分, 注意到 $t=0$ 时, $p=b$, 得

$$t=\frac{1}{m}\ln\frac{p(m-nb)}{b(m-np)}$$

并且称由前面的方程表征的这条曲线为"logistic"曲线.

[Verhulst, 1845, 8—9]

多么令人兴奋! 这里 Verhulst 首先将方程命名为 logistic 方程. 为什么? 在现代的形式中, logistic 方程通常是把人口写为时间的函数(人口作为因变量), 也许更加熟悉的方程形式涉及指数. Verhulst 给出的关系式中时间是因变量. 因为对数函数是指数函数的反函数, 它的方程就是 t (时间)等于 p (人口)的(有些复杂)的对数函数. 于是"logistic"表达了曲线"像对数(log-like)"的本意. 进一步的讨论可以参看 Shulman [1997].

习题

27. 对关于 dt 的方程求积分, 并验证关于 t 的公式. 为什么 M 没有出现在 t 的表达式中 (提示: $M = \log e$)?

28. 画出 t 作为 p 的函数的图形.

29. 回忆 Yule 的论述 "Verhulst 命名这条曲线为 'logistic' 曲线. 他发现了这条曲线的主要性质, 指出这条曲线关于拐点是对称的, 并且拐点的纵坐标是极限纵坐标的一半". 验证这条曲线关于拐点是对称的, 以及拐点的纵坐标是极限纵坐标的一半.

30. 将 p 表示为 t 的函数. 你是否期望这条曲线有同样的性质? 画出 p 作为 t 的函数的图形.

2.6　更多的历史和 Yule 本人的发展

Yule 继续他的故事:

但是就像我说过的那样, Verhulst 的工作被忘记了. 大约在 4 年之前, Baltimore 市 Johns Hopkins 大学的 Pearl 和 Reed 教授在人口内插公式的研究中, 参考美国的特别情况独立地得到了完全同样的结果. 在尝试了各种各样纯粹经验的公式以后, 他们指出没有什么公式能够作为人口增长的一般规律, 然而在有限的周期内对于特定的目的还是会有的. 一般的考虑建议诸如理性规律的公式. 当给定范围内的人口必定存在一些限制时, 增长曲线早晚会反转过来 (即用数学的说法通过拐点), 并且逐渐趋于该限制. 如果假设人口的绝对增长率 (即单位时间增加的人数, 不是增加的百分率) 正比于 (1) 在该瞬间现存的人口数, (2) 在限定的范围内 "尚未被利用的人类赖以生存的资源", 或者换句话说是现存的人口与极限人口之差, 我们就准确地得到在一般的考虑下所建议的规律的公式, 这个公式是由 Verhulst 给出的. 然而 Pearl 和 Reed 的发现是完全独立的, 并且他们在这个问题上的工作在我看来对人口理论是非常重要和有价值的……

我喜欢把 Verhulst 的增长公式写为如下的形式

$$y = \frac{L}{1 + e^{(\beta - t)/\alpha}} \tag{1}$$

其中 y 是人口数，t 是时间，L 是人口的极限值，仅当时间 t 趋于无穷大时达到.

[Yule, 1925, 4—5]

习题

31. 将（1）式与上面习题 29 中得到的方程作比较.

这里除了 L 还有另外两个常数，即 α 和 β，其中 α 决定了曲线的水平尺度，α 越大，曲线就越伸展，我提议称它为标准区间；β 是从时间尺度的零点到拐点的时间. 我把在 Verhulst 之后关于这条曲线在数学上的某些讨论移放在了附录Ⅱ中，仍然称它为"logistic 曲线"．这里只需注意到它的一些主要性质. 如果选择拐点作为零时刻，标准区间作为时间单位，极限人口 L 作为人口单位，那么公式（1）就变为以下最简单的形式

$$y = \frac{1}{1 + e^{-\tau}}$$

图 2 显示了由这个公式所画出的曲线. 一开始它接近于基线，提升得很慢，渐渐地越来越急剧地抬高，一直到拐点，然后越来越平缓地接近极限值. 曲线关于拐点是对称的. 也就是，如果 y' 和 y'' 分别是曲线在拐点左右等距的两点的纵坐标，则有

$$y' = 1 - y''$$

很明显，这是对于曲线的普遍性的限制，但只有经历能够告诉我们这种对称的性质确实有效的探索用了多长时间：Verhulst 及 Pearl 和 Reed 的两篇文章都讨论了这个性质. 在图 2 所画的曲线中，任何瞬间人口的相对增长率是由当时的缺偿值（the complement of the ordinate）决定的，即人口的极限值与当时的人口数之差. 显然，从图中可以看出，起初当人口数很少时，人口相对增长率很慢地发生变化，以至于人口的增长很难与几何级数的增长加以区别；但是随着时间的推移，人口相对增长率下降得越来越快，直到通过拐点. 需要指出的重要一点是，按照这样的曲线，人

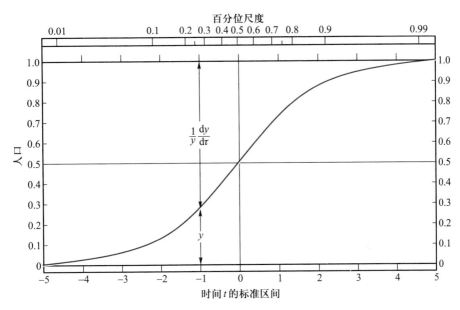

图 2 人口增长的 logistic 曲线

注:来自 Yule[1925,6].ⓒ皇家统计学会,经许可转载.

口的相对增长率(即百分比增长率)从一开始就是持续下降的;如果人口的百分比
增长率一直是稳定上升的(排除干扰后),它就不能看作是遵循这种简单的 logistic
的周期了.很可能这样的人口是经历了从一个较长的标准区间到一个较短的标准
区间的周期,例如,一个农业国家开始发展工业,或者也许这样的人口是由两部分
遵从各自独立的周期规律的人口混合或联合组成的.

从图 2 顶端的百分位尺度可以看出,人口在时间 -4.6τ 仅达到其极限值的
1%,在时间 $+4.6\tau$ 则达到极限值的 99%.因此在 9 或 10 个标准区间内它覆盖了这
个周期的绝大部分.四分位点和十分点分别在 1.1 和 2.2,确实靠得很近.从 0 到 L
范围中的 80% 覆盖在大约 4.4 个标准区间内,中间的一半只有 2.2 个区间.

[Yule,1925,5—7]

2.7 Yule 的附录

附录 Ⅱ——关于 logistic 曲线的数学和拟合方法的一些注记①.令微分方程为

---

① 更现代的方法可参看 Cavallini[1993].

$$\frac{1}{y}\frac{\mathrm{d}y}{\mathrm{d}t}=\frac{1}{\alpha}\left(1-\frac{y}{L}\right) \tag{1}$$

在这个方程中 L 显然是极限人口，因为当 $y=L$ 时，$\frac{\mathrm{d}y}{\mathrm{d}t}=0$，常数 α 一定是时间量纲，类似于"标准偏差"，称之为"标准区间"．微分方程的解是

$$y=\frac{L}{1+\mathrm{e}^{(\beta-t)/\alpha}}$$

其中 β 是积分常数，显然它也是时间量纲．当 t 趋于无穷时，$y=L$；当 $t=\beta$ 时，$y=\frac{L}{2}$．再次微分 (1) 式，可得

$$\frac{\mathrm{d}^2 y}{\mathrm{d}t^2}=\frac{1}{\alpha}\left(1-\frac{2y}{L}\right)\frac{\mathrm{d}y}{\mathrm{d}t}$$

由此，$t=\beta$，$y=\frac{L}{2}$ 给出了拐点．进而还有

$$y_{\beta+h}=\frac{L}{1+\mathrm{e}^{-h/\alpha}}=L-\frac{L}{1+\mathrm{e}^{h/\alpha}}=L-y_{\beta-h}$$

因此，曲线关于拐点是对称的．

对于与 L 相比较小的 y，微分方程更接近简单的形式

$$\frac{1}{y}\frac{\mathrm{d}y}{\mathrm{d}t}=\frac{1}{\alpha}$$

这个方程的解是对数曲线（我们更愿意称之为指数曲线）

$$y=A\mathrm{e}^{\frac{t}{\alpha}}$$

这就是说，logistic 曲线的早期阶段可以理智地认为与对数（指数）曲线，或者说与几何级数曲线是相同的，于是我们将认为在任何情况下人口增长的早期阶段明显呈几何级数形式；关于在早期阶段人口严格地呈几何级数增长，到达正常人口时突然转入 logistic 规律的 Verhulst 观点，似乎是没有任何必要的．

如果我们使用标准区间作为度量时间的单位，记如此度量的时间为 τ，把拐点取为时间的原点，使用人口的极限值 L 为单位来度量人口，记 y' 为 $\frac{y}{L}$，我们有

$$y' = \frac{1}{1+e^{-\tau}} \tag{2}$$

这是 logistic 方程的最简单的形式. 它的微分方程为

$$\frac{1}{y'}\frac{dy'}{dt} = 1 - y'$$

显然我们能够一劳永逸地画出这样的 logistic 曲线, 并且拟合任意实际人口的数据, 只需要

(1) 使用实际人口与极限人口的比值代替实际的人口;

(2) 让拐点与时间原点一致;

(3) 取标准时间作为时间尺度的单位.

[Yule, 1925, 46—47]

习题

32. 取 3 组不同的人口数据, 将它们用 Yule 在上面提出的 "标准化" 方法拟合到标准曲线(2).

3. 寓意

这段故事①的寓意是

logistic 曲线的基本性质是其瞬时百分比增长率是人口的线性函数(方程(1)).

[Yule, 1925, 48]

---

① 但是, 故事到此并未结束. logistic 模型正在产生新的、令人兴奋的数学. 例如 logistic 人口模型的离散时间的形式能够产生混沌动力学, 可以参看 Schroeder[1991, 268ff].

4. 习题解答

3.

年	0	25	50	75	100	⋯	25n
人口	P_0	$2P_0$	$4P_0$	$8P_0$	$16P_0$	⋯	$2^n P_0$

因为 $16P_0 = 1.12$ 亿，得 $P_0 = 700$ 万.

4. 在 225 年中人口翻倍 9 次，700 万×2^9 = 35.48 亿.

5. 令 x 是社会能够支撑的人数（百万），则由于

$$\frac{7 \times 2^9}{x} = \frac{512}{10} = \frac{2^9}{10}$$

得到 $x = 7\,000$ 万，所以答案为 $7\,000$ 万.

6.

年	⋯	100	125	⋯	225
支撑的人口	⋯	35	35+x	⋯	35+5x

有 $35 + 5x = 70$，则 $x = 7$.所以答案是每 25 年 700 万.

另外一种考虑，从支撑的人口数 $P_0 = 7$（百万）开始，25 年中数量翻倍，有 $14 = 7 + x$ 或 $x = 7$，我们得到了与前面相同的答案，每 25 年 700 万.

7. (a)

分	0	1	2	3	⋯	n
细胞数	2	4	8	16	⋯	2^{n+1}

有 $2^{n+1} = 2^{10}$，因此 $n + 1 = 10$，$n = 9$ min.

(b)

分	0	1	2	3	⋯	n
细胞数	2	4	6	8	⋯	$2(n+1)$

有 $2(n+1) = 2^{10}$，因此 $n + 1 = 2^9$，$n = 2^9 - 1 = 511$ min.

9. (a) 人口每 10 年以因子 $\left(\dfrac{91\ 972}{3\ 929}\right)^{12} = 1.300\ 5$ 增长,或每年以因子 $1.300\ 5^{1/10} = 1.026\ 6$ 增长.

(b) $(91\ 972 - 3\ 929)/120 = 73.4$(万/年).

12. $\dfrac{\mathrm{d}y}{\mathrm{d}x} = ay(b-y)$.

18. $p = Ke^{mt}$.

30. $p = \dfrac{mbe^{mt/M}}{m - nb + nbe^{mt/M}}$.

参考文献

Abers Ernest, Charles Kennel. 1977. Matter in Motion: The Spirit and Evolution of Physics. Boston, MA: Allyn and Bacon Inc.

Cavallini Fabio. 1993. Fitting a logistic curve to data. College Mathematics Journal, 24: 247—253.

Kuhn Thomas. 1970. The Copernican Revolution. Cambridge, MA: Harvard University Press.

Malthus T R. 1798. An essay on the principle of population. London: Anon. Pearl Raymond. 1922. The Biology of Death. London, England: J.B. Lippincott.

Pearl Raymond, Lowell Reed. 1920. On the rate of growth of the population of the United States since 1790 and its mathematical representation. Proceedings of the National Academy of Sciences, 6(6): 275—288.

Schroeder Manfred. 1991. Fractals, Chaos and Power Laws: Minutes from an Infinite Paradise. New York: W H Freeman.

Shulman Bonnie. 1997. MATH-ALIVE!: Using Original Sources to Teach Mathematics in Social Context. PRIMUS: Problems, Resources and Issues in Undergraduate Studies, forthcoming.

Verhulst Pierre-Francois. 1845. Recherches mathématiques sur la loi d'accroissement de la population. Nouveaux Mémoires de l'Académie Royale des Scienceset Belles-Lettres de Bruxelles, 18: 1—38.

Yule G Udny. 1925. The growth of population and the factors which control it. Journal of the Royal Statistical Society, 88(1): 1—90.

14 校准与质量作用定律
Calibration and the Law of Mass Action

韩中庚　编译　姜启源　审校

摘要:

本案例揭示了如何将各种数据分析方法简化为加权平均值的计算,使加权平方和最小. 应用包括 Wilhelm Ostwald 对称为定氮仪的实验室仪器的标定、化学反应的数学建模和化学质量作用定律的验证.

原作者:

Yves Nievergelt

Department of Mathematics

EasternWashington University

216 Kingston Hall Cheney

Washington 99004-2418

ynievergelt@ ewu.edu

发表期刊:

The UMAP Journal,2015,36(1):53—82.

数学分支:

统计学、数学建模、微积分、加权线性最小二乘回归

学科分类:

化学

授课对象:

学习统计、数值分析、微积分、化学或任何使用测量数据的其他课程的学生

预备知识:

线性不等式、求和符号以及微积分,包括整数幂积分的代换. 几个习题可以参考如 Nievergelt[2014]拓展的加权最小二乘法,该文献的附件中给出了表格和方程

相关材料:

Horelick Brindell,Sinan Koont. Kinetics of single reactant reactions. UMAP Modules in Undergraduate Mathematics and Its Applications:Module 232. Lexington,MA:COMAP,1979.

Nagarkatte Umesh P,Umesh R. Hattikudur. Mathematical modeling in chemical engineering.The UMAP Journal 1996,17(2):97—109.

Nievergelt Yves. Data analysis with examples from chemistry. UMAP Modules in Undergraduate Mathematics and Its Applications:Module 813. The UMAP Journal 2014,35(4):313—351.

目　录:

1. 引言

2. 用数学模型标定定氮仪

网上更多……　　本文英文版

1. 引言

如果我们看不到单个的原子和分子,如何知道它们是怎么反应的呢?

可以通过观察反应物转化为其他化学物质的速度来实现,拟合曲线的类型是一个反应的"假设机制的主要证据"[Frost 和 Pearson,1961,10]. 根据这样的观察结果,Cato Maximilian Guldberg,Peter Waage 和 Jacobus Henricus Van't Hoff,Jr.独立推断并确切阐述了质量作用定律(law of mass action),即

反应的速度与反应物浓度的乘积成正比.

——Waage 和 Guldberg[1864,39,§1],

Guldberg 和 Waage[1899,5,§1]

Van't Hoff 在 1901 年获得了第一届诺贝尔化学奖.

为了检验这点,Wilhelm Ostwald 选择水解(水分离),以多种酸、水(H_2O)与一种碱(乙酰胺 CH_3CONH_2)反应,产生多种氨盐(NH_3). 他通过精确测量与数学建模和分析,证实了质量作用定律. Ostwald 获得了 1909 年的诺贝尔化学奖.

本案例采用代数方法对 Ostwald 实验室的仪器(被称为定氮仪,azotometer)进行了标定,接着用反应数据的拟合曲线模型进行计算,并验证了质量作用定律.

在这里,我们使用 Ostwald 采用的整数形式的原始数据来分析,在 Nievergelt[2014]的附录中描述其优点.

表 1 给出的是 Ostwald 对氮的测量数据[Ostwald,1883a,16],如下面第 2 节的描述.

• 表 1 的第 1 列表示从实验开始所经过的时间 t_k,单位为 min(分钟).

• 第 2—4 列表示在时间 t_k 从 1 mL(毫升)反应物中测得的含氮量 $y_{k,l}$,单位是 mg/100(百分之一毫克,简记为 cmg),同样的实验做 3 次,即 $l \in \{1,2,3\}$.

• 第 5 列是在时间 t_k Ostwald 的全部有效数据 $y_{k,l}$ 的平均值 x_k.

表 1　在65℃通过三氯乙酸(CCl_3COOH)水解乙酰胺(CH_3CONH_2)
[Ostwald,1883a,16]

| Ostwald 的数据 [Ostwald,1883a:16,表 IV] | | | | | | 检查与计算 | | | |
时间/min	N/cmg	N/cmg	N/cmg	均值/cmg	修正值/cmg	检查/cmg	检查/cmg	方差/cmg²	计数
t_k^*	$y_{k,1}$	$y_{k,2}$	$y_{k,3}$	$x_k=\bar{y}_k$	y_k	$\tilde{x}_k^\dagger$	$\tilde{y}_k^\ddagger$	$s_k^{2\,\S}$	$N_k^{\P}$
15	324	324	322	323	318	323.3	311.4	1.3	3
30	552	573	582	569	552	569.0	551.1	237.0	3
45	807	770	771	783	761	782.7	760.9	444.3	3
60	948	940	952	947	923	946.7	922.7	37.3	3
90	1 241	1 220	1 224	1 228	1 201	1 228.3	1 202.3	124.3	3
120	1 408	1 412		1 410	1 382	1 410.0	1383.7	8.0	2
150	1 580	1 575	1 578	1 578	1 551	1 577.7	1 551.9	6.3	3
180	1 710	1 690	1 655	1 685	1 659	1 685.0	1 660.0	775.0	3
240	1 857			1 857	1 833	1 857.0	1 833.7	0.0	1
$\infty^{\parallel}$					2 680				

注:＊Ostwald 检查了测量时间的误差,认为这些误差相比其他的误差是微不足道的 [Ostwald,1883a,9—10].

† 表示从 $y_{k,1}$, $y_{k,2}$, $y_{k,3}$ 计算并做了舍入.

‡ 表示用后续的修正函数计算并做了舍入.

§ 表示从求出的平均值 $\tilde{x}_k$ 计算并做了舍入.

¶ 表示第 k 行 $y_{k,l}$ 的测量次数.

‖ 表示 1 mL 乙酰胺样本溶液(每升 2 mol)在所有各次实验中测量出氮的总量.

- 第 6 列,y_k 是因为测量仪器的一些误差对 Ostwald 的平均值 x_k 给出的修正值.

- 为了检查从打印论文中复制来的数据错误,第 7 列给出了由这些数据重新计算
得到的平均值 $\tilde{x}_k$.

- 类似地,第 8 列是重新计算得到的 $\tilde{y}_k$,其计算在第 2 节中说明.

- 最后一列的计数 N_k 是所在行的测量次数,因此对于时间 t_k 有 $l \in \{1,\cdots,N_k\}$.

表 1 的数据显示,读数的精确度(precision)是 4 位有效数字,但在同一行读数之间
的变化情况表明,它们只是近似值,不管测量的准确度(accuracy)多低. 精确度和准确度
的区别在 Nievergelt[2014]中有详细说明.

2. 用数学模型标定定氮仪

从含有氮的碱(本节中用乙酰胺)和盐(氯化铵)的混合物出发,Ostwald 利用一个

称为定氮仪的仪器,通过测量混合物中的氮含量来估计盐的含量[Treadwell 和 Hall, 1942,362,图 62](氮(N)在法语中被称为"azote",在德语中被 Ostwald 称为"Stickstoff").

在使用定氮仪长达 1 小时的每一次测量过程中,酸(在本节中用乙酸)、盐和乙酰胺的混合物与溴化钠(NaBr),混合放在一个含有氧的铜制螺旋式容器中加热——也就从盐而不是从乙酰胺中释放出氮[Ostwald,1883a,5,引用 Hüffner]. 然后气态氮的数量可以由体积来度量[Treadwell 和 Hall,1942,361—363].

在正常条件(0~25℃,760[mmHg]或 1 个大气压)下,1 mL 气态氮重量介于 1.1—1.3 mg[Ostwald,1883a,5],[Treadwell 和 Hall,1942,361—363]. 然而,所采用的定氮仪不是从盐中检测出所有的氮,还从存在于碱的混合物中检测出一部分氮. 因此,这就提出了定氮仪读数的标定问题,即标定定氮仪.

2.1　从控制实验中采集数据

为了标定定氮仪,Ostwald 用已知量的反应物来进行控制实验.

2.1.1　定氮仪读数中的恒定余量

乙酸铵($C_2H_3O_2NH_4$)是由氨(NH_3)和乙酸(CH_3COOH)反应的结果,然后蒸馏乙酸铵($C_2H_3O_2NH_4$)生成乙酰胺(CH_3CONH_2)和水(H_2O). 在每升含 118 g(2 mol)乙酰胺的水溶液中,每毫升包含有 28 mg 的氮. 然而,在第一次控制实验中,Ostwald 发现利用定氮仪从乙酸铵中仍能检测出平均有 4/100 mL 的氮不能通过进一步的蒸馏去掉;这些剩余氮始终保持在随后的反应中,并且应将从随后的读数中减掉[Ostwald,1883a,6].

2.1.2　定氮仪读数中的比例

定氮仪检测到的氮只是从盐中释放出的一部分,而不是全部[Ostwald,1883a,10,引用 Dietrich]. 作为验证,Ostwald 进行了第二次控制实验,利用不含乙酰胺的混合物,但只知道每升混合物中分解出 106.92 g(2 mol)氯化铵,从而知道每毫升可分解出 28 mg 氮,他将定氮仪读数记录下来. 表 2 是 Ostwald 的数据[1883a,11],这里分别记为 x_k 和 y_k,进一步计算二者的差商. 图 1 显示相同的数据(x_k,y_k)几乎都在通过原点$(0,0)$的一条直线上.

表2 定氮仪上从含氮(N)量 28 mg 的盐中读取数据(y) [Ostwald，1883a,11]

数据 编号 k	氯化铵的理论值 $x_k/$ (mg · 100^{-1})	氯化铵的测量值 $y_k/$ (mg · 100^{-1})	一阶差商 $d_k=\dfrac{y_k-y_{k-1}}{x_k-x_{k-1}}$	二阶差商 $d_k^{[2]}=\dfrac{d_k-d_{k-1}}{x_k-x_{k-2}}$
1	140	136		
2	280	266	0.928 6	
3	420	399	0.950 0	0.000 077
4	700	670	0.967 9	0.000 043
5	1 400	1 343	0.961 4	−0.000 007
6	2 800	2 680	0.955 0	−0.000 003

　　这些数据是都位于一条直线上吗? 我们可以用眼睛观测出来,但是做一个定量评估是有用的.

　　差商为评估数据的共线性提供了一种工具. 一阶差商表示连接两个数据点的斜率,二阶差商表示斜率的变化率. 显然一阶差商几乎相等,二阶差商的差别很小,就说明数据是近似共线性的.

　　图1还表明,数据的残差既不是一个凸的形态,即先是正残差,接着是负残差,然后再是正残差(++−−++);也不是一个凹的形态,即先是负残差,接着是正残差,然后再是

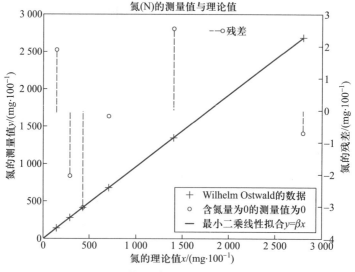

图 1　对 Ostwald 的数据

注:(1)(+)([1883a,11])用最小二乘拟合一条通过原点 O 的直线;
(2)正负残差交替出现表明应选择一条直线作拟合.

负残差(--++--). 对于凸的或凹的形态的残差,建议用非直线作为拟合曲线.

这个实验得到的结论是,实验测量值与理论量几乎有恒定的比率,相当于是测量单位的微小变化. 因此,在分析中可以用测量值代替理论值来使用.

2.1.3 定氮仪读数中的系统余量

在下一个控制实验中,所有实验中盐的含量都是相同的,但碱的含量是变化的. 因此读数表示,对于固定的盐含量从定氮仪上读取的氮的余量作为混合物中碱含量的函数.

表 3 列出了 Ostwald 的数据[Ostwald,1883a,12]和一些解释性的等式;盐是氯化铵(NH_4Cl)、碱是乙酰胺(CH_3CONH_2). 表 3 不包括第 2.1.1 节中的常数余量读数. 当时,Ostwald 不知道表 3 中读数的额外余量读数是否是来自定氮仪对这些特定的反应物中盐或酸的额外分解;但其理由并不重要,因为他要建立一个修正的数学模型[1883a,13],下面我们给以解释.

表 3　在定氮仪上从含氮(N)量 28 mg 的盐中读取数据[1883a, 12][①]

乙酰胺的倍数	氯化铵	乙酰胺/克分子	氯化铵的分值	读数[*]/(mg·100⁻¹)	余量/(mg·100⁻¹)
0/2=0	2 NH₄Cl		2/(2+0)=1/1	2 677	2 677-2 677=0
1/2=1/2	2 NH₄Cl	1 CH₃CONH₂	2/(2+1)=2/3	2 706	2 706-2 677=29
2/2=1	2 NH₄Cl	2 CH₃CONH₂	2/(2+2)=1/2	2 724	2 724-2 677=47
4/2=2	2 NH₄Cl	4 CH₃CONH₂	2/(2+4)=1/3	2 736	2 736-2 677=59
8/2=4	2 NH₄Cl	8CH₃CONH₂	1/4[†]	2 738	2 738-2 677=61
初步标定值					
8/2=4	2 NH₄Cl	8CH₃CONH₂	2/(2+8)=1/5	2 738	2 738-2 677=61
替代标定值					
6/2=3	2 NH₄Cl	6 CH₃CONH₂	2/(2+6)=1/4	2 738	2 738-2 677=61

注：*每个读数都是该行中几次相同实验的平均值; 参见 Ostwald 的数据[Ostwald,1883a,12].
†原文(Ostwald[1883a, 12])如此.

在随后的实验中,盐的含量并不保持恒定,而是盐和碱的含量总和保持恒定. 表 3 可以适应这样的实验,首先通过每一行铵含量的分值转换同一行的读数和余量,然后,对于其他铵含量的分值通过内插和外推得到. Ostwald 采用了图形内插[1883a,12].

① 乙酰胺的倍数是指乙酰胺与氯化铵的克分子量之比;氯化铵的分值是指氯化铵与二者之和的克分子量之比;余量是指有碱溶液与无碱溶液的读数之差(无碱读数为2677)——译者注.

但是，表 3 也可能有一些印刷错误，在初始标定值前的最后一行中用下划线指出. 从 Ostwald 对实验的描述来看，所用的碱是盐的 4 倍，盐的分值不应该是 1/4，而是 2/(2+8)＝2/10＝1/5，表 3 中的倒数第二行给出了这一初步校正. 另外，碱含量可能不是盐的 4 倍，而是 3 倍，这就导致分值为 1/4. 在表 3 中的最后一行给出了替代校正值. 1/4 的分值确实看来比 1/5 应用效果更好，Ostwald 随后的计算和结果重新列在表 4 中.

表 4　Ostwald 按比例缩放的余量读数 [1883a,12]

实验序号 k	按比例缩放读数 x_k/ (mg · 100^{-1})	按比例缩放余量 y_k/ (mg · 100^{-1})
1	2 677 · (1/1) = 2 677	0 · (1/1) = 0
2	2 706 · (2/3) = 1 804*	29 · (2/3) = 19.$\overline{33}$
3	2 724 · (1/2) = 1 362	47 · (1/2) = 23.50
4	2 736 · (1/3) = 912	59 · (1/3) = 19.$\overline{66}$
5	2 738 · (1/4) = 684.5	61 · (1/4) = 15.25

注：＊在 Ostwald 的列表中是 1 870，而不是 1 804 (mg · 100^{-1}) Ostwald [1883a,12] .

定氮仪的标定问题是，设计一个关于余量读数（用替代的校正值）的数学模型，用于对其他数值的内插和外推.

2.2　数据拟合的数学模型

在随后的实验中，第一步是把数据中氮的总量调整为一个恒定值. 表 4 显示了读数乘氯化铵的分值转换的数据，使得碱和盐含量的总和为恒定的. 表 4 也重现了 Ostwald 的计算. 这个结果与 Ostwald 的结果相同，除了 1 804 (mg · 100^{-1}) = 18.04 (mg)，在 Ostwald 的列表中为 18.7 (mg) 以外 [1883a,12,中间].

下一步是作数据的图形，这些数据好像位于同一条抛物线上. 因此应该满足方程

$$y = c_0 + c_1 (x - 2\ 677) + c_2\ (x - 2\ 677)^2 \tag{1}$$

并且，按照定义数据点 (2 677,0) 是精确的：这就意味着氮的余量只有从氯化铵中读出. 通过 (2 677,0) 点的抛物线或一个二次函数满足方程 (1)，其中 $c_0 = 0$：

$$y = c_1 (x - 2\ 677) + c_2\ (x - 2\ 677)^2 \tag{2}$$

由于这条曲线已经通过点 (2 677,0)，要确定它还必须有其他的数据点. 此外，只用乙酰

胺而不含氯化铵的恒定余量值,已经在第 2.1.1 节中讨论,并且将在后面被减掉. 因此,在无氯化铵时余量的读数为零,对应的数据点为 $(x_0, y_0) := (0, 0)$. 于是这个问题简化为由 5 个方程来拟合两个系数 c_1 和 c_2,即对于 $k \in \{0, 2, 3, 4, 5\}$ 有

$$y_k = c_1(x_k - 2\ 677) + c_2(x_k - 2\ 677)^2 \tag{3}$$

在 Ostwald 的年代,通过手工计算最优拟合系数是可能的,但是很繁琐. 为了快速绘图或计算,可以对方程(2)和(3)作代数变换. 当 $x \neq 2\ 677$ 时,$x - 2\ 677 \neq 0$,所以在(2)式两边除以 $x - 2\ 677 \neq 0$,可得

$$\frac{y}{x - 2\ 677} = c_1 + c_2(x - 2\ 677) \tag{4}$$

$$= c_1 - 2\ 677c_2 + c_2 x \tag{5}$$

$$= \alpha + \beta x \tag{6}$$

令

$$q_k = \frac{y_k}{x_k - 2\ 677} \tag{7}$$

问题转化成利用数据 (x_k, q_k) 来拟合系数 α 和 β 的线性最小二乘回归.

让线性函数也经过精确的变换点 $(x_0, y_0) := (0, 0)$,于是有

$$q = \beta x \tag{8}$$

无论 α 和 β 的拟合方法如何,在使用乙酰胺的实验中定氮仪测量氮的含量为 2 677 (mg/100),对于 x(mg/100)的余量读数初步模型为

$$p(x) = c_0 + (x - 2\ 677)(\alpha + \beta x)\ (\text{mg}/100) \tag{9}$$

这里的任意常数 c_0 可以用另一个二次多项式拟合方法确定. 最后的模型变为

$$q(x) = 4 + c_0 + (x - 2\ 677)(\alpha + \beta x)\ (\text{mg}/100) \tag{10}$$

其中常数 4 解释为氮的残差,即是最初的乙酰胺中盐的残差在定氮仪上的反映;这种残差仍然会在实验持续期间的溶液中存在. 如果总含氮量的测量总量不是 2 677(mg/100),而是比如 $y_\infty = 2\ 680$(mg/100),如表 5 所示,则校正(10)式为

$$\frac{y_\infty}{2\ 677} \cdot q\left(\frac{2\ 677}{y_\infty} x\right) \tag{11}$$

例 1　表 1 给出了 Ostwald 的修正值 y_k,并且这个修正值 $\tilde{y}_k = q(\tilde{x}_k)$ 是通过(11)式与 q 的拟合表达式得到的,见习题 6. 图 2 显示了用(6)式和(7)式变换的数据通过初步的二次多项式(9)进行线性最小二乘回归拟合得到的数据结果. 图 2 也显示出残差为凸形态(++-+),这就表明,虽然从定氮仪读取余量值在很大程度上由拟合曲线进行了校正,但它们并没有被完全解释.

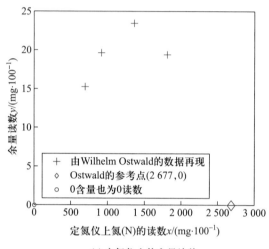

(a) 定氮仪上的余量读数

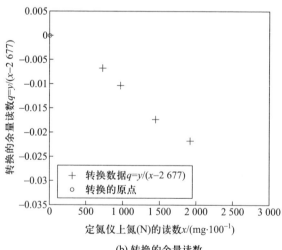

(b) 转换的余量读数

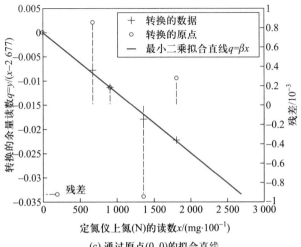

(c) 通过原点(0,0)的拟合直线

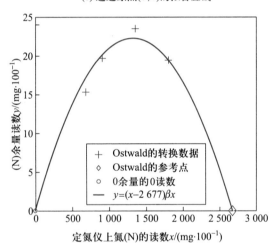

定氮仪上氮(N)的读数$x/(\text{mg}\cdot 100^{-1})$

(d) 转换后的拟合曲线

图 2

注：(a) Ostwald 的参考数据($\diamond$)，引用 Ostwald[1883a, 12]的数据(+)，重现在表 4 中．

(b) 通过公式 $q = y/(x - 2\,677)$ 转换的数据．

(c) 通过原点(O)的最小二乘拟合直线(—)和残差．

(d) 拟合直线的逆变换，它是一条抛物线．残差为凸形态(++—+)表明，虽然从定氮仪读取余量值在很大程度上由拟合曲线进行了修正，但它们并没有被完全解释．

例 2　为了标定光谱仪，另一组数据与分析出现在 Shanks 等[1987]中．

总结　对于一个测量含氮量最大值 y_∞ 的实验，用定氮仪读取的平均值 x 减去

$$\frac{y_\infty}{2\,677} \cdot q\!\left(\frac{2\,677}{y_\infty}x\right)$$

其中函数 q 由(10)式确定.

习题

1. 由表 2 的数据 $(t_k, y_k) = (x_k, y_k)$,问题要求给出通过 $(x_0, y_0) = (0,0)$ 点的一条拟合直线. 利用表 2 中的数据 (x_k, y_k) 计算通过原点的最小二乘拟合直线的斜率. 例如,利用 Nievergelt [2014] 中第 4 节的概念和方法.

2. 利用表 2 中的数据 (x_k, y_k) 计算无约束的最小二乘拟合直线的斜率和截距. 例如,利用 Nievergelt [2014] 中第 4 节的概念和方法.

3. 通过一个例子说明,用斜率的非加权平均 $\bar{\beta} = (1/N) \sum_{j=1}^{N} (y_j/x_j)$ 得到的直线 $y = \bar{\beta}x$ 没有用直线 $y = \hat{\beta}x$ 拟合效果好,其中斜率 $\hat{\beta}$ 来自 Nievergelt [2014] 中第 4 节,且直线通过点 $(t_0, y_0) = (0,0)$.

4. 利用 Nievergelt [2014] 中第 4 节分析习题 2 中计算出的斜率 $\hat{\beta}$ 的敏感性.

5. 应用变量代换(7)计算 $(x_0, y_0) = (0,0)$ 和表 4 中的数据 (x_k, y_k) 的变换数值,对于每一个 $k \in \{0, 2, 3, 4, 5\}$ 产生数据 (x_k, q_k) 的一个新表格.

6. 由习题 5 的数据 (x_k, q_k) 拟合出一条通过原点的直线. 比如,可利用 Nievergelt [2014] 中第 4 节的概念和方法.

7. 利用 Nievergelt [2014] 中第 4 节分析习题 5 中计算出的斜率 $\hat{\beta}$ 的敏感性.

8. 将习题 6 中对数据 (x_k, q_k) 的拟合直线转换为二次多项式(10),并用表 4 中的数据 (x_k, y_k) 作图.

9. 由习题 5 中数据 (x_k, q_k) 做出拟合直线,例如可利用 Nievergelt [2014] 中第 4 节的概念和方法.

10. 将习题 9 中对数据 (x_k, q_k) 的拟合直线转换为二次多项式 (10)，并用表 4 中的数据 (x_k, y_k) 作图.

3. 用数学模型验证质量作用定律

本节展示如何对不同时间测量的反应物质量来验证质量作用定律. 这里使用的符号与 Ostwald 的符号相一致.

根据来自 Berthelot 和 Saint-Gilles[1864]的结果，Waage 和 Guldberg 提出的质量作用定律（原文是"Massernes Virkning"[1864, 39, §1]（挪威语），翻译成德语是"wirkung der Massen"）[Guldberg 和 Waage, 1899, 5, §1]，具体讲是作用力（"Kraft"）与反应物的质量幂的乘积成正比. Guldberg 和 Waage 中也包括了体积作用定律（"Volumets Virkning"[Waage 和 Guldberg, 1864, 39, §2]，"Wirkung des Volums"[1899, 5, §2]）①，具体讲是反应物质量的作用力与其体积成反比. Guldberg 和 Waage 的数学公式表明了作用"力"与它的速度（即反应物浓度的瞬时变化率）成正比，其比例常数为 k（让人联想到"Kraft"）[1864, 112, (1) 式][1899, 8, (1) 式].

双分子反应建模

在第一组实验中，Ostwald 在水中加入了一定数量 a 的多种酸和 b 的乙酰胺进行反应，这里 a 和 b 是浓度或密度，以单位体积的重量或分子量度量. Ostwald 的化学分析表明，从开始反应经过一段时间 t 后，产生了一定浓度 $y(t)$ 的盐，只留下了浓度为 $a-y(t)$ 的酸和浓度为 $b-y(t)$ 的乙酰胺.

要验证的质量作用定律是，在时间 t 产生盐的反应速度与酸和乙酰胺浓度的乘积成正比，这里速度用导数 $y'(t) = \mathrm{d}y(t)/\mathrm{d}t$ 表示，然而对于比例常数 c 需要测试：

$$\underset{y'}{\underline{\text{速度}}} = \underset{c}{\underline{\text{比例常数}}} \cdot \underset{(a-y)}{\underline{[\text{酸}]}} \cdot \underset{(b-y)}{\underline{[\text{乙酰胺}]}} \qquad (12)$$

（Ostwald 的常数 c 是 Guldberg 和 Waage 的常数 k）. Ostwald 开始反应所用的浓度相等，即

---

① 前者是挪威语，后者是德文——译者注.

$a=b$,这样质量作用定律(12)就变为

$$\frac{\mathrm{d}y}{\mathrm{d}t}=c\ (a-y)^2 \tag{13}$$

Ostwald 的实验开始反应之前没有盐,即 $y(0)=0$. 而且,对于反应期间的任何时间 t 都有 $y(t)<a$,因此,$a-y(t)\neq0$. 由此,在(13)式两边除以 $(a-y)^2$ 得

$$\frac{\mathrm{d}y}{(a-y)^2}=c\mathrm{d}t \tag{14}$$

将积分变量 s 从 0 到 t 对(14)式积分得[Ostwald,1883a,24]

$$ct=\int_0^t c\mathrm{d}s=\int_0^t\frac{y'(s)\,\mathrm{d}s}{[a-y(s)]^2}=\frac{1}{a-y(s)}\bigg|_{s=0}^{s=t}=\frac{1}{a-y(t)}-\frac{1}{a-y(0)}$$
$$=\frac{1}{a-y(t)}-\frac{1}{a} \tag{15}$$

两边同乘 a,重新整理表达式,并记 $C=ac$,则有

$$C\cdot t=a\cdot c\cdot t=\frac{a}{a-y(t)}-1=\frac{a-[a-y(t)]}{a-y(t)}=\frac{y(t)}{a-y(t)} \tag{16}$$

令 $f:=\frac{y}{a-y}$,方程(16)表明,要验证的质量作用定律(13)等价为

$$f=\frac{y}{a-y}=Ct \tag{17}$$

方程(17)是 Michaelis-Menten 定律[Jukić 等,2007]. 利用数据 (t_k,y_k) 做出无量纲比率

$$f_k:=\frac{y_k}{a-y_k} \tag{18}$$

对时间 t_k 的图形,再用一条过原点的直线来拟合数据 (t_k,f_k),由方程

$$f=C\cdot t \tag{19}$$

的斜率给出常数 C 的一个估计值,它的量纲为时间的倒数.

注 1 方程(17)和(18)是先出现的,它们不是后面对 $y(t)$ 的公式线性化的结果.

对于上面估计出的常数 C,如果 $C>0$,则方程(17)表明

$$\lim_{t\to\infty}y(t)=a \tag{20}$$

方程(17)也提供了估计时间 $t_{\frac{1}{2}}$ 的一种方法,称之为半衰期(half-time),当含盐量达到极

限值的一半时,将 $y(t_{\frac{1}{2}})=\dfrac{a}{2}$ 代入(17)式,并解出相应的 t 得到

$$t_{\frac{1}{2}}=\frac{1}{C} \tag{21}$$

同时,由方程(17)解出 $y(t)$ 有

$$y(t)=a-\frac{a}{1+Ct}=\frac{aCt}{1+Ct} \tag{22}$$

以半衰期 $t_{\frac{1}{2}}$ 为标定时间,可以给出一个无量纲时间长度 τ,同时,根据氮的渐近上界 a 来标定含氮量 y,则给出了一个无量纲氮浓度的测定值 η:

$$\tau:=\frac{t}{t_{\frac{1}{2}}}=\frac{t}{\dfrac{1}{C}}=C\cdot t,\quad \eta(\tau):=\frac{y\left(\dfrac{\tau}{C}\right)}{a} \tag{23}$$

将(23)式中的 $Ct=\tau$,$\dfrac{y}{a}=\eta$ 代入(22)式,则得到 Ostwald 称作双分子反应(bimolecular reactions)的标准曲线[Ostwald,1883a,29]:

$$\eta(\tau)=1-\frac{1}{1+\tau}=\frac{\tau}{1+\tau} \tag{24}$$

用(23)式标定每一个数据点 (t_k,y_k),得到一组无量纲的数据 (τ_k,η_k),定义为

$$\tau_k:=C\cdot t_k,\quad \eta_k:=\frac{y_k}{a} \tag{25}$$

这些点位于或接近一条标准的双曲线(24),如图 4 所示. 同时,用(23)式定义的无量纲变量,由方程(17)得到一个标准的直线方程 $\varphi=\tau$:

$$\varphi:=\frac{\eta(\tau)}{1-\eta(\tau)}=\tau \tag{26}$$

进一步由(26)式变换数据 (τ_k,η_k),得到变换后的无量纲数据 (τ_k,φ_k),定义为

$$\varphi_k:=\frac{\eta_k}{1-\eta_k}① \tag{27}$$

---

① 原文有误——译者注.

它们位于或接近于一条标准的直线 $\varphi=\tau$,如图 4 所示.

例 3　表 5 给出了 Ostwald 在 65℃下由三氯乙酸(CCl_3COOH)水解(水分离)乙酰胺(CH_3CONH_2)的数据,根据如下的不可逆化学当量方程(irreversible stoichiometric equation)生成乙酸(CH_3COOH)和三氯醋酸铵($C_2H_4Cl_3NO_2$):

$$
\underbrace{\begin{array}{c}\text{三氯乙酸}\\ [CCl_3COOH]\end{array}}_{a-y} + \underbrace{\begin{array}{c}\text{乙酰胺}\\ [CH_3CONH_2]\end{array}}_{b-y} + \underbrace{\begin{array}{c}\text{水}\\ [H_2O]\end{array}} \rightarrow \underbrace{\begin{array}{c}\text{乙酸}\\ [CH_3COOH]\end{array}}_{y} + \underbrace{\begin{array}{c}\text{三氯醋酸铵}\\ [C_2H_4Cl_3NO_2]\end{array}}_{y} \tag{28}
$$

表 5[①]　在 65℃由三氯乙酸(CCl_3COOH)水解(水分离)乙酰胺(CH_3CONH_2)[Ostwald,1883a,16,表 IV]

Ostwald 的数据 [Ostwald,1883a]			修正数据*			修正数据的变换[†]					
时间/min	氮/(mg·100^{-1})			氮/(mg·100^{-1})			$f=y/(a-y)$			均值	平方和	计数
t_k[‡]	$\tilde{y}_{k,1}$	$\tilde{y}_{k,2}$	$\tilde{y}_{k,3}$	$y_{k,1}$	$y_{k,2}$	$y_{k,3}$	$f_{k,1}$	$f_{k,2}$	$f_{k,3}$	$\bar{f}_k$	SSW_k	$N_k^{§}$
15	324	324	322	312	312	310	0.132	0.132	0.131	0.131	0.000 00	3
30	552	573	582	534	555	564	0.249	0.261	0.266	0.259	0.000 16	3
45	807	770	771	785	748	749	0.414	0.387	0.388	0.397	0.000 46	3
60	948	940	952	924	916	928	0.526	0.519	0.530	0.525	0.000 05	3
90	1 241	1 220	1 224	1 215	1 194	1 198	0.829	0.803	0.808	0.814	0.000 37	3
120	1 408	1 412		1 382	1 386		1.064	1.071		1.067	0.000 02	2
150	1 580	1 575	1 578	1 554	1 549	1 552	1.381	1.370	1.376	1.376	0.000 06	3
180	1 710	1 690	1 655	1 685	1 665	1 630	1.694	1.640	1.552	1.629	0.010 32	3
240	1 857			1 834			2.167			2.167	0.000 00	1
∞	2 680			2 680								
				$a=2\ 680$							$SSW=0.0114\ 5$	$N=24$

注:　* 显示数据按四舍五入;

† 显示数据按四舍五入;

‡ Ostwald 考察了测量时间的误差,认为与其他误差相比是微不足道的[Ostwald,1883a:9—10].

§ $y_{k,l}$所在第 k 行的实验次数.

在表 5 中:

● 第 1 列给出从实验开始所经过的时间 t_k.

● 第 2—4 列给出在时间 t_k 用 1 ml 溶液进行 3 次相同的实验检测出的含氮量 $\tilde{y}_{k,l}$(mg/100)($l\in\{1,2,3\}$).

● 第 5—7 列给出用 Ostwald 所采用的内插方法所得数据的修正值 $y_{k,l}$.

---

① 由原文表 5 中的数据直接计算,其部分数据不准确,应与原始数据的计算精度有关——译者注.

- 第 8—10 列给出修正数据的变换值 $f_{k,l}$，第 11 列给出它们的平均值 $\bar{f}_k$.

- 第 12 列给出了与平均值偏差的平方和.

- 最后一列的次数 N_k 表示时间 t_k 所在行的实验次数，即 $l \in \{1, \cdots, N_k\}$.

对于 $t_9 = 240 (\min)$，表 5 只有一项记录为 $y_{9,1} = 1\,857 (\mathrm{mg}/100)$，因此，当 $t_9 = 240$ ($\min$)时的平均值也是 $\bar{y}_9 = 1\,857 (\mathrm{mg}/100)$. 根据所采用的方差定义，对于 $t_9 = 240$ 时在表 5 中的方差是 $s_9^2 = (1\,857 - 1\,857)^2/1 = 0$，或者是 $s_9^2 = (1\,857 - 1\,857)^2/(1-1)$，显然这是无定义的. 无论哪种情况方差的倒数也是无定义的，因此它不能作为一个权值，所以这里权值采用次数 $w_{k,l} := 1$，也就是 $w_k = N_k$，如表 5 所示.

表 6 给出了加权线性回归拟合的结果：$f = 0.009\,037 \cdot t$，并用表 5 中的 $a = 2\,680$ 计算 $y = a \cdot f/(1+f)$.

表 6[①]　在 65℃ 对乙酰胺和三氯乙酸用次数加权作线性最小二乘回归 [Ostwald, 1883a, 16, 表 Ⅳ].

原数据	平方和	分母	均方误差	T	p
$\hat{\beta} = 0.009\,037$	SSC = 7.825	DFC = 1	QC = 7.825	$T_8 = \hat{\beta} \cdot \sqrt{\dfrac{\mathrm{SSX}}{\mathrm{QF}}} = 235.3$	1.191e−16
失拟	SSF = 0.003 489	DFF = 8	QF = 0.000 436 1	RMS = $\sqrt{\mathrm{QF}} = 0.020\,88$	
总和	SSB = 7.828	DFB = 8	QB = 0.978 6		
	$M = 9;$　$R^2 = 0.999\,6;$　$\bar{R}^2 = 0.999\,6;$　SSX = 5 072;　$F_{1,8} = T_8^2 = 5.537\mathrm{e}+0.4.$				
	当 $M = 9$ 对于 $N = 24$ 的数据作方差分析				
纯误差	SSW = 0.011 45　DFW = 15　QW = 0.000 763　FFW$_{8,15}$ = QF/QW = 0.571 5　PFW = 0.214 4				

图 3(a)表示表 5 中所有修正数据 $(t_k, y_{k,l})$. 图 3(b)表示由相应修正数据通过(18)式变换的结果，图 3(c)表示对变换修正数据的平均值 $(t_k, \bar{f}_k)$ 作通过原点的加权最小二乘线性拟合 $f = C \cdot t$，用表 5 中的次数作为加权值 $w_k = N_k$，根据失拟性分析以及纯误差表明这是可行的. 残差正负交替也能证实选择直线拟合是适合的. 图 3(d)也表示其拟合曲线，这是一条双曲线，通过(22)式将拟合曲线变换回去得到.

图 4(a)显示了对于其他反应的按(25)式得到的无量纲数据和由(24)式得到的无量纲标准双曲线. 图 4(b)显示了进一步用(27)式变换得到的无量纲数据和用(26)式

---

①　原文的表 6 中部分计算有误，但由于缺少精确的原始数据，故保留原文的结果，请读者阅读时留意. 下面的表也有类似的情况.

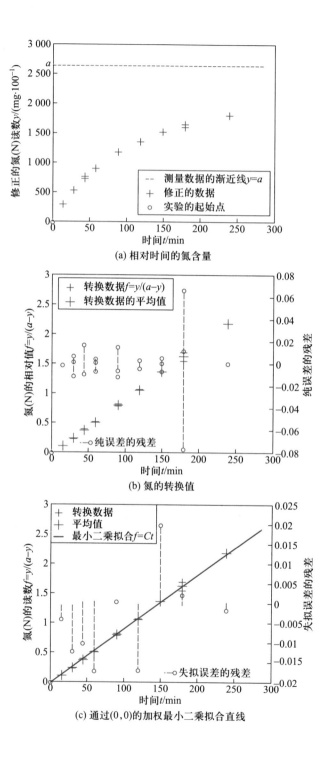

(a) 相对时间的氮含量

(b) 氮的转换值

(c) 通过(0,0)的加权最小二乘拟合直线

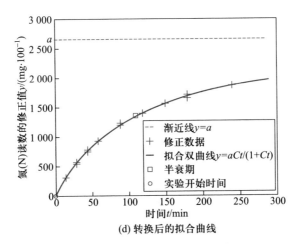

(d) 转换后的拟合曲线

图 3　在 65℃用三氯乙酸(CCl$_3$COOH)水解乙酰胺（CH$_3$CONH$_2$）

注:(a) 起始点(O)和 Ostwald 的数据的修正点(+)[Ostwald,1883a,16],见表 5.

(b) 用公式 $f = y/(a-y)$ 变换后的修正数据.

(c) 通过(0,0)点的加权最小二乘拟合直线.

(d) 拟合直线的逆变换曲线是一条双曲线,修正后的数据(+),半衰期(□),渐近线(…).

图(c)中失拟的残差大约是图(b)的纯误差的残差的四分之一. 对于 $p=0.2$,失拟的均方误差与纯误差的比值是 $F_{8,15}=0.6$.残差正负交替证实选择直线拟合是适合的.

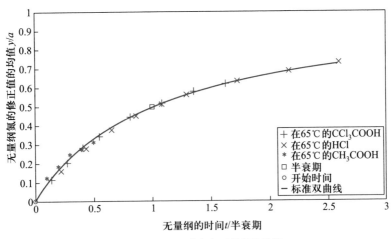

(a) 无量纲的氮与无量纲的时间

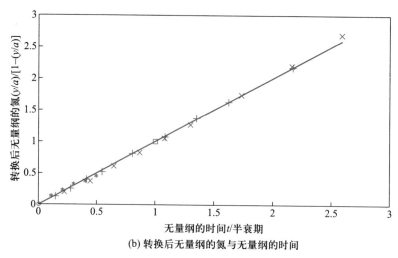

图 4　几个双分子实验和相同的无量纲双曲线拟合

得到的无量纲标准直线,三氯乙酸(CCl_3COOH)的数据(+)看起来是在拟合曲线上.与之相反,如盐酸(HCl)的酸类物质的数据开始在曲线之下,然后通过曲线,最后到曲线之上. Ostwald 的解释是,在反应过程中生成的铵盐使反应加速.

所不同的是,乙酸(CH_3COOH)等酸的数据开始是在曲线之上,然后通过曲线,最后到曲线的下面. Ostwald 的解释是,在反应过程中生成的铵盐使反应减速[Ostwald,1883a,29].

无论哪种情况,其失拟残差的凹凸性表明,存在其他尚不明确的现象.

习题

11. 由例 3 的转换数据($t_k, f_{k,l}$)的平均值($t_k, \bar{f}_k$)利用实验次数 N_k 为权的最小二乘回归,拟合一条不必经过原点的线,并且检查其截距与图 3 中似乎为 0 的截距有无差别.

12. 由转换数据($t_k, f_{k,l}$)的平均值($t_k, \bar{f}_k$)作一条经过原点的拟合线,由此可见,它是对表 7 中的 100℃时盐酸(HCl)的 Ostwald 数据拟合的一条双曲线. 比如,可以用例 3 中的概念和方法.

13. 由转换数据($t_k, f_{k,l}$)的平均值($t_k, \bar{f}_k$)作一条经过原点的拟合线,由此可见,它是对表 8 中的 65℃时盐酸(HCl)的 Ostwald 数据拟合的一条双曲线. 比如,可以用例 3 中的概念和方法.

表 7 在 100℃通过盐酸(HCl)水解乙酰胺(CH₃CONH₂)[Ostwald, 1883a, 15, 表 la]

Ostwald 的数据 [Ostwald, 1883a]			修正数据			修正数据的变换					
时间/min	氮/(mg · 100⁻¹)		氮/(mg · 100⁻¹)			$f=y/(a-y)$			均值	平方和	计数
t_k	$\tilde{y}_{k,1}$	$\tilde{y}_{k,2}$	$\tilde{y}_{k,3}$	$y_{k,1}$	$y_{k,2}$	$y_{k,3}$	$f_{k,1}$	$f_{k,2}$	$f_{k,3}$	$\bar{f}_k$	SSW$_k$	N_k
2	675	687	694	655	667	674	0.327	0.335	0.339	0.334	0.000 08	3
4	1 170	1 178	1 191	1 144	1 152	1 165	0.755	0.764	0.780	0.766	0.000 31	3
6	1 474	1 510	1 496	1 448	1 484	1 470	1.195	1.262	1.236	1.231	0.002 31	3
9	1 780	1 766		1 756	1 742		1.943	1.898		1.920	0.001 03	2
12	1 995	1 945	1 957	1 974	1 923	1 936	2.878	2.611	2.672	2.720	0.039 32	3
15	2 062	2 067	2 057	2 042	2 047	2 037	3.306	3.342	3.271	3.307	0.002 52	3
20	2 183	2 198		2 166	2 181		4.382	4.554		4.468	0.014 83	2
∞	2 660			2 660								
				$a = 2 660$							SSW=0.060 39	$N=19$

表 8 在 65℃通过盐酸(HCl)水解乙酰胺(CH₃CONH₂)[Ostwald, 1883a, 14, 表 I]

Ostwald 的数据 [Ostwald, 1883a]			修正数据			修正数据的变换					
时间/min	氮/(mg · 100⁻¹)		氮/(mg · 100⁻¹)			$f=y/(a-y)$			均值	平方和	计数
t_k	$\tilde{y}_{k,1}$	$\tilde{y}_{k,2}$	$\tilde{y}_{k,3}$	$y_{k,1}$	$y_{k,2}$	$y_{k,3}$	$f_{k,1}$	$f_{k,2}$	$f_{k,3}$	$\bar{f}_k$	SSW$_k$	N_k
15	456	456	460	441	441	445	0.197	0.197	0.199	0.197	0.000 00	3
30	773	776		751	754		0.390	0.392		0.391	0.000 00	2
45	1 034	1 047		1 009	1 022		0.604	0.616		0.610	0.000 08	2
60	1 245	1 233	1 243	1 219	1 207	1 217	0.834	0.819	0.832	0.828	0.000 13	3
75	1 407	1 394	1 387	1 381	1 368	1 361	1.063	1.042	1.031	1.045	0.000 50	3
90	1 538	1 512		1 512	1 486		1.295	1.244		1.270	0.001 26	2
120	1 750	1 711	1 708	1 726	1 686	1 683	1.808	1.697	1.688	1.731	0.008 90	3
150	1 880	1 848		1 857	1 825		2.257	2.133		2.195	0.00 761	2
180	1 974			1 952			2.683			2.683	0.000 00	1
∞	2680			2 680								
				$a = 2 680$							SSW=0.018 48	$N=21$

14. 由转换数据 $(t_k, f_{k,l})$ 的平均值 $(t_k, \bar{f}_k)$ 作一条经过原点的拟合线,由此可见,它是对表 9 中的 65℃时乙酸(CH₃COOH)的 Ostwald 数据拟合的一条双曲线. 比如,可以用例 3 中的概念和方法.

表9   在65℃通过乙酸（CH_3COOH）水解乙酰胺（CH_3CONH_2）[Ostwald,1883a,18,表 IX]

Ostwald 的数据 [Ostwald,1883a]			修正数据		修正数据的变换				
时间/min	氮/($mg \cdot 100^{-1}$)		氮/($mg \cdot 100^{-1}$)		$f=y/(a-y)$		均值	平方和	计数
t_k	$\tilde{y}_{k,1}$	$\tilde{y}_{k,2}$	$y_{k,1}$	$y_{k,2}$	$f_{k,1}$	$f_{k,2}$	$\bar{f}_k$	SSW_k	N_k
14 400	339	347	327	334	0.140	0.144	0.142	0.000 007 3	2
28 890	506	510	490	493	0.226	0.228	0.227	0.000 002 4	2
43 200	675	670	655	650	0.327	0.324	0.325	0.000 005 3	2
57 600	744	772	723	750	0.373	0.393	0.383	0.000 196 3	2
72 000	866	862	843	839	0.464	0.461	0.462	0.000 005 0	2
∞	2 660		2 660						
			$a=2\ 660$					SSW=0.000 22 N=10	

4. 奇数题习题解答

1. 表 10 列出了 $y=\hat{\beta} \cdot x = 0.957\ 4x$ 的相关数据.

表 10   由氯化铵的测量数据作线性最小二乘回归拟合 [Ostwald,1883a,11]

原数据	平方和	分母	均方误差	T	p
$\hat{\beta}=0.957\ 4$	SSB=4.65e+06	DFB = 1	QB=4.65e+06	$T_5=\hat{\beta} \cdot \sqrt{\dfrac{SSX}{QW}}=1\ 383$	3.758e−15
残差	SSW=25.33	DFW=5	QW=5.066	RMS=$\sqrt{QF}$=2.251	
总和	SST=4.65e+06	DFT=5	QT=9.3e+05		
$N=6$; $R^2=1$; $\bar{R}^2=1$; SSX=8.455e+05; $F_{1,5}=T_5^2=1.911e+06$.					

3. 由表 2 的数据和习题 1 的结果以及图形或者较大的平方和证实,用未加权平均值 $\bar{\beta} = \dfrac{1}{N} \sum\limits_{j=1}^{N} \dfrac{y_j}{x_j}$ 为斜率的直线 $y=\bar{\beta} \cdot x$,不如用 Nievergelt[2014]的(24)式得到的拟合直线 $y=\hat{\beta} \cdot x$ 效果好.

5. Nievergelt[2014]的习题 4 表明,结果不依赖于在原点上的数据. 对于表 4 的数据 (x_k, y_k) 由(7)式的变量代换通过 $q_k=y_k/(x_k-2\ 677)$ 计算得到数据 (x_k, q_k) 为

$$(x_2, x_3, x_4, x_5) = (1\ 804, 1\ 362, 912, 1\ 369/2)$$

$$(y_2, y_3, y_4, y_5) = (58/3, 47/2, 59/3, 61/4)$$

$$(q_2, q_3, q_4, q_5) = (-(58/2\ 619), -(47/2\ 630), -(59/5\ 295), -(61/7\ 970))$$

$$= (-0.022\ 145\ 9, -0.017\ 870\ 7, -0.011\ 142\ 6, -0.007\ 653\ 7)$$

7. 表 4 给出了 x_j 和 $x_j - 2\ 677$ 的精确值. 在相等的权值下, 由习题 5 的解得到的变换值和 Nievergelt[2014]的公式(32)得到

$$|\Delta\hat{\beta}| = \left| \frac{\sum_{j=0,2}^{5} x_j \cdot (\Delta q_j)}{\sum_{j=0,2}^{5} x_j^2} \right| \leqslant \frac{\sum_{j=0,2}^{5} |x_j|}{\sum_{j=0,2}^{5} x_j^2} \cdot \max_j |\Delta q_j| \qquad (29)$$

$$= \frac{19\ 050}{25\ 638\ 977} \cdot \max_j |\Delta q_j| \qquad (30)$$

因此, 表 4 中的数据 y_j 的最后一位(第 4 位)有效数字有一个单位的变化 ±0.01, 引起习题 5 中由 $q_j = y_j / (x_j - 2\ 677)$ 变换的数据变化 $\pm 10^{-6}$, 这会导致 $\Delta\hat{\beta}$ 的变化不超过 $\frac{19\ 050}{25\ 638\ 977} \times 10^{-6} < 0.000\ 9 \times 10^{-6} < 10^{-9}$, 于是拟合直线的斜率最多用 4 位有效数字为 $\hat{\beta} = -1.243 \times 10^{-5}$.

9. 表 11 显示了 $q = -1.264 \times 10^{-5} x + 0.000\ 273\ 1$ 的相关数据.

表 11　Ostwald 修正数据的线性最二乘回归 [Ostwald, 1883a, 12]

原数据	平方和	分母	均方误差	T	p
$\hat{\alpha} = 0.000\ 273\ 1$				$t_3 = \hat{\alpha} / \sqrt{QW} = 0.449$	0.683 9
$\hat{\beta} = -1.264e\text{-}05$	SSB=0.000 299 1	DFB=1	QB=0.000 299 1	$T_3 = \hat{\beta} \cdot \sqrt{\dfrac{SSX}{QW}} = -23.52$	0.000 168 3
残差	SSW=1.622e-06	DFW=3	QW=5.405e-07	RMS$=\sqrt{QW} = 0.000\ 735\ 2$	
总和	SST=0.000 300 7	DFT=4	QT=7.519e-05		

$N=5$;　$R^2 = 0.994\ 6$;　$\overline{R}^2 = 0.992\ 8$;　SSX=3.747e+05;　$F_{1,3} = T_3^2 = 553.4$.

11. 表 12 显示出了 $f = (0.009\ 131) \cdot t - 0.012\ 67$ 和 $y = a \cdot f / (1+f)$, 其中 $a = 2\ 680$ (见表 5). 观察可知 $p \approx 0.09$ 从统计意义上是显著的(在 10% 水平下)的, 但 Ostwald 不认为这在化学上是显著的.

13. 对于表 8 中的数据, 经变换 $(t_k, f_{k,l})$ 后的平均值 $(t_k, \bar{f}_k)$ 作一条通过原点的拟合线, 由此可见, 这也是表 8 中 Ostwald 的盐酸(HCl)在 65℃ 的数据拟合的一条双曲线, 结果见表 13.

表 12　对于乙酰胺和三氯乙酸在 65℃用计数加权作仿射（affine）最小二乘回归［Ostwald,1883a,16,表 IV］

原数据	平方和	分母	均方误差	T	p
$\hat{\alpha}=-0.012\,67$				$t_7=\hat{\alpha}/\sqrt{QF}=-1.975$	0.088 8
$\hat{\beta}=0.009\,131$	SSC $=7.988$	DFC $=1$	QC $=7.988$	$T_7=\hat{\beta}\cdot\sqrt{\dfrac{SSX}{QF}}=158$	1.074e$-$13
失拟	SSF $=0.002\,24$	DFF $=7$	QF $=0.000\,32$	RMS $=\sqrt{QF}=0.017\,8\,9$	
总和	SSB $=7.99$	DFB $=8$	QB $=0.998\,8$		

$M=9$；　$R^2=0.999\,7$；　$\overline{R}^2=0.999\,7$；　SSX $=5\,072$；　$F_{1,7}=T_7^2=2.496$e+04

在 $M=9$ 组中关于 $N=24$ 的数据作方差分析

纯误差 SSW $=0.011\,45$　DFW $=15$　QW $=0.000\,763$　FFW$_{7,15}=$QF/QW$=0.419\,4$　PFW $=0.124\,6$

表 13　对于乙酰胺和盐酸在 65℃用计数加权作最小二乘回归［Ostwald,1883a,14,表 I］

原数据	平方和	分母	均方误差	T	p
$\hat{\beta}=0.014\,41$	SSC $=9.568$	DFC $=1$	QC $=9.568$	$T_8=\hat{\beta}\cdot\sqrt{\dfrac{SSX}{QF}}=102.9$	8.902e$-$14
失拟	SSF $=0.026\,85$	DFF $=8$	QF $=0.003\,357$	RMS $=\sqrt{QF}=0.057\,9\,4$	
总和	SSB $=9.595$	DFB $=8$	QB $=1.199$		

$M=9$；　$R^2=0.997\,2$；　$\overline{R}^2=0.997\,2$；　SSX $=2\,750$；　$F_{1,8}=T_8^2=1.058$e+04

在 $M=9$ 组中关于 $N=21$ 的数据作方差分析

纯误差　SSW $=0.018\,48$　DFW $=12$　QW $=0.001\,54$　FFW$_{8,12}=$QF/QW$=2.179$　PFW $=0.891\,8$

5. 关于统计学的附录

采用代数的方法定义,简单地说就是计算平方和的比值,譬如用 R^2 与 $F=T^2$ 的比值来评估加权最小二乘线性拟合的准确性. 相比之下,在多元微积分和线性代数的全部课程中,以及在后续的课程中与概率 p 相关的解释材料占有几百页. 因此,按照通常的要求,本节仅简要介绍概率 p 的数学知识,并提供进一步学习的参考文献,例如［Cramér, 1999］和［Hogg 和 Craig,1978］.

5.1　随机变量与分布

概率与随机变量是量化不确定性的数学模型. 因此,测量值落在指定范围内的概率是对这个量的定量评估. 下面例 A1 和例 A2 说明了概率的应用.

例 A1　一个正指数随机变量 X 的值超过 $t\geqslant 0$ 的概率为

$$P(t < X < \infty) = \int_t^\infty e^{-x} dx = e^{-t}$$

譬如,一个随机变量 X 的测量值超过 4 的概率为 e^{-4}. 由 2<e<3 可得

$$1/100<1/81 = 3^{-4}<e^{-4}<2^{-4} = 1/16<1/10$$

因此, $1/100<P(4<X<\infty)<1/10$. 所以,使用者可能会说,他们在 10% 水平,但不是在 1% 水平上拒绝所谓的零假设,即 X 是这样一个指数随机变量.

例 A2 一个均值为 μ,标准差为 σ(或者方差为 σ^2)的 Gauss(也称为正态)随机变量 X 大于 t 的概率为

$$P(t < X < \infty) = \frac{1}{\sigma\sqrt{2\pi}} \int_t^\infty e^{-\frac{(x-\mu)^2}{2\sigma^2}} dx$$

这个也可用例 A1 中的指数随机变量的方法,但计算更复杂.

例 A3 不加证明地概述了为什么较大的测量次数能够增加精度.

例 A3 如果 N_k 是 Gauss 随机变量的模拟测量次数,即为 $X_1,\cdots,X_{N_k}$(称之为相互独立的随机变量),每一个的均值为 μ,方差为 σ^2,则其平均值 $(X_1+\cdots+X_{N_k})/N_k$ 也是一个 Gauss 随机变量,有相同的均值 μ,但方差 σ^2/N_k 更小. 一种证明方法要用到多元微积分和线性代数的知识[Cramér,1999,213][Hogg 和 Craig,1978,168].

5.2 随机变量的平方和

随机变量的平方和也是随机变量,例如,参数为 r 的 χ^2 型随机变量,记为 χ_r^2(希腊字符 χ 读作"chi",也被读作"kye").

例 A4 一个参数为 r 的 χ_r^2 随机变量 X 的取值大于 $t \geq 0$ 的概率为

$$P(t < X < \infty) = \int_t^\infty \frac{x^{(r/2)-1} \cdot e^{-\frac{x^2}{2}}}{\Gamma(r/2) \cdot 2^{r/2}} dx$$

例如,如果 $r=2$,则被积函数为例 A1 中的指数函数,用 e^{-x} 来代替 $\frac{1}{2}e^{-\frac{x}{2}}$.

例 A5 如果 Y_1 是一个均值为 μ,方差为 σ^2 的 Gauss 随机变量,则 $(X-\mu)^2/\sigma^2$ 就是参数为 1 的 χ^2 随机变量,记作 χ_1^2[Cramér,1999,§ 18.1],[Hogg 和 Craig,1978,112].

例 A6 r 个 χ_1^2(相互独立的)随机变量的和 $Y_1+\cdots+Y_r$ 是一个参数为 r 的 χ^2 随机变

量(χ_r^2). 更一般的情况, 如果每一个 Y_j 都是一个参数为 r_j 的 $\chi_{r_j}^2$ 随机变量, 则它们的和 $Y_1 + \cdots + Y_k$ 是一个参数为 $r = r_1 + \cdots + r_k$ 的 χ_r^2 随机变量[Cramér, 1999, § 18.1][Hogg 和 Craig, 1978, 169].

5.3　方差分析

例 A7　在实际中, 均值 μ 可能是未知的, 可以用 N 个 Gauss 随机变量 $X_1, \cdots, X_N$ 的测量值的平均值 $\overline{X}$ 来代替, 由例 A3, 它也是均值为 μ 和方差为 σ^2/N 的 Gauss 随机变量. 于是, 随机变量 $(X_j - \overline{X})/\sigma$ 也是 Gauss 的, 但不是相互独立的, 因为 $\overline{X}$ 是公共项. 尽管如此, 对于 $Y_j = (X_j - \overline{X})^2/\sigma^2$, 由多元微积分和线性代数的方法可以证明它们的和 $Y_1 + \cdots + Y_N$ 是一个 χ_{N-1}^2 随机变量[Cramér, 1999, § 29.3, 382][Hogg 和 Craig, 1978, 175].

我们将这些考虑应用于来自 Nievergelt[2014] 的表 2. 为了方便参考, 在这里重现于表 A1 之中.

表 A1　盐酸每日平均值的方差分析(HCl)[Ostwald, 1883b, 450]

原数据	平方和	分母	方差	T	p
组间	SSB = 2.25	DFB = $M-1$ = $2-1$ = 1	QB = $\dfrac{\text{SSB}}{\text{DFB}}$ = 2.25	$F = \dfrac{\text{QB}}{\text{QW}}$ = 0.692	0.493
组内	SSW = 6.50	DFW = $N-M$ = $4-2$ = 2	QW = $\dfrac{\text{SSW}}{\text{DFW}}$ = 3.25		
总和	SST = 8.75	DFT = $N-1$ = $4-1$ = 3	QT = $\dfrac{\text{SST}}{\text{DFT}}$ = 2.92		

$R^2 = \dfrac{\text{SSB}}{\text{SST}} = 0.257\ 1$;　$\overline{R}^2 = 1 - \dfrac{\text{QW}}{\text{QT}} = -0.114\ 3$

对表 A1 中标准化的总平方和 SST/σ^2 是一个参数为 DFT = $N-1$ 的 χ^2 随机变量.

更一般地, 用样本的均值 $\overline{y}_k$ 代替 M 个均值 μ_k, 会使得参数的个数减少 M 个[Cramér, 1999, § 36.2, 538][Hogg 和 Craig, 1978, 417]. 因此, 表 A1 中标准化的组内平方和 $\dfrac{\text{SSW}}{\sigma^2}$ 是一个参数为 DFW = $N-M$ 的 χ^2 随机变量.

5.4　随机变量平方和的比值

随机变量平方和的比值也是随机变量, 例如有两个参数为 r_1 和 r_2 的 Fisher 型随机

变量 F.

例 A8 如果 U 和 V 是(相互独立的)随机变量,U 是 $\chi^2_{r_1}$ 型,V 是 $\chi^2_{r_2}$ 型,则比值

$$F_{r_1, r_2} = \frac{U/r_1}{V/r_2}$$

是一个参数为 r_1 和 r_2 的 Fisher 型随机变量 F.

例如,由例 A7 知,在表 A1 中标准化的组间平方和 $\dfrac{\text{SSB}}{\sigma^2}$ 是一个参数为 $\text{DFB} = M - 1$ 的 χ^2 随机变量,与此同时,标准化的组内平方和 $\dfrac{\text{SSW}}{\sigma^2}$ 是一个参数为 $\text{DFW} = N - M$ 的 χ^2 随机变量.

在实际中,方差 σ^2 是未知的,但它在比值 $\dfrac{\text{QB}}{\text{QW}}$ 中被约掉了,从而

$$F_{\text{DFB}, \text{DFW}} = \frac{(\text{SSB}/\sigma^2)/\text{DFB}}{(\text{SSW}/\sigma^2)/\text{DFW}} = \frac{\text{SSB}/\text{DFB}}{\text{SSW}/\text{DFW}} = \frac{\text{QB}}{\text{QW}}$$

不用方差 σ^2 就能够计算出来了.因此,从 $F_{\text{DFB}, \text{DFW}}$ 到 ∞ 积分可以得到 $F \geqslant F_{\text{DFB}, \text{DFW}}$ 的概率 p 的值,类似于例 A1 和例 A2,不过所用的公式更复杂 [Cramér,1999,§18.3],[Hogg 和 Craig,1978,145].

5.5 学生分布 t

例 A9 如果 W 和 V 是(相互独立的)随机变量,V 是 χ^2_r 型,W 是均值为 0、方差为 1 的 Gauss 变量,则比值 $T_r = \dfrac{W}{\sqrt{V/r}}$ 是一个参数为 r 的学生型随机变量,记为 t_r[Cramér,1999,§18.2][Hogg 和 Craig,1978,144].因为 W^2 是 χ^2_1 型的,所以可以得到

$$T_r^2 = \frac{W^2/1}{V/r} = F_{1, r}$$

相关例子出现在表 A1、Nievergelt[2014]的表 6 以及本案例的表 6 中.p 值越小,在参数为零的零假设下,参数的测量值($\hat{\alpha}, \hat{\beta}$,或平均值的差)很大的概率就越小,这往往会让人怀疑零假设.p 值越大,在参数为零的零假设下,参数测量值如此之大的概率就越大,这往往让人相信零假设.因此,p 的值是一个定量评估的零假设和参数的测量值之间

的一致性程度的指标.这两种情况都依赖于测量数据来自具有相同方差的、相互独立的 Gauss 随机变量.其他分布涉及其他计算方法.

参考文献

Berthelot Marcellin, Léon Péan de Saint – Gilles. 1864. Æthylalkohol, Edikkesyre, Edikkeæther og Vandsgjesidige Indvirkning.Forhandlinger i Videnskabs–Selskabet i Christiania:41—44.Contributions from1864 published in 1865.

Cramér Harald. 1945. Mathematical Methods of Statistics. Uppsala, Sweden: Almqvist & Wiksells. 1999. Reprint. Princeton,NJ:Princeton University Press.

Durán,Antonio J., Mario Pérez, Juan L Varona. 2014. The misfortunes of a trio of mathematicians using computer algebra systems.Can we trust in them? Notices of the American Mathematical Society,61(10):1249—1252.

Frost Arthur A,Ralph G.Pearson.1961.Kinetics and Mechanism:A Study of Homogeneous Chemical Reactions.2nd ed. New York:Wiley.

Guldberg Cato Maximilian. 1864. Foredrag om Lovene for Affiniteten, specielt Tidens Indflydelse paa de kemiske Processer.Ⅲ.Om Tidens Indflydelse.Forhandlinger i Videnskabs–Selskabet i Christiania:111—120.Contributions from 1864 published in 1865.

Guldberg Cato MaxTmilian,Peter Waage.1899.Über die Gesetze für die Affinität.Ⅲ speciell den Einfluss der Zeit auf die chemischen Processe.In Untersuchungen über die Chemischen Affinitäten.Abhandlungen aus den Jahren 1864, 1867,1879 von C.M.Guldberg und P.Waage.,edited by R.Abegg.Leipzig:Wilhelm Engleman.111—120.

Henrici Peter.1982.Essentials of Numerical Analysis with Pocket Calculator Demonstrations.New York:Wiley.

Hogg Robert V,Allen T Craig.1978.Introduction to Mathematical Statistics.4th ed.New York:Macmillan.

Jukić Dragan,Kristian Sabo,Rudolf Scitovski.2007.Total least squares fitting Michaelis–Menten enzyme kinetic model function.Journal of Computational and Applied Mathematics,201(1):230—246.

Kahan W.1986.To solve a real cubic equation.Technical report.ReUCB/CPAM–86–352.Center for Pure and Applied Mathematics.Berkeley,CA:University of California.

Kincaid David R, E Ward Cheney. 2002. Numerical Analysis: The Mathematics of Scientific Computing. 3rd ed. Providence,RI:American Mathematical Society.

Longley James W.1967.An appraisal of least squares programs for the electronic computer from the point of view of the user.Journal of the American Statistical Association,62:819—841.

Nerlove Marc. 2005. On the numerical accuracy of Mathematica 5. 0 for doing linear and nonlinear regression. Mathematica Journal,9(4):824—851.

Nievergelt Yves.2014.Data analysis with examples from chemistry.UMAP Modules in Undergraduate Mathematics and Its Applications:Module 814.The UMAP Journal,35(4):313—351.

Ostwald Wilhelm.1883a.Studien zur chemischen Dynamik.Erste Abhandlung:Die Einwirkung der Säuren auf Acetamid. Journal für Praktische Chemie,27(1):1—39.

Ostwald Wilhelm. 1883b. Studien zur chemischen Dynamik. Zweite Abhandlung: Die Einwirkung der Säuren auf Methylacetat.Journal für Praktische Chemie,28(1):449—495.

Shanks Aileen M,James A Pope,Shona M Edgar.1987.Linear regression with grouped data.Technical Report.Scottish

Fisheries Working Paper 787. Aberdeen, UK: Department of Agriculture and Fisheries for Scotland, Marine Laboratory.

Treadwell F P, William T Hall.1942.Analytical Chemistry, Volume Ⅱ: Quantitative Analysis.9th ed.New York: Wiley.

Waage P, C M Guldberg.1864.Studier over Affiniteten.Ⅱ.Forhandlinger i Videnskabs-Selskabet i Christiania:35—41. Contributions from1864 published in 1865.

郑重声明

高等教育出版社依法对本书享有专有出版权。任何未经许可的复制、销售行为均违反《中华人民共和国著作权法》，其行为人将承担相应的民事责任和行政责任；构成犯罪的，将被依法追究刑事责任。为了维护市场秩序，保护读者的合法权益，避免读者误用盗版书造成不良后果，我社将配合行政执法部门和司法机关对违法犯罪的单位和个人进行严厉打击。社会各界人士如发现上述侵权行为，希望及时举报，本社将奖励举报有功人员。

反盗版举报电话　（010）58581999　58582371　58582488

反盗版举报传真　（010）82086060

反盗版举报邮箱　dd@hep.com.cn

通信地址　北京市西城区德外大街 4 号
　　　　　高等教育出版社法律事务与版权管理部

邮政编码　100120

防伪查询说明

用户购书后刮开封底防伪涂层，利用手机微信等软件扫描二维码，会跳转至防伪查询网页，获得所购图书详细信息。也可将防伪二维码下的 20 位密码按从左到右、从上到下的顺序发送短信至 106695881280，免费查询所购图书真伪。

反盗版短信举报

编辑短信"JB，图书名称，出版社，购买地点"发送至 10669588128

防伪客服电话

（010）58582300

图书在版编目（ＣＩＰ）数据

UMAP 数学建模案例精选.3 / 蔡志杰等编译. -- 北京 ：高等教育出版社， 2018.10

书名原文：UMAP（Undergraduate Mathematics and Its Applications）

ISBN 978-7-04-050240-4

Ⅰ.①U… Ⅱ.①蔡… Ⅲ.①数学模型 Ⅳ.①O22

中国版本图书馆 CIP 数据核字（2018）第 168548 号

| 策划编辑 | 李晓鹏 | 责任编辑 | 李晓鹏 | 特约编辑 | 边晓娜 | 封面设计 | 张雨微 |
| 版式设计 | 张雨微 | 插图绘制 | 于 博 | 责任校对 | 胡美萍 | 责任印制 | 田 甜 |

出版发行	高等教育出版社	网　　址	http://www.hep.edu.cn
社　　址	北京市西城区德外大街 4 号		http://www.hep.com.cn
邮政编码	100120	网上订购	http://www.hepmall.com.cn
印　　刷	北京信彩瑞禾印刷厂		http://www.hepmall.com
开　　本	787 mm×960 mm　1/16		http://www.hepmall.cn
印　　张	31.25		
字　　数	490 千字	版　　次	2018年10月第 1 版
购书热线	010－58581118	印　　次	2018年10月第 1 次印刷
咨询电话	400－810－0598	定　　价	63.00 元

物　料　号　50240－00